U0793094

全国高等教育自学考试指定教材

数字电路与逻辑设计

（2024 年版）

（含:数字电路与逻辑设计自学考试大纲）

全国高等教育自学考试指导委员会　组编

任爱锋　编著

机 械 工 业 出 版 社

本书是根据全国高等教育自学考试指导委员会最新制定的《数字电路与逻辑设计自学考试大纲》，为参加高等教育自学考试的考生编写的教材。本书在编写过程中参考了国内外目前比较流行的教材，并结合了作者多年来从事相关课程的教学心得，以及编写相关教材的经验和体会，选材适当，叙述简洁且针对要点，符合自学考试的特点与要求。

本书共分9章，各章内容由浅入深，详细介绍了相关的概念和知识点，配合适量的典型例题，以辅助考生对重点知识点的理解及掌握。本书在每章的最后配以适量的习题供考生练习使用，并提供配套的习题解答，旨在给学习这门课程的考生以启发，达到掌握相关知识和开阔视野的目的。

本书不仅可作为自学考试的教材，也可作为各类相关专业“数字电路与逻辑设计”课程的教材。

图书在版编目（CIP）数据

数字电路与逻辑设计：2024年版 / 全国高等教育自学考试指导委员会组编；任爱锋编著. --北京：机械工业出版社，2024. 6（2026. 1重印）. --（全国高等教育自学考试指定教材）. -- ISBN 978-7-111-76134-1

Ⅰ. TN79

中国国家版本馆CIP数据核字第2024JP4005号

机械工业出版社（北京市百万庄大街22号　邮政编码100037）
策划编辑：张振霞　　责任编辑：张振霞　杨晓花
责任校对：潘　蕊　刘雅娜　　封面设计：严娅萍
责任印制：刘　媛
北京建宏印刷有限公司印刷
2026年1月第1版第2次印刷
184mm×260mm · 18.25印张 · 449千字
标准书号：ISBN 978-7-111-76134-1
定价：59.80元

电话服务
客服电话：010-88361066
010-88379833
010-68326294

网络服务
机　工　官　网：www.cmpbook.com
机　工　官　博：weibo.com/cmp1952
金　书　网：www.golden-book.com
机工教育服务网：www.cmpedu.com

组 编 前 言

21 世纪是一个变幻莫测的世纪，也是一个催人奋进的时代。科学技术飞速发展，知识更替日新月异。希望、困惑、机遇、挑战，随时随地都有可能出现在每一个社会成员的生活之中。抓住机遇、寻求发展、迎接挑战、适应变化的制胜法宝就是学习——依靠自己学习、终生学习。

自学考试作为我国高等教育组成部分，其职责就是在高等教育水平上倡导自学、鼓励自学、帮助自学、推动自学，为每一位自学者铺就成才之路。组织编写供自学者学习的教材就是履行这个职责的重要环节。毫无疑问，自学考试指定教材应当适合自学，应当有利于自学者掌握和了解新知识、新信息，有利于自学者增强创新意识、培养实践能力、形成自学能力，同时有利于自学者学以致用，解决实际工作中所遇到的问题。虽然自学考试指定教材沿用了“教材”这个概念，但它与那种仅供教师讲、学生听，教师不讲、学生不懂，以“教”为中心的教科书相比，在内容安排、编写体例、行文风格等方面都大不相同。希望自学者对此有所了解，以便从一开始就树立起依靠自己学习的坚定信念，不断探索适合自己的学习方法，充分利用自己已有的知识基础和实际工作经验，最大限度地发挥自己的潜能，达到学习的目标。

欢迎读者提出意见和建议。

祝每一位读者自学成功。

全国高等教育自学考试指导委员会

2023 年 1 月

目　录

全国高等教育自学考试

数字电路与逻辑设计
自学考试大纲

全国高等教育自学考试指导委员会　制定

大 纲 前 言

为了适应社会主义现代化建设事业的需要，鼓励自学成才，我国在20世纪80年代初建立了高等教育自学考试制度。高等教育自学考试是个人自学、社会助学和国家考试相结合的一种高等教育形式。应考者通过规定的专业课程考试并经思想品德鉴定达到毕业要求的，可获得毕业证书；国家承认学历并按照规定享有与普通高等学校毕业生同等的有关待遇。经过40多年的发展，高等教育自学考试为国家培养造就了大批专门人才。

课程自学考试大纲是规范自学者学习范围、要求和考试标准的文件。它是按照专业考试计划的要求，具体指导个人自学、社会助学、国家考试及编写教材的依据。

为更新教育观念，深化教学内容方式、考试制度、质量评价制度改革，更好地提高自学考试人才培养的质量，全国高等教育自学考试指导委员会各专业委员会按照专业考试计划的要求，组织编写了课程自学考试大纲。

新编写的大纲，在层次上，本科参照一般普通高校本科水平，专科参照一般普通高校专科或高职院校的水平；在内容上，及时反映学科的发展变化以及自然科学和社会科学近年来研究的成果，以更好地指导应考者学习使用。

全国高等教育自学考试指导委员会

2023年12月

Ⅰ. 课程性质与课程目标

一、课程性质和特点

“数字电路与逻辑设计”是全国高等教育自学考试电子科学与技术（专升本）、测控技术与仪器（专升本）等专业的专业基础课程，是为考生能够具备进一步学习电子类专业课程和毕业后从事电子技术工作所要求的基础理论、基本知识和基本技能而设置的。该课程既具有很强的理论性、系统性，又具有很强的工程性、实践性。

二、课程目标

“数字电路与逻辑设计”课程涉及数字电路的组成、逻辑电路设计、数字系统的设计和实现等方面，其目的是培养考生对数字电路和逻辑设计的理解与应用能力，为后续相关专业课程的学习和工程实践打下坚实的理论基础。本课程设置的目标是使得考生：

1）能够了解数字电路的特点，掌握逻辑电路的分析方法和设计方法，获得数字电子技术方面的基本理论、基本知识和基本技能，具有分析和解决问题的能力。

2）能够在电路分析和设计中，针对具体的处理对象，正确使用逻辑代数工具和常见逻辑功能器件建立电路模型并求解。

3）能够运用所学分析和设计方法对实际功能电路进行分析和设计，选用适当的数字电路模型对系统中的特定问题进行表示，并分析系统的影响因素及其正确性。

4）为进一步学习现代数字系统设计方法，进行创新性研究和解决复杂工程问题，奠定坚实的理论基础和思维方法。

三、与相关课程的联系与区别

“数字电路与逻辑设计”课程的先修课程主要是“电路分析”“模拟电子技术”等，后续课程主要有“Verilog HDL 数字集成电路设计”“集成电路原理与设计”等。该课程与“电路分析”课程的联系和区别主要表现为前者着眼于电路的逻辑实现与描述，后者注重一般电路的普遍规律。该课程与“模拟电子技术”课程的联系和区别主要表现为前者着眼于数字信号的逻辑运算和处理，内部电路器件工作在开关状态；后者则着眼于如何实现模拟信号的线性放大与滤波，内部电路器件工作在线性区间。该课程与“Verilog HDL 数字集成电路设计”课程的联系和区别主要表现为前者的基本概念、逻辑电路的分析设计方法等是后者的理论基础和技术支持；后者以可编程器件为基础，用硬件描述语言实现数字系统的功能设计。该课程与“集成电路原理与设计”课程的联系和区别主要表现为前者是剖析集成电路原理的理论基础，后者是在“数字逻辑电路”和“电子线路”等课程的基础上进一步深入学习集成电路底层设计的原理。

四、课程的重点与难点

数字电路主要研究的是电路的二进制输出量与二进制输入量之间的逻辑关系，这种逻辑关系的基本数学方法是逻辑代数。因此，逻辑代数是数字电路分析与设计的理论基础。在掌握逻辑代数相关运算、规则、定律等基本理论的基础上，“数字电路与逻辑设计”课程的重点与难点如下：

重点内容：

1）数制与编码，无符号数和有符号数。

2）基本逻辑门和复合逻辑门（包括集电极开路门和三态门），组合逻辑电路的分析和设计方法，逻辑函数的五种表示方式及其相互转换，逻辑函数的两种标准形式，卡诺图化简方法。常用中规模组合逻辑器件的功能与应用，组合逻辑电路中的竞争与冒险。

3）触发器特征方程及其功能，时序逻辑电路的描述方法，时序逻辑电路的结构及其分类，基于触发器的时序逻辑电路的分析和设计方法，原始状态转移图的建立，常用中规模集成时序逻辑器件的功能与应用，时序逻辑电路的同步级联与异步级联，计数器的同步/异步清0/预置，基于中规模集成时序逻辑器件的应用电路分析与设计方法。

4）555定时器结构，施密特触发器、单稳态触发器、多谐振荡器的电路结构、原理和特性。

5）随机存储器的读/写，只读存储器应用，可编程逻辑器件结构。

6）A-D和D-A转换器的主要技术指标及基本应用。

难点内容：组合逻辑电路与时序逻辑电路分析中逻辑功能的总结，组合逻辑电路设计过程中的逻辑抽象，竞争与冒险的识别与消除。同步时序电路的分析与设计，异步时序电路的分析。时序逻辑电路的现态与次态，摩尔型和米里型时序逻辑电路的状态转移图，原始状态转移图的建立，时序图，时序逻辑电路中的同步与异步，较复杂数字系统的综合分析与设计。

Ⅱ. 考 核 目 标

本大纲在考核目标中，按照识记、领会、简单应用和综合应用四个层次规定其应达到的能力层次要求。四个能力层次是递进关系，各能力层次的含义如下：

识记（Ⅰ）：要求考生能够识别和记忆本课程中有关逻辑代数及数字电路相关的概念、原理、方法的主要内容（如运算规则、特殊公式、定理、方法及特征、符号、表达式、结构特征等），并能够根据考核的不同要求，做出正确的表述、选择和判断。

领会（Ⅱ）：要求考生能够领悟和理解本课程中有关数字电路与数字系统的概念、原理及方法的内涵及外延，理解不同结构逻辑电路的区别和联系，能够从结构上区分电路的功能特点，并能够根据考核的不同要求对电路进行逻辑推理和论证，做出正确的判断、解释和说明。

简单应用（Ⅲ）：要求考生能够根据已知的知识和方法，对给定的电路及其功能存在的问题进行逻辑分析和论证，得出正确的结论或做出正确的判断，并能够用逻辑代数的方法把分析和论证过程正确地表达出来；还可运用本课程中所学的分析与设计方法，解决一般的数字系统应用问题。

综合应用（Ⅳ）：要求考生能够面对具体、实际工程的需求，探究解决问题的方法，根据具体问题得出解决问题的综合方案，并能够设计出满足实际工程需求的数字系统。

Ⅲ. 课程内容与考核要求

第1章　数字逻辑基础

一、学习目的与要求

通过本章的学习，考生应对数的基本特征有所了解与认识；重点掌握常用的几种数制与编码；熟悉无符号数和有符号数，掌握有符号数的补码表示方法。

二、课程内容

1.1　数字逻辑电路概述

1.2　数制

1.3　编码

1.4　有符号数的表示及运算

三、考核知识点与考核要求

（1）数制

识记：进位计数制的概念；二进制；八进制；十六进制；任意进制公式。

领会：任意进制数转换为十进制数；十进制数转换为任意进制数；二进制、八进制和十六进制之间的关系。

简单应用：十进制小数转换为二进制小数不一定能够等精度转换的原因。

（2）编码

识记：BCD码编码规则；8421 BCD码；余3码；格雷码；奇偶校验码。

领会：BCD码与二进制数之间的联系与区别；8421 BCD码与余3码之间的关系；可靠性编码思想。

简单应用：任意十进制数的二进制数及其8421 BCD码、余3码表示。

（3）有符号数的表示及运算

识记：无符号数和有符号数；原码；反码；补码。

领会：原码和补码的优缺点；负数的补码表示方法；相同位数的无符号数和有符号数表示的范围；计算机中的负数用补码表示。

简单应用：有符号数的补码表示和运算方法。

四、本章重点、难点

本章重点是数制，包括十进制、二进制、八进制和十六进制；进制之间的相互转换；BCD码，包括8421 BCD码和余3码；格雷码；奇偶校验码；有符号数的补码表示。

本章难点是进制与编码的关系；有符号数的补码表示及运算方法。

第2章　逻辑代数基础与逻辑门电路

一、学习目的与要求

通过本章的学习，考生应对逻辑代数的基本公式、规则、定理有所了解与认识，充分理解逻辑代数是数字电路分析与设计的理论基础；掌握逻辑代数的基本表示方法，并能够用逻辑门实现逻辑电路。

二、课程内容

2.1　逻辑代数的基本概念

2.2　逻辑代数的公式和规则

2.3　复合逻辑和复合逻辑门

2.4　逻辑函数表达式的常用形式

2.5　逻辑函数的化简方法

三、考核知识点与考核要求

（1）逻辑代数的基本概念

识记：真值表；逻辑代数的三种基本运算；与、或、非逻辑符号。

领会：三种基本运算的定义；真值表表示的输出与输入之间的关系。

简单应用：用波形图表示逻辑代数的三种基本运算。

（2）逻辑代数的公式和规则

识记：逻辑代数的基本公式；逻辑代数中的特殊公式；与项相邻项；或项相邻项；与项冗余项；或项冗余项；反演规则；对偶规则。

领会：反演规则和对偶规则的区别与应用；德·摩根定律的作用。

简单应用：利用反演规则求函数的反函数；利用对偶规则理解与项相邻项和或项相邻项。

（3）复合逻辑和复合逻辑门

识记：复合逻辑门，包括与非、或非、异或、同或；复合逻辑门符号；三态门；集电极开路门。

领会：异或和同或关系；多个三态门输出相连实现线或运算；多个集电极开路门输出相连实现线与运算。

简单应用：验证异或和同或既互为反函数，又互为对偶函数。

（4）逻辑函数表达式的常用形式

识记：逻辑函数的五种表达式形式，包括与或式、或与式、与非-与非式、或非-或非式、与或非式；最小项；最小项标准式；最大项；最大项标准式；由真值表写最小项标准式和最大项标准式。

领会：单独的与非是完备运算集；单独的或非是完备运算集；五种表达式之间的相互转换；与或式和或与式之间的关系；最小项和最大项之间的关系。

简单应用：只用与非门实现异或运算电路；只用或非门实现异或运算电路。

（5）逻辑函数的化简方法

识记：卡诺图；格雷码；相邻项；无关项。

领会：位置相邻与逻辑相邻的关系；卡诺图化简；含有无关项真值表的最小项和最大项标准式；约束条件与无关项。

简单应用：含有约束条件的逻辑函数化简。

四、本章重点、难点

本章重点是基本逻辑运算与逻辑门；逻辑代数的基本定理、规则和主要公式；标准表达式和常用的五种表达式及相互转换方法；逻辑函数代数化简法和卡诺图化简法；包含无关项逻辑函数的表示方法及化简，多输出逻辑函数的化简方法。

本章难点是与非门（或非门）可以单独构成逻辑代数的独立完备运算集；由卡诺图化简得到最简或与表达式。

第3章　组合逻辑电路

一、学习目的与要求

通过本章的学习，考生应掌握组合逻辑电路的分析与设计方法，熟悉常用中规模

（MSI）组合逻辑芯片的应用；了解组合逻辑电路竞争与冒险的产生与消除方法。

二、课程内容

3.1　组合逻辑电路的分析

3.2　组合逻辑电路的设计

3.3　常用中规模集成组合逻辑器件及其应用

3.4　组合逻辑电路中的竞争与冒险

三、考核知识点与考核要求

（1）组合逻辑电路的分析

识记：一位二进制全加器。

领会：组合逻辑电路的逐级分析；多位二进制加法器实现。

简单应用：分析一位二进制全加器电路。

（2）组合逻辑电路的设计

识记：组合逻辑电路的设计过程。

领会：逻辑抽象。

简单应用：一位二进制全减器的设计。

（3）常用中规模集成组合逻辑器件及其应用

识记：编码器；译码器；数据选择器；加法器；数值比较器。

领会：译码器扩展；译码器应用；数据选择器扩展；数据选择器应用；超前进位加法器原理。

简单应用：MSI（中规模）器件构成组合逻辑电路的设计方法和分析方法。

（4）组合逻辑电路中的竞争与冒险

识记：竞争与冒险。

领会：冒险的判别；冒险的消除。

简单应用：各种冒险消除方法的优缺点。

四、本章重点、难点

本章重点是组合逻辑电路的分析方法和设计方法；常用 MSI 组合逻辑器件（译码器、数据选择器等）的逻辑功能、扩展方法及应用；MSI 器件构成组合逻辑电路的设计方法和分析方法；组合逻辑电路的竞争与冒险现象及消除方法。

本章难点是 MSI 器件的功能扩展；MSI 器件构成组合逻辑电路的分析与设计。

第 4 章　集成触发器

一、学习目的与要求

通过本章的学习，考生应熟悉 RS 触发器、D 触发器、T 触发器和 JK 触发器的基本结构，掌握 D 触发器、T 触发器、JK 触发器的特征方程及逻辑符号表示。

二、课程内容

4.1　基本 RS 触发器

4.2　钟控触发器

4.3　主从触发器和边沿触发器

4.4　触发器的逻辑符号及时序图

三、考核知识点与考核要求

（1）基本 RS 触发器

识记：基本 RS 触发器的功能描述；状态表；状态图；特征方程；时序图。

领会：基本 RS 触发器的不允许输入条件；时序图的画法。

简单应用：基本 RS 触发器实现开关消抖。

（2）钟控触发器

识记：钟控 D 触发器；钟控 JK 触发器；钟控 T 触发器；触发器特征方程。

领会：特殊连接使得约束条件恒成立；钟控触发器的空翻现象。

简单应用：推导钟控 JK 触发器的特征方程。

（3）主从触发器和边沿触发器

识记：主从 D 触发器；主从 JK 触发器；主从触发器的逻辑符号；边沿触发器的逻辑符号。

领会：下降沿触发的主从 D 触发器；各种触发器的动作特点。

简单应用：实现上升沿触发的主从 D 触发器；由 JK 触发器实现 D 触发器；由 T 触发器实现 D 触发器。

（4）触发器的逻辑符号及时序图

识记：钟控（电平触发）触发器的逻辑符号；边沿触发的触发器的逻辑符号；时序图。

领会：不同触发方式的逻辑符号区别；触发器的时序图画法。

简单应用：画电平触发 D 触发器的时序图；画上升沿触发 D 触发器的时序图。

四、本章重点、难点

本章重点是基本 RS 触发器及钟控（RS、D、JK、T）触发器的逻辑电路、功能及其描述方法；常用集成触发器的逻辑符号及时序图。

本章难点是钟控触发器的空翻；不同触发方式的触发器时序图。

第 5 章　时序逻辑电路

一、学习目的与要求

通过本章的学习，考生应掌握时序逻辑电路的分析与设计方法，熟悉时序逻辑系统的基本组成结构；掌握时序逻辑电路的设计过程，通过课后练习掌握时序逻辑电路原始状态转移图的建立方法，典型时序逻辑 MSI 芯片的应用与扩展方法等。

二、课程内容

5.1　时序逻辑电路概述

5.2　同步时序电路的分析方法

5.3　异步时序电路的分析方法

5.4　同步时序电路的设计方法

5.5　中规模集成计数器

5.6　集成并行寄存器和移位寄存器

5.7　中规模时序逻辑电路的综合应用

三、考核知识点与考核要求

（1）时序逻辑电路概述

识记：时序逻辑电路的一般结构；激励方程；输出方程；状态方程；同步/异步时序电路；米里型/摩尔型时序电路。

领会：同步/异步时序电路结构的区别；米里型/摩尔型时序电路结构的区别。

简单应用：判断时序逻辑电路的类型。

（2）同步时序电路的分析方法

识记：D/JK/T 触发器的特征方程；状态图；状态表；时序图；有效状态；无效状态；自启动。

领会：米里型/摩尔型时序逻辑电路状态图的区别；时序逻辑电路的功能描述；同步时序电路与异步时序电路分析方法的异同。

简单应用：分析时序逻辑电路的完整过程。

（3）异步时序电路的分析方法

识记：异步时序电路的结构。

领会：异步时序电路与同步时序电路结构上的区别。

简单应用：了解异步时序电路的分析过程中触发信号的确定。

（4）同步时序电路的设计方法

识记：原始状态图；状态化简；状态的二进制分配；自启动检查；状态方程；激励方程；用 JK 触发器实现 D 触发器；用 T 触发器实现 D 触发器。

领会：原始状态图的建立；状态的等价；隐含表化简法；基于 D 触发器实现时序电路的一般结构；多余状态的自启动检查。

简单应用：熟悉并掌握“同步时序逻辑电路的设计举例”中的设计方法。

（5）中规模集成计数器

识记：74LS161/74LS160；计数器模值；计数器的同步/异步级联；反馈清 0；反馈置数；O_C 置数法；可编程计数器。

领会：中规模集成计数器功能表；同步/异步清 0/置数；同步/异步级联方法；分频器与计数器的关系。

简单应用：用 74LS161 集成计数器实现任意七个状态循环变化的计数器。

综合应用：用 74LS160 集成计数器实现时、分、秒计数显示。

（6）集成并行寄存器和移位寄存器

识记：并行寄存器；移位寄存器；环形计数器；扭环形计数器。

领会：带高阻输出的寄存器；带使能端的寄存器；移位寄存器的串入-串出、串入-并出、并入-串出、并入-并出；移位型计数器的原理。

简单应用：并行寄存器在温度存储显示系统中的应用。

综合应用：用移位寄存器替代并行寄存器实现温度存储显示系统功能。

（7）中规模时序逻辑电路的综合应用

识记：序列信号发生器。

领会：由中规模集成时序器件和中规模集成组合器件构成的时序逻辑电路的分析方法；中规模集成器件在综合电路设计中的应用。

简单应用：熟悉并掌握中规模时序逻辑电路的综合应用分析与设计实例。

综合应用：观察现实生活中哪些可以利用所学内容自行完成设计的示例，如十字路口交通灯的显示、电梯楼层控制等。

四、本章重点、难点

本章重点是同步时序电路的分析方法、激励方程和输出方程、状态方程、状态表、时序图；同步时序电路的设计方法，原始状态图的建立，状态化简，状态分配；典型 MSI 时序逻辑器件（计数器、寄存器等）的逻辑功能，扩展方法及应用；以 MSI 为主的典型同步时序电路的分析方法与设计方法，任意模值计数器；移位型计数器；序列信号发生器；异步时序电路的主要特点等。

本章难点是计数器的同步/异步清 0/置数；计数器的同步/异步级联；以 MSI 为主的典型同步时序电路的分析方法与设计方法。

第 6 章　存储器和可编程逻辑器件

一、学习目的与要求

通过本章的学习，考生应了解存储器的分类及各类存储器的特点、存储器的主要性能指标；熟悉可编程逻辑器件的类型和编程方式，可编程逻辑器件的工作原理；掌握半导体存储器的功能，半导体存储器的使用方法等。

二、课程内容

6.1　半导体存储器概述

6.2　只读存储器

6.3　随机存取存储器

6.4　可编程逻辑器件

三、考核知识点与考核要求

（1）半导体存储器概述

识记：半导体存储器的分类；半导体存储器的性能指标。

领会：半导体存储器的制造工艺；半导体存储器的性能指标。

简单应用：网上查找相关存储器资料并查询性能指标参数。

（2）只读存储器

识记：ROM 的基本结构；ROM 的分类；ROM 的应用。

领会：不同类型 ROM 结构上的区别；Flash 存储器与其他类型 ROM 的区别；ROM 的在实际应用中的作用。

简单应用：ROM 作为字符发生器的应用。

（3）随机存取存储器

识记：RAM 的基本结构；RAM 的分类；RAM 的读写时序；RAM 容量的扩展。

领会：不同类型 RAM 结构上的区别；RAM 的读/写控制。

简单应用：RAM 的字扩展和位扩展实现。

（4）可编程逻辑器件

识记：可编程逻辑器件（PLD）的概念；PLD 的基本结构；与阵列；或阵列。

领会：不同 PLD 结构的区别；与阵列和或阵列实现逻辑表达式；可编程逻辑器件的设计流程。

简单应用：网上查找相关 PLD 资料，了解 PLD 的发展现状与应用领域。

四、本章重点、难点

本章重点是 ROM 和 RAM 的原理与扩展；ROM 阵列图及其应用；可编程逻辑器件（包括 CPLD、FPGA）的基本特点和应用等。

本章难点是用 ROM 实现逻辑函数。

第 7 章　数-模和模-数转换器

一、学习目的与要求

通过本章的学习，考生应了解数-模（D-A）和模-数（A-D）转换的基本概念，了解典型集成数-模和模-数转换器的引脚功能和应用电路的工作原理；掌握数-模和模-数转换器的主要参数指标等。

二、课程内容

7.1　概述

7.2　数-模转换器的工作原理及其应用

7.3　模-数转换器的工作原理及其应用

三、考核知识点与考核要求

(1) 概述

识记：模-数/数-模转换器的主要参数指标。

领会：模-数/数-模转换器的工作原理。

简单应用：网上查找相关模-数/数-模转换器的资料，并查询其参数指标。

(2) 数-模转换器的工作原理及其应用

识记：数-模转换器的类型。

领会：不同类型的数-模转换器的工作原理。

简单应用：并行数-模转换器应用电路及其参数计算。

(3) 模-数转换器的工作原理及其应用

识记：模-数转换器的类型。

领会：不同类型的模-数转换器的工作原理。

简单应用：并行/串行输出模-数转换器的应用电路及转换结果输出时序。

四、本章重点、难点

本章重点是 D-A 和 A-D 转换器的基本原理；典型集成 D-A 和 A-D 芯片的特点。

本章难点是 D-A 和 A-D 转换过程，集成 D-A 和 A-D 转换器应用电路。

第 8 章　脉冲波形的产生与整形

一、学习目的与要求

通过本章的学习，考生应掌握 555 定时器的工作原理；掌握多谐振荡器、单稳态触发器、施密特触发器的电路结构及其工作原理；了解集成单稳电路、晶体振荡器、集成晶体振荡器等。

二、课程内容

8.1　555 定时器及其应用

8.2　集成单稳态触发器

8.3　石英晶体振荡器

三、考核知识点与考核要求

（1）555定时器及其应用

识记：555定时器的结构；施密特触发器；单稳态触发器；多谐振荡器。

领会：555定时器的工作原理；施密特触发器、单稳态触发器和多谐振荡器结构上的异同；施密特触发器、单稳态触发器和多谐振荡器的应用及其参数计算。

简单应用：网上查找555定时器的实际应用。

（2）集成单稳态触发器

识记：非重触发单稳态触发器；可重触发单稳态触发器。

领会：单稳态触发器的工作原理。

简单应用：集成单稳态触发器的应用。

（3）石英晶体振荡器

识记：谐振频率；振荡电路；晶体；集成晶体振荡器。

领会：晶体振荡电路。

简单应用：晶体及集成晶体振荡器的应用电路。

四、本章重点、难点

本章重点是555定时器的基本工作原理，典型应用（单稳态触发器、多谐振荡器、施密特触发器）的基本特点及其电路的分析方法。

本章难点是555定时器电路的应用。

第9章　数字系统设计

一、学习目的与要求

通过本章的学习，考生应能够独立地运用所学的数字电路知识和设计方法，设计出可行的电路来解决实际问题。通过数字系统设计实例学习，学生应能够理解综合性数字电路系统的设计思路与方法，能够学以致用，加深对数字系统知识和原理的学习和理解。

二、课程内容

9.1　数字系统设计方法

9.2　数字系统设计实例

三、考核知识点与考核要求

（1）数字系统设计方法

识记：自底向上；自顶向下。

领会：数字系统设计的描述方法。

简单应用：描述一个数据采集系统设计的框图。

（2）数字系统设计实例

识记：设计框图；原理分析；时序图。

领会：根据设计要求画出设计框图；选择器件。

简单应用：分析并总结“数字系统设计实例”部分的数字系统案例。

四、本章重点、难点

本章重点是数字系统设计方法、描述方法；数字系统设计过程。

本章难点是独立分析和解决实际数字系统设计问题。

Ⅳ. 关于大纲的说明与考核实施要求

一、自学考试大纲的目的和作用

课程自学考试大纲是根据专业自学考试计划的要求，结合自学考试的特点而确定。其目的是对个人自学、社会助学和课程考试命题进行指导和规定。

课程自学考试大纲明确了课程学习的内容以及深度和广度，规定了课程自学考试的范围和标准。因此，它是编写自学考试教材和辅导书的依据，是社会助学组织进行自学辅导的依据，是自学者学习教材、掌握课程内容知识范围和程度的依据，也是进行自学考试命题的依据。

二、课程自学考试大纲与教材的关系

课程自学考试大纲是进行学习和考核的依据，教材是学习掌握课程知识的基本内容与范围，教材的内容是大纲所规定的课程知识和内容的扩展与发挥。课程内容在教材中可以体现一定的深度或难度，但在大纲中对考核的要求一定要适当。

大纲与教材所体现的课程内容应基本一致，即大纲里面的课程内容和考核知识点，教材里一般也要有；反过来，教材里有的内容，大纲里就不一定体现（注意：如果教材是推荐选用的，其中有的内容与大纲要求不一致的地方，应以大纲规定为准）。

三、关于自学教材

《数字电路与逻辑设计》，全国高等教育自学考试指导委员会组编，任爱锋编著，机械工业出版社出版，2024 年版。

四、关于自学要求和自学方法的指导

本大纲的课程基本要求是依据专业考试计划和专业培养目标而确定的。课程基本要求还明确了课程的基本内容，以及对基本内容掌握的程度。基本要求中的知识点构成了课程内容的主体部分。因此，课程基本内容的掌握程度、课程考核知识点是高等教育自学考试考核的主要内容。

为有效地指导个人自学和社会助学，本大纲已指明了课程的重点和难点，在章节的基本要求中也指明了章节内容的重点和难点。

本课程共 5 学分。其中理论部分 4 学分，实践环节 1 学分。

根据学习对象为成人、在职、业余、自学等情况，建议学习本课程的自学者应以教材内容为核心，切忌在没有全面系统学习教材的情况下孤立地去抓重点。具体建议有以下几点：

（1）注重基本概念、基本原理、基本分析和设计方法的学习

本课程理论性、基础性、工程性较强，教材内容中所涉及的电路千变万化，在学习中不能简单地死记硬背各种电路，而要掌握它们的基本概念、基本原理、基本分析与设计方法。

（2）注重掌握功能部件的输入/输出特性

数字逻辑器件的种类很多，内部结构及工作过程千差万别，学习过程中不可能记住教材中每个器件的功能，但要善于抓重点。根据器件的功能表可以重点掌握它们的输入和输出之间的逻辑功能和使用方法，并能在此基础上正确地使用各种器件完成满足实际需要的逻辑设计。

（3）善于归纳总结

通过对教材的系统学习，要善于归纳总结数字逻辑中常用的典型电路，掌握它们的功能、结构特点及具体应用。如组合逻辑电路中的译码器、数据选择器，时序逻辑电路中的计数器等。

（4）对教材中的实例要勤于思考，多做练习

本课程工程性和实践性强，在系统学习教材内容的基础上，要勤于思考，多做课后练习，在研究分析案例的过程中加深领会教材的内容，将知识转化为能力，培养与提高自己正确分析和解决数字系统基本问题的能力。

五、对考核内容的说明

本课程要求考生学习和掌握的知识点内容都将作为考核的内容。“数字电路与逻辑设计”课程中各章的内容均由若干知识点组成，在自学考试中成为考核知识点。因此，课程自学考试大纲所规定的考试内容是以分解考核知识点的方式给出的。由于各知识点在课程中的地位、作用以及知识自身的特点不同，自学考试将对知识点分别按照识记、领会、简单应用和综合应用四个认知（或能力）层次确定其考核要求。

六、关于考试方式和试卷结构的说明

1）本课程的考试方式为闭卷，笔试，满分 100 分，60 分及格。考试时间为 150 分钟。考生可携带无记忆存储及通信功能的计算器参加考试。

2）本课程在试卷中对不同能力层次要求的分数比例大致为：识记占 20%，领会占 30%，简单应用占 30%，综合应用占 20%。

3）要合理安排试题的难易程度，试题的难度可分为易、较易、较难和难四个等级。必须注意试题的难易程度与能力层次有一定的联系，但二者不是等同的概念。在各个能力层次中对于不同的考生都存在着不同的难度。在大纲中要特别强调这个问题，应告诫考生切勿混淆。

4）课程考试命题的主要题型一般有选择题、填空题、分析题、设计题等题型。

在命题工作中必须按照本课程大纲中所规定的题型命制，考试试卷使用的题型可以略少，但不能超出本课程对题型的规定。

为了考生了解试卷的题型格式，附上题型举例，供参考。

Ⅴ. 题型举例

一、选择题（在每小题列出的备选项中只有一项是最符合题目要求的，请将其选出）

1. $(10010011.1000)_{8421}$ 对应的十进制数是（　　）。

A. 223.4　　B. 93.8　　C. 60.5　　D. 147.5

2. 多个逻辑门的输出端可以连在一起，相当于在输出端实现线或功能的逻辑门是（　　）。

A. 或门　　B. 与门　　C. 三态门　　D. OC 门

3. 某 512 位串行输入串行输出右移移位寄存器，已知时钟频率为 4MHz，则数据从输入端到达输出端被延迟了（　　）。

A. 128μs　　B. 256μs　　C. 512μs　　D. 1024μs

二、填空题

1. 根据给定的十进制数完成下列填空：

$(51.625)_{10}=(\qquad\qquad)_{16}=(\qquad\qquad\qquad\qquad)_{余3码}$

2. 若用 74LS161 来实现模值为 300 的计数器，则至少需要____片 74LS161 计数器。

3. 如图 1 所示由 74LS160 构成的时序逻辑电路，输入时钟信号 *Clk* 的频率为 12MHz，若要得到输出频率为 200kHz 的信号，置数端 $D_7D_6D_5D_4D_3D_2D_1D_0$ 应设置为______________，并在图中标出输出信号的位置。

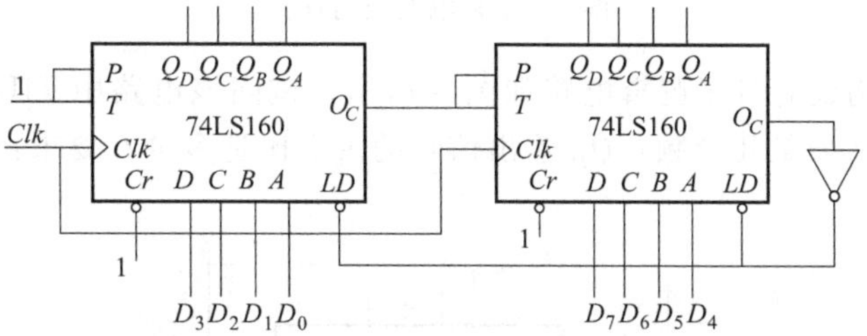

图 1　由 74LS160 构成的时序逻辑电路

三、分析题

1. 如图 2 所示为用 16×4 位 ROM 和同步二进制加法计数器 74LS161 组成的脉冲分频电路。ROM 中存储的数据表见表 1。集成计数器 74LS161 的功能表见表 5-24（注意：Q_D 为高位），分析电路并回答下面的问题。

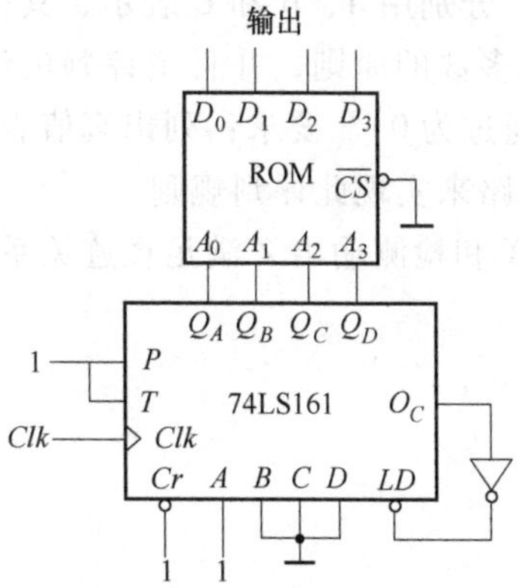

图 2　由 74LS161 构成的时序逻辑电路

表 1　ROM 数据表

地址输入				数据输出				地址输入				数据输出			
A_3	A_2	A_1	A_0	D_3	D_2	D_1	D_0	A_3	A_2	A_1	A_0	D_3	D_2	D_1	D_0
0	0	0	0	1	1	1	1	1	0	0	0	1	1	1	1
0	0	0	1	0	0	0	0	1	0	0	1	1	1	0	0
0	0	1	0	0	0	1	1	1	0	1	0	0	0	0	1
0	0	1	1	0	1	0	0	1	0	1	1	0	0	1	0
0	1	0	0	0	1	0	1	1	1	0	0	0	0	0	1
0	1	0	1	1	0	1	0	1	1	0	1	0	1	0	0
0	1	1	0	1	0	0	1	1	1	1	0	0	1	1	1
0	1	1	1	1	0	0	0	1	1	1	1	0	0	0	0

1）图 2 用 74LS161 构成的计数器采用的是什么反馈方式？该计数器的模值 *M* 是多少？

2）根据 ROM 数据表，当计数器状态 $Q_DQ_CQ_BQ_A$ 分别为 0111 和 1000 时，从 ROM 中读出的数据分别是多少？

2. 如图 3a 所示电路，设 Q_1 和 Q_2 的初始状态均为 0。要求：

1）写出触发器的状态方程和输出方程。

2）完成图 3b 的时序图。

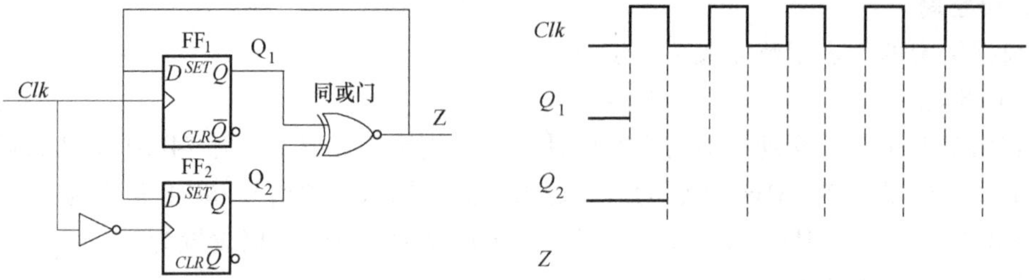

a) 逻辑电路　　　　　　　　b) 时序图

图 3　逻辑电路及时序图

3. 由 74LS161 构成的时序逻辑电路如图 4 所示，试问该电路中 74LS161 的状态输出端 Q_D 相对于时钟输入 Clk 是几分频？Q_D 输出信号的占空比是多少？要求：画出有效状态的转移关系。

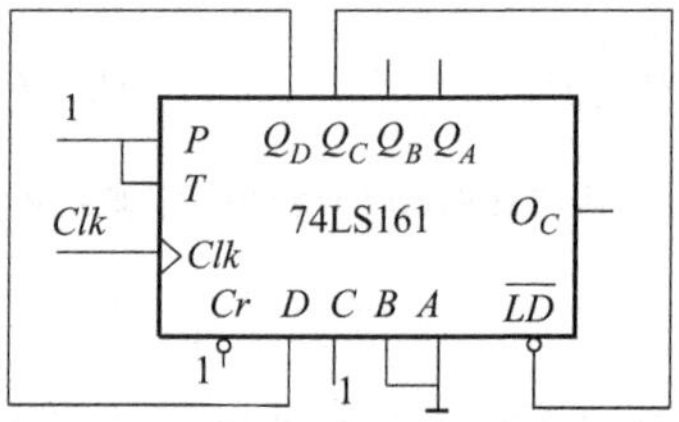

图 4　由 74LS161 构成的时序逻辑电路

四、设计题

1. 某汽车驾驶员培训班进行结业考试，共有 3 名评判员，分别用 A、B 和 C 表示，其中 A 为主评判员，B 和 C 为副评判员。在评判时，按照少数服从多数的原则，并且主评判员认为合格方可通过（假设合格为 1，不合格为 0；通过为 1，不通过为 0）。要求：列出真值表，写出表达式，并用 3-8 译码器 74LS138 和逻辑门组成的逻辑电路来实现此评判规则。

2. 用 D 触发器设计一个 001 序列检测器，使其输入序列 X 和检测输出 Z 满足径迹关系：

X: 0 1 0 0 1 0 0 0 1 1 0

Z: 0 0 0 0 0 1 0 0 0 0 1 0

1）建立状态图和状态表。

2）写出次态方程、激励表达式和输出 Z。

3）画出逻辑电路。

参考答案

一、选择题

1. B　　2. C　　3. A

二、填空题

1. 33. A　　　　1000 0100. 1001 0101 1000

2. 3

3. 0100 0000　输出信号位置在非门处即可

三、分析题

1. 解：

1）O_C 置数法，M = 15。

2）1000，1111。

2. 解：

1）状态方程：$Q_1^{n+1} = Q_2^{n+1} = Q_1 \cdot Q_2$

输出方程：$Z = Q_1 \cdot Q_2$

2）

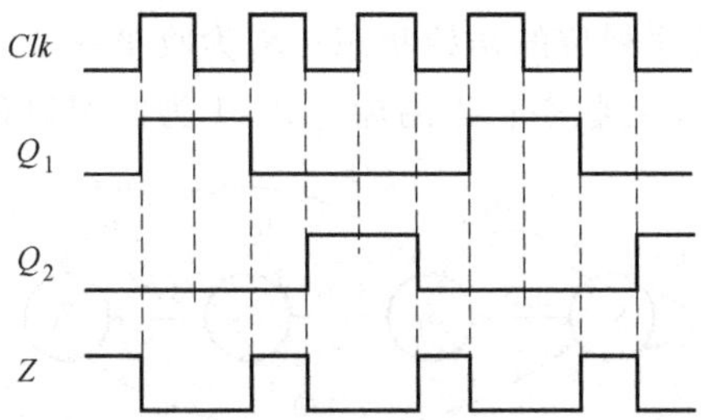

3. 解：

Q_3 相对于时钟输入 *Clk* 是 10 分频；Q_3 输出信号的占空比是 50%。

Q_3	Q_2	Q_1	Q_0	$\overline{LD}$	D_3	D_2	D_1	D_0	
0	0	0	0	0	0	1	0	0	置数
0	1	0	0	1					
0	1	0	1	1					
0	1	1	0	1					
0	1	1	1	1					
1	0	0	0	0	1	1	0	0	置数
1	1	0	0	1					
1	1	0	1	1					
1	1	1	0	1					
1	1	1	1	1					

四、设计题

1. 解：

真值表：

A	B	C	F
0	0	0	0
0	0	1	0
0	1	0	0
0	1	1	0
1	0	0	0
1	0	1	1
1	1	0	1
1	1	1	1

表达式：

$$F = \sum m(5,6,7) = m_5 + m_6 + m_7 = \overline{Y_5 Y_6 Y_7}$$

用 3-8 译码器 74LS138 和逻辑门组成的逻辑电路：

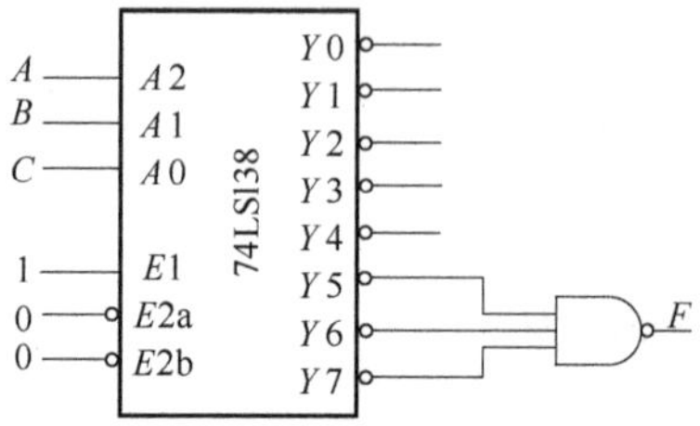

2. 解：该题的设计方法比较多，在此给出方法一：

1）设：S_0为未收到有效序列位的初始状态；S_1为收第一个 0 的状态；S_2为收到第二个 0 的状态；S_3为收到 00 后来 1 的状态；检测标志 $Z=1$ 为检测到 001 序列。

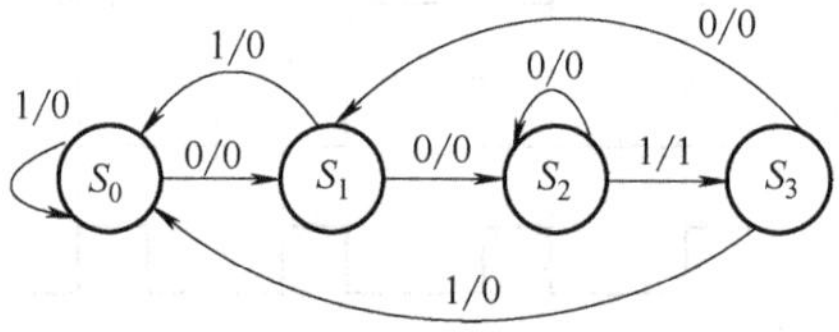

状态表

S	X (S^{n+1}/Z) 0	1
S_0	$S_1/0$	$S_0/0$
S_1	$S_2/0$	$S_0/0$
S_2	$S_2/0$	$S_3/1$
S_3	$S_1/0$	$S_0/0$

化简状态表

S	X (S^{n+1}/Z) 0	1
S_0	$S_1/0$	$S_0/0$
S_1	$S_2/0$	$S_0/0$
S_2	$S_2/0$	$S_0/1$

编码状态表

Q_1Q_0	X (S^{n+1}/Z) 0	1
00	01/0	00/0
01	11/0	00/0
11	11/0	00/1
10	××/×	××/×

2）设：$S_0=00$；$S_1=01$；$S_2=11$。

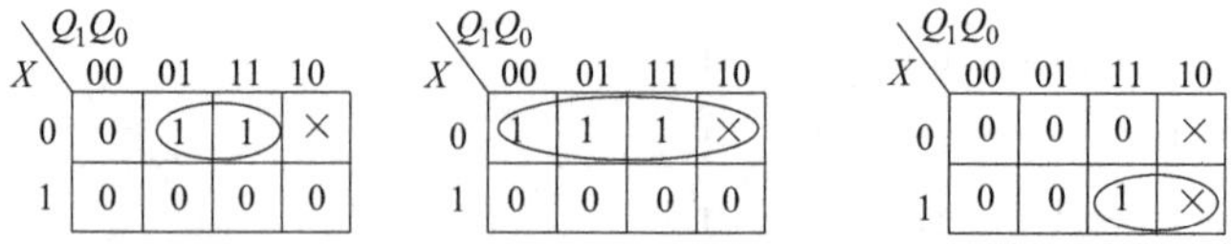

Q_1^{n+1}卡诺图　　Q_0^{n+1}卡诺图　　Z卡诺图

$$Q_1^{n+1}=\overline{X}Q_0=\overline{X+\overline{Q}_0}=D_1 \qquad Q_0^{n+1}=\overline{X}=D_0 \qquad Z=XQ_1$$

3）

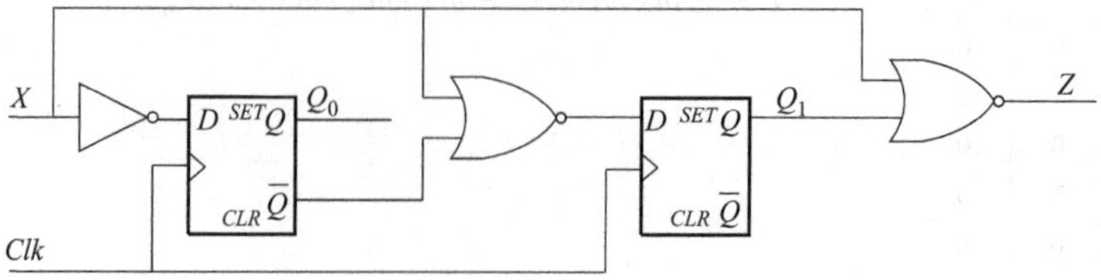

大纲后记

《数字电路与逻辑设计自学考试大纲》是根据《高等教育自学考试专业基本规范(2021 年)》的要求，由全国高等教育自学考试指导委员会电子、电工与信息类专业委员会组织制定的。

全国高等教育自学考试指导委员会电子、电工与信息类专业委员会对本大纲组织审稿，根据审稿会意见由编者做了修改，最后由电子、电工与信息类专业委员会定稿。

本大纲由西安电子科技大学任爱锋教授编写。参与审稿并提出修改意见的有上海交通大学马殿光教授、南阳理工学院朱清慧教授。

对参与本大纲编写和审稿的各位专家表示感谢。

全国高等教育自学考试指导委员会
电子、电工与信息类专业委员会
2023 年 12 月

全国高等教育自学考试指定教材

数字电路与逻辑设计

全国高等教育自学考试指导委员会　组编

编 者 的 话

本书是根据全国高等教育自学考试指导委员会最新制定的《数字电路与逻辑设计自学考试大纲》编写的自学考试指定教材。

数字技术是当前发展最快的学科之一，随着集成电路工艺与计算机技术的发展，数字系统的分析方法及设计手段也在不断演变和发展。根据自学考试以培养应用型、职业型人才为主的精神，本书的编写在符合本课程自学考试大纲基本要求的同时，内容上强调基础性、实用性和实践性，同时兼顾社会对本专业人才的目标要求。为了使自学应考者能够系统地掌握数字电路与逻辑设计的基本理论、基本概念和基本方法，达到普通高等教育一般本科院校的专业水平，本书在内容选取上，立足打好基础，突出基本原理和基本方法的运用；在内容编排上，力求深入浅出，突出重点，前后照应，便于学生阅读和自学；同时为了便于联系工程实际，每章提供了较多的例题及系统实例，介绍了一些工程实际中常用的分析和设计方法，帮助学生提高解决实际问题的能力。

本书共 9 章。第 1 章介绍了数字逻辑基础，第 2 章介绍了逻辑代数基础与逻辑门电路，第 3 章介绍了组合逻辑电路，第 4 章介绍了集成触发器，第 5 章介绍了时序逻辑电路。以上部分内容是数字电路和逻辑设计的理论基础。第 6 章介绍了存储器和可编程逻辑器件。可编程逻辑器件的出现使数字系统的设计方法发生了崭新的变化，这里介绍了可编程逻辑器件的发展过程及可编程逻辑器件的典型电路的结构特点、基本工作原理和开发过程，主要为今后应用相关器件打下基础。第 7 章介绍了数-模和模-数转换器。第 8 章简要介绍了脉冲波形的产生与整形。第 9 章介绍了数字系统设计，通过几个常用小型数字系统实例，使读者初步了解数字系统的设计方法和设计过程，从系统的角度对所学知识加深理解和巩固。

本书由西安电子科技大学任爱锋教授编著。在本书编写过程中，西安电子科技大学杨颂华教授、孙万蓉教授和周端教授提供了很多帮助与支持，在此表示衷心的感谢。

本书由上海交通大学马殿光教授主审，南阳理工学院朱清慧教授参与审稿，并提出了许多宝贵的建议，在此表示衷心的感谢。

限于编者的水平，书中难免有不妥之处，恳请广大读者批评指正。

编 者

2023 年 12 月

第1章　数字逻辑基础

数字逻辑是数字电路与逻辑设计的基础，所有的数字系统都是基于数字逻辑设计的。数字系统的基本功能是对数字信息进行加工和处理，如数的运算、传输和变换等，因此要进行数字系统逻辑设计，首先需要对数的基本特征有所了解。

本章从常用的十进制数开始，分析推导了各种不同数制的表示方法以及各种数制之间的转换方法，着重讨论了数字计算机和其他数字设备中广泛采用的二进制数，最后介绍了几种常用的编码。

1.1　数字逻辑电路概述

自然界有各种各样的物理量，按照其变化规律可分为模拟量和数字量两大类。模拟量是指随时间的连续变化其值也连续变化的物理量。表示模拟量的信号称为模拟信号，如声音、电压、电流、压力、速度、温度等是模拟信号。对模拟信号进行放大、滤波、测量和显示等处理的电子电路称为模拟电路。数字量是指在时间上和数值上是离散的物理量，数值的大小和每次的增减都是某一个单位（称为量化单位）的整数倍。表示数字量的信号称为数字信号。处理数字信号的电子电路称为数字电路。模拟信号波形和数字信号波形分别如图1-1a、b所示。

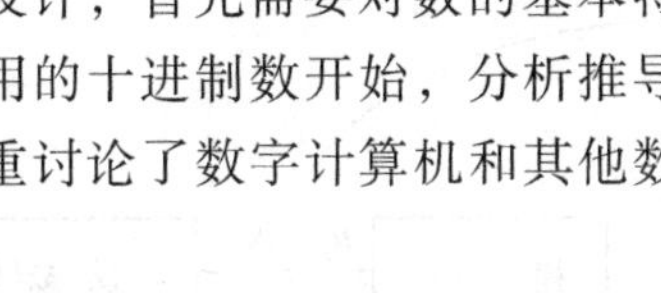

a) 模拟信号波形

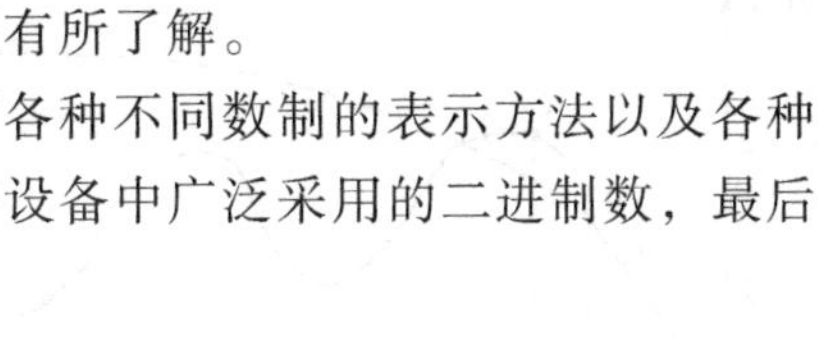

b) 数字信号波形

图1-1　模拟信号与数字信号波形

随着数字计算机和嵌入式处理器的广泛应用，为了充分发挥数字处理器在信号处理方面的强大功能，常常把模拟信号表示的物理量转换为与之对应的数字信号，送往数字计算机进行处理，然后再根据需要将处理后的数字信号转换为与之对应的模拟信号输出，如将模拟声音信号数字化后可通过数字电路进行压缩处理，再将压缩后的数字声音信号转换为模拟声音信号播放出来，这就是MP3播放器的基本原理。一个比较通用的信号处理系统基本结构如图1-2所示，包括模拟调理（对模拟信号进行处理）、模-数转换器（将模拟信号量化为数字信号）、数字电路（对数字信号进行处理）、数-模转换器（将数字信号转换为模拟信号）等关键模块。本书主要关注数字电路部分，后续章节会涉及模-数转换器和数-模转换器的基本工作原理。

与模拟信号直接反映自然界中真实的物理量的变化不同，数字信号是通过某种编码间接地反映实际物理量的变化。模拟量用数字0、1的编码表示为数字量（模拟量的数字化）的

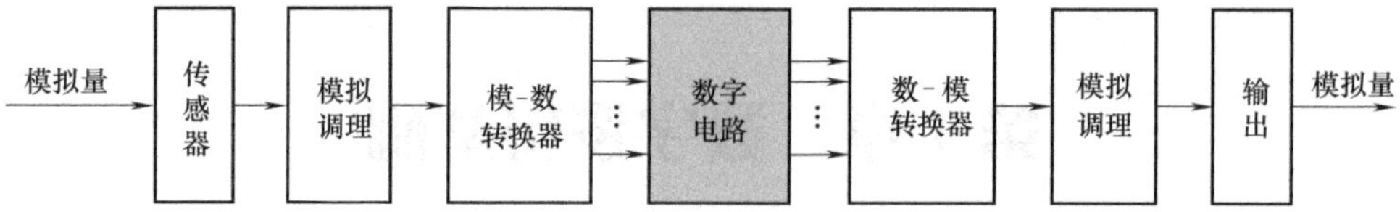

图 1-2　通用的信号处理系统基本结构

过程如图 1-3 所示。

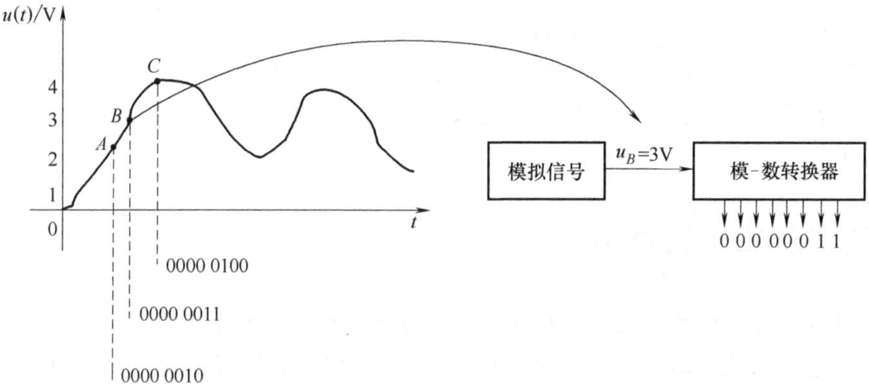

图 1-3　模拟信号的数字化方法

数字电路的一般框图如图 1-4 所示，它有 n 个输入 X_1、X_2、…、X_n 和 m 个输出 F_1、F_2、…、F_m，此外还可能有一个定时信号，即时钟信号（Clock）。每个输入 X_i 和输出 F_j 都是时间和数值上离散的二值信号，可用数字 0 和 1 表示。在数字电路和数字系统中，可以用 0 和 1 组成的数码（二进制数码）表示数量的大小，也可以用 0 和 1 表示两种不同的逻辑状态。当用 0 和 1 表示客观事物的两种对立状态时，它不表示数值，而表示逻辑 0 和逻辑 1，这两种对立的逻辑状态称为二值数字逻辑，简称为数字逻辑。数字电路的输出与输入之间满足一定的逻辑关系，因而数字电路也称为逻辑电路。

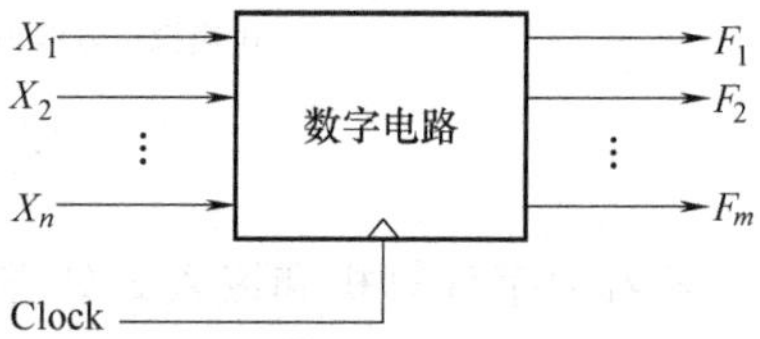

图 1-4　数字电路的一般框图

数字电路中的电子器件都工作在开关状态，电路的输出只有高、低两种电平，很容易实现二值数字逻辑，因此数字电路也称为开关电路。在分析实际电路时，逻辑高电平和逻辑低电平都对应一定的电压范围，不同系列的数字集成电路，其输入、输出为高电平或低电平时所对应的电压范围是不同的。一般用逻辑高电平（或接电源电压）表示逻辑 1 和二进制数的 1，用逻辑低电平（或接地）表示逻辑 0 和二进制数的 0。在数字电路中，当用高电平表示逻辑 1、用低电平表示逻辑 0 时称为正逻辑；当用低电平表示逻辑 1、用高电平表示逻辑 0 时称为负逻辑。通常情况下，数字电路使用正逻辑。

数字电路的输入、输出逻辑电平随时间变化的波形称为数字波形。数字波形有两种类型：一种是电位型（或称非归零型），另一种是脉冲型（或称归零型）。在波形图中，一定的时间间隔 T 称为 1 位（1 bit）或一拍。电位型的数字波形在一拍时间内用高电平表示 1、用低电平表示 0；脉冲型的数字波形则在一拍时间内以脉冲有无来表示 1 和 0。图 1-5 为 01001101100 序列信号的电位型和脉冲型两种数字波形表示，其中图 1-5a 为电位型的数字波形，图 1-5b 为脉冲型的数字波形。通常只有作为时序控制信号使用的时钟是用脉冲型表示，除此之外的大多数数字信号都采用电位型表示。

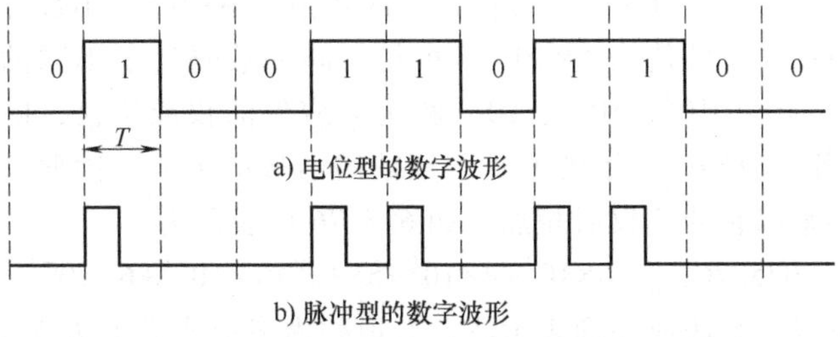

图 1-5　二进制序列信号的两种数字波形表示

数字电路和数字系统的输入、输出逻辑关系（功能或行为）通常可以用文字、真值表、逻辑函数表达式、逻辑电路图、时序图、状态图、状态表等多种形式进行描述，各种描述形式将在后续章节中介绍。

数字系统只能处理用二进制数表示的数字信号，而人们习惯用的十进制数不能直接被数字系统接收。因此，在人们与数字系统交换信息时，需要把十进制数转换成二进制数，当数字系统运行结束时，为了便于人们阅读，又需要将二进制数转换成十进制数。所以为了便于信息交换和传输，需要研究各种数制之间的转换及不同的编码方式。

1.2　数制

1.2.1　进位计数制的基本概念

人们在长期的生产生活实践中发明和积累了很多不同的计数方法，既可以用不同的数码（如 5、6、7 等）表示不同数量的大小，又可以用不同的数码表示不同的事物或同一事物的不同状态。然而，随着需要表示的数量的增加，仅用一位数码表示数量的大小往往会不够用，因此常常采用多位数码来表示（如 25、36 等）。在多位数码中，每一位的构成和从低位向高位进位的规则称为进位计数制（简称为数制）。在数字系统中，常用的进位计数制有十进制（Decimal）、二进制（Binary）和十六进制（Hexadecimal），有时也会用到八进制（Octal）。每一种进位计数制都有一组特定的数码、符号，如十进制数有 10 个数码，二进制数只有两个数码，而十六进制数有 16 个数码等。每种进位计数制中允许使用的数码总数称为基数或底数（Base 或 Radix）。

在所有的进位计数制中，任何数都是由整数和小数两部分组成，并且可以用两种书写形式表示，即位置记数法和多项式表示法。

1.2.2　几种常用的数制

1. 十进制数

十进制数是人们最熟悉的数制，其具有以下特点：

1）具有 10 个不同的数码 0、1、2、…、9 和一个小数点（.）。

2）多位数中低位和相邻高位之间的进位规则是逢十进一。

若干个数码并列在一起可以表示一个多位十进制数。如在 625.76 数中，小数点左边第一位的 5 代表个位，它的数值为 5，即 5×10^0；小数点左边第二位的 2 代表十位，它的数值为 2×10^1；小数点左边第三位的 6 代表百位，它的数值为 6×10^2；小数点右边第一位的值为 7×10^{-1}；小数点右边第二位的值为 6×10^{-2}。可见，同一数码处于不同的位置，代表的数值是不同的。这里 10^2、10^1、10^0、10^{-1}、10^{-2} 称为对应位的权或位权，即十进制数中各位的权是基数 10 的幂，各位数码所表示的值等于该数码与权的乘积。因此，一个多位数表示的数值等于每一位数码乘以它的位权后相加。如 625.76 可表示为

$$(625.76)_{10}=6\times10^2+2\times10^1+5\times10^0+7\times10^{-1}+6\times10^{-2}$$

上式左边称为位置记数法或并列表示法，右边称为多项式表示法或按权展开法。

通常对于任意一个十进制数 $(N)_{10}$，都可以用位置记数法和多项式表示法表示为

$$\begin{aligned}(N)_{10}&=a_{n-1}a_{n-2}\cdots a_1a_0a_{-1}a_{-2}\cdots a_{-m}\\&=a_{n-1}\times10^{n-1}+a_{n-2}\times10^{n-2}+\cdots+a_1\times10^1+a_0\times10^0+a_{-1}\times10^{-1}+\\&\quad a_{-2}\times10^{-2}+\cdots+a_{-m}\times10^{-m}\\&=\sum_{i=-m}^{n-1}a_i\times10^i\end{aligned}\tag{1-1}$$

式中，n 代表整数位数；m 代表小数位数；$a_i(-m\leqslant i\leqslant n-1)$ 表示第 i 位数码，它可以是 0、1、2、3、…、9 中的任意一个；10^i 为第 i 位数码的权值。$(N)_{10}$ 下标“10”表示括号内的数是十进制数，有时也用下标“D”表示，例如：

$$(625.76)_D=(625.76)_{10}$$

上述十进制数的表示方法也可以推广到任意进制数。对于一个基数为 R（$R\geqslant2$）的 R 进制数，数 $(N)_R$ 可以表示为

$$\begin{aligned}(N)_R&=a_{n-1}a_{n-2}\cdots a_1a_0a_{-1}a_{-2}\cdots a_{-m}\\&=a_{n-1}\times R^{n-1}+a_{n-2}\times R^{n-2}+\cdots+a_1\times R^1+a_0\times R^0+a_{-1}\times R^{-1}+\\&\quad a_{-2}\times R^{-2}+\cdots+a_{-m}\times R^{-m}\\&=\sum_{i=-m}^{n-1}a_iR^i\end{aligned}\tag{1-2}$$

式中，n 代表整数位数；m 代表小数位数；$a_i(-m\leqslant i\leqslant n-1)$ 为第 i 位数码，它可以是 0、1、…、$R-1$ 个不同数码中的任意一个；R_i 为第 i 位数码的权值。

由式（1-2）可以看出，当 $R=10$ 时即为常见的十进制数。

2. 二进制数

当式（1-2）中的基数 $R=2$ 时，即可得到二进制数。二进制数的进位规则是逢二进一，每位数码的取值只能是 0 或 1，每位的权是 2 的幂。在二进位计数制中，凡是大于 1 的数都需要用多位二进制数表示。表 1-1 列出了二进制位数、权和十进制数的对应关系。

任意一个二进制数 $(N)_2$，根据式（1-2），取 $R=2$，可表示为

$$\begin{aligned}(N)_2&=a_{n-1}a_{n-2}\cdots a_1a_0a_{-1}a_{-2}\cdots a_{-m}\\&=a_{n-1}\times2^{n-1}+a_{n-2}\times2^{n-2}+\cdots+a_1\times2^1+a_0\times2^0+a_{-1}\times2^{-1}+\\&\quad a_{-2}\times2^{-2}+\cdots+a_{-m}\times2^{-m}\\&=\sum_{i=-m}^{n-1}a_i2^i\end{aligned}\tag{1-3}$$

表 1-1　二进制位数、权和十进制数的对应关系

二进制整数位	13	12	11	10	9	8	7	6	5	4	3	2	1
权	2^{12}	2^{11}	2^{10}	2^{9}	2^{8}	2^{7}	2^{6}	2^{5}	2^{4}	2^{3}	2^{2}	2^{1}	2^{0}
（十进制表示）	4096	2048	1024	512	256	128	64	32	16	8	4	2	1
二进制小数位	−1		−2		−3		−4		−5		−6		
权	2^{-1}		2^{-2}		2^{-3}		2^{-4}		2^{-5}		2^{-6}		
（十进制表示）	0.5		0.25		0.125		0.0625		0.03125		0.015625		

把式（1-3）中的二进制数按权展开，按十进制数的乘法和加法计算，即可得到它所表示的十进制数的大小。例如：

$$(1101.101)_2=1\times2^3+1\times2^2+0\times2^1+1\times2^0+1\times2^{-1}+0\times2^{-2}+1\times2^{-3}=(13.625)_{10}$$

式中，下标“2”表示括号中的数是二进制数，也可以用 B 作为下标，例如：

$$(1101.101)_2=(1101.101)_B$$

二进制数具有以下特点：

1）因为它只有 0、1 两个数码，在数字电路中利用一个具有两个稳定状态且能相互转换的开关器件就可以表示一位二进制数，因此采用二进制数的电路容易实现，且工作稳定可靠。

2）二进制数的算术运算和十进制数的算术运算规则相似，不同的是二进制数是逢二进一和借一当二，而不是逢十进一和借一当十。

例如：

加法运算	减法运算	乘法运算	除法运算
1101.01	1101.01	1101	101……商
+1001.11	−1001.11	× 110	101) 11011
10111.00	0011.10	0000	101
		1101	111
		1101	101
		1001110	10……余数

与十进制数相比，同样大小的数用二进制数表示要比相应的十进制表示所需要的位数长得多，因此，二进制数并不便于阅读和书写。为了便于书写，通常采用八进制数和十六进制数作为二进制数的缩写方式。

3. 八进制数

八进制数的进位规则是逢八进一，其基数 $R=8$，采用的数码是 0、1、2、3、4、5、6、7，每位的权是 8 的幂。对于任意一个八进制数 $(N)_8$，根据式（1-2），取 $R=8$，可表示为

$$(N)_8=\sum_{i=-m}^{n-1}a_i8^i \tag{1-4}$$

例如：

$$(673.5)_8=6\times8^2+7\times8^1+3\times8^0+5\times8^{-1}=(443.625)_{10}$$

式中，下标“8”表示括号中的数是八进制数，也可以用 O 作为下标。

4. 十六进制数

十六进制数的特点：

1）采用的 16 个数码为 0、1、2、…、9、A、B、C、D、E、F。符号 A~F（不区分大小写）分别代表十进制数的 10~15，即 A 表示十进制数 10，B 表示 11，C 表示 12，D 表示 13，E 表示 14，F 表示 15。

2）进位规则是逢十六进一，基数 $R=16$，每位的权是 16 的幂。

对于任意一个十六进制数 $(N)_{16}$，根据式（1-2），取 $R=16$，可表示为

$$(N)_{16}=\sum_{i=-m}^{n-1}a_i 16^i \tag{1-5}$$

例如：

$$\begin{aligned}(5AC.B2)_{16}&=5\times16^2+10\times16^1+12\times16^0+11\times16^{-1}+2\times16^{-2}\\&\approx(1452.6875)_{10}\end{aligned}$$

式中，下标 16 表示括号中的数是十六进制数，也可以用 H 作为下标。

1.2.3 不同进位计数制之间的转换

1. 二进制数与十进制数之间的转换

（1）二进制数转换成十进制数——按权展开法

二进制数转换成十进制数时，只需将二进制数按式（1-3）写成按权展开的多项式，然后将各项按十进制规则进行运算，便可得到等值的十进制数。例如：

$$\begin{aligned}(11001.011)_2&=1\times2^4+1\times2^3+0\times2^2+0\times2^1+1\times2^0+0\times2^{-1}+1\times2^{-2}+1\times2^{-3}\\&=(25.375)_{10}\end{aligned}$$

同理，若将任意进制数转换为等值的十进制数，只需将数 $(N)_R$ 写成按权展开的多项式，并按十进制规则进行运算，便可得到相应的十进制数 $(N)_{10}$。

（2）十进制数转换成二进制数

十进制数转换成二进制数时，由于整数的转换方法和小数的转换方法不同，需要对其整数部分和小数部分分别进行转换。

1）整数转换——除 2 取余法。假设十进制整数是 $(N)_{10}$，转换后与之等值的 n 位二进制整数为 $(b_{n-1}b_{n-2}\cdots b_1b_0)_2$，则按照转换前后相等的原则，可表示为

$$\begin{aligned}(N)_{10}&=b_{n-1}\times2^{n-1}+b_{n-2}\times2^{n-2}+\cdots+b_1\times2^1+b_0\\&=2(b_{n-1}\times2^{n-2}+b_{n-2}\times2^{n-3}+\cdots+b_2\times2^1+b_1)+b_0\\&=2Q_1+b_0\end{aligned}\tag{1-6}$$

上式表明，若将 $(N)_{10}$ 除以 2，则得到的商为 $Q_1=b_{n-1}\times2^{n-2}+b_{n-2}\times2^{n-3}+\cdots+b_2\times2^1+b_1$，而得到的余数就是 b_0。

同理，商 Q_1 又可以表示为

$$\begin{aligned}Q_1&=2(b_{n-1}\times2^{n-3}+b_{n-2}\times2^{n-4}+\cdots+b_2)+b_1\\&=2Q_2+b_1\end{aligned}\tag{1-7}$$

即将 Q_1 除以 2，则得到的商为 $Q_2=b_{n-1}\times2^{n-3}+b_{n-2}\times2^{n-4}+\cdots+b_2$，而得到的余数就是 b_1。

重复上述过程，反复地将得到的商再除以 2，求得余数，直到得到的商等于 0 为止，于

是可得转换后的二进制整数的每一位的数码 b_0、b_1、…、b_{n-1}。

例如，若将 $(75)_{10}$ 转换为二进制数，则其步骤为

$$
\begin{array}{r|l}
2 & \underline{75} \quad\quad \text{余数} \\
2 & \underline{37} \cdots\cdots 1 = b_0 \\
3 & \underline{18} \cdots\cdots 1 = b_1 \\
2 & \underline{9} \cdots\cdots 0 = b_2 \\
2 & \underline{4} \cdots\cdots 1 = b_3 \\
2 & \underline{2} \cdots\cdots 0 = b_4 \\
2 & \underline{1} \cdots\cdots 0 = b_5 \\
 & 0 \cdots\cdots 1 = b_6
\end{array}
$$

$$(75)_{10} = (1001011)_2$$

2）小数转换——乘 2 取整法。将十进制小数 $(N)_{10}$ 转换为等值的二进制小数 $(0.b_{-1}b_{-2}\cdots b_{-m})_2$，可表示为

$$(N)_{10} = b_{-1}\times 2^{-1} + b_{-2}\times 2^{-2} + \cdots + b_{-m}\times 2^{-m} \tag{1-8}$$

将上式两边同时乘以 2，可得

$$2(N)_{10} = b_{-1} + (b_{-2}\times 2^{-1} + \cdots + b_{-m}\times 2^{-m+1}) = b_{-1} + F_1 \tag{1-9}$$

可见，$2(N)_{10}$ 乘积的整数部分就是 b_{-1}，小数部分为 F_1。若将 $2(N)_{10}$ 乘积的小数部分 F_1 再乘以 2，则有

$$
\begin{aligned}
2F_1 &= b_{-2} + (b_{-3}\times 2^{-1} + b_{-4}\times 2^{-2} + \cdots + b_{-m}\times 2^{-m+2}) \\
&= b_{-2} + F_2
\end{aligned} \tag{1-10}
$$

所得乘积的整数部分就是 b_{-2}，小数部分为 F_2。显然，重复上述过程，便可求出二进制小数的各位数码 b_{-1}、b_{-2}、…、b_{-m}。

例如，若将 $(0.637)_{10}$ 转换成二进制小数，则其步骤为

$$
\begin{array}{r l}
0.637 & \\
\underline{\times 2} & \quad \text{整数} \\
1.274 & \cdots\cdots\cdots 1 = b_{-1} \\
0.274 & \\
\underline{\times 2} & \\
0.548 & \cdots\cdots\cdots 0 = b_{-2} \\
\underline{\times 2} & \\
1.096 & \cdots\cdots\cdots 1 = b_{-3} \\
0.096 & \\
\underline{\times 2} & \\
1.192 & \cdots\cdots\cdots 0 = b_{-4}
\end{array}
$$

$$(0.637)_{10} \approx (0.1010)_2$$

注意：小数部分乘 2 取整的过程，不一定能使最后乘积的小数为 0，因此转换值有可能存在一定的误差。通常在二进制小数的精度已达到预定的要求时，运算便可结束。

将一个带有整数和小数的十进制数转换成二进制数时，必须将整数部分和小数部分分别按除 2 取余法和乘 2 取整法进行计算，然后将两者的转换结果合并起来。如将十进制数

105.4 转换为等值的二进制数的过程如图 1-6 所示。

同理，若将十进制数转换成任意 R 进制数 $(N)_R$，则整数部分转换采用除 R 取余法，小数部分转换采用乘 R 取整法。

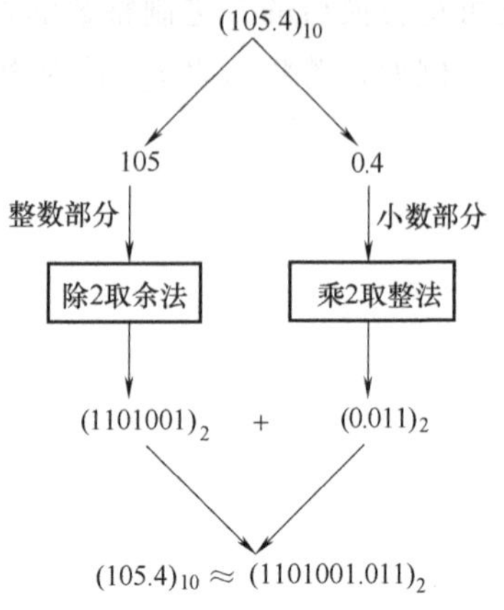

图 1-6　十进制数 105.4 转换为等值的二进制数的过程

2. 二进制数与八进制数、十六进制数之间的相互转换

八进制数和十六进制数的基数分别为 $8=2^3$、$16=2^4$，所以 3 位二进制数的 8 种组合（$000_2 \sim 111_2$）恰好与八进制数的 8 个数码相对应，4 位二进制数的 16 种组合（$0000_2 \sim 1111_2$）恰好与十六进制数的 16 个数码相对应，故二进制数与八进制数、十六进制数之间的相互转换很方便。

二进制数转换成八进制数的方法是从小数点开始，分别向左（整数部分）、向右（小数部分）将二进制数按每 3 位一组分组（不足 3 位的，整数部分在左补 0，小数部分在右补 0），然后写出每一组等值的八进制数。

如 $(11110101010.1101)_2$ 的等值八进制数为

$$\begin{array}{rcccccc} \text{二进制} & \underline{011} & \underline{110} & \underline{101} & \underline{010}. & \underline{110} & \underline{100} \\ \text{八进制} & 3 & 6 & 5 & 2. & 6 & 4 \end{array}$$

所以 $$(11110101010.1101)_2=(3652.64)_8$$

二进制数转换成十六进制数的方法和二进制数转换成八进制数的方法相似，从小数点开始分别向左（整数部分）、向右（小数部分）将二进制数按每 4 位一组分组（不足 4 位补 0），然后写出每一组等值的十六进制数。

如 $(11110101010.1101)_2$ 的等值十六进制数为

$$\begin{array}{rcccc} \text{二进制} & \underline{0111} & \underline{1010} & \underline{1010}. & \underline{1101} \\ \text{十六进制} & 7 & A & A. & D \end{array}$$

所以 $$(11110101010.1101)_2=(7AA.D)_{16}$$

八进制数、十六进制数转换为二进制数的方法可以采用与前面相反的步骤，即只要按原来顺序将每一位八进制数（或十六进制数）用相应的 3 位（或 4 位）二进制数代替即可。

如 $(536.27)_8$、$(37A.C3)_{16}$ 的等值二进制数为

$$(536.27)_8=(101011110.010111)_2$$

$$(37A.C3)_{16}=(001101111010.11000011)_2$$

1.3　编码

在数字系统中，数据和信息都是用若干位 0 和 1 按照一定的规则组成的二进制码来表示的。当用不同的数码表示不同的事物或事物的不同状态时，这些数码已不再具有数量大小的含义，习惯上把这些数码称为代码（Code）。n 位二进制数码可以组成 2^n 种不同的代码，代表 2^n 种不同的信息或数据。因此，用若干位二进制数码按一定规律排列起来表示给定信息的过程称为编码。下面介绍数字系统中常用的编码及其特性。

1.3.1 二-十进制编码（BCD 码）

二-十进制编码就是把每种十进制数码用二进制数的形式表示，因为十进制数有 10 个数码（0~9），用二进制数来表示该 10 个数码至少需要 4 位二进制码元，故二-十进制编码即是用 4 位二进制码的 10 种组合来表示十进制数的 10 个数码 0~9，简称 BCD（Binary Coded Decimal）码。

由于 4 位二进制码元可以有 16 种组合，当用这些组合表示十进制数的 10 个数码 0~9 时，有六种组合可以不用。由 16 种组合中选用 10 种组合，有

$$A_{16}^{10}=\frac{16!}{(16-10)!}\approx 2.9\times 10^{10}$$

种编码方案，但并不是所有的方案都有使用价值。表 1-2 列出了几种常用的 BCD 码的编码方式。

表 1-2 几种常用的 BCD 码的编码方式

十进制数	有权 BCD 码			无权 BCD 码	
	8421 码	5421 码	2421 码	余 3 码	余 3 循环码
0	0000	0000	0000	0011	0010
1	0001	0001	0001	0100	0110
2	0010	0010	0010	0101	0111
3	0011	0011	0011	0110	0101
4	0100	0100	0100	0111	0100
5	0101	1000	1011	1000	1100
6	0110	1001	1100	1001	1101
7	0111	1010	1101	1010	1111
8	1000	1011	1110	1011	1110
9	1001	1100	1111	1100	1010

1. 8421 BCD 码

8421 BCD 码是最基本和最常用的 BCD 码，它和 4 位自然二进制码相似，各位的权值从高到低分别为 8、4、2、1，故称为有权 BCD 码。与 4 位自然二进制码不同的是，8421 BCD 码只选用了 4 位自然二进制码中的前 10 组代码，即用 0000~1001 分别代表十进制数的 10 个数码 0~9，余下的 6 组代码 1010~1111 不用。

如十进制数 258 可以用 8421 BCD 码表示为

$$(258)_{10}=(0010\ 0101\ 1000)_{8421}$$

2. 5421 BCD 码和 2421 BCD 码

5421 BCD 码和 2421 BCD 码均属于有权 BCD 码，它们从高位到低位的权值分别为 5、4、2、1 和 2、4、2、1。这两种 BCD 码的编码方案不是唯一的。如 5421 BCD 码中的数码 5 既可以用 1000 表示，也可以用 0101 表示；2421 BCD 码中的数码 6 既可以用 1100 表示，也可以用 0110 表示。表 1-2 中只列出了一种常用的编码方式。

表 1-2 中 2421 BCD 码的 10 组数码中，0 和 9 的代码、1 和 8 的代码、2 和 7 的代码、3 和 6 的代码、4 和 5 的代码均互为反码（即代码每一位 0 和 1 的状态正好相反）。因此，表 1-2 中所列的 2421 BCD 码具有对 9 互补的特点，它是一种对 9 的自补代码（即只要对某一组代码各位取反就可以得到 9 的补码），这使得它在运算电路中的使用比较方便。

3. 余 3 码

余 3 码是 8421 BCD 码的每个码组加 3（即二进制数 0011）形成的。余 3 码也具有对 9 互补的特点，即它也是一种 9 的自补代码，所以也常用于 BCD 码的运算电路中。

用 BCD 码可以方便地表示多位十进制数，其转换方法是每位十进制数码用一组 BCD 码替代，例如：

$$(639.7)_{10}=(0110\ 0011\ 1001.0111)_{8421}=(1001\ 0110\ 1100.1010)_{余3码}$$

1.3.2 可靠性编码

代码在形成、传输过程中可能会发生错误，为了减少这种错误，出现了可靠性编码。常用的可靠性编码有以下两种：

1. 格雷码（Gray 码）

Gray 码最基本的特性是在任意相邻的两组代码中，仅有一位数码不同，即具有相邻性，因此又称为单位距离码。此外，Gray 码的首尾两个码组也有相邻性，因此又称为循环码。

Gray 码的编码方式有多种，典型的 4 位 Gray 码见表 1-3。

表 1-3 典型的 4 位 Gray 码

十进制数	二进制码				Gray 码				
	B_3	B_2	B_1	B_0	G_3	G_2	G_1	G_0	
0	0	0	0	0	0	0	0	0	…1 位反射对称轴
1	0	0	0	1	0	0	0	1	…2 位反射对称轴
2	0	0	1	0	0	0	1	1	
3	0	0	1	1	0	0	1	0	…3 位反射对称轴
4	0	1	0	0	0	1	1	0	
5	0	1	0	1	0	1	1	1	
6	0	1	1	0	0	1	0	1	
7	0	1	1	1	0	1	0	0	…4 位反射对称轴
8	1	0	0	0	1	1	0	0	
9	1	0	0	1	1	1	0	1	
10	1	0	1	0	1	1	1	1	
11	1	0	1	1	1	1	1	0	
12	1	1	0	0	1	0	1	0	
13	1	1	0	1	1	0	1	1	
14	1	1	1	0	1	0	0	1	
15	1	1	1	1	1	0	0	0	

由表 1-3 可以看出，Gray 码除了具有单位距离码的特点外，还有一个特点就是具有反射特性，即按表中所示的对称轴为界，除最高位互补反射外，其余低位数沿对称轴镜像对称。利用这一反射特性可以方便地构成位数不同的 Gray 码。

Gray 码的单位距离特性有很重要的意义。假如两个相邻的十进制数 13 和 14，相应的二进制码为 1101 和 1110。在用二进制数做加 1 计数时，如果从 13 变为 14，二进制码的最低两位都要改变，但实际上两位的改变不可能完全同时发生，若最低位先置 0，然后次低位再置 1，则变化过程为 1101→1100→1110，即出现短暂的误码 1100，而 Gray 码只有一位变化，因而杜绝了出现这种错误的可能。

余 3 循环码是一种具有单位距离特性的 BCD 码，其编码方式也很多，表 1-2 中的最后一列仅是其中一种，它与典型的 4 位 Gray 码的 3~12 相同，从而保证了从最大数 9 返回到 0 时，也应具有单位距离特性。

2. 奇偶校验码

奇偶校验码是一种能够检测出信息在传输中产生奇数个码元同时出错的代码，它由信息位和一位奇偶校验位两部分组成。

信息位是位数不限的任意一种二进制代码。检验位仅有一位，它可以放在信息位的前面，也可以放在信息位的后面。其编码方式有两种：

1）使得一组代码中信息位和校验位中 1 的个数之和为奇数，称为奇校验。

2）使得一组代码中信息位和校验位中 1 的个数之和为偶数，称为偶校验。

表 1-4 给出了 8421 BCD 码的奇偶校验码。

表 1-4　8421 BCD 码的奇偶校验码

十进制数	8421 BCD 奇校验码		8421 BCD 偶校验码	
	信息位	校验位	信息位	校验位
0	0000	1	0000	0
1	0001	0	0001	1
2	0010	0	0010	1
3	0011	1	0011	0
4	0100	0	0100	1
5	0101	1	0101	0
6	0110	1	0110	0
7	0111	0	0111	1
8	1000	0	1000	1
9	1001	1	1001	0

奇偶校验码常用在代码的传送过程中，当接收端对接收到的奇偶校验码进行检测时，只需检查各码组中 1 的个数是奇数还是偶数，就可以判断代码是否出错。若与发送端的奇偶性一致，则可以认为接收到的代码正确，否则，接收到的一定是错误代码。

奇偶校验码只能检查出奇数个码元出错，但不能确定是哪一位出错，因此，它没有纠错能力。但由于其编码简单、设备量少，而且在传输中通常一位码元出错的概率最大，因此该编码被广泛采用。

1.3.3　字符代码

在数字系统和数字计算机中，需要编码的信息除了数字外，还有字符和各种专用符号。用二进制代码表示字母和符号的编码方式有多种，目前广泛采用的 ASCII 码（American Standard Code for Information Interchange，美国信息交换标准代码）是由美国国家标准化协会制定的一种代码，已被国际标准化组织（ISO）选定作为一种国际通用的字符代码。其编码表见表 1-5。

ASCII 码采用 7 位二进制数编码，因此可以表示 128 个字符。由表 1-5 可见，数字 0~9

用相应的 0110000~0111001 来表示，B_8 通常用作奇偶校验位，但在机器中表示时，常使其为 0，因此 0~9 的 ASCII 码为十六进制数 30H~39H，大写字母 A~Z 的 ASCII 码为十六进制数 41H~5AH。ASCII 码中各种控制命令码的含义见表 1-6。

表 1-5　ASCII 码编码表

十六进制	$B_4B_3B_2B_1$	$B_7B_6B_5$							
		0	1	2	3	4	5	6	7
		0 0 0	0 0 1	0 1 0	0 1 1	1 0 0	1 0 1	1 1 0	1 1 1
0	0 0 0 0	NUL	DLE	Sp	0	@	P	`	p
1	0 0 0 1	SOH	DC1	!	1	A	Q	a	q
2	0 0 1 0	STX	DC2	"	2	B	R	b	r
3	0 0 1 1	ETX	DC3	#	3	C	S	c	s
4	0 1 0 0	EOT	DC4	$	4	D	T	d	t
5	0 1 0 1	ENQ	NAK	%	5	E	U	e	u
6	0 1 1 0	ACK	SYN	&	6	F	V	f	v
7	0 1 1 1	BEL	ETB	'	7	G	W	g	w
8	1 0 0 0	BS	CAN	(	8	H	X	h	x
9	1 0 0 1	HT	EM	)	9	I	Y	i	y
A	1 0 1 0	LF	SUB	*	:	J	Z	j	z
B	1 0 1 1	VT	ESC	+	;	K	[	k	{
C	1 1 0 0	FF	FS	,	<	L	\	l	|
D	1 1 0 1	CR	GS	-	=	M	]	m	}
E	1 1 1 0	SO	RS	.	>	N	^	n	~
F	1 1 1 1	SI	US	/	?	O	_	o	DEL

表 1-6　ASCII 码中各种控制命令码的含义

代码	含义		代码	含义	
NUL	Null	空白,无效	DC1	Device Control 1	设备控制 1
SOH	Start of Heading	标题开始	DC2	Device Control 2	设备控制 2
STX	Start of Text	正文开始	DC3	Device Control 3	设备控制 3
ETX	End of Text	文本结束	DC4	Device Control 4	设备控制 4
EOT	End of Transmission	传输结束	NAK	Negative Acknowledge	没有应答
ENQ	Enquiry	询问	SYN	Synchronous Idle	同步空闲
ACK	Acknowledge	应答	ETB	End of Transmission Block	信息块传输结束
BEL	Bell	报警	CAN	Cancel	取消
BS	Backspace	退格	EM	End of Medium	已到介质末端
HT	Horizontal Tab	横向制表	SUB	Substitute	代替,置换
LF	Line Feed	换行	ESC	Escape	换码,退出
VT	Vertical Tab	垂直制表	FS	File Separator	文件分隔
FF	Form Feed	换页	GS	Group Separator	组分隔
CR	Carriage Return	回车	RS	Record Separator	记录分隔
SO	Shift Out	移出	US	Unit Separator	单元分隔
SI	Shift In	移入	Sp	Space	空格
DLE	Date Link Escape	数据传输换码	DEL	Delete	删除

1.4 有符号数的表示及运算

在数字系统中，需要处理的不仅有正数，还有负数。为了表示有符号的二进制数，在定点整数运算的情况下，通常以代码的最高位作为符号位，用0表示正，用1表示负，其余各位为数值位。因此，n 位有符号数的最左侧位代表它的符号，而其余 $n-1$ 位代表它的大小。而在无符号数中，所有的位都代表数的大小，因此在定义数的大小时，所有 n 位都是数值位，最高位（Most Significant Bit，MSB）就是无符号数的最左侧位 b_{n-1}，如图1-7a所示。在有符号数中，有 $n-1$ 个数值位，最左侧位代表它的符号，而数值的最高位是 b_{n-2}，如图1-7b所示。代码的位数 n 称为字长，它的数值称为真值。

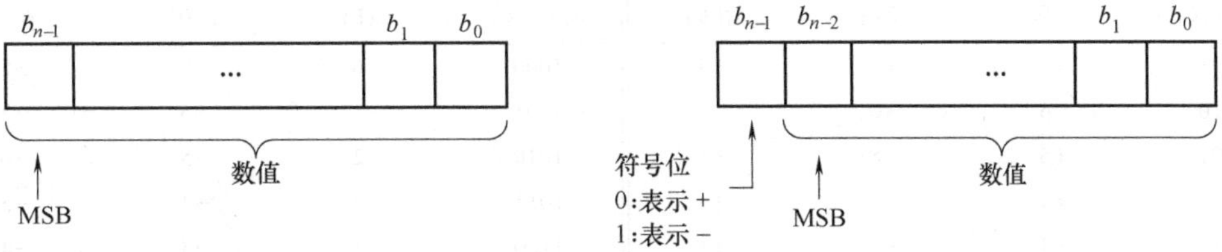

a) 无符号数　　b) 有符号数

图1-7　二进制数中整数的表示格式

对于有符号的二进制数，可以用原码、反码和补码三种形式来表示。

1. 原码

在十进制表示法中，正数和负数的数值用相同的方法来表示，而用专门的正、负号来区分数的正、负，这种方式称为数的符号-数值表示法。该方法同样适用于二进制，只是分别用符号位为0或者为1来表示数的正、负，称为二进制数的原码表示法。由于原码与用符号-数值表示法表示的十进制数十分相似，因此这种表示法很容易理解。

二进制数的原码表示方法：符号位+数值位。如真值分别为+76和-76，若用8位字长的原码来表示，则可表示为

$$N=(+76)_D=(+1001100)_B \qquad [N]_{原}=01001100$$

$$N=(-76)_D=(-1001100)_B \qquad [N]_{原}=11001100$$

原码表示简单、直观，而且与真值转换方便，但用原码进行减法运算时，电路结构复杂，不容易实现，因此引入补码表示法，而一个数的补码可以通过其反码获得。

2. 反码

反码的符号位表示法与原码相同，即符号位为0表示正数、1表示负数。与原码不同的是数值部分。

反码的表示方法：正数的反码与其原码相同，即符号位加数值位；负数的反码是符号位为1，数值位是原码的数值按位取反。如真值分别为+58和-58，若用8位字长的反码来表示，则可表示为

$$[+58]_{原}=00111010 \qquad [+58]_{反}=00111010$$

$$[-58]_{原}=10111010 \qquad [-58]_{反}=11000101$$

3. 补码

字长为 n 的整数 N 的补码定义为

$$[N]_{补}=\begin{cases} N & (0\leqslant N<2^{n-1}) \\ 2^n+N & (-2^{n-1}\leqslant N<0) \end{cases} \tag{1-11}$$

由于 2^{n-1} 与 n 位全为 1 的二进制数等值，而 2^n 比 2^{n-1} 多 1，所以求一个数的补码可以用以下简便方法：

1）正数和 0 的补码与原码相同。

2）负数的补码是将其原码的符号位保持不变，对数值位逐位求反，然后在最低位加 1，简称求反加 1。

表 1-7 列出了在三种不同的有符号数表示下，4 位有符号二进制数的所有 16 种组合的表示。

表 1-7　4 位有符号二进制数的表示

$b_3b_2b_1b_0$	原码	反码	补码	$b_3b_2b_1b_0$	原码	反码	补码
0111	+7	+7	+7	1000	-0	-7	-8
0110	+6	+6	+6	1001	-1	-6	-7
0101	+5	+5	+5	1010	-2	-5	-6
0100	+4	+4	+4	1011	-3	-4	-5
0011	+3	+3	+3	1100	-4	-3	-4
0010	+2	+2	+2	1101	-5	-2	-3
0001	+1	+1	+1	1110	-6	-1	-2
0000	+0	+0	+0	1111	-7	-0	-1

此外，应注意以下几点：

1）n 位字长的二进制原码、反码、补码所表示的十进制数值范围为

原码：$-(2^{n-1}-1)\sim+(2^{n-1}-1)$

反码：$-(2^{n-1}-1)\sim+(2^{n-1}-1)$

补码：$-2^{n-1}\sim+(2^{n-1}-1)$（不含-0）

如 4 位字长的原码、反码，其数值表示范围均为-7～+7，而补码的数值表示范围则为-8～+7；+0 的原码、反码、补码均为 0000，-0 只有原码（1000）和反码（1111），而没有补码；-8 只有补码（1000），而没有原码和反码。

2）如果已知一个数的补码，则可以用 $\{[X]_{补}\}_{补}=[X]_{原}$ 求其原码和真值。

若 n 位二进制数 $B=b_{n-1}b_{n-2}\cdots b_1b_0$ 是用补码表示的有符号数，则其真值计算方法为

$$[B]_{真值}=(-b_{n-1}\times2^{n-1})+b_{n-2}\times2^{n-2}+\cdots+b_1\times2^1+b_0\times2^0 \tag{1-12}$$

例 1-1　已知十进制数+7 和-6，试分别用 4 位字长和 8 位字长的二进制补码来表示。

解： $n=4$ 时，+7 和-6 的二进制补码为

$[+7]_{原}=0111$　　　　$[+7]_{补}=0111$

$[-6]_{原}=1110$　　　　$[-6]_{补}=1010$

$n=8$ 时，+7 和-6 的二进制补码为

$[+7]_{原}=00000111$　　　　$[+7]_{补}=00000111$

$[-6]_{原}=10000110$　　　　$[-6]_{补}=11111010$

例 1-2　已知 4 位字长的二进制补码分别为 0101、1001、1000，试求相应的十进制数。

解： 因为 $[X]_{补}=0101$，符号位为 0，所以 $[X]_{原}=0101$，$X=+5$。

因为 $[X]_{补}=1001$，符号位为 1，所以 $[X]_{原}=[1001]_{补}=1111$，$X=-7$。

因为 $[X]_{补}=1000$，符号位为 1，由式（1-12）可以计算得到其对应的真值为-8，所以它是 $n=4$ 时-8 的补码，而-8 没有原码和反码，所以 $X=-8$。

4. 补码的运算

在数字系统中，求一个数的反码和补码都很容易，而且利用补码可以方便地进行有符号二进制数的加、减运算。若 X、Y 均为正整数，则 $X-Y$ 的运算可以通过 $[X]_{补}+[-Y]_{补}$ 实现，从而将减法运算变成了加法运算，因而简化了电路结构。

采用补码进行加、减法运算的步骤如下：

1）根据 $[X\pm Y]_{补}=[X]_{补}+[\pm Y]_{补}$，分别求出 $[X]_{补}$、$[\pm Y]_{补}$ 和 $[X]_{补}+[\pm Y]_{补}$。

2）补码相加时，符号位参与运算，若符号位有进位，则自动舍去。

3）根据 $[X\pm Y]_{补}$ 的结果求出 $[X\pm Y]_{原}$，进而求出 $X\pm Y$。

例 1-3 试用 4 位字长的二进制补码完成下列运算：7-3；4-6。

解： $[7]_{补}=0111$，$[-3]_{补}=1101$，$[4]_{补}=0100$，$[-6]_{补}=1010$。

$[7-3]_{补}=[7]_{补}+[-3]_{补}=0111+1101=0100$（舍去进位），符号位为 0，故 $7-3=+4$。

$[4-6]_{补}=[4]_{补}+[-6]_{补}=0100+1010=1110$，符号位为 1，所以 $[4-6]_{原}=[1110]_{补}=1010$，故 $4-6=-2$。

必须指出，两个补码相加时，如果产生的和超出了有效数字位所表示的范围，则计算结果会出错，而之所以发生错误，是因为计算结果产生了溢出，解决的办法是扩大字长。

本章小结

1）数字电路和数字系统处理的是二进制数，掌握十进制、二进制、八进制和十六进制的表示形式，熟悉十进制和二进制之间的相互转换。

2）为了便于人机信息的交换和传输，需要对数字和字符进行编码，应重点掌握用 4 位二进制数表示一位十进制数的 BCD 编码方式，如 8421 BCD、余 3 码等。了解可靠性编码中格雷码和奇偶校验码的构成特点。

3）有符号的二进制数的表示方法有原码、反码和补码。在数字计算机和数字系统中，常采用补码形式存储有符号的二进制数并进行有关运算，因此要熟悉补码的表示和运算方法。

习题

1-1 将二进制数转换成等值的十进制数、八进制数和十六进制数。

（1）$(1011100)_2$　　（2）$(10011.100)_2$　　（3）$(101110101)_2$

1-2 将十进制数转换成等值的二进制数（小数点后面保留 4 位）、八进制数及十六进制数。

（1）$(84)_{10}$　　（2）$(5000)_{10}$　　（3）$(35.67)_{10}$　　（4）$(389.12)_{10}$

1-3 求出下列各式的值。

（1）$(E5.8)_{16}=(\quad)_8$　　（2）$(6543.21)_8=(\quad)_{10}$

（3）$(2FC5)_{16}=(\quad)_4$　　（4）$(1001101.0110)_2=(\quad)_{10}$

1-4 8 位和 12 位无符号二进制数表示十进制数的范围分别是多少？

1-5 对于下列十进制数，试分别用 8 位字长的二进制原码和补码表示。

（1）+53　　（2）-53　　（3）+207

（4）0　　　　　　　（5）-207　　　　　　（6）+300

1-6　已知下列 8 位字长的二进制补码，试分别求出相应的十进制数。

（1）01001101　　　　（2）11111111　　　　（3）01010101

（4）11001101　　　　（5）11100100　　　　（6）10000000

1-7　试用补码完成下列运算，设字长为 8 位。

（1）30-16　　（2）16-30　　（3）200+100　　（4）100-200

1-8　分别用 8421 BCD 码、余 3 码表示以下数。

（1）$(9.04)_{10}$　　（2）$(263.27)_{10}$　　（3）$(1101101)_2$

（4）$(3FF)_{16}$　　（5）$(45.7)_8$

1-9　对于存储在计算机中的两组数 1000 0111、1100 1001，当表示为 BCD 码或无符号二进制数时，其十进制数的数值为多少？

（1）8421 BCD　　（2）2421 BCD　　（3）5421 BCD

（4）余 3 码　　（5）无符号二进制数

第 2 章　逻辑代数基础与逻辑门电路

逻辑代数于 1849 年由英国数学家乔治·布尔（George. Boole）首先提出，是用来描述客观事物逻辑关系的一种数学方法，因而也被称为布尔代数。逻辑代数是数学的一个分支，主要研究逻辑运算和逻辑推理的数学原理和方法。逻辑代数在计算机科学和电子工程等领域的应用非常广泛，它为逻辑推理、电路设计、编程语言设计等提供了基础理论和方法。逻辑代数与逻辑门电路密切相关，逻辑门电路是使用逻辑代数的原理和方法来设计和实现的电路，可用于进行逻辑运算和逻辑控制。通过逻辑代数的运算规则和定理，可以对逻辑表达式进行简化和转换，从而实现电路的最小化和优化，进一步理解逻辑门电路的行为和性质，以及进行逻辑推理和电路分析。逻辑门电路是数字电路的基本组成部分，可以用于构建各种数字系统，包括计算机处理器、存储器、输入/输出接口等，通过逻辑门电路的组合和连接，可以实现更复杂的逻辑功能和算法。

本章简要介绍了逻辑代数的概念、基本公式、定律和运算规则，详细介绍了逻辑函数的表示方法、逻辑门及逻辑函数的化简方法。

2.1　逻辑代数的基本概念

人们在社会生活中不仅需要计算，也需要推理，需要在许多情况下根据已有的知识对事情做出判断和推断，这就产生了逻辑。逻辑是讨论事物的前提（条件）和结论之间所遵循的关系，以及如何得到这样一种关系。

古典逻辑采用自然语言来建立概念、断言和推理系统。随着人们对自然现象和社会事物认识的不断深化，用自然语言来描述事物有时显得既不严格，也不方便，甚至难以理解。乔治·布尔为了使逻辑中的推理能像数学计算一样进行，将代数符号引入逻辑系统，建立了一个二值运算的逻辑代数系统。这样，逻辑推理就转化为一种数学计算。二值逻辑代数系统由集合｛0，1｝和与、或、非三种基本运算构成。

2.1.1　逻辑函数的概念

在逻辑代数系统中，可以用逻辑变量和逻辑函数来表示用文字描述的逻辑问题。逻辑变量与普通代数的变量相似，也可以用 A、B、C，x、y、z 等字母来表示。所不同的是，普通代数中变量的取值可以是任意的，而二值逻辑代数的变量和常量取值只有两种，即逻辑 0 和逻辑 1。必须指出，这里的逻辑 0 和逻辑 1 并不表示数量的大小，而是代表某个事件的两种对立状态，即两种对立的逻辑状态。如它们可以代表事件的真、伪，正、反，开关的通、断，电平的高、低等。

逻辑函数与普通代数中的函数相似，它是随着自变量的变化而变化的因变量。因此，如果用自变量和因变量分别表示某一事件发生的条件和结果，那么该事件的因果关系就可以用逻辑函数表示。

数字电路是处理输入变量与输出变量之间逻辑关系的运算电路，它可以用逻辑函数来描述。例如，对于图 2-1 所示的某数字电路，若输入的三个逻辑变量 A、B、C 的取值确定后（如 $A=1$，$B=1$，$C=0$），经过该数字电路 f 逻辑运算处理后，其输出逻辑变量 F 的值是 0 或是 1 也被唯一确定，则称 F 是三个输入变量 A、B、C 的逻辑函数，并记为 $F=f(A、B、C)$。

2.1.2 真值表

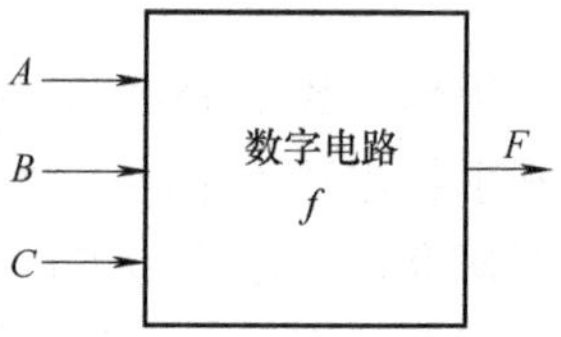

图 2-1 具有三个输入、一个输出的数字电路

真值表是一种描述数字电路输入-输出关系的表格，它列出了数字电路所有可能输入的取值组合及其对应的输出值。通过真值表可以进一步理解和分析数字电路的行为。

在图 2-1 中，如果该数字电路 f 的功能是判断三个输入 A、B、C 中逻辑 1 的个数，即当三个输入逻辑 1 的个数等于或超过 2 时，输出 F 为逻辑 1，否则为逻辑 0。则根据该功能描述，可以列出图 2-1 电路所表示的逻辑函数 $F=f(A、B、C)$ 中三个输入 A、B、C 的所有可能组合与输出 F 取值的对应表，见表 2-1，该表即为图 2-1 电路或其逻辑函数的真值表。

表 2-1 三个输入一个输出的数字电路真值表

A	B	C	F
0	0	0	0
0	0	1	0
0	1	0	0
0	1	1	1
1	0	0	0
1	0	1	1
1	1	0	1
1	1	1	1

由表 2-1 可以看出，真值表以竖线分为左、右两部分，左边为输入部分，包括数字电路的所有输入变量，右边为输出部分，包括所有输出变量。

输入部分列出了逻辑函数中所有变量的可能取值组合（三个变量共有 8 种组合）。如果逻辑函数有 n 个输入变量，那么输入部分将有 2^n 行，每行代表一种输入组合。

输出部分列出了每个输入组合对应的逻辑函数的输出取值。输出部分的列数与电路的输出个数（或逻辑函数的输出变量个数）相等。由于某些数字电路可能有多个输出，每个输出都会对应一个逻辑函数。

通过观察真值表中的输入和输出部分，可以分析数字电路或逻辑函数的行为和规律，进而推导出逻辑函数表达式，或者验证逻辑函数的正确性。如从表 2-1 也可以看出，该真值表所对应的数字电路功能是当三个输入 A、B、C 中逻辑 1 的个数大于或等于 2 时输出 F 为 1，否则 F 为 0。因此，真值表是设计和分析数字电路的重要工具。

2.1.3 逻辑代数的三种基本运算

逻辑代数的三种基本运算包括逻辑与（AND）、逻辑或（OR）和逻辑非（NOT），它们可以由相应的单元电路来实现，这样的单元电路称为逻辑门。

1. 逻辑与（AND）

逻辑与（AND）运算的定义：只有当决定事件结果的所有条件同时具备时，结果才发生。如在图 2-2 所示串联开关电路中，只有在开关 A 和 B 都闭合的条件下，灯 F 才亮，这种灯亮与开关闭合的关系就称为逻辑与。如果设开关 A、B 闭合为 1、断开为 0，设灯 F 亮为 1、灭为 0，则 F 与 A、B 的逻辑与关系可以用表 2-2 的真值表描述。

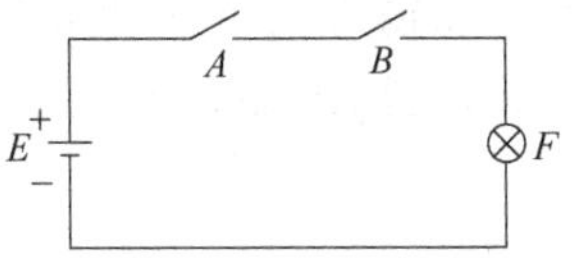

图 2-2　逻辑与示意图

表 2-2　逻辑与真值表

A	B	F
0	0	0
0	1	0
1	0	0
1	1	1

逻辑与（AND）运算的逻辑表达式为

$$F=A \cdot B$$

在逻辑代数中，逻辑与也称为逻辑乘或与逻辑。符号“·”表示逻辑乘，在不致混淆的情况下，常省去符号“·”。有的文献也采用∧、∩及 & 等符号来表示逻辑与。

实现逻辑与的单元电路称为与门，其逻辑符号如图 2-3 所示。其中图 2-3a 为国外流行符号，图 2-3b 为国标符号。这两种符号都是 IEEE（电气与电子工程师协会）/ANSI(美国国家标准协会）认定的图形符号，且与 IEC（国际电工协会）标准相兼容。由于在实际应用中，图 2-3a 表示的符号被普遍使用，也是国际通用符号，因此本书均采用国外流行符号。

对于两个变量的逻辑与运算表达式 $F=A \cdot B$，如果已知输入变量 A 和 B 的波形，则可以根据逻辑与运算的逻辑功能画出输出变量 F（两输入与门的输出端）的波形，如图 2-4 所示。在逻辑与运算波形中，逻辑 1 用高电平表示，逻辑 0 用低电平表示。

a) 国外流行符号　　b) 国标符号

图 2-3　与门逻辑符号

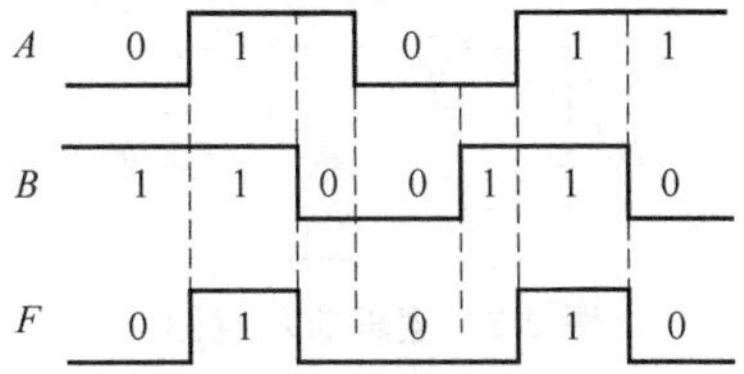

图 2-4　两个变量的逻辑与运算波形图

2. 逻辑或（OR）

逻辑或（OR）运算的定义：决定事件结果的所有条件中，只要有一个条件满足，结果就会发生。如在图 2-5 所示并联开关电路中，只要开关 A、B 中有一个闭合，灯 F 就亮，这种灯亮与开关闭合的关系称为逻辑或。F 与 A、B 的逻辑或关系可以用表 2-3 的真值表描述。

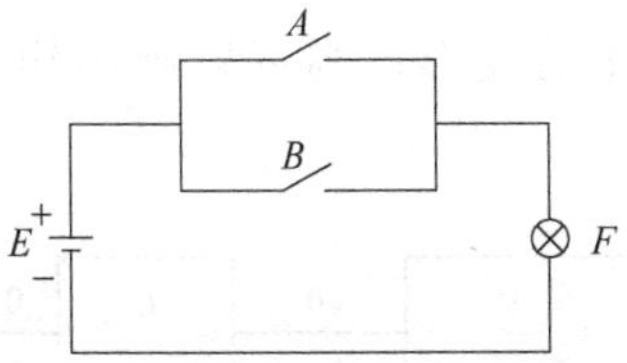

图 2-5　逻辑或示意图

表 2-3　逻辑或真值表

A	B	F
0	0	0
0	1	1
1	0	1
1	1	1

逻辑或运算的逻辑表达式为

$$F=A+B$$

逻辑或也称为逻辑加或或逻辑。符号“+”表示逻辑加。有的文献也采用∨、∪等符号来表示逻辑加。

实现逻辑或的单元电路称为或门，其逻辑符号如图 2-6 所示，其中图 2-6a 为国外流行符号，也是国际通用符号，图 2-6b 为国标符号。

对于两个逻辑变量的逻辑或运算表达式 $F=A+B$，如果已知输入变量 A 和 B 的波形，则可以根据逻辑或运算的逻辑功能画出输出变量 F（两输入或门的输出端）的波形，如图 2-7 所示。

a) 国外流行符号　　b) 国标符号

图 2-6　或门逻辑符号

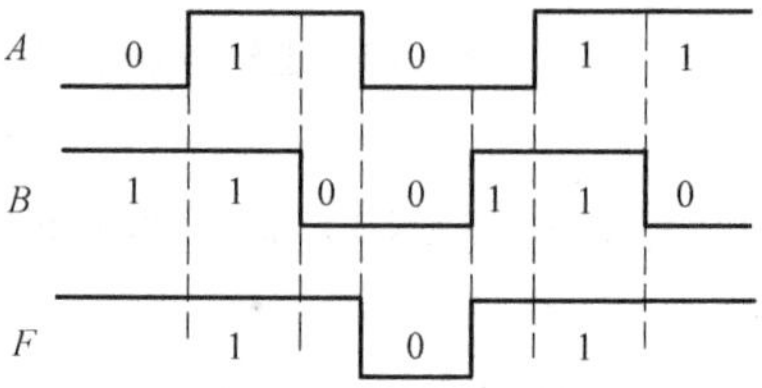

图 2-7　两个变量的逻辑或运算波形图

3. 逻辑非（NOT）

逻辑非（NOT）运算是逻辑的否定，其定义为：当条件具备时，结果不会发生；而条件不具备时，结果一定会发生。如在图 2-8 所示开关电路中，只有当开关 A 断开时，灯 F 才亮，当开关 A 闭合时，灯 F 反而熄灭。灯 F 的状态总是与开关 A 的状态相反。这种结果总是同条件相反的逻辑关系称为逻辑非。逻辑非的真值表见表 2-4，其逻辑表达式为

$$F=\overline{A}$$

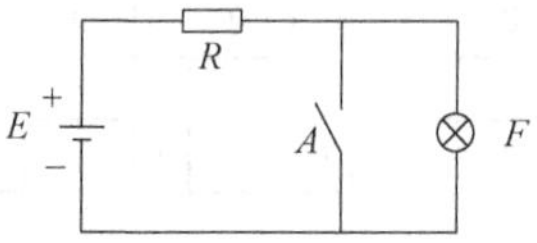

图 2-8　逻辑非示意图

表 2-4　逻辑非真值表

A	F
0	1
1	0

逻辑非也称为逻辑反或非逻辑。符号“$\overline{\quad}$”表示非运算。有的文献也采用“ ' ”来表示逻辑非。在逻辑运算中，通常将 A 称为原变量，将 $\overline{A}$ 称为反变量，并将 A 和 $\overline{A}$ 称为互补变量。

实现逻辑非的单元电路称为非门（或反相器），其逻辑符号如图 2-9 所示。其中图 2-9a 为国外流行符号，也是国际通用符号，图 2-9b 为国标符号。

根据逻辑非运算表达式 $F=\overline{A}$，如果已知输入变量 A 的波形，则可以画出输出变量 F（非门的输出端）的波形，如图 2-10 所示。

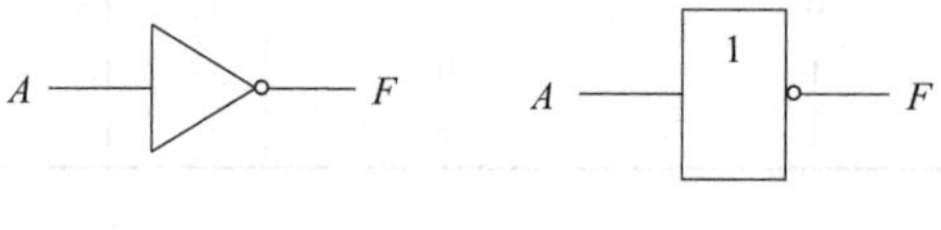

a) 国外流行符号　　b) 国标符号

图 2-9　非门逻辑符号

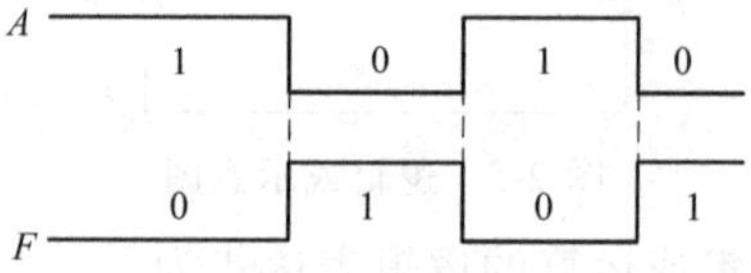

图 2-10　逻辑非运算波形图

2.2 逻辑代数的公式和规则

2.2.1 逻辑代数的基本公式

逻辑代数系统与普通代数系统一样，也有相应的定理、公式和规则。

1. 逻辑变量和常量公式

0–1 公式 1：$A+1=1$　　　0–1 公式 2：$A \cdot 0=0$

自等公式 1：$A+0=A$　　　自等公式 2：$A \cdot 1=A$

重叠公式 1：$A+A=A$　　　重叠公式 2：$A \cdot A=A$

互补公式 1：$A+\overline{A}=1$　　　互补公式 2：$A \cdot \overline{A}=0$

由于逻辑常量只有 0 和 1，因此逻辑变量与常量的运算结果可直接根据三种基本逻辑运算的定义推出。这些公式也称为公理，可以用来证明其他公式。

2. 与普通代数相似的公式

交换公式 1：$A+B=B+A$　　　交换公式 2：$A \cdot B=B \cdot A$

结合公式 1：$(A+B)+C=A+(B+C)$　　　结合公式 2：$(A \cdot B) \cdot C=A \cdot (B \cdot C)$

分配公式 1：$A+BC=(A+B)(A+C)$　　　分配公式 2：$A \cdot (B+C)=AB+AC$

交换公式、结合公式和分配公式的运算法则除分配公式 1 外与普通代数相似。分配公式 1 在普通代数中是不成立的，这个公式称为加对乘的分配公式，可以采用公式法证明。

证：$(A+B)(A+C)=A \cdot A+A \cdot B+A \cdot C+B \cdot C$

$$=A+AB+AC+BC=A(1+B+C)+BC=A+BC$$

因此有

$$A+BC=(A+B)(A+C)$$

也可以用真值表来验证分配公式 1 的正确性，分别列出分配公式 1 等号左、右两边的真值表，请读者自行验证。

3. 逻辑代数中的特殊公式

反演公式 1：$\overline{A+B}=\overline{A} \cdot \overline{B}$　　　反演公式 2：$\overline{AB}=\overline{A}+\overline{B}$

还原公式：$\overline{\overline{A}}=A$

反演公式和还原公式也分别称为反演律和还原律，是逻辑代数中的特殊定律。反演律又称为德·摩根（De Morgan）定律，在逻辑代数中具有特殊重要的作用，它提供了一种逻辑表达式的变换方法，即可以将与运算之非变成或运算，也可以将或运算之非变成与运算。反演律的正确性可以通过真值表证明，见表 2-5。如果将任意一组输入变量的取值代入公式两边，所得的函数值都相等，则说明该等式成立。

表 2-5　反演公式证明真值表

A	B	$\overline{A+B}$	$\overline{A} \cdot \overline{B}$	$\overline{AB}$	$\overline{A}+\overline{B}$
0	0	1	1	1	1
0	1	0	0	1	1
1	0	0	0	1	1
1	1	0	0	0	0

2.2.2 化简公式

运用逻辑代数的基本公式和规则，可以导出在逻辑函数代数法化简中使用的若干常用公式。

1. 合并公式

合并公式 1：$AB+A\overline{B}=A$　　　　合并公式 2：$(A+B)(A+\overline{B})=A$

证明：$AB+A\overline{B}=A(B+\overline{B})=A\cdot 1=A$

$(A+B)(A+\overline{B})=AA+A\overline{B}+AB+B\overline{B}=A(1+\overline{B}+B)=A$

合并公式给出了**相邻项**的定义：在逻辑代数中，如果两个与项（或项）分别包含了互补的两个因子（如 B 和 $\overline{B}$），而其他因子都相同，那么这两个与项（或项）称为相邻项。

合并公式说明，与项的两个相邻项相或（或项的两个相邻项相与）可以合并为一个与项（或项），直接消去其中互补的变量。如下面的三个变量构成的两个相邻项为：

与项相邻项：$ABC+AB\overline{C}=AB$

或项相邻项：$(A+B+C)(A+B+\overline{C})=A+B$

2. 吸收公式

吸收 1 公式 1：$A+AB=A$　　　　吸收 1 公式 2：$A\cdot(A+B)=A$

证明：$A+AB=A(1+B)=A\cdot 1=A$

$A\cdot(A+B)=AA+AB=A+AB=A(1+B)=A$

吸收 1 公式 1 说明，两个与项相加时，如果一个与项中的部分因子（如 AB 项中的 A）恰好是另一个与项（如 A）的全部，则该与项（AB）是多余的，可以消去。

吸收 2 公式 1：$A+\overline{A}B=A+B$　　　　吸收 2 公式 2：$A\cdot(\overline{A}+B)=A\cdot B$

证明：$A+\overline{A}B=(A+\overline{A})(A+B)=1\cdot(A+B)=A+B$

吸收 2 公式 1 说明，两个与项相加时，如果一个与项（如 A）取反后是另一个与项（如 $\overline{A}B$）中的部分因子，则该部分因子（$\overline{A}$）是多余的，可以消去。

吸收 3 公式 1：$AB+\overline{A}C+BC=AB+\overline{A}C$

证明：$AB+\overline{A}C+BC=AB+\overline{A}C+(A+\overline{A})BC=AB+\overline{A}C+ABC+\overline{A}BC$

$=(AB+ABC)+(\overline{A}C+\overline{A}BC)=AB(1+C)+\overline{A}C(1+B)=AB+\overline{A}C$

吸收 3 公式 1 推论：　　$AB+\overline{A}C+BCDE=AB+\overline{A}C$

吸收 3 公式 2：$(A+B)(\overline{A}+C)(B+C)=(A+B)(\overline{A}+C)$

吸收 3 公式 2 推论：$(A+B)(\overline{A}+C)(B+C+D+E)=(A+B)(\overline{A}+C)$

吸收 3 公式 1 及推论说明，如果两个乘积项（与项）分别包含了互补的两个因子（如 AB 项和 $\overline{A}C$ 项中的 A 和 $\overline{A}$），而这两个乘积项中的其余因子（如 B 和 C）都包含在第三个乘积项中，若这样的三个与项相或，则第三个乘积项是多余的，可以直接消去。这个第三项也称为冗余项或多余项。

吸收 3 公式 2 及推论说明，如果两个或项中分别包含了互补的两个因子（如 $A+B$ 和 $\overline{A}+$

C 中的 A 和 $\overline{A}$)，而这两个或项中的其余因子（如 B 和 C）都包含在第三个或项中，若这样的三个或项相与，则第三个或项是多余的，可以直接消去。吸收 3 公式 2 及推论可以采用真值表的方法证明，也可以通过后面的对偶规则由吸收 3 公式 1 及推论得到，请读者自行完成。

逻辑代数的基本公式和化简公式见表 2-6。

表 2-6 逻辑代数的基本公式和化简公式

名称	公式 1	公式 2
0-1	$A+1=1$	$A\cdot 0=0$
自等	$A+0=A$	$A\cdot 1=A$
重叠	$A+A=A$	$A\cdot A=A$
互补	$A+\overline{A}=1$	$A\cdot\overline{A}=0$
交换	$A+B=B+A$	$A\cdot B=B\cdot A$
结合	$(A+B)+C=A+(B+C)$	$(A\cdot B)\cdot C=A\cdot(B\cdot C)$
分配	$A+BC=(A+B)(B+C)$	$A\cdot(B+C)=AB+AC$
反演	$\overline{A+B}=\overline{A}\cdot\overline{B}$	$\overline{A\cdot B}=\overline{A}+\overline{B}$
合并	$AB+A\overline{B}=A$	$(A+B)(A+\overline{B})=A$
吸收 1	$A+AB=A$	$A\cdot(A+B)=A$
吸收 2	$A+\overline{A}B=A+B$	$A\cdot(\overline{A}+B)=A\cdot B$
吸收 3	$AB+\overline{A}C+BC=AB+\overline{A}C$	$(A+B)(\overline{A}+C)(B+C)=(A+B)(\overline{A}+C)$
还原	$\overline{\overline{A}}=A$	

2.2.3 三个重要规则

1. 代入规则

任何一个逻辑等式，如果将等式两边所出现的某一变量都代之以同一逻辑函数，则等式仍然成立，这个规则称为代入规则。由于逻辑函数与逻辑变量一样，只有 0、1 两种取值，所以代入规则的正确性不难理解。代入规则可以扩大基本公式的运用范围。

如已知 $\overline{AB}=\overline{A}+\overline{B}$（反演公式），若将原等式中的变量 B 用 $F=BC$ 代替，则可以得到适用于多变量的反演公式，即

$$\overline{ABC}=\overline{AF}=\overline{A}+\overline{F}=\overline{A}+\overline{BC}=\overline{A}+\overline{B}+\overline{C}$$

推理得 n 个变量的反演公式为

$$\overline{A_1A_2\cdots A_n}=\overline{A_1}+\overline{A_2}+\cdots+\overline{A_n}$$

$$\overline{A_1+A_2+\cdots+A_n}=\overline{A_1}\,\overline{A_2}\cdots\overline{A_n}$$

2. 反演规则

对于任意一个逻辑函数式 F，如果将 F 中所有的运算符“·”换成“+”，“+”换成“·”，常量 0 换成 1，1 换成 0，原变量换成反变量，反变量换成原变量，则所得到的结果就是 $\overline{F}$。$\overline{F}$ 称为原函数 F 的反函数，或称为补函数。

反演规则是反演公式的推广，运用它可以简便地求出一个函数的反函数。

例 2-1 已知 $F_1=\overline{A+B\overline{C}}+\overline{A}C$，$F_2=(A+\overline{B})\,\overline{C+\overline{\overline{D}+E}}$，利用反演规则分别求 F_1 和 F_2 的反函数。

解： $\overline{F_1}=\overline{\overline{A}(\overline{B}+C)}(A+\overline{C})$

$\overline{F_2}=\overline{A}B+\overline{\overline{C}\,\overline{D\overline{E}}}$

运用反演规则直接写出一个函数的反函数时应注意以下两点：

1）不能破坏原函数的运算顺序，即先括号，然后按先与后或的原则。

例 2-1 中，原函数 F_1 中先运算 $B\overline{C}$，再完成 $A+B\overline{C}$，因此在利用反演规则时，由于与换成或，或换成与，但为了保证原函数的运算顺序，反函数 $\overline{F_1}$ 中的 $\overline{A}(\overline{B}+C)$ 部分把 $\overline{B}+C$ 加了括号，而不能写为 $\overline{AB}+C$。

2）两个或两个以上变量的长非号要保留不变，即不属于单个变量上的非号要保持不变。

例 2-1 中，原函数 F_1 中 $\overline{A+B\overline{C}}$ 的 $A+B\overline{C}$ 上的长非号，在利用反演规则时应保持不变，因此，反函数 $\overline{F_1}$ 中 $\overline{\overline{A}(\overline{B}+C)}$ 部分仍保留了公共的长非号。

3. 对偶规则

对于任意一个逻辑函数 F，如果将 F 中所有的运算符“·”换成“+”、“+”换成“·”，常量 0 换成 1，1 换成 0，而变量保持不变，则得出的逻辑函数就是 F 的对偶式或对偶函数，记为 F_d（或 F^*）。

例 2-2 求函数 $F_1=\overline{A+B\overline{C}}+\overline{A}C$ 和 $F_2=(A+\overline{B})\,\overline{C+\overline{\overline{D}+E}}$ 的对偶式。

解： $F_1^*=\overline{A(B+\overline{C})}(\overline{A}+C)$

$F_2^*=A\overline{B}+\overline{C\,\overline{\overline{D}E}}$

例 2-2 中，F_1^*、F_2^* 分别是 F_1、F_2 的对偶式。不难证明，F_1、F_2 也是 F_1^*、F_2^* 的对偶式，即 F 和 F^* 互为对偶式。

任何逻辑函数式都存在对偶式。若原等式成立，其对偶式也一定成立。这种逻辑关系称为**对偶规则**。

必须注意，由原式求对偶式时，仍然要满足反演规则中的两个注意事项，即原函数的运算优先顺序不能改变，长非号要保持不变，而且对偶规则中单个变量上的非号也保持不变。

表 2-6 的逻辑代数公式都是成对出现的，它们都是互为对偶的对偶式。根据这种对偶关系，读者需要记忆和证明的公式就可以减少一半。

2.3 复合逻辑和复合逻辑门

2.3.1 常用复合逻辑运算和复合逻辑门

在逻辑代数中，除了与、或、非三种基本运算之外，还经常使用一些复合逻辑运算。常用的复合逻辑运算有与非（NAND）逻辑运算、或非（NOR）逻辑运算、与或非（AND-OR-NOT）逻辑运算、异或（XOR）逻辑运算和同或（XNOR）逻辑运算。复合逻辑运算在电路中由相应的复合门来实现。

1. 与非（NAND）逻辑

与非逻辑运算是与运算和非运算的组合，两个变量的与非运算逻辑表达式为

$$F=\overline{AB}$$

2 输入与非门的逻辑符号如图 2-11a 所示，3 输入与非门的逻辑符号如图 2-11b 所示，$F=\overline{ABC}$。图 2-11 第 1 行为国外流行符号，也是国际通用符号，第 2 行为国标符号。

2. 或非（NOR）逻辑

或非逻辑运算是或运算和非运算的组合，两个变量的或非运算逻辑表达式为

$$F=\overline{A+B}$$

或非门逻辑符号如图 2-12a 所示。

3. 与或非（AND-OR-NOT）逻辑

与或非逻辑运算是与、或、非三种运算的组合，其逻辑表达式为

$$F=\overline{AB+CD}$$

与或非门逻辑符号如图 2-12b 所示。图 2-12 第 1 行为国外流行符号，第 2 行为国标符号。注意：与或非门没有独立的特定外形符号。

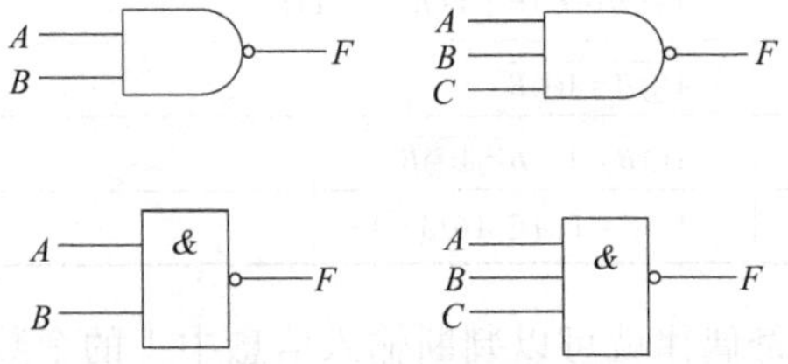

a) 2输入与非门　b) 3输入与非门

图 2-11　与非门逻辑符号

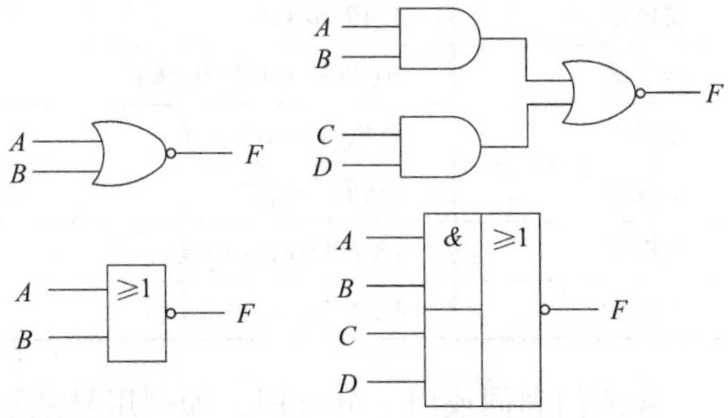

a) 或非门　b) 与或非门

图 2-12　或非门和与或非门逻辑符号

4. 异或（XOR）和同或（XNOR）逻辑

异或逻辑的定义：当两个输入变量取值相异时输出为 1，相同时输出为 0。异或运算也称模 2 加运算，“⊕”是异或运算符。异或逻辑真值表见表 2-7，其逻辑表达式为

$$F=A\oplus B=A\overline{B}+\overline{A}B$$

同或逻辑与异或逻辑相反，当两个输入变量取值相同时输出为 1，相异时输出为 0。同或运算也称为异或非，“⊙”是同或运算符号。同或逻辑真值表见表 2-7，其逻辑表达式为

$$F=A\odot B=\overline{A}\,\overline{B}+AB$$

异或门逻辑符号如图 2-13a 所示。同或门逻辑符号如图 2-13b 所示。图中第 1 行为国外流行符号，第 2 行为国标符号。

表 2-7　异或逻辑和同或逻辑真值表

A	B	$A\oplus B$	$A\odot B$
0	0	0	1
0	1	1	0
1	0	1	0
1	1	0	1

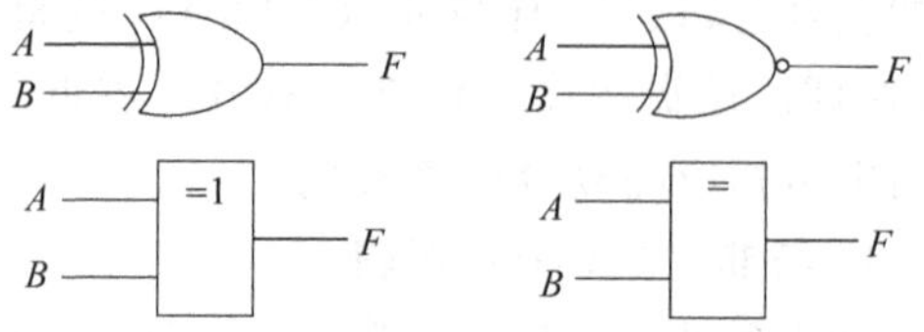

a) 异或门　　b) 同或门

图 2-13　异或门和同或门逻辑符号

由定义和真值表 2-7 可见，异或逻辑与同或逻辑互为反函数，即

$$\overline{A\oplus B}=A\odot B,\quad \overline{A\odot B}=A\oplus B$$

利用对偶规则还可以证明它们互为对偶式。如果 $F=A\oplus B$，$G=A\odot B$，不难证明 $F_d=G$，$G_d=F$。因此可以将“$\oplus$”作为“$\odot$”的对偶符号，反之亦然。由此可见，两变量的异或函数和同或函数既互补又对偶，这是一对特殊函数。

异或和同或运算的常用公式见表 2-8。表中公式可以利用真值表或前面的公式证明。

表 2-8　异或和同或运算的常用公式

名称	异或公式	同或公式
变量与常量的关系	$A\oplus 0=A$	$A\odot 1=A$
	$A\oplus 1=\overline{A}$	$A\odot 0=\overline{A}$
	$A\oplus\overline{A}=1$	$A\odot\overline{A}=0$
交换律	$A\oplus B=B\oplus A$	$A\odot B=B\odot A$
结合律	$A\oplus B\oplus C=A\oplus(B\oplus C)$	$A\odot(B\odot C)=(A\odot B)\odot C$
分配律	$A(B\oplus C)=AB\oplus AC$	$A+(B\odot C)=(A+B)\odot(A+C)$
反演律	$\overline{A\oplus B}=\overline{A}\odot\overline{B}$	$\overline{A\oplus B}=\overline{A}\oplus\overline{B}$
调换律	$A\oplus\overline{B}=\overline{A}\oplus B=\overline{A\oplus B}$	$A\odot\overline{B}=\overline{A}\odot B=\overline{A\oplus B}$
奇偶律	$A\oplus A=0$，$A\oplus A\oplus A=A$	$A\odot A=1$，$A\odot A\odot A=A$

异或门和同或门十分有用，如利用异或运算的奇偶律就可以判断输入信息中 1 的个数是奇数还是偶数，所以常用若干个异或门实现奇偶校验电路。又如，可以将异或门用作可控反相器，其电路如图 2-14 所示。当 $X=0$ 时，$F=A\oplus X=A\oplus 0=A$；当 $X=1$ 时，$F=A\oplus X=A\oplus 1=\overline{A}$，即利用一个输入端的信号去控制另一端输入信号的同相或反相输出。

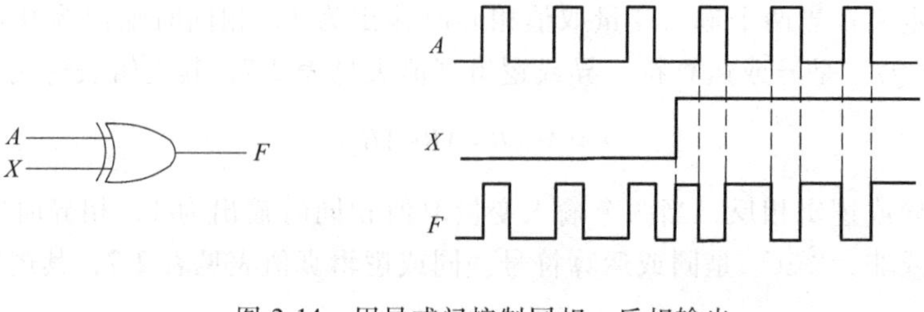

图 2-14　用异或门控制同相、反相输出

以上介绍了逻辑代数中的三种基本运算和五种复合运算，在使用逻辑运算对应的逻辑门时应注意，实际的异或门和同或门都只有两个输入端，而与门、或门、与非门、或非门、与

或非门都可以有多个输入端，非门只有一个输入端。

2.3.2 常用逻辑门的等效符号

在实际应用中，基本逻辑门电路（与、或、非、与非、或非）除了使用标准符号之外，还经常使用与其逻辑功能相同的等效逻辑符号，从而可以对逻辑电路进行变换或化简。

前面介绍的反演公式（即德·摩根定律）提供了一种变换逻辑运算符号的方法，利用该定理可以将任何与（AND）形式的逻辑门和或（OR）形式的逻辑门互换。

如一个 2 输入与非门逻辑符号如图 2-15a 所示，根据德·摩根定律 $F=\overline{AB}=\overline{A}+\overline{B}$，可画出如图 2-15b 所示等效电路，这意味着每个输入端接有反相器的或门等效于一个与非门。将图 2-15b 中的非门用小圆圈表示，则可画出与非门等效符号如图 2-15c 所示，其输入端的小圆圈表示非运算。

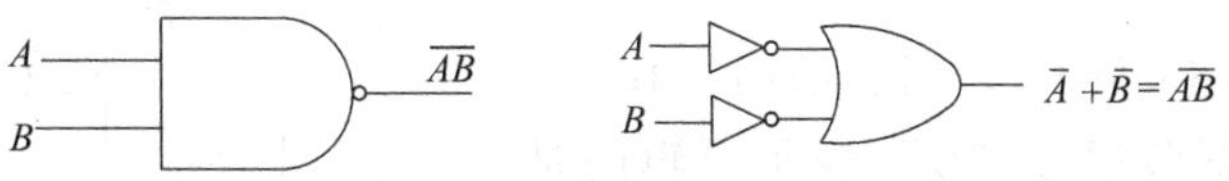

a) 标准与非门　　b) 与非门等效电路　　c) 标准与非门等效符号

图 2-15　与非门及其等效符号

同理，在其他逻辑门标准符号的基础上，只要利用德·摩根定律改变其运算符号（或变与、与变或，反相器除外），并用小圆圈表示非运算，即可得到相应的等效符号。图 2-16 列出了各种逻辑门和反相器的标准符号和等效符号。

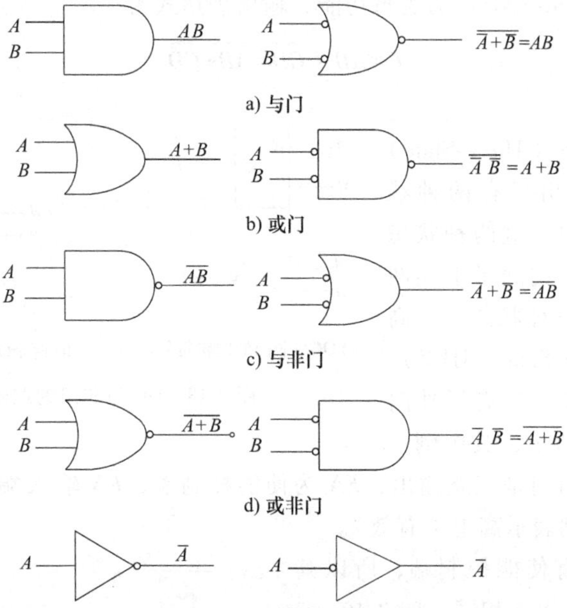

图 2-16　各种逻辑门和反相器的标准符号和等效符号

必须指出，图 2-16 所示逻辑门的标准符号和等效符号都是在正逻辑体制下，用不同的符号形式描述同一个逻辑功能的函数。这里的等效符号并不是负逻辑体制下的表示方法。

对于正逻辑体制，高电平用逻辑 1 表示，低电平用逻辑 0 表示；负逻辑体制正好相反，高电平用逻辑 0 表示，低电平用逻辑 1 表示。同一电路的输入、输出关系，既可以用正逻辑描述，也可以用负逻辑描述。由于实际应用中很少采用负逻辑，所以本书均采用正逻辑体制。

2.3.3 集电极开路门和三态门

与门、或门、非门、与非门、或非门、与或非门、异或门和同或门这八种逻辑门的输出端仅有两种状态，即逻辑 1（高电平）和逻辑 0（低电平），实际使用时应注意它们的输出端都不能直接连接在一起。如图 2-17 所示，当两个与非门的输出端连接在一起时，加电后非常容易出现逻辑门损坏。但是，本节介绍的集电极开路门和三态门，它们的输出端在一定条件下则可以连接在一起。

1. 集电极开路门

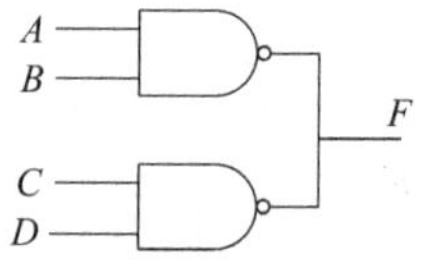

图 2-17 两个与非门的输出端错误连接

集电极开路门又称为 OC（Open Collector）门。如图 2-18a 所示为 OC 与非门的逻辑符号，其中菱形记号“◇”表示逻辑门是 OC 输出结构。该逻辑门内部电路的输出端晶体管的集电极与电源之间开路，因此，使用时需要外接合适的电阻 R_L（称为上拉电阻）到电源上，以保证在输出为高电平时，输出端能够稳定为逻辑高电平。多个 OC 门的输出端可以直接连接，并且可以共享外接的上拉电阻 R_L，如图 2-18b 所示为两个 OC 与非门输出端连接的应用。图 2-18b 中只要有一个门的输出为低电平，则 F 输出为低电平，只有所有门的输出为高电平，F 输出才为高电平，因此相当于在输出端实现了**线与**（Wired-AND）的逻辑功能，输出表达式为

$$F=\overline{AB}\cdot\overline{CD}=\overline{AB+CD}$$

2. 三态门

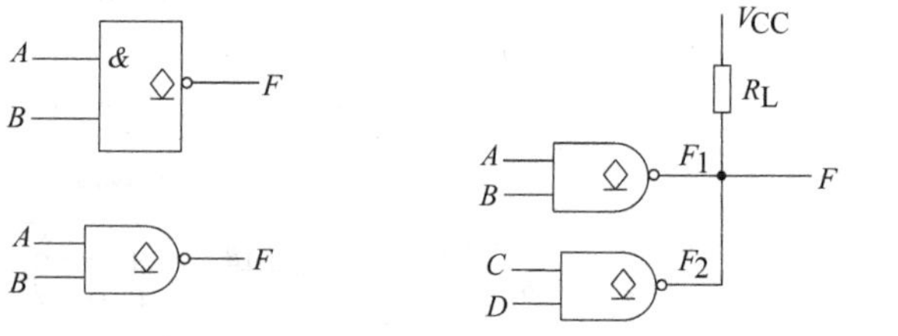

a) OC与非门的逻辑符号　　b) 两个OC与非门输出端连接的应用

图 2-18 OC 与非门的逻辑符号及应用

三态门又称为 TS（Three-State）门。普通逻辑门的输出只有两种状态，即逻辑 0 和逻辑 1，这两种状态都是低阻输出。而三态门除了上述两种状态以外，还有第三种状态——高阻态（High-Impedance State，HI-Z），这时输出端相当于悬空。三态缓冲门的逻辑符号如图 2-19 所示，其中倒三角“▽”记号表示逻辑门是三态输出，EN 为使能控制端，EN 输入端有小圆圈表示低电平有效（若没有小圆圈则表示高电平有效）。

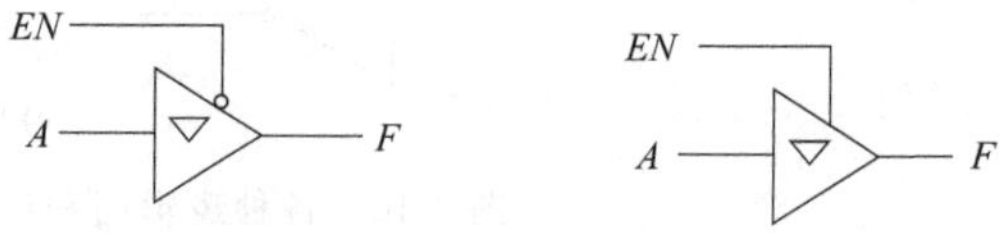

a) 低电平使能　　b) 高电平使能

图 2-19 两种控制模式的三态缓冲门的逻辑符号

由于三态缓冲门有使能控制端，所以其功能描述与普通逻辑门也不相同。图 2-19a 三态缓冲门的真值表见表 2-9，表中的“×”表示输入变量为“0”或“1”中的任意逻辑值都可以，即输入为任意值。其输出函数表达

式为

$$F=\begin{cases}A & (EN=0)\\ Z(\text{高阻}) & (EN=1)\end{cases}$$

表 2-9　低电平使能三态缓冲门真值表

EN	A	F
0	0	0
0	1	1
1	×	Z(高阻)

表 2-10　高电平使能三态缓冲门真值表

EN	A	F
1	0	0
1	1	1
0	×	Z(高阻)

图 2-19b 三态缓冲门的真值表见表 2-10，其输出函数表达式为

$$F=\begin{cases}A & (EN=1)\\ Z(\text{高阻}) & (EN=0)\end{cases}$$

多个三态缓冲门的输出端可以直接连接。如图 2-20 所示为两个三态缓冲门输出端连接的应用。图中，当 $EN=0$ 时，低电平使能的三态缓冲门工作，输出为 A，高电平使能的三态缓冲门不工作，输出悬空，则电路输出为 $F=A$。当 $EN=1$ 时，低电平使能的三态缓冲门不工作，输出悬空，高电平使能的三态缓冲门工作，输出为 B，则电路输出为 $F=B$。因此，该应用相当于在输出端实现了**线或**（Wired-OR）的逻辑功能，其输出函数表达式为

$$F=\overline{EN}\cdot A+EN\cdot B$$

另外，图 2-20 所示的三态缓冲门电路可以实现在同一个公用通道上轮流传送两个不同的信息，当该电路扩展到 n 个三态缓冲门时，可以实现在同一个公用通道上轮流传送 n 个不同的信息。

普通逻辑门的输出端串联三态缓冲门，同样可以实现线或运算。如图 2-21 所示，将两个串联三态缓冲门的与门输出端直接相连，其输出函数表达式为

$$F=\overline{EN}\cdot F_1+EN\cdot F_2=\overline{EN}\cdot AB+EN\cdot CD$$

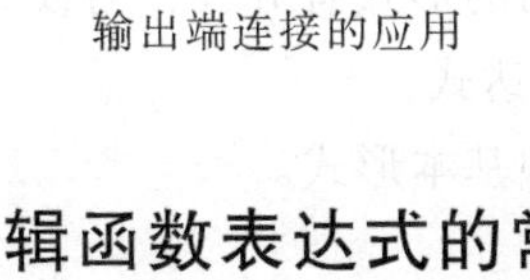

图 2-20　两种三态缓冲门输出端连接的应用

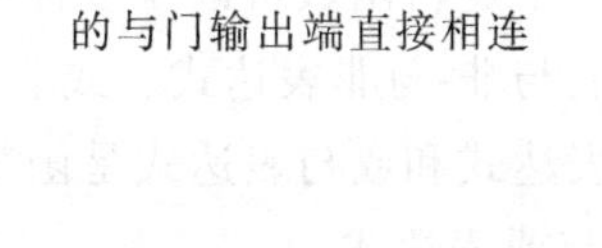

图 2-21　两个串联三态缓冲门的与门输出端直接相连

2.4　逻辑函数表达式的常用形式

逻辑门是实现逻辑函数的基本单元器件，如果选择的实际器件的功能和型号不同，则逻辑函数表达式的形式也不相同，因此必须将逻辑函数式变换成符合相应逻辑门的形式。

2.4.1 逻辑运算的完备性

在逻辑代数中，与、或、非是三种最基本的逻辑运算，用与、或、非三种运算符和逻辑变量可以构成任意逻辑函数，因此称与、或、非逻辑运算符是一组完备集。

但是与、或、非三种运算符并不是最好的完备集，因为用它实现一个函数时需要用三种不同规格的逻辑门。实际上，从德·摩根定律可知，有了与和非便可得到或，有了或和非便可得到与，因此与非、或非、与或非运算中的任意一种都能单独实现与、或、非运算。这三种复合运算的每一种都是完备集，而且实现函数只需要一种规格的逻辑门，从而为设计带来许多方便。

例 2-3 仅用与非门分别实现与、或、非三种基本运算，并分别画出实现的连接图。

解： 用与非门实现非运算，输出函数表达式为

$$\overline{A}=\overline{A\cdot A}$$

实现的连接图如图 2-22a 所示。

用与非门实现与运算，输出函数表达式为

$$AB=\overline{\overline{AB}}=\overline{\overline{AB}\cdot\overline{AB}}$$

实现的连接图如图 2-22b 所示。

用与非门实现或运算，输出函数表达式为

$$A+B=\overline{\overline{A+B}}=\overline{\overline{A}\cdot\overline{B}}$$

实现的连接图如图 2-22c 所示。

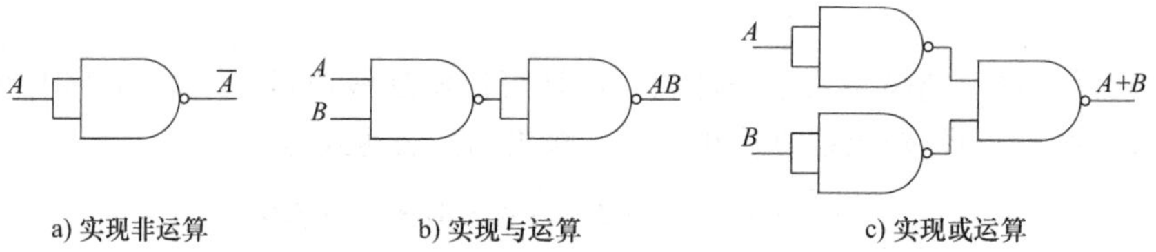

图 2-22 用与非门实现与、或、非三种基本运算的连接图

因此，任何可以用与、或、非门实现的逻辑函数，都可以仅用与非门实现。同理，仅用或非门和与或非门也可以分别实现与、或、非三种基本运算，请读者自行完成。

2.4.2 逻辑函数表达式的常用形式

任何一个逻辑函数可以有多种逻辑函数表达式，最常用的形式有五种：与或表达式、或与表达式、与非-与非表达式、或非-或非表达式、与或非表达式。

与或表达式和或与表达式是函数表达式中最常用的两种基本形式。

(1) 与或表达式

由单个或多个逻辑变量（或反变量）进行与运算构成的项称为与项或乘积项，由与项相或构成的表达式称为与或表达式或积之和表达式。例如：

$$F=AB+AC+BC \tag{2-1}$$

用逻辑门实现与或表达式的方法：用与门先实现逻辑与，然后用或门把各个与门的输出

或起来。式（2-1）的实现电路如图 2-23a 所示。

（2）或与表达式

由单个或多个逻辑变量（或反变量）进行或运算构成的项称为或项或和项，由或项相与构成的表达式称为或与表达式或和之积表达式。例如：

$$F=(A+B)(A+C)(B+C) \tag{2-2}$$

用逻辑门实现或与表达式的方法：用或门先实现逻辑或，然后用与门把各个或门的输出与起来。式（2-2）的实现电路如图 2-23b 所示。

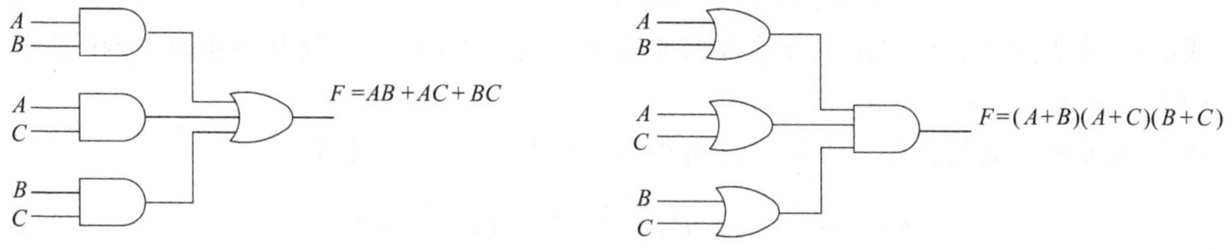

a) 与或表达式　　b) 或与表达式

图 2-23　与或表达式和或与表达式的实现电路

与或表达式到或与表达式的变换可以通过分配公式 1 变换得到，其中利用了冗余项的概念。例如：

$$\begin{aligned} F &= AB+\bar{A}C=(AB+\bar{A})(AB+C)=(\bar{A}+B)(A+C)(B+C) \\ &=(\bar{A}+B)(A+C) \end{aligned}$$

或与表达式到与或表达式的变换可通过展开并化简得到。

与或表达式和或与表达式之间的互换也可以通过两次求反或两次求对偶得到（第一次求反或对偶后展开并化简）。例如：

$F=AB+\bar{A}C$ 第一次求反：$\bar{F}=\overline{AB+\bar{A}C}=\overline{AB}\cdot\overline{\bar{A}C}=(\bar{A}+\bar{B})(A+\bar{C})$

$=\bar{A}\bar{C}+A\bar{B}$

$F=AB+\bar{A}C$ 第二次求反：$F=\overline{\bar{A}\bar{C}+A\bar{B}}=\overline{\bar{A}\bar{C}}\cdot\overline{A\bar{B}}=(A+C)(\bar{A}+B)$

（3）与非-与非表达式

将与或表达式两次求反，借助德·摩根定律可得到与非-与非表达式。例如：

$$F=AB+AC+BC=\overline{\overline{AB+AC+BC}}=\overline{\overline{AB}\cdot\overline{AC}\cdot\overline{BC}} \tag{2-3}$$

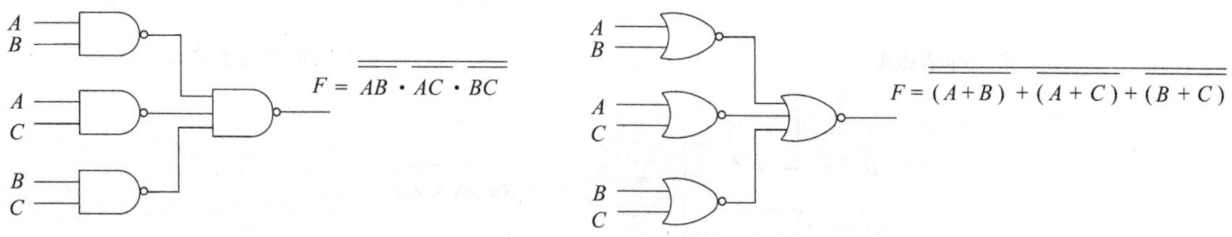

a) 与非-与非表达式　　b) 或非-或非表达式

图 2-24　与非-与非表达式和或非-或非表达式的实现电路

与非-与非表达式可以用两级与非门来实现。式（2-3）的实现电路如图 2-24a 所示。

通过把与或表达式两次求反得到与非-与非表达式，并用两级与非门来实现的过程可以看出，任何一个与或表达式都可以用两级与非门来实现。

（4）或非-或非表达式

将或与表达式两次求反，借助德·摩根定律可得到或非-或非表达式。例如：

$$F=(A+B)(A+C)(B+C)=\overline{\overline{(A+B)(A+C)(B+C)}}$$

$$=\overline{\overline{(A+B)}+\overline{(A+C)}+\overline{(B+C)}} \tag{2-4}$$

或非-或非表达式也可以用两级或非门来实现。式（2-4）的实现电路如图 2-24b 所示。

（5）与或非表达式

或非-或非表达式借助德·摩根定律可得到与或非表达式。例如：

$$F=\overline{\overline{(A+B)}+\overline{(A+C)}+\overline{(B+C)}}=\overline{\bar{A}\,\bar{B}+\bar{A}\,\bar{C}+\bar{B}\,\bar{C}} \tag{2-5}$$

一般来说，任何一个逻辑函数通过逻辑变换都可以得到五种表示形式。例如：

$F=AB+\bar{A}C$	与或表达式
$=(\bar{A}+B)(A+C)$	或与表达式
$=\overline{\overline{AB}\cdot\overline{\bar{A}C}}$	与非-与非表达式
$=\overline{\overline{(\bar{A}+B)}+\overline{(A+C)}}$	或非-或非表达式
$=\overline{A\bar{B}+\bar{A}\bar{C}}$	与或非表达式

以上五种逻辑函数表达式的逻辑电路实现如图 2-25 所示，这里默认输入端可以直接使用反变量。实际应用中需要根据所选用的器件来描述逻辑函数表达式。

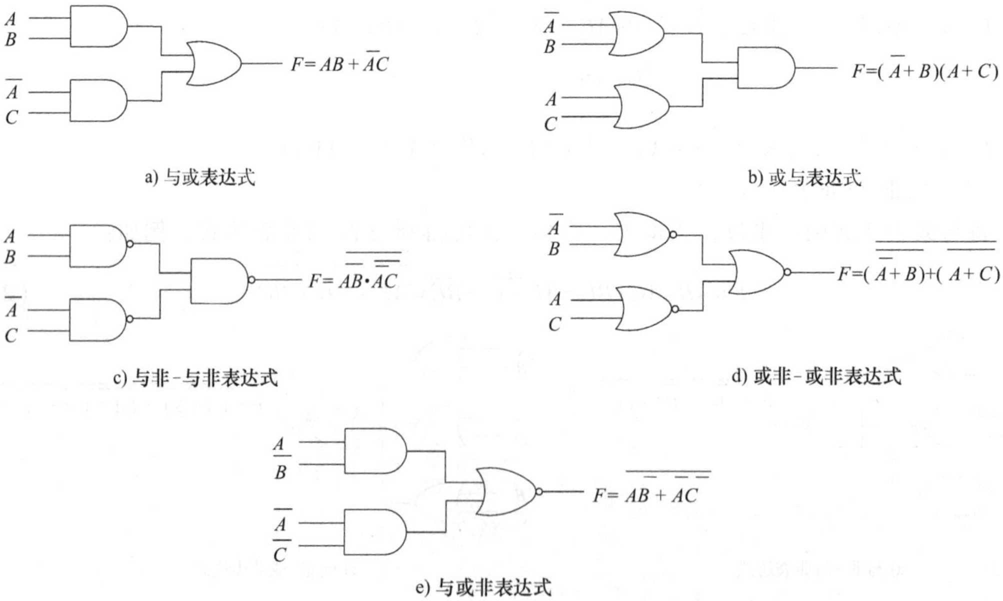

a) 与或表达式　b) 或与表达式　c) 与非-与非表达式　d) 或非-或非表达式　e) 与或非表达式

图 2-25　五种逻辑函数表达式的逻辑电路实现

几种常用逻辑门的集成器件内部结构及引脚图如图 2-26 所示。图中每个芯片都集成了若干个相同的逻辑门，如 7400 为四个 2 输入与非门、7402 为四个 2 输入或非门、7404 为六个反相器、7408 和 7432 分别为四个 2 输入与门和四个 2 输入或门。如果用实际逻辑器件实现图 2-25a 与或表达式和图 2-25b 或与表达式的逻辑电路，观察可知都需要与门和或门，即要用一片 7408 和一片 7432 来实现。然而，图 2-25c 与非-与非表达式的逻辑电路是用两级与非门实现，只需要一片 7400。图 2-25d 或非-或非表达式的逻辑电路是用两级或非门实现，也只需要一片 7402。显然，采用合适的实现电路形式，可以充分利用芯片资源，节约工程实现的成本，提高效率。

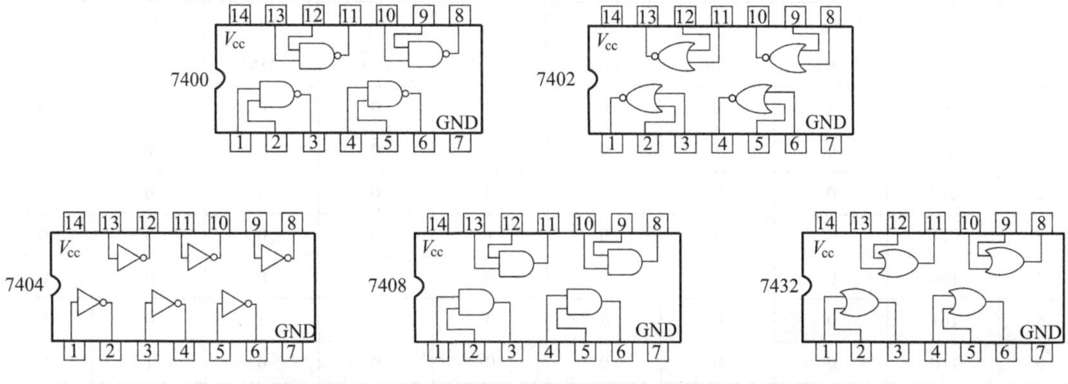

图 2-26　几种常用逻辑门的集成器件内部结构及引脚图

2.4.3　逻辑函数的两种标准形式

对于任何一个逻辑函数，其表达式的形式有多种，但标准形式只有两种，即标准与或式和标准或与式，并且这两种标准表达式都是唯一的，它们和逻辑函数真值表有着严格的对应关系。

1. 最小项

最小项定义：n 个变量的最小项是 n 个变量的与项，其中每个变量都以原变量或反变量的形式出现一次。

两个变量 A、B 可以构成四个最小项：$\bar{A}\bar{B}$、$\bar{A}B$、$A\bar{B}$、AB，三个变量 A、B、C 可以构成八个最小项：$\bar{A}\bar{B}\bar{C}$、$\bar{A}\bar{B}C$、$\bar{A}B\bar{C}$、$\bar{A}BC$、$A\bar{B}\bar{C}$、$A\bar{B}C$、$AB\bar{C}$、ABC，可见 n 个变量的最小项共有 2^n 个。

表 2-11 为三变量逻辑函数的最小项真值表。由表可见，每一个最小项仅和一组变量取值相对应，只有该组取值使其值为 1，而在其余取值下皆为 0。最小项通常用符号 m_i 表示，下标“i”是最小项的编号，对应变量取值的等效十进制数。如 $AB\bar{C}$ 仅和取值 110 相对应，因此 $AB\bar{C}$ 是 110 对应的最小项，可以用符号 m_6 表示。由表 2-11 还可以看出，使最小项为 1 的对应变量取值组合中，取值为 1 的变量在最小项中用原变量表示，取值为 0 的变量在最小项中用反变量表示。如使最小项 $AB\bar{C}$ 为 1 的变量取值组合为 110，即 $A=1$，$B=1$，$C=0$，在最小项中变量 A 和变量 B 用原变量表示，变量 C 用反变量 $\bar{C}$ 表示。

最小项具有以下性质：

1）n 变量逻辑函数全部最小项的逻辑和恒为 1，即

$$\sum_{i=0}^{2^n-1} m_i = 1 \tag{2-6}$$

2）任意两个不同的最小项的逻辑乘恒为 0，即

$$m_i m_j = 0 \quad (i \neq j) \tag{2-7}$$

3）n 变量逻辑函数的每个最小项有 n 个相邻项。如三变量逻辑函数的某一最小项 $\overline{A}\,\overline{B}C$ 的三个相邻项分别是 $\overline{A}\,\overline{B}\,\overline{C}$、$\overline{A}BC$、$A\overline{B}C$。

表 2-11　三变量逻辑函数的最小项真值表

序号	ABC	m_0 $\overline{A}\,\overline{B}\,\overline{C}$	m_1 $\overline{A}\,\overline{B}C$	m_2 $\overline{A}B\overline{C}$	m_3 $\overline{A}BC$	m_4 $A\overline{B}\,\overline{C}$	m_5 $A\overline{B}C$	m_6 $AB\overline{C}$	m_7 ABC
0	000	1	0	0	0	0	0	0	0
1	001	0	1	0	0	0	0	0	0
2	010	0	0	1	0	0	0	0	0
3	011	0	0	0	1	0	0	0	0
4	100	0	0	0	0	1	0	0	0
5	101	0	0	0	0	0	1	0	0
6	110	0	0	0	0	0	0	1	0
7	111	0	0	0	0	0	0	0	1

2. 标准与或式——最小项表达式

如果在一个与或表达式中，所有的与项均为最小项，则称这种表达式为标准与或式，或最小项表达式、标准积之和式。如一个三变量逻辑函数的标准与或式（最小项表达式）为

$$F(A,B,C) = A\overline{B}C + A\overline{B}\,\overline{C} + AB\overline{C} \tag{2-8}$$

也可以简写为

$$F(A,B,C) = m_5 + m_4 + m_6 = \sum m(4,5,6) \tag{2-9}$$

任何一个逻辑函数都可以表示为最小项之和的形式：只要将真值表中使函数值为 1 的各个最小项相或，便可得出该函数的最小项表达式。由于任何一个函数的真值表是唯一的，因此其最小项表达式也是唯一的。

例 2-3　已知 F 的真值表见表 2-12，试写出函数 F 的最小项表达式。

表 2-12　真值表

A	B	C	F
0	0	0	0
0	0	1	1
0	1	0	0
0	1	1	0
1	0	0	1
1	0	1	0
1	1	0	0
1	1	1	1

解：从真值表可知，当 A、B、C 取值分别为 001、100、111 时，F 为 1，因此最小项表

达式由这三种组合所对应的最小项进行相或构成，可表示为

$$F=\overline{A}\,\overline{B}C+A\overline{B}\,\overline{C}+ABC=\sum m(1,4,7)$$

3. 最大项

最大项定义：n 个变量的最大项是 n 个变量的或项，其中每个变量都以原变量或反变量的形式出现一次。

n 个变量可以构成 2^n 个最大项。与最小项恰好相反，对于任何一个最大项，只有一组变量取值使它为 0，而其余取值均使它为 1。最大项的符号用 M_i 表示，表 2-13 为三变量逻辑函数的最小项和最大项真值表。由表 2-13 可以看出，使最大项为 0 的对应变量取值组合中，取值为 0 的变量在最大项中用原变量表示，取值为 1 的变量在最大项中用反变量表示。如使最大项 $A+B+\overline{C}$ 为 0 的变量取值组合为 001，即 $A=0$，$B=0$，$C=1$，在最大项中变量 A 和变量 B 用原变量表示，变量 C 用反变量 $\overline{C}$ 表示，正好与最小项相反。

表 2-13　三变量逻辑函数的最小项与最大项真值表

十进制数 i	$A\ B\ C$	最小项	m_i	最大项	M_i
0	0 0 0	$\overline{A}\,\overline{B}\,\overline{C}$	m_0	$A+B+C$	M_0
1	0 0 1	$\overline{A}\,\overline{B}C$	m_1	$A+B+\overline{C}$	M_1
2	0 1 0	$\overline{A}B\overline{C}$	m_2	$A+\overline{B}+C$	M_2
3	0 1 1	$\overline{A}BC$	m_3	$A+\overline{B}+\overline{C}$	M_3
4	1 0 0	$A\overline{B}\,\overline{C}$	m_4	$\overline{A}+B+C$	M_4
5	1 0 1	$A\overline{B}C$	m_5	$\overline{A}+B+\overline{C}$	M_5
6	1 1 0	$AB\overline{C}$	m_6	$\overline{A}+\overline{B}+C$	M_6
7	1 1 1	ABC	m_7	$\overline{A}+\overline{B}+\overline{C}$	M_7

不难看出，变量数相同、编号相同的最小项和最大项之间存在互补关系，即

$$\overline{m_i}=M_i,\quad \overline{M_i}=m_i$$

例如：

$$M_7=\overline{A}+\overline{B}+\overline{C}=\overline{ABC}=\overline{m_7}$$

$$m_7=ABC=\overline{\overline{ABC}}=\overline{\overline{A}+\overline{B}+\overline{C}}=\overline{M_7}$$

最大项具有以下性质：

1）n 变量逻辑函数的全部最大项的逻辑乘恒为 0，即

$$\prod_{i=0}^{2^n-1} M_i=0 \tag{2-10}$$

2）n 变量逻辑函数的任意两个不同的最大项的逻辑和恒为 1，即

$$M_i+M_j=1\qquad(i\neq j) \tag{2-11}$$

3）n 变量逻辑函数的每个最大项有 n 个相邻项。如三变量逻辑函数的某个最大项 $(A+\overline{B}+C)$ 的三个相邻项分别是 $(\overline{A}+\overline{B}+C)$、$(A+B+C)$、$(A+\overline{B}+\overline{C})$。

4. 标准或与式——最大项表达式

在一个或与表达式中，如果所有的或项均为最大项，则称这种表达式为标准或与式，或

称最大项表达式、标准和之积式。

如果一个逻辑函数的真值表已给出，要写出该函数的最大项表达式，可以先写出该函数的反函数 $\overline{F}$ 的真值表，并由 $\overline{F}$ 的真值表写出 $\overline{F}$ 的最小项表达式，然后再将 $\overline{F}$ 求反，利用 m_i 和 M_i 的互补关系便得到最大项表达式。

例 2-4 已知 F 的真值表见表 2-14，试分别写出函数 F 的最小项表达式和最大项表达式。

解： 根据 F 的真值表，首先写出 F 的反函数 $\overline{F}$ 的真值表，见表 2-15。

表 2-14 函数 F 的真值表

A	B	C	F
0	0	0	1
0	0	1	1
0	1	0	0
0	1	1	1
1	0	0	1
1	0	1	1
1	1	0	0
1	1	1	0

表 2-15 反函数 $\overline{F}$ 的真值表

A	B	C	$\overline{F}$
0	0	0	0
0	0	1	0
0	1	0	1
0	1	1	0
1	0	0	0
1	0	1	0
1	1	0	1
1	1	1	1

由函数 F 和反函数 $\overline{F}$ 的真值表可见，当 A、B、C 取值为 000、001、011、100、101 时，F 为 1，$\overline{F}$ 为 0；当 A、B、C 取值为 010、110、111 时，F 为 0，$\overline{F}$ 为 1。因此 F 和 $\overline{F}$ 的最小项表达式为

$$F=\sum m(0,1,3,4,5) \tag{2-12}$$

$$\overline{F}=m_2+m_6+m_7 \tag{2-13}$$

将 $\overline{F}$ 求反可得函数 F 的最大项表达式为

$$\begin{aligned} F &= \overline{\overline{F}} = \overline{m_2+m_6+m_7} = \overline{m_2}\,\overline{m_6}\,\overline{m_7} \\ &= M_2M_6M_7 = \prod M(2,6,7) \end{aligned} \tag{2-14}$$

从例 2-4 中函数 F 的最小项表达式和最大项表达式可见，最大项表达式是真值表中使函数值为 0 的各个最大项相与。因此可以得出结论：任何一个逻辑函数既可以用最小项表达式表示，也可以用最大项表达式表示。如果将一个 n 变量函数的最小项表达式改为最大项表达式，其最大项的编号必定都不是最小项的编号，而且这些最小项的个数和最大项的个数之和为 2^n。

2.5 逻辑函数的化简方法

由逻辑函数表达式的多种形式可以看出，逻辑表达式和逻辑电路图是一一对应的。逻辑函数表达式越简单，使用的逻辑门越少，电路就越简单。因此，有必要对逻辑函数表达式进行化简。

逻辑函数化简通常是指将逻辑函数化简为最简与或式或最简或与式，在有了这两种基本形式的基础上，就可以转换成其他表达式的形式。

最简与或（或与）式，是指表达式中与项（或项）的个数最少，每个与项（或项）中的变量数最少。其中，与项（或项）的个数对应实现电路的与门（或门）个数，与项（或项）中的变量数对应与门（或门）的输入端子数。

2.5.1 代数化简法

代数化简法的方法：反复使用逻辑代数的基本公式，消去逻辑函数表达式中多余的乘积项和多余因子，以求得逻辑函数的最简表达式。代数化简的常用方法有并项法、吸收法和配项法。

1. 并项法

并项法是利用公式 $AB+A\overline{B}=A$ 将两个相邻项合并成一项，消去互补因子。

例 2-5 化简函数 $F=\overline{A}B\overline{C}+AB+\overline{A}BC$。

解： $F=\overline{A}B\overline{C}+AB+\overline{A}BC=\overline{A}B(\overline{C}+C)+AB=\overline{A}B+AB=B$

2. 吸收法

吸收法是利用公式 $A+AB=A$、$A+\overline{A}B=A+B$ 和 $AB+\overline{A}C+BC=AB+\overline{A}C$ 吸收（消去）多余的乘积项或多余的因子。

例 2-6 化简函数 $F=AB+A\overline{C}+\overline{B}C$。

解： $F=AB+A\overline{C}+\overline{B}C=A(B+\overline{C})+\overline{B}C=A\,\overline{\overline{B}C}+\overline{B}C=A+\overline{B}C$

3. 配项法

配项法是利用公式 $A+A=A$、$A+\overline{A}=1$ 和 $AB+\overline{A}C+BC=AB+\overline{A}C$ 先配项或添加多余项，然后逐步化简。

例 2-7 化简函数 $F_1=ABC+\overline{A}D+\overline{C}D+BD$、$F_2=A\overline{B}+AC+ADE+\overline{C}D$。

解： $F_1=ABC+\overline{A}D+\overline{C}D+BD=ABC+(\overline{A}+\overline{C})D+BD$

$=ABC+\overline{AC}D+BD$（将 AC 看作整体，利用 $AB+\overline{A}C+BC=AB+\overline{A}C$）

$=ABC+\overline{AC}D=ABC+\overline{A}D+\overline{C}D$

$F_2=A\overline{B}+AC+ADE+\overline{C}D$

$=A\overline{B}+(AC+\overline{C}D+ADE)$（利用 $AB+\overline{A}C+BC=AB+\overline{A}C$）

$=A\overline{B}+AC+\overline{C}D$

例 2-8 化简函数 $F=AC+\overline{A}D+\overline{B}D+\overline{BC}$。

解： $F=AC+\overline{A}D+\overline{B}D+B\overline{C}=AC+B\overline{C}+(\overline{A}+\overline{B})D$

$=AC+B\overline{C}+AB+\overline{AB}D$　　　（配项 AB）

$=AC+B\overline{C}+AB+D$　　　（去掉多余项 $\overline{AB}$）

$=AC+B\overline{C}+D$　　　（利用 $AB+\overline{A}C+BC=AB+\overline{A}C$）

从以上举例可见，代数化简法对变量的数量无限制，但需要熟悉逻辑代数公式，并要有一定的技巧能够灵活运用。代数化简法的缺点是缺乏规律性，且难以对化简后的结果是否已经是最简进行判断。因此，在变量不多的情况下，通常采用卡诺图化简法。

2.5.2 卡诺图化简法

卡诺图（Karnaugh Map）由美国工程师卡诺（Karnaugh）首先提出，简称 K 图。它是一种按相邻规则排列而成的最小项方格图，利用相邻项 $AB+A\overline{B}=A$ 不断合并的原则可以使逻辑函数得到化简。相邻项是指除了一个变量取值不同外其余变量都相同的两个乘积项（与项）。由于这种图形化简法简单而且直观，因而得到了广泛应用。

1. 卡诺图的构成

在逻辑函数的真值表中，输入变量的每一种组合都与一个最小项相对应，这种真值表也称为最小项真值表。卡诺图就是根据最小项真值表按一定规则排列的方格图。三变量逻辑函数最小项真值表见表 2-16，画三变量 K 图时首先画出八个小方格，并将输入变量 A、B 、C 按行、列分为两组表示在方格图的顶端，变量的取值分别按格雷码排列，行、列变量交叉处的小方格就是输入变量取值所对应的最小项，这样便构成了如图 2-27a 所示的三变量 K 图。由图可见，由于行、列变量的取值都按格雷码排列，因此每两个相邻方格中的最小项都是相邻项。为了便于书写和记忆，K 图各方格内的最小项也可以用最小项符号 m_i 或编号 i 表示，分别如图 2-27b、c 所示。

表 2-16 三变量逻辑函数最小项真值表

A	B	C	最小项	
0	0	0	$\overline{A}\,\overline{B}\,\overline{C}$	m_0
0	0	1	$\overline{A}\,\overline{B}C$	m_1
0	1	0	$\overline{A}B\overline{C}$	m_2
0	1	1	$\overline{A}BC$	m_3
1	0	0	$A\overline{B}\,\overline{C}$	m_4
1	0	1	$A\overline{B}C$	m_5
1	1	0	$AB\overline{C}$	m_6
1	1	1	ABC	m_7

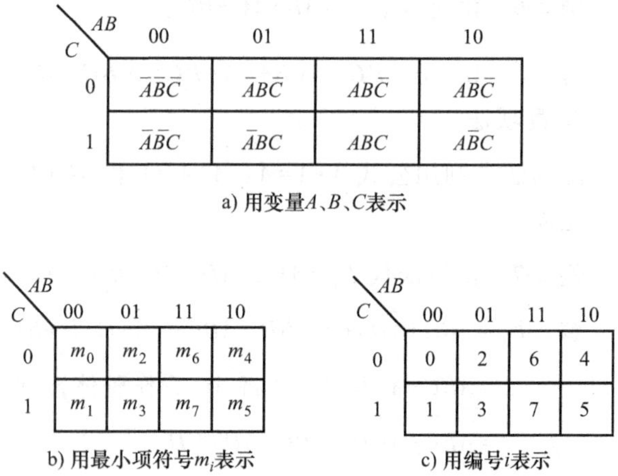

a) 用变量A、B、C表示

b) 用最小项符号m_i表示

c) 用编号i表示

图 2-27 三变量 K 图

按照同样的方法，只要将输入变量的取值按格雷码规律排列，便可以构成四变量 K 图、五变量 K 图，分别如图 2-28a、b 所示。

由以上分析可以看出，K 图具有以下特点：

1）n 变量卡诺图有 2^n 个方格，对应表示 2^n 个最小项。每当变量数增加一个，卡诺图的方格数就扩大一倍。

2）卡诺图中任何相邻位置的两个最小项都是相邻项。由于变量取值的顺序按格雷码排列，保证了各相邻行（列）之间只有一个变量取值不同，从而保证画出的最小项方格图都具有这一重要特点。

相邻位置包括三种情况：一是方格相连，即紧挨着；二是方格相对，即任意一行或一列的两头；三是方格相重，即以对称轴对折后位置重合。

CD \ AB	00	01	11	10
00	0	4	12	8
01	1	5	13	9
11	3	7	15	11
10	2	6	14	10

a) 四变量K图

DE \ ABC	000	001	011	010	110	111	101	100
00	0	4	12	8	24	28	20	16
01	1	5	13	9	25	29	21	17
11	3	7	15	11	27	31	23	19
10	2	6	14	10	26	30	22	18

b) 五变量K图

图 2-28　四变量、五变量 K 图

在图 2-28b 所示五变量 K 图中，m_5 在位置上与 m_4、m_7、m_1、m_{13}、m_{21} 相邻，因此 $m_5=\overline{A}\,\overline{B}C\overline{D}E$ 与 $m_4=\overline{A}\,\overline{B}C\overline{D}\,\overline{E}$ 是相邻项，此外，还分别与 $m_7=\overline{A}\,\overline{B}CDE$、$m_1=\overline{A}\,\overline{B}\,\overline{C}\,\overline{D}E$、$m_{13}=\overline{A}BC\overline{D}E$ 和 $m_{21}=\overline{AB}C\overline{D}E$ 是相邻项，即 m_5 有五个相邻项。可见卡诺图也反映了 n 个变量的任何一个最小项有 n 个相邻项这一特点。

卡诺图的主要缺点是随着输入变量的增加，图形迅速复杂，相邻项不那么直观，因此它适于用来表示六个以下变量的逻辑函数。

2. 逻辑函数的卡诺图表示法

卡诺图是真值表的另一种表示形式，n 变量卡诺图包含了 n 变量的所有最小项（或最大项），因此任何一个 n 变量逻辑函数都可以用 n 变量卡诺图来表示。逻辑函数的卡诺图和真值表是一一对应的关系。需要注意的是，变量在逻辑函数真值表中被安排了一种顺序，如表 2-16 中三变量的最小项是按照 A、B、C 的顺序排列，因此，在画卡诺图时，也应该按照固定的变量顺序填卡诺图。

按逻辑函数的表示方法不同，将逻辑函数填入卡诺图时，有以下四种情况。

（1）逻辑函数为最小项表达式（与或标准式）

只要将构成逻辑函数的最小项在卡诺图上相应的方格中填 1，其余的方格填 0（或不填），就可以得到该函数的卡诺图。也就是说，任何一个逻辑函数都等于其卡诺图上填 1 的那些最小项之和。

如用卡诺图表示函数 $F_1=\sum m(0,1,3,5,9,10,13,14)$ 时，只需在四变量卡诺图中，在 m_0、m_1、m_3、m_5、m_9、m_{10}、m_{13}、m_{14} 对应的方格中填 1，其余填 0（或不填）即可，其卡诺图如图 2-29 所示。

（2）逻辑函数为一般与或式

将一般与或式中每个与项在卡诺图上所覆盖的最小项都填 1，其余填 0（或不填），就可以得到该函数的卡诺图。

如用卡诺图表示函数 $F_2=A\overline{B}\,\overline{C}+\overline{A}\,\overline{B}D+BC+D$ 时，首先应确定使每个与项为 1 的输入变量取值，然后在该输入变量取值所对应的方格中填 1。

F_2 表达式中有四个与项，分别为：

$A\overline{B}\,\overline{C}$：当 $ABCD$ 取值为 100×时，与 D 无关，$A\overline{B}\,\overline{C}=1$，使得 $F_2=1$，因此在对应 $ABCD$ 为 1000 和 1001 的方格 m_8、m_9 中填 1。

$\overline{A}\,\overline{B}D$：当 $ABCD$ 取值为 00×1 时，与 C 无关，$\overline{A}\,\overline{B}D=1$，使得 $F_2=1$，因此在对应 $ABCD$ 为 0001 和 0011 的方格 m_1、m_3 中填 1。

BC：当 $ABCD$ 取值为×11×时，与 A、D 无关，$BC=1$，使得 $F_2=1$，因此在 $ABCD$ 为 0110、0111、1110、1111 的方格 m_6、m_7、m_{14}、m_{15} 中填 1。

D：当 $ABCD$ 取值为×××1 时，与 ABC 取值无关，$D=1$，使得 $F_2=1$，因此在 D 取值为 1 所对应的八个方格 m_1、m_3、m_5、m_7、m_9、m_{11}、m_{13}、m_{15} 中填 1。

F_2 的卡诺图如图 2-30 所示。由于 F_2 不一定是最简式，因此按照每个与项为 1 分别填对应的方格时，可能会有重复的方格。

CD \ AB	00	01	11	10
00	1			
01	1	1	1	1
11	1			
10			1	1

图 2-29　F_1 的卡诺图

CD \ AB	00	01	11	10
00				1
01	1	1	1	1
11	1	1	1	1
10		1	1	

图 2-30　F_2 的卡诺图

另外，画一般与或式逻辑函数的卡诺图时，也可以先通过代数法将表达式变为最小项表达式，再利用最小项表达式画卡诺图；或者先画出一般与或表达式的真值表，再由真值表画卡诺图。

（3）逻辑函数为最大项表达式（或与标准式）

只要将构成逻辑函数的最大项在卡诺图相应的方格中填 0，其余的方格填 1（或不填），即可得到该函数的卡诺图。也就是说，任何一个逻辑函数都等于其卡诺图上填 0 的那些最大项之与。

如函数 $F_3=\prod M(0,2,4,7)$，只需在三变量卡诺图中，在 M_0、M_2、M_4、M_7 对应的方格中填 0 即可，其卡诺图如图 2-31 所示。

注意：卡诺图中的最大项编号与最小项编号一致，但对于输入变量的取值是相反的。

另外，也可以由最大项表达式先写出最小项表达式，再由最小项表达式画出函数的卡诺图。

C \ AB	00	01	11	10
0	0	0		0
1			0	

图 2-31　F_3 的卡诺图

（4）逻辑函数为一般或与式

将一般或与式中每个或项在卡诺图上所覆盖的最大项处都填 0，其余填 1（或不填），即可得到该函数的卡诺图。

如将函数 $F_4=(A+\overline{B})(B+C)$ 填入卡诺图时，首先应确定使每个或项为 0 时输入变量的取值，然后再在该取值所对应的方格中填 0。

F_4 表达式中有两个或项，分别为：

$(\overline{A}+B)$：当 ABC 取值为 10×时，与 C 无关，$\overline{A}+B=0$，使 $F_4=0$，因此在 ABC 取值为 100 和 101 所对应的方格 M_4、M_5 中填 0。

$(B+C)$：当 ABC 取值为×00 时，与 A 无关，$B+C=0$，使 $F_4=0$，因此在 ABC 取值为 000 和 100 所对应的方格 M_0、M_4 中填 0。

F_4 的卡诺图如图 2-32 所示。

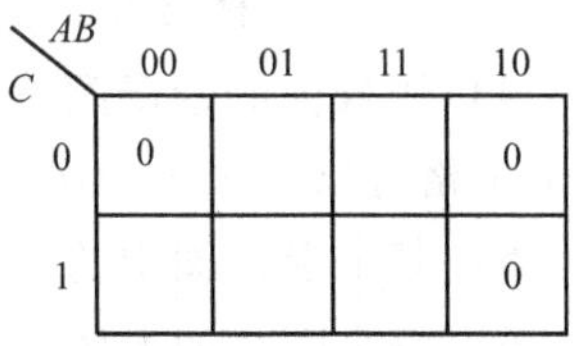

图 2-32　F_4 的卡诺图

另外，画一般或与式逻辑函数的卡诺图时，也可以先把一般或与式通过代数化简法展开为一般与或式，再按照函数为一般与或式时的方法画出卡诺图。

3. 卡诺图合并规律

在卡诺图中，凡是位置相邻（包括相接、相对、相重）的最小项（最大项）均可以合并。

两个相邻最小项合并为一项，消去一个互补变量。在卡诺图上该合并圈称为单元圈（或卡诺圈），它所对应的与项由圈内没有变化的那些变量组成，可以直接从卡诺图中读出。如图 2-33a 中 $m_1=\overline{A}\,\overline{B}C$、$m_3=\overline{A}BC$ 合并为 $m_1+m_3=\overline{A}\,\overline{B}C+\overline{A}BC=\overline{A}C$，同理图 2-33b 中 m_0、m_4 合并为 $\overline{A}\,\overline{B}\,\overline{C}+A\overline{B}\,\overline{C}=\overline{B}\,\overline{C}$。

任何两个相邻的卡诺圈也是相邻项时，仍然可以合并，消去互补变量。因此，卡诺圈越大，消去的变量数也就越多。

图 2-33c、d 表示四个相邻最小项合并为一项，消去了两个变量，合并后的与项由卡诺圈中没有变化的那些变量组成。图 2-33c 中，m_0、m_1、m_4、m_5 合并为 $\overline{A}\,\overline{C}$，图 2-33d 中 m_0、m_2、m_8、m_{10} 合并为 $\overline{B}\,\overline{D}$，$m_5$、$m_7$、$m_{13}$、$m_{15}$ 合并为 BD，m_{12}、m_{13}、m_{15}、m_{14} 合并为 AB。

图 2-33e 表示八个相邻最小项合并为一项，可消去三个变量。图中两个卡诺圈分别为 $\sum m(8,9,10,11,12,13,14,15)=A$ 和 $\sum m(1,3,5,7,9,11,13,15)=D$。

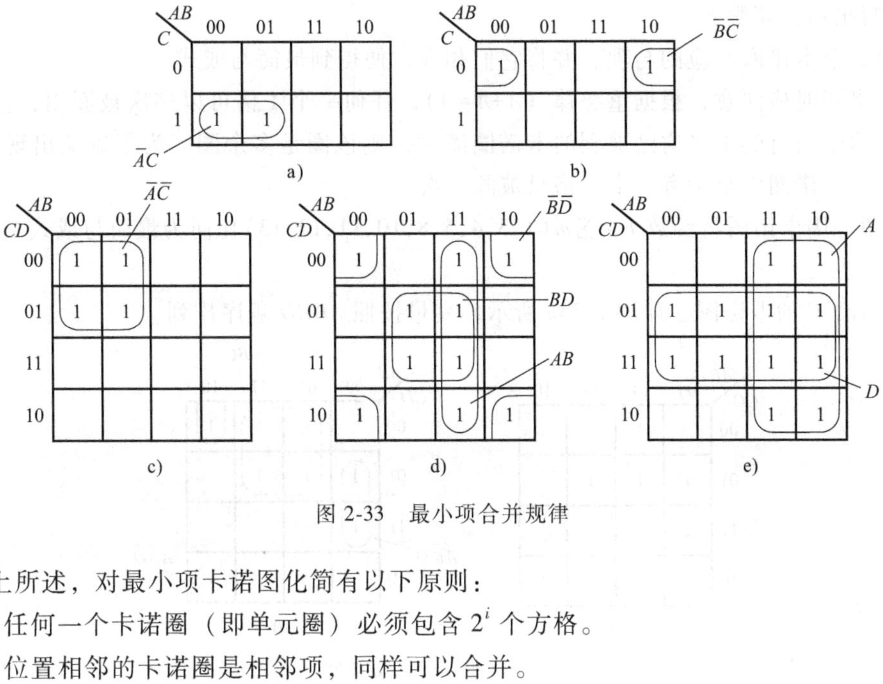

图 2-33　最小项合并规律

综上所述，对最小项卡诺图化简有以下原则：

1）任何一个卡诺圈（即单元圈）必须包含 2^i 个方格。

2）位置相邻的卡诺圈是相邻项，同样可以合并。

3）2^m 个方格合并，消去 m 个变量。卡诺圈越大，消去的变量数越多。

4）用最少的卡诺圈覆盖所有的 1 格。为了使得卡诺圈尽可能大，根据公式 $A+A=A$，同一个 1 格可以被多个卡诺圈覆盖，但要保证每个卡诺圈中至少有一个 1 格仅被覆盖一次。

5）某个卡诺圈中的 1 格均被其他卡诺圈包含时，该卡诺圈为多余圈。

6）每个圈 1 的卡诺圈合并，可以根据圈内没有变化的变量写出对应的与项。取值为 1 在与项中用原变量表示，取值为 0 在与项中用反变量表示。

对最小项卡诺图写出的最简与或式就是所有卡诺圈所对应的与项相或，如图 2-33d 卡诺图化简后的最简与或式为 $F=AB+BD+\overline{B}\,\overline{D}$。

上述最小项合并规律对最大项合并同样适用。由于最大项在卡诺图中与 0 格对应，因此最大项合并是将相邻的 0 格圈在一起，每一个圈 0 的卡诺圈可以根据圈内没有变化的变量写出对应的或项。需要注意的是，取值为 1 在或项中用反变量表示，取值为 0 在或项中用原变量表示。

4. 用卡诺图法化简逻辑函数

（1）得到最简与或式

在逻辑函数卡诺图中，以最少的卡诺圈数（与项数最少）和尽可能大的卡诺圈（与项中变量数最少）覆盖所有填 1 的方格，即满足最小覆盖，就可以求得逻辑函数的最简与或式。

将逻辑函数化简为最简与或式的一般步骤是：

1）填卡诺图，用卡诺图表示逻辑函数。

2）画卡诺圈，合并最小项。

选择卡诺圈的原则：先从只有一种圈法的 1 格圈起，卡诺圈应尽可能覆盖更多的 1 格。按照最小覆盖原则，用卡诺圈依次覆盖所有的 1 格。

3）写出最简函数式。

写出每个卡诺圈对应的与项，并将它们相或，便得到最简与或式。

圈卡诺圈时应注意，根据重叠律（$A+A=A$），任何一个 1 格可以多次被圈用，但如果在某个卡诺圈中所有的 1 格均已被别的卡诺圈圈过，则该圈是多余圈。为了避免出现多余圈，应保证每个卡诺圈中至少有一个 1 格只被圈一次。

例 2-9 用卡诺图将函数 $F=\sum m(1,3,4,5,8,10,11,12,13)$ 化简为最简与或式。

解：

1）画出 F 的卡诺图。如图 2-34a 所示，变量按照 $ABCD$ 顺序排列。

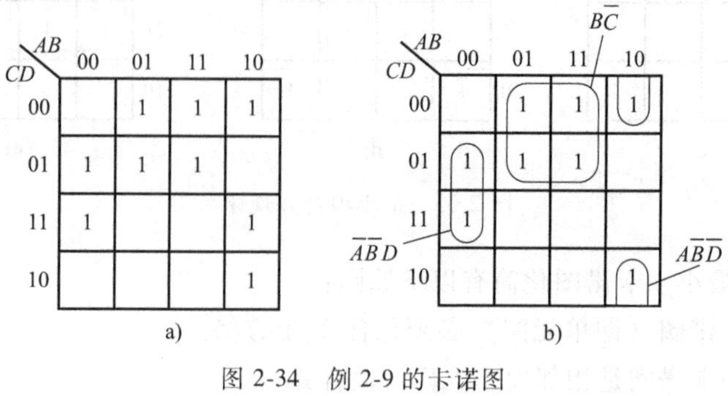

图 2-34 例 2-9 的卡诺图

2）圈卡诺圈。用卡诺圈覆盖所有 1 格后的卡诺图如图 2-34b 所示。根据化简原则，首先选择圈四个 1 格 m_4、m_5、m_{12}、m_{13} 的卡诺圈，该圈的与项为 $m_4+m_5+m_{12}+m_{13}=B\overline{C}$，然后用最少的卡诺圈覆盖剩下的 4 个 1 格，圈 2 个 1 格 m_1、m_3 的卡诺圈的与项为 $\overline{A}\,\overline{B}D$、圈 2 个 1 格 m_8、m_{10} 的卡诺圈的与项为 $A\overline{B}\,\overline{D}$。可见共需要三个卡诺圈即可覆盖全部的 1 格。

3）写出最简式，即三个卡诺圈对应的与项相或：$F=B\overline{C}+\overline{A}\,\overline{B}D+A\overline{B}\,\overline{D}$。

例 2-10 用卡诺图将以下函数式化简为最简与或式。

$$F=\overline{B}CD+\overline{A}B\overline{D}+\overline{B}C\overline{D}+AB\overline{C}+ABCD$$

解：

1）画出 F 的卡诺图。给出的 F 为一般与或式，将每个与项所覆盖的最小项都填 1，其卡诺图如图 2-35a 所示。变量按照 $ABCD$ 顺序排列。

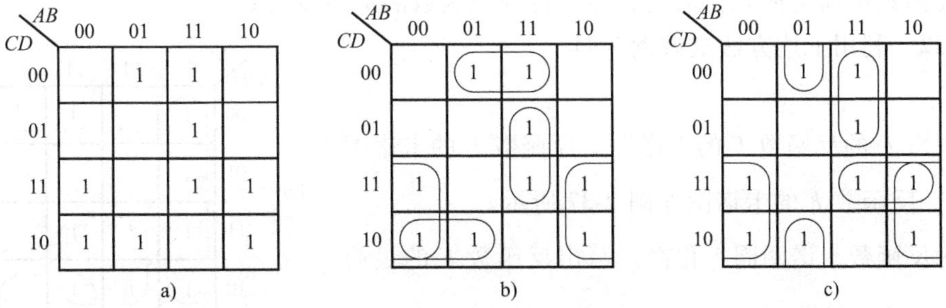

图 2-35 例 2-10 的卡诺图

2）圈卡诺圈。观察图 2-35a 发现，m_2、m_3、m_{10}、m_{11} 四个 1 格可以用一个卡诺圈来圈，剩余的五个 1 格至少需要用三个卡诺圈覆盖，而且有两种圈法，卡诺圈数相同，卡诺圈大小相同，因此本例有两个最简式，如图 2-35b、c 所示。

3）写出最简与或式。

本例有两种圈法，都可以得到最简式。

按图 2-35b 圈法：$F=\overline{B}C+\overline{A}C\overline{D}+B\overline{C}\,\overline{D}+ABD$。

按图 2-35c 圈法：$F=\overline{B}C+\overline{A}B\overline{D}+AB\overline{C}+ACD$。

两个最简式中，共同的与项 $\overline{B}C$ 对应最大的卡诺圈。例 2-10 说明，逻辑函数的最简式不是唯一的。

（2）得到最简或与式

任何一个逻辑函数既可以用其卡诺图上填 1 的所有最小项之和表示，也可以用其卡诺图上填 0 的所有最大项之积表示。因此，若要求得某逻辑函数的最简或与式，也可以在该逻辑函数的卡诺图上合并那些填 0 的相邻项。这种方法简称为圈 0 合并，其化简步骤和化简原则与圈 1 的方法相同，只要逐一写出所有圈 0 的卡诺圈对应的或项，然后将所得的或项相与即可。但需要注意的是，或项由卡诺圈对应的没有变化的那些变量组成，当变量取值为 0 时写原变量，取值为 1 时写反变量。

例 2-11 用卡诺图将以下函数式化简为最简或与式。

$$F=\sum m(4,5,9,11,13)$$

解：1）画出 F 的卡诺图，如图 2-36 所示。

2）圈卡诺圈，合并 0 格。其规律与圈 1 相同，即满足卡诺圈的数目应最少，卡诺圈应尽可能大。本例用三个卡诺圈覆盖了所有 0 格。

3）写出最简或与式：$F=(A+B)(\overline{A}+D)(\overline{B}+\overline{C})$。

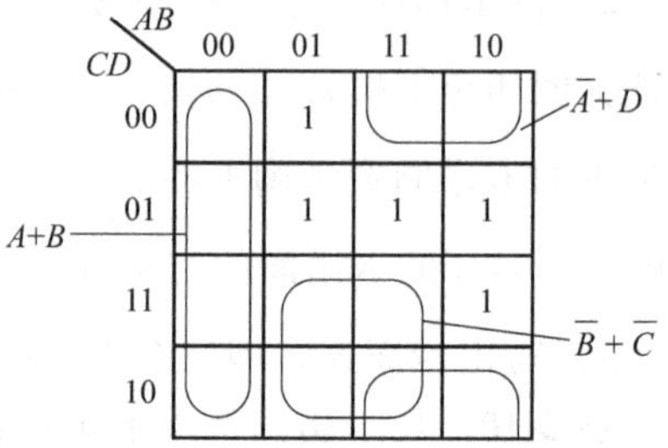

图 2-36　例 2-11 的卡诺图

为了避免圈 0 的卡诺圈写或项时出错，可以采用下面的步骤利用卡诺图化简得到函数的最简或与式：

1）画出原函数反函数的卡诺图。在原函数卡诺图中填 1 的方格，在反函数的卡诺图中填 0 或不填；在原函数卡诺图中填 0 的方格，在反函数卡诺图中填 1。

2）在反函数卡诺图中对 1 格圈卡诺圈，得到反函数的最简与或式。

3）反函数最简与或式再取反，即可得到原函数的最简或与式。

例 2-12　利用上述方法重做例 2-11。

解：

1）画出 F 的反函数 $\overline{F}$ 的卡诺图。原函数 F 的卡诺图见图 2-36，反函数 $\overline{F}$ 的卡诺图如图 2-37 所示。

2）对反函数卡诺圈圈 1 化简。写出反函数 $\overline{F}$ 的最简与或式为

$$\overline{F}=\overline{A}\,\overline{B}+A\overline{D}+BC$$

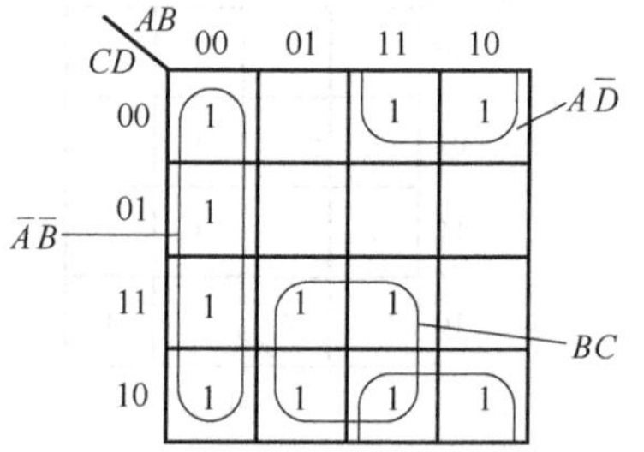

图 2-37　例 2-11 反函数 $\overline{F}$ 的卡诺图

3）反函数 $\overline{F}$ 最简与或式再取反，得到原函数的最简或与式为

$$F=\overline{\overline{F}}=\overline{\overline{A}\,\overline{B}+A\overline{D}+BC}=(A+B)(\overline{A}+D)(\overline{B}+\overline{C})$$

卡诺图化简方法的优点是简单、直观，用卡诺图进行逻辑函数式的变化也比代数化简法方便。但当变量数超过六个时，化简和变换就不再简单直观，这时可采用 Q-M 法（Quine-McCluskey，列表法）借助计算机进行化简处理。

2.5.3　具有无关项的逻辑函数及其化简

1. 具有无关项的逻辑函数

逻辑命题有完全描述和非完全描述两种，如果对于输入变量的每一组取值，逻辑函数都有确定的值，则称这类函数为完全描述逻辑函数。如果对于输入变量的某些取值组合，逻辑函数值不确定，即函数值可以为 0，也可以为 1，那么这类函数称为非完全描述的逻辑函数。对应输出函数值不确定的输入最小项（或最大项）称为无关项。具有无关项的逻辑函数就是非完全描述的逻辑函数。

无关项通常发生在以下两种情况：

1）由于某些条件限制或约束，不允许输入变量的某些组合出现，因而它们所对应的函数值可以任意假设，为 0 或为 1 都可以。这些不允许出现的组合所对应的最小项称为约束项（或禁止项）。

2）在某些输入变量的取值下，其函数值为 1 或 0 都可以，并不影响电路的功能。这些使函数不确定的变量取值所对应的最小项称为任意项（或随意项）。

约束项和任意项都称为无关项，包含无关项的逻辑函数一般用以下方式表示：

1）在真值表或卡诺图中，无关项所对应的函数值用×、ϕ 或 d 表示。

2）在逻辑表达式中，无关项用 d 表示，约束条件用约束项恒为 0 表示。

十字路口的交通灯是现实生活中典型的非完全描述逻辑实例。交通灯规定红灯停，绿灯行，黄灯要注意（即黄灯亮时，未过停车线的车辆也须停车）。若以变量 R、Y、B 分别表示红、黄、绿灯的状态，且以灯亮为 1，灯灭为 0，用 F 表示车的状态，停车为 1，通行为 0，则十字路口车辆的状态 F 是变量 R、Y、B 的函数。交通灯实际上不允许两个及以上的灯同时亮，因此这就是一个具有约束条件的非完全描述逻辑问题。

例 2-13 设计一个开关控制灯亮的逻辑电路。分别用变量 A、B、C 表示 3 个开关，用 F 表示灯亮与否；设开关闭合为 1、断开为 0，灯亮为 1、灯灭为 0，如果不允许有两个和两个以上的开关同时闭合，试写出灯亮的逻辑函数表达式。

解： 根据题意，可列出逻辑函数 F 的真值表见表 2-17。由于不允许有两个和两个以上的开关同时闭合，所以 A、B、C 三个变量的取值不能出现 011、101、110、111 中的任何一种。这四组取值所对应的最小项即为约束项，对应的函数值用 X 表示。其约束条件可以表示为 $AC=0$、$BC=0$、$AB=0$、$ABC=0$，即 $AB+AC+BC+ABC=0$；也可以写成 $\sum d(3,5,6,7)=0$。

表 2-17 例 2-13 真值表

A	B	C	F
0	0	0	0
0	0	1	1
0	1	0	1
0	1	1	×
1	0	0	1
1	0	1	×
1	1	0	×
1	1	1	×

故 F 的逻辑函数表达式可写为

$$\begin{cases} F=\overline{A}\,\overline{B}C+\overline{A}B\overline{C}+A\overline{B}\,\overline{C} \\ AB+BC+AC=0 \end{cases}$$

也可用最小项表达式和最大项表达式表示：

含有无关项的最小项表达式为 $F=\sum m(1,2,4)+\sum d(3,5,6,7)$，即当把无关项看作 1 时，也包含在了最小项表达式中，但为了与最小项输出的 1 区别，用“d”表示。

含有无关项的最大项表达式为 $F=\prod M(0)\prod d(3,5,6,7)$，即当把无关项看作是 0 时，也包含在了最大项表达式中，但为了与最大项输出的 0 区别，用“d”表示。

2. 具有无关项逻辑函数的化简

化简包含无关项的逻辑函数时，应充分合理地利用无关项，使逻辑函数得到更加简单的结果。化简时，卡诺图中的×（或 ϕ）究竟是作为 1 还是 0 来处理，应以卡诺圈数最少、卡诺圈最大为原则。因而并不是所有的无关项都要覆盖。

例 2-14　化简例 2-13 的逻辑函数 F。

解： 根据表 2-17 真值表，按 ABC 顺序，画出 F 的卡诺图，如图 2-38 所示。

由图 2-38 可以看出，若将无关项 m_3、m_5、m_6、m_7 都作为 1，则可得

$$F=A+B+C$$

显然这一结果要比不利用无关项的结果简化得多。该结果说明，只要三个开关中有一个闭合，灯就亮。

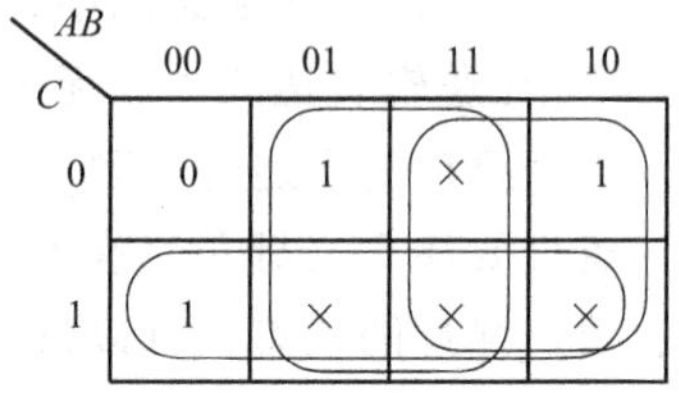

图 2-38　例 2-14 的卡诺图

从含有无关项逻辑函数卡诺图化简结果还可以看出，为了满足卡诺圈数最少、卡诺圈最大原则，无关项会被认为是 1 或是 0 来覆盖，因此，含有无关项的逻辑函数卡诺图化简后就变成了完全描述逻辑函数。在实际电路设计时，还是需要考虑约束条件的。

例 2-15　试将以下逻辑函数化简为最简，并分别用两级与非门和两级或非门实现该电路（假设输入端可以直接使用反变量）。

$$\begin{cases}F=\sum m(3,4,5,12,13)\\ \bar{A}\,\bar{B}\,\bar{C}\,\bar{D}+ACD+BCD=0\end{cases}$$

解：

1）根据例 2-15 表达式中的约束条件可知，$\bar{A}\,\bar{B}\,\bar{C}\,\bar{D}$ 不能为 1，ACD 不能为 1，BCD 不能为 1，因此该函数的输入变量取值不能出现 0000、1011、1111、0111 中的任何一种，即这四种取值所对应的输出为无关项。画出 F 的卡诺图如图 2-39 所示。

2）圈 1 得卡诺图如图 2-39a 所示，求 F 的最简与或式为 $F=B\bar{C}+CD$。

3）圈 0 得卡诺图如图 2-39b 所示，求 F 的最简或与式为 $F=(B+C)(\bar{C}+D)$。

4）画出逻辑电路，用两级与非门实现时，把最简与或式整理成与非-与非式，即

$$F=B\bar{C}+CD=\overline{\overline{B\bar{C}+CD}}=\overline{\overline{B\bar{C}}\;\overline{CD}}$$

用两级或非门实现时，把最简或与式整理成或非-或非式，即

$$F=(B+C)(\bar{C}+D)=\overline{\overline{(B+C)(\bar{C}+D)}}=\overline{\overline{(B+C)}+\overline{(\bar{C}+D)}}$$

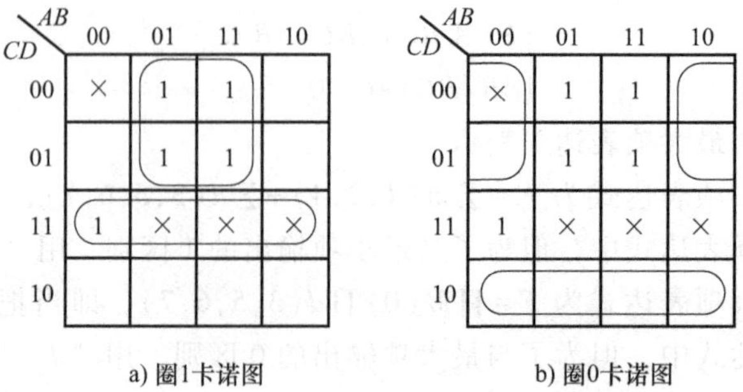

图 2-39　例 2-15 包含无关项的卡诺图化简

逻辑电路如图 2-40 所示。

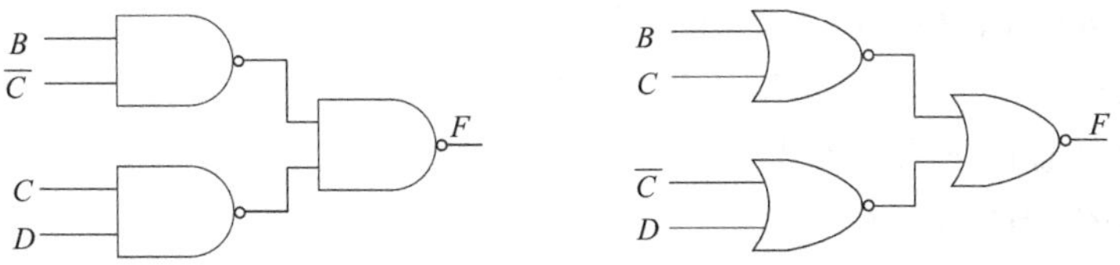

a) 两级与非门电路　　b) 两级或非门电路

图 2-40　例 2-15 的逻辑电路

由例 2-15 可以看出，假设在输入端既可以用原变量也可以直接使用反变量的情况下（实际电路反变量需要用一个非门实现），与或式、与非-与非式、或与式、或非-或非式和与或非式五种表达式形式可以用两级电路表示，即任一输入端到输出端仅经过两级逻辑门。

本章小结

1）本章介绍了逻辑代数的概念、基本定律、基本公式、运算规则和常用逻辑门的逻辑符号；介绍了逻辑函数的各种表示方法以及化简方法。这些基本知识都是分析和设计逻辑电路的数学基础。

2）逻辑函数可以用真值表、逻辑表达式、卡诺图、逻辑电路、时序图等方法表示，这些方法可以相互转换。对于任何一个逻辑命题，其逻辑表达式和逻辑电路可以有多种形式，但真值表是唯一的，与真值表对应的最小项表达式（标准与或式）、最大项表达式（标准或与式）也是唯一的。

3）在逻辑电路的实现中，为了用最少种类的逻辑门和门的数量，需要将逻辑表达式转换为与之相应的形式，因此必须掌握好常用逻辑表达式及常用逻辑门的表示方法及转换方法。

4）逻辑函数常用化简方法是代数法和卡诺图法。代数法化简的特点是变量数不受限制，但缺乏规律性，而且需要一定的技巧和经验。卡诺图法简单、直观，有一定的化简步骤可循。

5）逻辑命题有完全描述和非完全描述两种，因此要掌握具有无关项的逻辑函数的描述方法及逻辑函数的化简。

习题

2-1　试用列真值表的方法证明下列公式成立。

（1）$A+\overline{A}B=A+B$

（2）$A\oplus 0=A$

（3）$A\oplus 1=\overline{A}$

（4）$A(B\oplus C)=AB\oplus AC$

（5）$A\oplus\overline{B}=A\odot B=A\oplus B\oplus 1$

2-2　分别用反演规则和对偶规则求下列函数的反函数式 $\overline{F}$ 和对偶式 F_{d}。

（1）$F=[(AB+C)D+\overline{E}]BC$

（2）$F=AB+(\overline{A}+C)(C+\overline{D}E)$

（3）$F=\overline{A+B+\overline{C}+\overline{D+E}}$

(4) $F=(A+B+C)\bar{A}\,\bar{B}\,\bar{C}=0$

(5) $F=A\oplus B$

2-3　用公式法证明下列各等式。

(1) $A\oplus B\oplus C=AC\odot B\odot C$

(2) $A\oplus B=\bar{A}\oplus\bar{B}$

(3) $\bar{A}\oplus B\oplus C=\overline{A\oplus B}\oplus C=\overline{A\oplus B\oplus C}$

(4) $\bar{A}CD+A\bar{C}\,\bar{D}=(A\oplus C)(A\oplus D)$

(5) $A\oplus B\oplus C\oplus D=(A\oplus B)\odot(A\oplus C)\odot(A\oplus D)$

2-4　对于图 2-41a 所示两个逻辑电路：

1）写出电路的输出函数表达式，列出完整的真值表。

2）将图 2-41b 所示波形加到电路的输入端，画出其输出端 F 的波形。

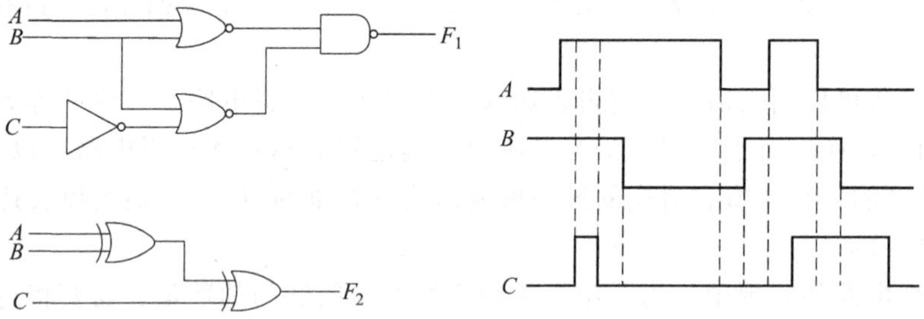

a) 逻辑电路　　b) 波形图

图 2-41　习题 2-4 图

2-5　已知逻辑函数的真值表见表 2-18。

1）试分别写出各逻辑函数的最小项之和和最大项之积表达式。

2）分别求出各逻辑函数的最简与或式和最简或与式。

表 2-18　习题 2-5 表

A	B	C	F_1	F_2
0	0	0	0	0
0	0	1	0	0
0	1	0	0	0
0	1	1	0	1
1	0	0	1	0
1	0	1	1	1
1	1	0	1	1
1	1	1	1	1

2-6　对于如图 2-42 所示每一个逻辑电路：

1）试写出未经化简的逻辑函数表达式。

2）写出各函数的最小项之和表达式。

2-7　用代数法化简下列逻辑函数，求出最简与或式。

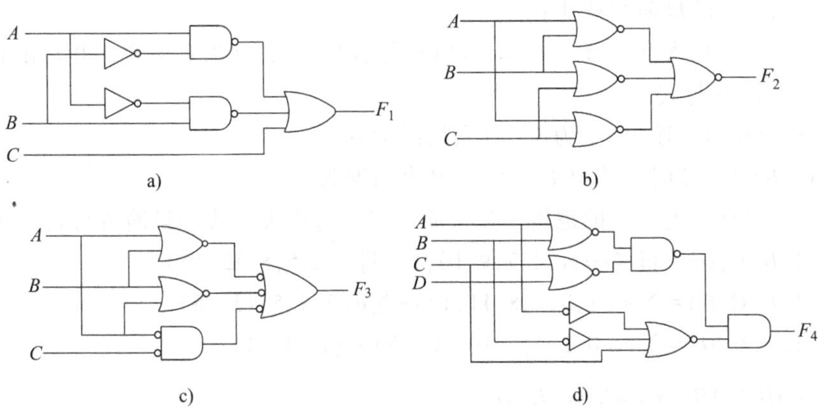

图 2-42　习题 2-6 图

（1） $F=\bar{A}\bar{C}+\bar{A}\bar{B}+BC+\bar{A}\bar{C}\bar{D}$

（2） $F=BC+D+\bar{D}(\bar{B}+\bar{C})(AD+B)$

（3） $F=\overline{\bar{A}BC}+\overline{A\bar{B}}$

（4） $F=A\bar{B}CD+ABD+A\bar{C}D$

（5） $F=A\bar{B}(\bar{A}CD+\overline{AD+\bar{B}\bar{C}})(\bar{A}+B)$

（6） $F=AC+A\bar{C}D+A\bar{B}\bar{E}F+B(D\oplus E)+B\bar{C}D\bar{E}+B\bar{C}\bar{D}E+AB\bar{E}F$

2-8　用卡诺图化简法将下列函数化简为最简与或式，并画出全部由与非门组成的逻辑电路。

（1） $F(A,B,C)=\sum m(0,1,2,5,7)$

（2） $F(A,B,C,D)=\sum m(2,3,6,7,8,10,12,14)$

（3） $F(A,B,C,D,E)=\sum m(0,4,18,19,22,23,25,29)$

（4） $F(A,B,C,D)=\prod M(0,1,2,3,6,8,10,11,12)$

（5） $F=AB+ABD+\bar{A}C+BCD$

（6） $F=A\bar{C}\bar{D}+BC+\bar{B}D+A\bar{B}+\bar{A}C+\bar{B}\bar{C}$

2-9　用卡诺图化简法将下列函数化简为最简或与式，并画出全部由或非门组成的逻辑电路。

（1） $F(A,B,C,D)=\sum m(0,2,5,7,8,10,13,15)$

（2） $F(A,B,C,D)=\prod M(0,2,3,7,8,10,11,13,15)$

（3） $F(A,B,C,D,E)=\prod M(0,1,3,4,5,7,10,14,19,23,26,27,30,31)$

（4） $F=\bar{A}\bar{B}+(A\bar{B}+\bar{A}B+AB)C$

（5） $F=(A+B)(A+B+C)(\bar{A}+C)(B+C+D)$

2-10　已知 $F_1=\bar{A}B\bar{D}+\bar{C}$，$F_2=(B+C)(A+\bar{B}+D)(\bar{C}+D)$，试求：

1） $F_a=F_1F_2$ 的最简与或式和最简与非-与非式。

2） $F_b=F_1+F_2$ 的最简或与式和最简或非-或非式。

3）$F_c = F_1 \oplus F_2$ 的最简与或非式。

2-11　设有三个输入变量 A、B、C，试按下述逻辑问题列出真值表，并写出它们各自的标准与或式和标准或与式。

1）当 $A+B=C$ 时，输出 F_b 为 1，其余情况为 0。

2）当 $A \oplus B = B \oplus C$ 时，输出 F_c 为 1，其余情况为 0。

2-12　将下列具有无关项的逻辑函数化简为最简与或表达式和最简或与表达式。

（1）$F(A,B,C,D) = \prod M(0,1,4,7,9,10,13) \prod d(2,5,8,12,15)$

（2）$F(A,B,C,D) = \sum m(1,3,6,8,11,14) + \sum d(2,4,5,13,15)$

（3）$F(A,B,C,D) = \sum m(0,2,4,5,10,12,15) + \sum d(8,14)$

（4）$\begin{cases} F = AB\bar{C} + A\bar{B}\,\bar{C} + \bar{A}\,\bar{B}C\bar{D} + A\bar{B}C\bar{D} \\ \text{变量 } ABCD \text{ 不可能出现相同的取值} \end{cases}$

（5）$\begin{cases} F = (A \oplus B)C\bar{D} + \bar{A}B\bar{C} + \bar{A}\,\bar{C}D \\ AB + CD = 0 \end{cases}$

第 3 章　组合逻辑电路

数字电路按逻辑功能和组成结构可分为组合逻辑电路和时序逻辑电路两大类。本章将介绍组合逻辑电路的分析和设计方法，时序逻辑电路将在后续章节介绍。组合逻辑电路的分析是从逻辑电路图着手，进而得到该电路功能的（真值表）描述。逻辑电路的设计是一个综合的过程，对于一个实际的设计问题，往往是从一个逻辑电路的语言描述开始，列出真值表，写出逻辑函数，最后画出逻辑电路图。本章还将介绍常用中规模集成组合逻辑器件，包括编码器、译码器、数据选择器等的基本功能及其应用。

3.1　组合逻辑电路的分析

组合逻辑电路的一般模型为：有若干个输入变量和若干个（≥1 个）输出变量，每个输出变量仅与输入变量当时的输入值有关，而与该时刻以前的输入值无关，即输入状态的变化立即反映在输出状态的变化上。组合逻辑电路结构上无反馈回路，无记忆功能，其框图如图 3-1 所示，其中有 n 个输入变量（$X_1 \sim X_n$），m 个输出变量（$Y_1 \sim Y_m$）。

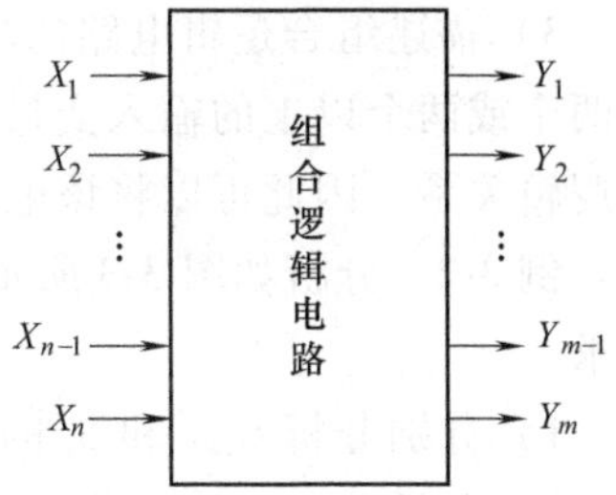

图 3-1　组合逻辑电路框图

组合逻辑电路的模型可以用逻辑函数描述，其输出和输入的关系为

$$Y_i = f_i(X_1, X_2, X_3, \cdots, X_n) \quad (i=1,2,3,\cdots,m) \qquad (3\text{-}1)$$

由于每个输入变量只有 0、1 两种取值，因此 n 个输入变量共有 2^n 种输入取值组合，把每种输入取值组合与其对应的输出值一一列出来，就构成了描述组合逻辑电路的真值表。

组合逻辑电路的分析即找出给定组合逻辑电路输出和输入之间的逻辑关系，并给出电路的逻辑功能。组合逻辑电路分析的目的是为了了解电路功能或对电路进行改进。

对于给定的组合逻辑电路，分析的一般步骤如下：

1）根据组合逻辑电路的连接关系，从输入端到输出端，逐级写出逻辑函数表达式，最后推导出输入-输出的逻辑函数表达式。

2）根据输入-输出的逻辑函数表达式列出真值表。

3）根据真值表或表达式，用文字描述组合逻辑电路的功能。

下面举例说明组合逻辑电路的分析方法及功能描述。

例 3-1　分析如图 3-2 所示组合逻辑电路的逻辑功能。

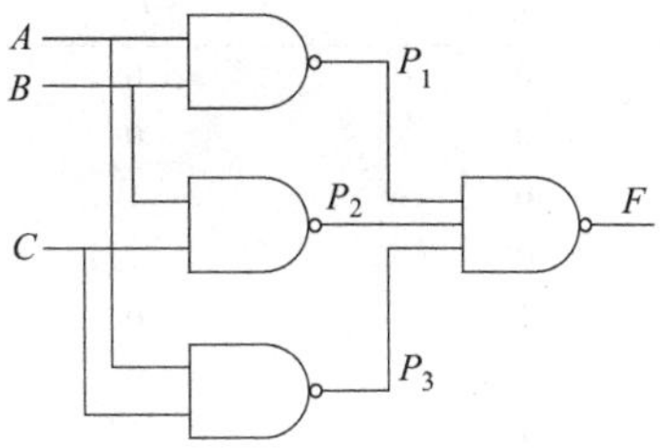

图 3-2　例 3-1 组合逻辑电路

解： 1）写出输出与输入的逻辑函数表达式。分别对每一级的输出端编号，如图 3-2 所示，分别将第一级的三个与非门的输出标注为 P_1、P_2、P_3。根据逻辑关系写出

每一级输出端对应的逻辑函数表达式，分别为

$$P_1=\overline{AB}$$

$$P_2=\overline{BC}$$

$$P_3=\overline{AC}$$

$$F=\overline{P_1P_2P_3}=\overline{\overline{AB}\ \overline{BC}\ \overline{AC}}=AB+BC+AC$$

2）列真值表。根据输出 F 的逻辑函数表达式，列出真值表，见表 3-1。

表 3-1　例 3-1 真值表

A	B	C	F
0	0	0	0
0	0	1	0
0	1	0	0
0	1	1	1
1	0	0	0
1	0	1	1
1	1	0	1
1	1	1	1

3）描述组合逻辑电路的功能。对真值表进行分析可以看出，在三个输入变量中，只要有两个或两个以上的输入变量为 1，则输出 F 为 1，否则为 0，它表示了一种少数服从多数的逻辑关系。因此可以将该电路功能描述为三变量多数表决器。

例 3-2　分析如图 3-3 所示组合逻辑电路，要求：

1）分别分析 C_{i+1} 和 S_i 的逻辑功能。

2）分析 C_{i+1}、S_i 作为一个系统整体时的逻辑功能。

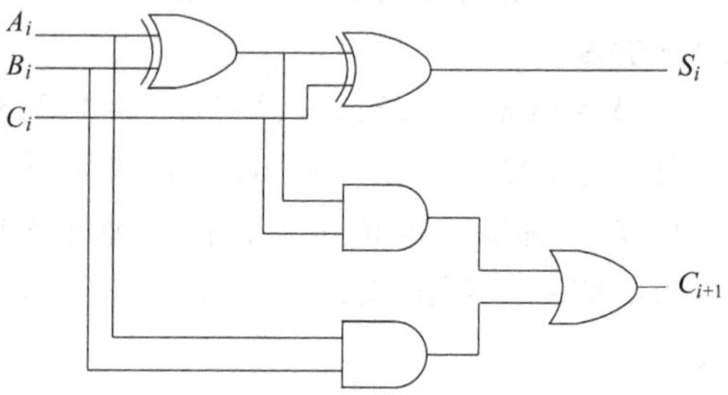

图 3-3　例 3-2 组合逻辑电路

解：

1）写出两个输出端的逻辑函数表达式，分别为

$$S_i=A_i\oplus B_i\oplus C_i$$

$$C_{i+1}=(A_i\oplus B_i)C_i+A_iB_i$$

2）列真值表。根据 S_i 和 C_{i+1} 的逻辑函数表达式可列出真值表，见表 3-2。

表 3-2　例 3-2 真值表

A_i	B_i	C_i	C_{i+1}	S_i
0	0	0	0	0
0	0	1	0	1
0	1	0	0	1
0	1	1	1	0
1	0	0	0	1
1	0	1	1	0
1	1	0	1	0
1	1	1	1	1

3）组合逻辑电路的功能描述。

① 分别分析 C_{i+1} 和 S_i 的逻辑功能。

对于输出 C_{i+1}：当 A_i、B_i、C_i 三个输入有两个或两个以上为 1 时，C_{i+1} 的输出为 1。C_{i+1} 为一般多数表决逻辑电路。

对于输出 S_i：当 A_i、B_i、C_i 三个输入为奇数个 1 时，S_i 的输出为 1。S_i 为奇校验逻辑电路。

② 分析 C_{i+1}、S_i 作为一个系统整体时的逻辑功能。

如果 A_i、B_i 对应两个一位二进制数的输入，C_i 表示低位的进位，输出 S_i 表示本位的和，输出 C_{i+1} 表示向高一位的进位，则图 3-3 所示逻辑电路是一个完整的一位二进制加法器电路，通常称该电路为一位二进制全加器（Full Adder）。一位二进制全加器的逻辑符号如图 3-4a 所示。

如图 3-4b 所示，以两组二进制数 $(0011)_2+(0101)_2$ 其中的第 1 位相加（$i=1$）为例，$A_i=1$，$B_i=0$，由于其低位（第 0 位）相加后向本位有进位，故低位的进位 $C_i=1$，计算本位 $A_i+B_i+C_i=1+0+1=(10)_2$，结果为 $S_i=0$，向高位产生进位 $C_{i+1}=1$。

a) 一位二进制全加器的逻辑符号　　b) 多位二进制加法示意图

图 3-4　一位二进制全加器的逻辑符号及多位二进制加法示意图

如果不考虑低位的进位 C_i，则这样的电路称为一位二进制半加器，其真值表见表 3-3，逻辑电路如图 3-5 所示。

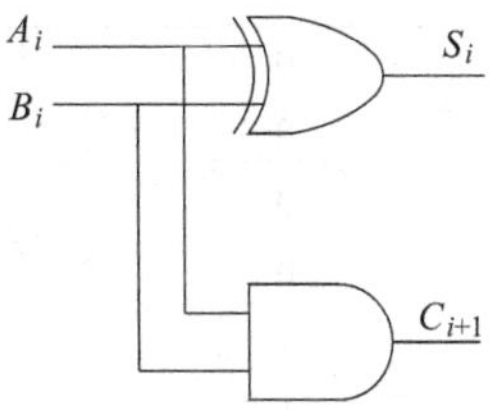

图 3-5　一位二进制半加器逻辑电路

表 3-3　一位二进制半加器真值表

A_i	B_i	C_{i+1}	S_i
0	0	0	0
0	1	0	1
1	0	0	1
1	1	1	0

3.2　组合逻辑电路的设计

在组合逻辑电路的分析中，由给定的逻辑电路开始，通过逐级推导，得到输出表达式，通过表达式或对应的真值表得到该电路的功能描述。组合逻辑电路的设计是分析的逆过程，往往是从一个电路的语言描述开始，然后将具体设计要求用真值表、逻辑函数加以描述，最后用最佳电路来实现。工程上的最佳电路通常需要用多个指标去衡量，主要从以下几方面考虑：

1）所用的逻辑器件数量最少、器件的种类最少，且器件之间的连线最简单。这样的电路称为最小化电路。

2）满足速度要求，应使电路级数尽量少，以减少门电路的延迟。

3）功耗小，工作稳定可靠。

上述最佳电路是从满足工程实际需要提出的。显然，最小化电路不一定是最佳电路，必须从经济指标和速度、功耗等多个指标综合考虑，才能设计出最佳电路。

本节主要介绍用小规模集成电路（即逻辑门）设计最小化组合逻辑电路的方法，其一般步骤如下：

1）逻辑抽象。将文字描述的逻辑功能转换成真值表的过程称为逻辑抽象，这是十分重要的一步。首先分析逻辑命题，确定输入、输出变量；然后用二值逻辑的 0 和 1 分别对输入、输出变量进行逻辑赋值，即确定 0 和 1 的具体含义；最后根据输出与输入之间的逻辑关系列出真值表。

2）选择合适的逻辑门。通过逻辑化简，写出相应的最简逻辑函数表达式。

3）根据表达式及选择的逻辑门，画出该电路的逻辑电路。

下面通过组合逻辑电路的设计举例详细介绍其设计过程。

例 3-3 设计一个具有主裁判制的三人表决器，设主裁判为 A，另外两个裁判为 B、C。只有当主裁判同意，并且另外至少有一个裁判同意时，表决通过，$F=1$；否则不通过，$F=0$。选用与非门实现逻辑电路。

解：

1）逻辑抽象。根据题意可知表决器有三个输入变量、一个输出变量。假设裁判同意为逻辑 1，不同意为逻辑 0，则可列出真值表见表 3-4。

表 3-4 例 3-3 真值表

A	B	C	F
0	0	0	0
0	0	1	0
0	1	0	0
0	1	1	0
1	0	0	0
1	0	1	1
1	1	0	1
1	1	1	1

2）写出最简逻辑函数表达式。要求用与非门实现逻辑电路，故需写出与非-与非表达式。根据最小化电路设计思想，首先需要得到最简与或表达式。因此，根据真值表画出其卡诺图如图 3-6a 所示，圈卡诺圈，写出最简与或表达式，再转换为与非-与非表达式，即

$$F=AB+AC=\overline{\overline{AB+AC}}=\overline{\overline{AB}\ \overline{AC}} \tag{3-2}$$

3）画出逻辑电路。根据逻辑函数表达式式（3-2）画出逻辑电路，如图 3-2b 所示。

式（3-2）的变换过程表明，与或表达式对应两级与非门，其中与项的个数与第一级与非门的数量相同。熟练以后，只要写出与或表达式就可以直接画出两级与非门实现的电路。

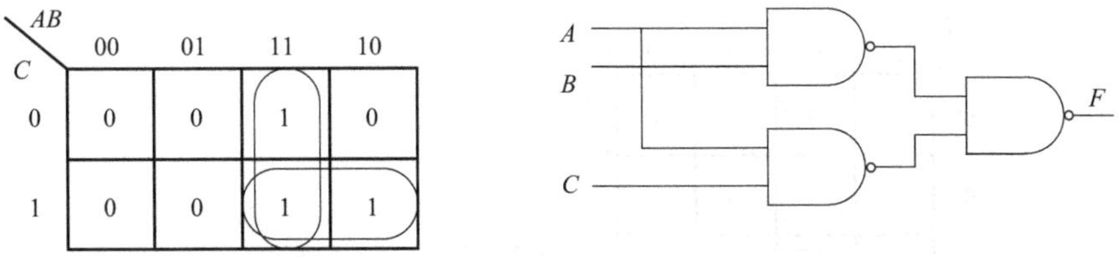

a) 卡诺图　　b) 逻辑电路

图 3-6　例 3-3 卡诺图及与非门实现的逻辑电路

例 3-4　设计一个用来判别一位 8421 BCD 码是否大于 5 的电路。如果输入值大于 5，则电路输出为 1；如果输入小于或等于 5，则电路输出为 0。

解：

1）逻辑抽象。根据题意，输入一位 8421 BCD 码需要用四个变量表示，分别设为 A、B、C、D；输出变量数只有一个，设为 F。

由于一位 8421 BCD 码由四位二进制数组成，且其有效编码为 0000～1001，而 1010～1111 是不可能出现的，故在真值表中当作任意项来处理。其真值表见表 3-5。

表 3-5　例 3-4 真值表

A	B	C	D	F
0	0	0	0	0
0	0	0	1	0
0	0	1	0	0
0	0	1	1	0
0	1	0	0	0
0	1	0	1	0
0	1	1	0	1
0	1	1	1	1
1	0	0	0	1
1	0	0	1	1
1	0	1	0	×
1	0	1	1	×
1	1	0	0	×
1	1	0	1	×
1	1	1	0	×
1	1	1	1	×

2）写出逻辑函数表达式。在没有具体的逻辑门要求的情况下，一般根据真值表选择简化的逻辑函数表达式。根据图 3-7a 所示卡诺图化简，写出与或表达式为

$$F=A+BC \tag{3-3}$$

3）画出逻辑电路。根据简化的与或表达式式（3-3），用与门和或门画出逻辑电路，如图 3-7b 所示。

对于图 3-7a 所示卡诺图也可以圈 0，如图 3-8a 所示，化简写出或与表达式，并进一步得到或非-或非表达式为

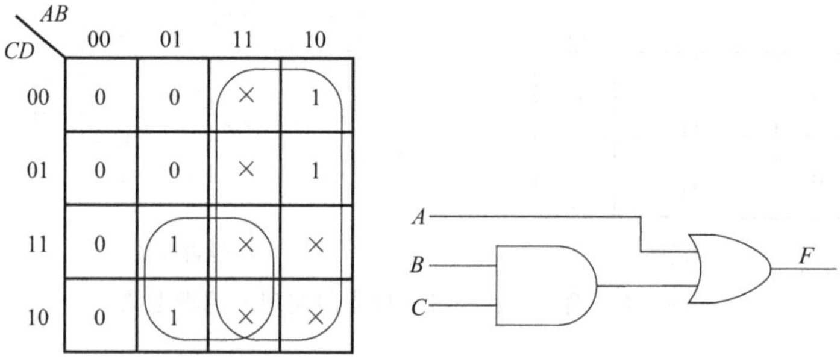

a) 卡诺图　　b) 逻辑电路

图 3-7　例 3-4 卡诺图及与门和或门实现的逻辑电路

$$F=(A+B)(A+C)=\overline{\overline{A+B}+\overline{A+C}} \tag{3-4}$$

根据或与表达式式（3-4），可用两级或非门画出逻辑电路，如图 3-8b 所示。

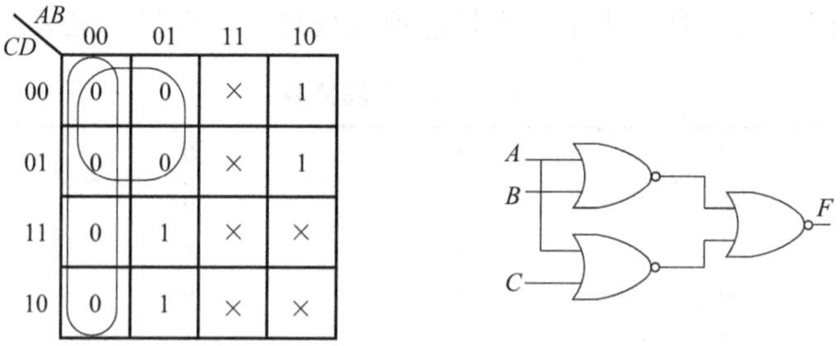

a) 卡诺图　　b) 逻辑电路图

图 3-8　例 3-4 卡诺图及或非门实现的逻辑电路

比较图 3-7b 和图 3-8b 两种实现电路发现，图 3-7b 电路需要与门和或门两种类型的器件，而图 3-8b 只需要或非门一种器件，并且一片 7402 就集成了四个两输入或非门，因此只需一片 7402 即可实现。可以看出，所用的器件不同，实现电路的成本就不同。读者可以自行分析采用其他类型集成门的实现电路。

例 3-5　某同学参加四门课程考试，规定如下：课程 A 及格获得 1 个学分；课程 B 及格获得 2 个学分；课程 C 及格获得 4 个学分；课程 D 及格获得 5 个学分；如果某门课程不及格获得 0 个学分。总计获得 8 个学分以上（含 8 个）即可结业。设计一个根据四门课程学分判断是否可以结业的逻辑电路。

解：

1）逻辑抽象。分析题意，输入变量数为四个，分别为 A、B、C、D。假设输入变量为 1 时表示获得对应的学分，否则对应学分为 0；输出只有一个，设为 F，$F=1$ 表示结业，$F=0$ 表示不能结业。

满足结业的条件是 A、B、C、D 组合起来的学分之和大于或等于 8。如 $A=1$，$B=1$，$C=1$，$D=0$ 时，其学分为 $1+2+4+0=7$，则 $F=0$；如 $A=1$，$B=1$，$C=0$，$D=1$ 时，其学分为 $1+2+0+5=8$，则 $F=1$；如 $A=0$，$B=0$，$C=1$，$D=1$ 时，其学分为 $0+0+4+5=9$，则 $F=1$。真值表见表 3-6。

表 3-6　例 3-5 真值表

A	B	C	D	F
0	0	0	0	0
0	0	0	1	0
0	0	1	0	0
0	0	1	1	1
0	1	0	0	0
0	1	0	1	0
0	1	1	0	0
0	1	1	1	1
1	0	0	0	0
1	0	0	1	0
1	0	1	0	0
1	0	1	1	1
1	1	0	0	0
1	1	0	1	1
1	1	1	0	0
1	1	1	1	1

2）写出逻辑函数表达式。根据真值表可得到如图 3-9a 所示卡诺图，化简后写出最简与或表达式，并进一步得到与非-与非表达式为

$$F=ABD+CD=\overline{\overline{ABD}\ \overline{CD}} \tag{3-5}$$

3）画逻辑电路。根据化简得到的与非-与非表达式式（3-5），可用两级与非门画出逻辑电路，如图 3-9b 所示。

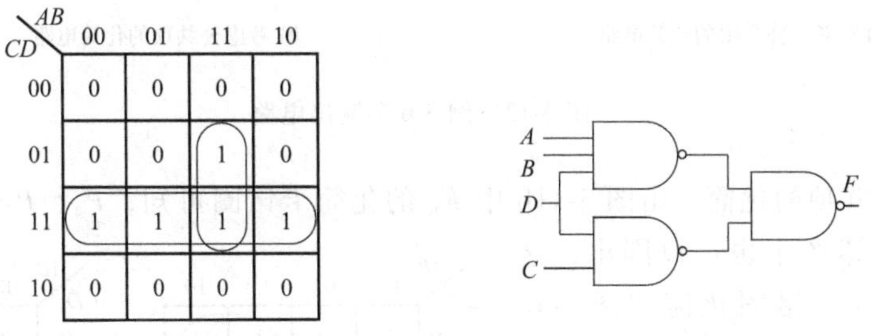

a) 卡诺图　　b) 逻辑电路

图 3-9　例 3-5 卡诺图及与非门实现的逻辑电路

上述例子都属于只考虑一个输出逻辑命题的设计。对于多输出函数，各个输出函数分别最简，系统不一定最简，这时可能遇到公共项的化简问题。下面通过一个多输出逻辑电路的设计举例简要介绍利用公共项的设计方法。

例 3-6　一个小系统的两个输出逻辑函数 F_a、F_b 的卡诺图如图 3-10 所示，设计该小系统的逻辑电路。

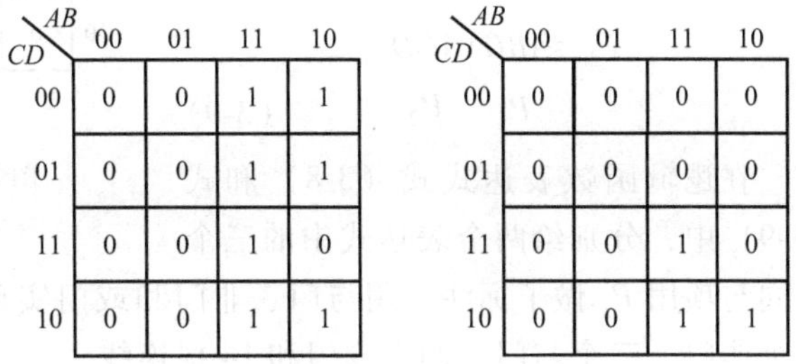

a) F_a　　b) F_b

图 3-10　例 3-6 卡诺图

解：

1）不考虑公共项的化简。两个输出 F_a、F_b 的独立最简的化简卡诺圈如图 3-11 所示。分别写出 F_a 和 F_b 的逻辑函数表达式为

$$F_a = \underset{P_1}{AB} + \underset{P_2}{A\overline{C}} + \underset{P_3}{A\overline{D}} \tag{3-6}$$

$$F_b = \underset{P_4}{ABC} + \underset{P_5}{AC\overline{D}} \tag{3-7}$$

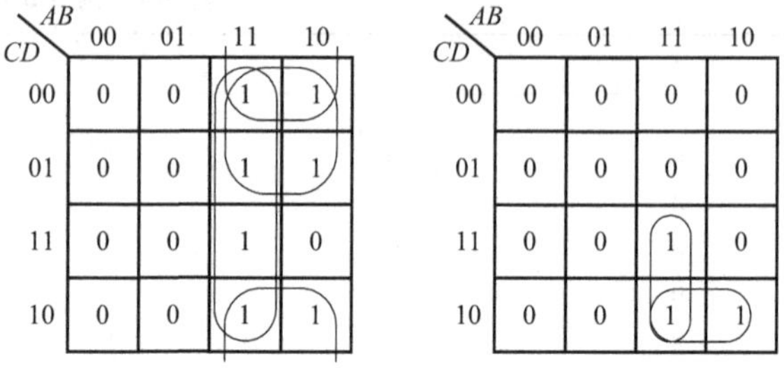

a) F_a　　b) F_b

图 3-11　例 3-6 不考虑公共项的卡诺图化简

在逻辑函数表达式式（3-6）和式（3-7）中，分别给两个表达式中的五个不同与项用 P_i 做了标注。用非门、与门和或门实现的电路如图 3-12a 所示，该电路需要两个非门、五个与门、两个或门和 19 根连线（每个门的输入线之和）。

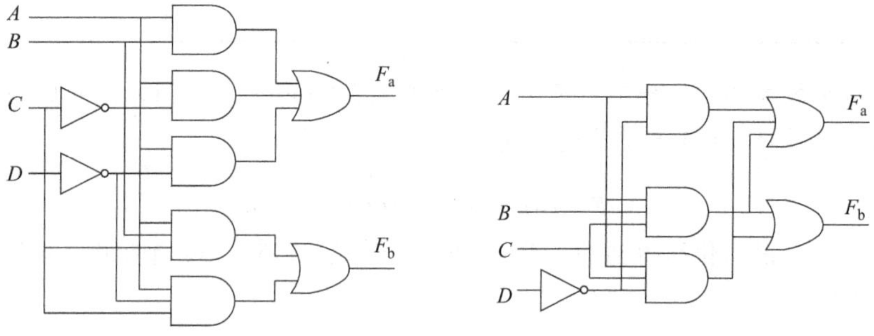

a) 不考虑公共项的化简电路　　b) 考虑公共项的化简电路

图 3-12　例 3-6 多输出电路

2）考虑公共项的化简。由图 3-11b 中 F_b 的化简卡诺圈可知，P_4、P_5 这两个与项的卡诺圈在 F_a 的卡诺图中也可以圈出，这样考虑公共项的卡诺图化简如图 3-13 所示。其逻辑函数表达式为

$$F_a = \underset{P_1}{ABC} + \underset{P_2}{AC\overline{D}} + \underset{P_3}{A\overline{D}} \tag{3-8}$$

$$F_b = \underset{P_1}{ABC} + \underset{P_2}{AC\overline{D}} \tag{3-9}$$

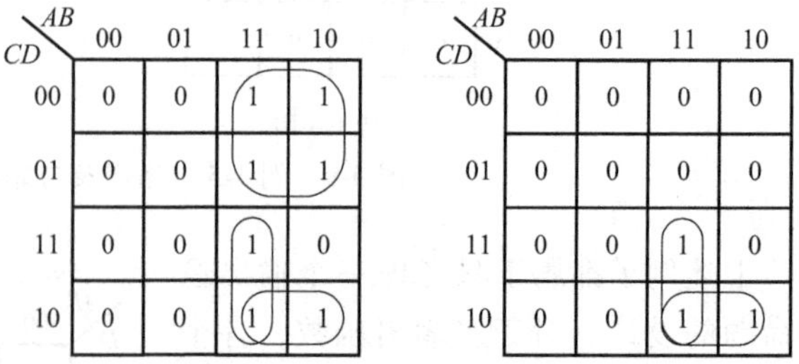

a) F_a　　b) F_b

图 3-13　例 3-6 考虑公共项的卡诺图化简

在逻辑函数表达式式（3-8）和式（3-9）中，分别给两个表达式中的三个不同与项用 P_i 做了标注。用与门、非门和或门实现的电路如图 3-12b 所示，该电路只需要一个非门、三个与门、两个或门和 14 根连线。

以上举例说明，对于多输出函数，化简原则为尽量利用公共项使整个系统使用的门和连线最少。

3.3 常用中规模集成组合逻辑器件及其应用

3.2 节描述的组合逻辑电路设计的基本方法，主要是用小规模集成（Small Scale Integration，SSI）逻辑门实现的逻辑电路。除 SSI 逻辑门外，还有许多常用的中规模集成组合逻辑（Medium Scale Integration，MSI）电路被用来作为更大系统的功能构件，如编码器、译码器、数据选择器、比较器等。本节将介绍几种最常用的 MSI 器件的功能及其应用。更多的 MSI 器件的工程文档可以从网络获取。

3.3.1 编码器

编码是信息从一种形式或格式转换为另一种形式的过程。在数字电路中，用二进制代码表示有关的信号称为二进制编码。能够实现编码功能的逻辑电路称为编码器（Encoder）。编码器的原理框图如图 3-14 所示，它有 n 个输入信号、m 位二进制编码输出。m 和 n 之间的关系为 $m \leqslant 2^n$。当 $m=2^n$ 时，称为二进制编码器。当 $m=10$，$n=4$ 时，表示用 4 位二进制码的 10 种组合表示十进制数 0～9，称为二－十进制（BCD）编码器。

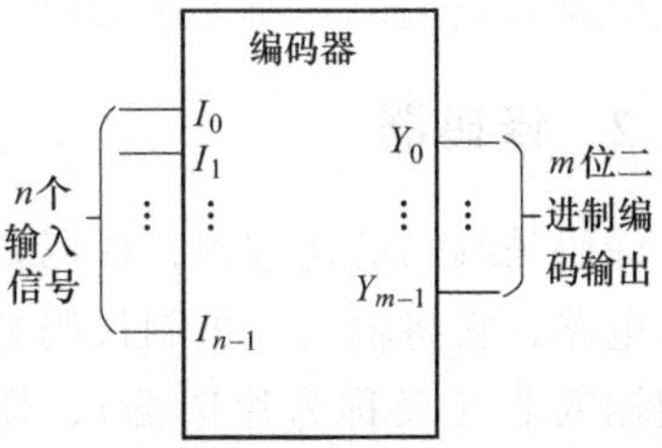

图 3-14　编码器的原理框图

常用的编码器有普通编码器和优先编码器两类。普通编码器的特点是任何时刻只允许一个输入信号有效，不允许出现多个输入同时有效的情况，否则编码器将产生错误的输出。优先编码器则在一定条件下允许多个输入同时有效，它能够根据事先安排好的优先顺序只对优先级别最高的有效输入信号进行编码。

优先编码器常用于优先中断系统和键盘编码。常用的 MSI 优先编码器包括：二进制优先编码器，如 74LS148（8 线-3 线优先编码器）；二-十进制优先编码器，如 74LS147（10 线-4 线 BCD 优先编码器）。下面主要介绍二进制优先编码器的功能及其应用。

74LS148 是一种带扩展功能的二进制优先编码器，其逻辑符号如图 3-15 所示，功能表见表 3-7。

表 3-7　74LS148 的功能表

序号	输入									输出				
	E_1	7	6	5	4	3	2	1	0	C	B	A	CS	E_0
1	1	×	×	×	×	×	×	×	×	1	1	1	1	1
2	0	1	1	1	1	1	1	1	1	1	1	1	1	0
3	0	0	×	×	×	×	×	×	×	0	0	0	0	1
4	0	1	0	×	×	×	×	×	×	0	0	1	0	1
5	0	1	1	0	×	×	×	×	×	0	1	0	0	1
6	0	1	1	1	0	×	×	×	×	0	1	1	0	1
7	0	1	1	1	1	0	×	×	×	1	0	0	0	1
8	0	1	1	1	1	1	0	×	×	1	0	1	0	1
9	0	1	1	1	1	1	1	0	×	1	1	0	0	1
10	0	1	1	1	1	1	1	1	0	1	1	1	0	1

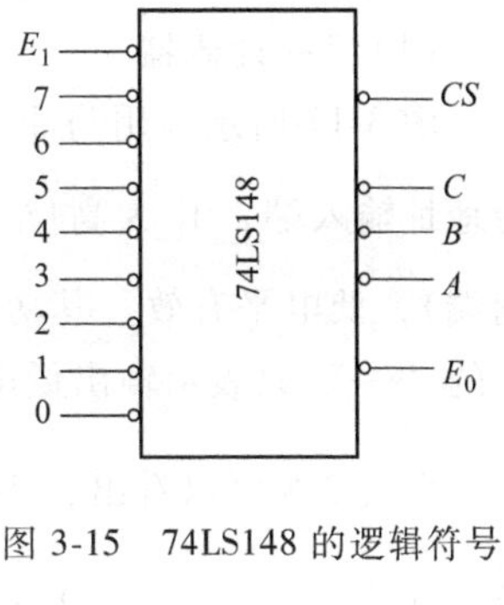

图 3-15　74LS148 的逻辑符号

图 3-15 中，小圆圈表示低电平有效，各引出端功能如下：7

~0 为状态信号输入端，低电平有效，7 的优先级别最高，0 的级别最低；C、B、A 为编码输出端，C 为最高位；E_1 为使能（允许）输入端，低电平有效，即当 $E_1=0$ 时，电路允许编码，当 $E_1=1$ 时，电路禁止编码，输出 C、B、A 均为高电平；E_0 和 CS 为使能输出端和选通输出端，主要用于级联和扩展。

从功能表可以看出，当 $E_1=1$ 时，表示电路禁止编码，即无论 7~0 中有无有效信号，输出 C、B、A 均为高电平，并且 $CS=E_0=1$。当 $E_1=0$ 时，表示电路允许编码，如果 7~0 中有低电平（有效信号）输入，则输出 C、B、A 是有效编码中级别最高的编码输出（注意是反码），并且 $CS=0$，$E_0=1$；如果 7~0 中无有效信号输入，则输出 C、B、A 均为高电平，并且 $CS=1$，$E_0=0$。

从另一个角度理解 E_0 和 CS 的作用。当 $E_0=0$、$CS=1$ 时，表示该电路允许编码，但无码可编；当 $E_0=1$、$CS=0$ 时，表示该电路允许编码，并且正在编码；当 $E_0=CS=1$ 时，表示该电路禁止编码，即无法编码。

3.3.2 译码器

译码是编码的逆过程，译码器（Decoders）是一种具有翻译功能的多输入-多输出组合逻辑电路，它将输入二进制代码翻译成对应的状态信息。有一些译码器设有一个和多个使能控制输入端（又称为片选端），用来控制允许译码或禁止译码。译码器的一般结构如图 3-16 所示。

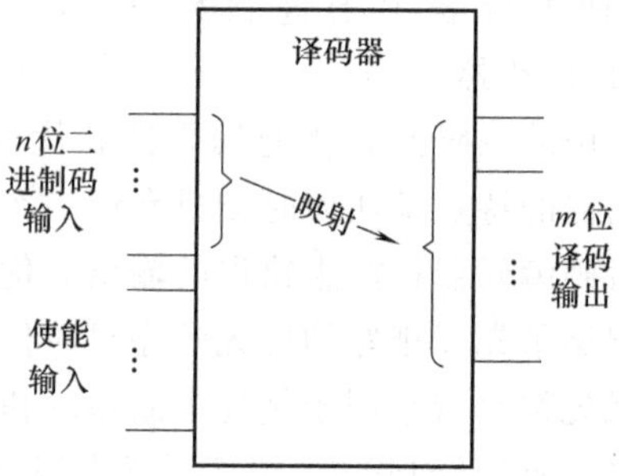

图 3-16　译码器的一般结构

常见的译码器具有 n 位二进制码输入，具有 2^n 个不同的状态，其输出用 m 位码代表对应输入状态的译码，通常 $m \leqslant 2^n$。译码器可以分为变量译码器和显示译码器两类。变量译码器也称为唯一地址译码器，常在计算机中用于将一个地址代码转换成一个有效信号。显示译码器用来驱动显示器件，以显示数字、字符或图形的器件。

1. 变量译码器

n（线）-2^n（线）变量译码器是常用的完全译码器，也称为二进制译码器，它有 n 个编码输入（即 n 位二进制码），$m=2^n$ 个输出。常见的变量译码器有 2-4 译码器、3-8 译码器和 4-16 译码器。n（线）-m（$<2^n$）（线）变量译码器是非完全译码器，它有 n 个编码输入（即 n 位二进制码），m 个输出。如 4-10 BCD 译码器等。

（1）2-4 译码器

图 3-17 所示为用与非门和非门实现的 2-4 译码器逻辑电路及其逻辑符号，其中 A_1、A_0 为地址输入端，A_1 为高位，$\overline{Y}_0$、$\overline{Y}_1$、$\overline{Y}_2$、$\overline{Y}_3$ 为状态信号输出端，$\overline{E}$ 为使能端（或称选通控制端），低电平有效。其功能表见表 3-8。注意：图 3-17 和表 3-18 中的 $\overline{Y}_0$、$\overline{Y}_1$、$\overline{Y}_2$、$\overline{Y}_3$ 和 $\overline{E}$ 上的“—”只表示输出低电平有效，而不是取反运算。

由表 3-8 可以看出，当 $E=0$ 时，2-4 译码器的输出逻辑函数表达式分别为 $\overline{Y}_0=\overline{\overline{A}_1\overline{A}_0}$，$\overline{Y}_1=\overline{\overline{A}_1A_0}$，$\overline{Y}_2=\overline{A_1\overline{A}_0}$，$\overline{Y}_3=\overline{A_1A_0}$。

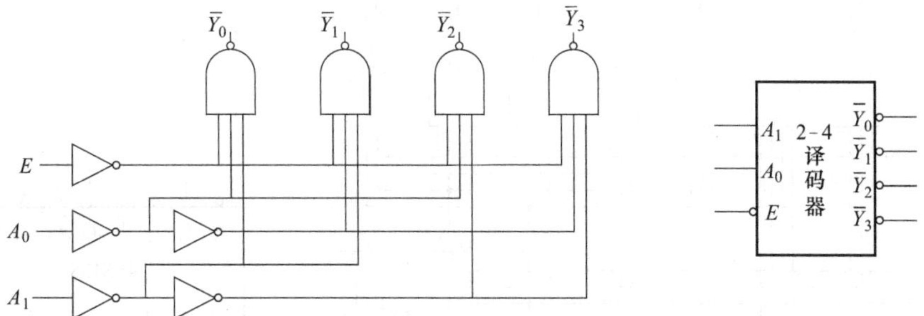

a) 逻辑电路　　　　b) 逻辑符号

图 3-17　2-4 译码器逻辑电路与逻辑符号

表 3-8　2-4 译码器功能表

E	A_1	A_0	$\overline{Y}_0$	$\overline{Y}_1$	$\overline{Y}_2$	$\overline{Y}_3$
1	×	×	1	1	1	1
0	0	0	0	1	1	1
0	0	1	1	0	1	1
0	1	0	1	1	0	1
0	1	1	1	1	1	0

如果用 $\overline{Y}_i$ 表示 i 端的输出，m_i 表示输入地址变量 A_1、A_0 的一个最小项，则使能端 $\overline{E}=0$ 时的输出逻辑函数表达式可写为

$$\overline{Y}_i=\overline{m}_i \quad (i=0,1,2,3) \tag{3-10}$$

可见，二进制译码器的每一个输出函数对应输入变量的一组取值，当使能端有效（$\overline{E}=0$）时，它正好是输入变量最小项的非（低电平输出有效）。因此变量译码器也称为最小项发生器。

使能端的一般用途有两个：一是可以用来扩展输入变量数（功能扩展）；二是可以引入选通脉冲，以抑制冒险脉冲的发生。

注意：在中规模集成（MSI）器件的逻辑符号中，往往用变量上加非号或引脚端加圆圈表示低电平有效，如图 3-17b 中的 $\overline{Y}_i$ 和 $\overline{E}$。

（2）3-8 译码器

3-8 译码器有 3 位输入、8 位输出。如图 3-18 所示为 3-8 译码器 74LS138 的逻辑电路及逻辑符号。图中 A_2、A_1、A_0 为地址输入端，A_2 为高位，$\overline{Y}_0\sim\overline{Y}_7$ 为译码状态信号输出端，低电平有效。该电路有三个使能输入，其中 E_1 为高电平有效，$\overline{E}_2$ 和 $\overline{E}_3$ 为低电平有效。表 3-9 为 74LS138 功能表，可以看出，只有当 E_1 为高电平、$\overline{E}_2$、$\overline{E}_3$ 都为低电平时，该译码器才有有效状态信号输出；若有一个条件不满足，则译码器不工作，输出全为高电平。

如果用 $\overline{Y}_i$ 表示 i 端的输出，则当使能端 $E_1=1$、$\overline{E}_2=0$、$\overline{E}_3=0$ 时，74LS138 的输出函数表达式为

$$\overline{Y}_i=\overline{m}_i=M_i \quad (i=0,1,\cdots,7) \tag{3-11}$$

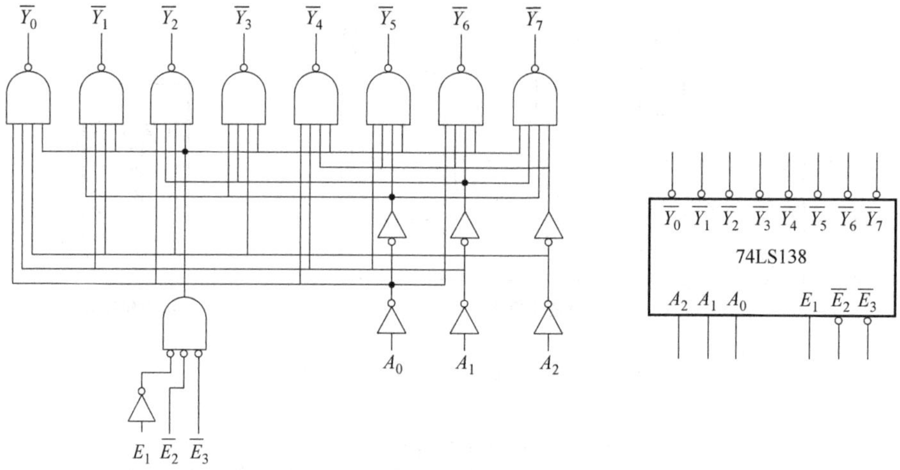

a) 逻辑电路　　b) 逻辑符号

图 3-18　3-8 译码器 74LS138 的逻辑电路及逻辑符号

表 3-9　74LS138 功能表

E_1	$\overline{E}_2+\overline{E}_3$	A_2	A_1	A_0	$\overline{Y}_0$	$\overline{Y}_1$	$\overline{Y}_2$	$\overline{Y}_3$	$\overline{Y}_4$	$\overline{Y}_5$	$\overline{Y}_6$	$\overline{Y}_7$
0	×	×	×	×	1	1	1	1	1	1	1	1
×	1	×	×	×	1	1	1	1	1	1	1	1
1	0	0	0	0	0	1	1	1	1	1	1	1
1	0	0	0	1	1	0	1	1	1	1	1	1
1	0	0	1	0	1	1	0	1	1	1	1	1
1	0	0	1	1	1	1	1	0	1	1	1	1
1	0	1	0	0	1	1	1	1	0	1	1	1
1	0	1	0	1	1	1	1	1	1	0	1	1
1	0	1	1	0	1	1	1	1	1	1	0	1
1	0	1	1	1	1	1	1	1	1	1	1	0

（3）4-10 译码器

4-10 译码器也称为十进制译码器、BCD 译码器。常用的 4-10 译码器为 74LS42，其逻辑符号如图 3-19 所示。其功能是将输入的一位 8421 BCD 码（4 位二进制代码）译成 10 个高、低电平输出信号，功能表见表 3-10。

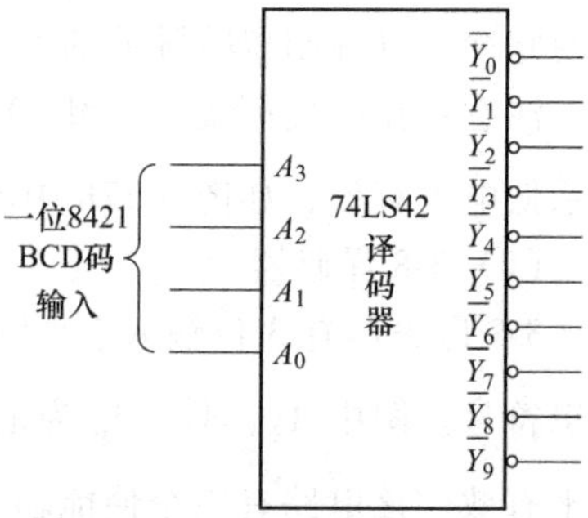

图 3-19　4-10 译码器 74LS42 的逻辑符号

由表 3-10 可以看出，当输入一个 8421 BCD 码时，就会在它所表示的十进制数的对应输出端产生一个低电平有效信号。如果输入的是伪码（非 8421 BCD 码），则译码输出端均为无效电平（高电平），因此此电路结构具有拒绝非法码的功能。

2. 变量译码器的应用

变量译码器的应用很广泛，典型的应用有以下几种：

1）实现某器件或存储系统的地址译码。

2）实现逻辑函数。

表 3-10　4-10 译码器 74LS42 功能表

序号	输入				输出									
	A_3	A_2	A_1	A_0	$\overline{Y}_0$	$\overline{Y}_1$	$\overline{Y}_2$	$\overline{Y}_3$	$\overline{Y}_4$	$\overline{Y}_5$	$\overline{Y}_6$	$\overline{Y}_7$	$\overline{Y}_8$	$\overline{Y}_9$
0	0	0	0	0	0	1	1	1	1	1	1	1	1	1
1	0	0	0	1	1	0	1	1	1	1	1	1	1	1
2	0	0	1	0	1	1	0	1	1	1	1	1	1	1
3	0	0	1	1	1	1	1	0	1	1	1	1	1	1
4	0	1	0	0	1	1	1	1	0	1	1	1	1	1
5	0	1	0	1	1	1	1	1	1	0	1	1	1	1
6	0	1	1	0	1	1	1	1	1	1	0	1	1	1
7	0	1	1	1	1	1	1	1	1	1	1	0	1	1
8	1	0	0	0	1	1	1	1	1	1	1	1	0	1
9	1	0	0	1	1	1	1	1	1	1	1	1	1	0
伪码	1	0	1	0	1	1	1	1	1	1	1	1	1	1
	1	0	1	1	1	1	1	1	1	1	1	1	1	1
	1	1	0	0	1	1	1	1	1	1	1	1	1	1
	1	1	0	1	1	1	1	1	1	1	1	1	1	1
	1	1	1	0	1	1	1	1	1	1	1	1	1	1
	1	1	1	1	1	1	1	1	1	1	1	1	1	1

3）带使能端的译码器可用作数据分配器或脉冲分配器。

下面通过实例介绍地址译码和实现逻辑函数的应用。

例 3-7　试用一片 3-8 译码器 74LS138 和少量门电路设计一个多地址译码电路。该译码电路有 8 根地址输入线 $A_7 \sim A_0$，要求当地址码为 B0H ~ B7H 时，译码器的输出 $\overline{Y}_0 \sim \overline{Y}_7$ 分别被译中，且低电平有效。

解： 根据题意列出多地址译码电路的输入、输出对应关系，见表 3-11。

表 3-11　例 3-7 多地址译码电路的输入、输出对应关系

地址	A_7	A_6	A_5	A_4	A_3	A_2	A_1	A_0	$\overline{Y}_0$	$\overline{Y}_1$	$\overline{Y}_2$	$\overline{Y}_3$	$\overline{Y}_4$	$\overline{Y}_5$	$\overline{Y}_6$	$\overline{Y}_7$
B0H	1	0	1	1	0	0	0	0	0	1	1	1	1	1	1	1
B1H	1	0	1	1	0	0	0	1	1	0	1	1	1	1	1	1
B2H	1	0	1	1	0	0	1	0	1	1	0	1	1	1	1	1
B3H	1	0	1	1	0	0	1	1	1	1	1	0	1	1	1	1
B4H	1	0	1	1	0	1	0	0	1	1	1	1	0	1	1	1
B5H	1	0	1	1	0	1	0	1	1	1	1	1	1	0	1	1
B6H	1	0	1	1	0	1	1	0	1	1	1	1	1	1	0	1
B7H	1	0	1	1	0	1	1	1	1	1	1	1	1	1	1	0

由表 3-11 可以看出，当地址码变化时，$A_7A_6A_5A_4A_3 = 10110$ 不变，$A_2A_1A_0$ 由 000 ~ 111 变化时，$\overline{Y}_0 \sim \overline{Y}_7$ 分别被译中。因此，可以用固定不变的地址信号 $A_7 \sim A_3$ 控制 74LS138 的使能输入端，即当 $A_7 \sim A_3 = 10110$ 时 3-8 译码器的使能端有效，否则译码器不使能。由此可得使能端的逻辑函数表达式为 $E_1 = A_7A_5A_4$，$\overline{E}_2 = \overline{E}_3 = A_6 + A_3$（表达式不唯一）。实现例 3-7 地址

译码的逻辑电路如图 3-20 所示。

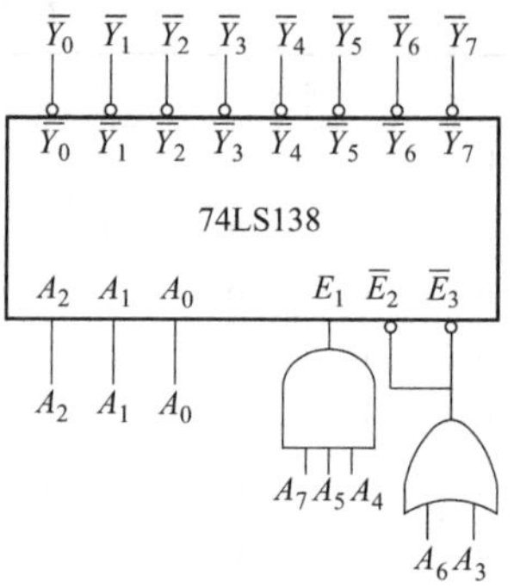

图 3-20　例 3-7 的逻辑电路

例 3-8　用 3-8 译码器实现逻辑函数 $F(X,Y,Z)=\sum m(0,1,4,6,7)$。

解：低电平输出有效的 3-8 译码器 74LS138 在使能端有效，即 $E_1=1$、$\overline{E}_2=0$、$\overline{E}_3=0$ 时，其输出端的逻辑函数表达式为

$$\overline{Y}_i=\overline{m}_i=M_i \quad (i=0,1,\cdots,7)$$

因此，只要把逻辑函数整理成最小项标准式形式，即可通过最小项实现逻辑函数与 3-8 译码器之间的联系。将 F 的逻辑函数表达式整理为

$$F(X,Y,Z)=\sum m(0,1,4,6,7)=m_0+m_1+m_4+m_6+m_7=\overline{\overline{m}_0\ \overline{m}_1\ \overline{m}_4\ \overline{m}_6\ \overline{m}_7}$$

对照译码器的输出 $\overline{Y}_i=\overline{m}_i$，则 F 的逻辑函数表达式可写为

$$F(X,Y,Z)=\sum m(0,1,4,6,7)=\overline{\overline{m}_0\ \overline{m}_1\ \overline{m}_4\ \overline{m}_6\ \overline{m}_7}=\overline{\overline{Y}_0\ \overline{Y}_1\ \overline{Y}_4\ \overline{Y}_6\ \overline{Y}_7} \tag{3-12}$$

由式（3-12）可见，只要把函数 F 的三个变量 X、Y、Z 分别连接到 3-8 译码器的三个地址输入端 A_2、A_1 和 A_0 上，译码器的输出端 $\overline{Y}_0$、$\overline{Y}_1$、$\overline{Y}_4$、$\overline{Y}_6$ 和 $\overline{Y}_7$ 经过与非门后，就可以实现该逻辑函数，其逻辑电路如图 3-21a 所示。

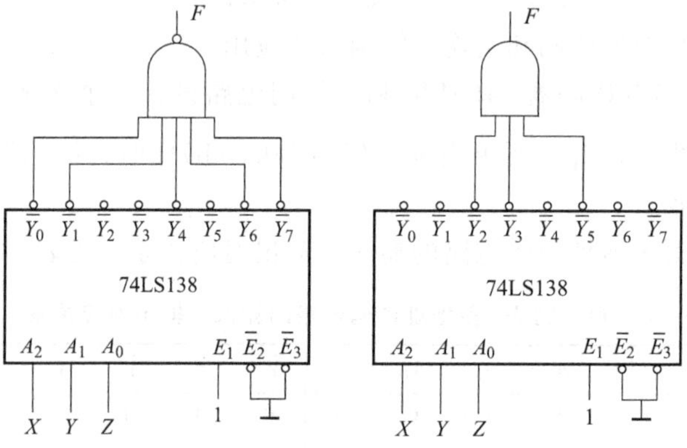

a) 最小项表达式　　b) 最大项表达式

图 3-21　例 3-8 的两种逻辑电路

当 F 的逻辑函数表达式写成最大项表达式时，对照译码器的输出 $\overline{Y}_i=\overline{m}_i=M_i$ 可得

$$F(X,Y,Z)=\sum m(0,1,4,6,7)=\prod(2,3,5)=M_2M_3M_5=\overline{Y}_2\ \overline{Y}_3\ \overline{Y}_5 \tag{3-13}$$

由式（3-13）可见，只要把译码器的输出端 $\overline{Y}_2$、$\overline{Y}_3$ 和 $\overline{Y}_5$ 经过与门后，也可以实现该逻辑函数，其逻辑电路如图 3-21b 所示。

例 3-8 的逻辑函数实现有两种方法：当逻辑函数表示成最小项时，译码器加与非门的实现电路如图 3-21a 所示；当逻辑函数表示成最大项时，译码器加与门的实现电路如图 3-21b 所示。

例 3-9　试用 74LS138 实现以下多输出逻辑函数。

$$F_1(X,Y,Z)=\sum m(0,4,7)\,,\quad F_2(X,Y,Z)=\sum m(1,2,3,5,6,7)$$

解： 逻辑函数 F_1 和 F_2 都包含三个变量 X、Y、Z，根据例 3-8 总结的规律，$F_1(X,Y,Z)=\sum m(0,4,7)$ 可用 74LS138 加与非门来实现。

$F_2(X,Y,Z)$ 转换成最大项表达式时的项数比最小项少，其最大项表达式为

$$F_2(X,Y,Z)=\sum m(1,2,3,5,6,7)=\prod(0,4)$$

因此，$F_2(X,Y,Z)=\prod(0,4)$ 可用 74LS138 加与门来实现。用 74LS138 实现的多输出逻辑函数电路如图 3-22 所示。

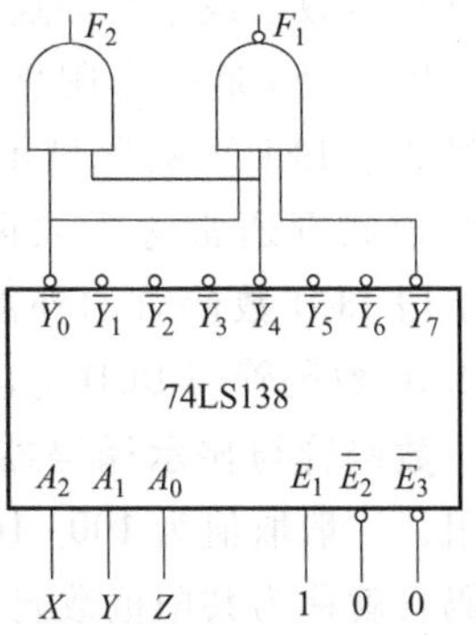

图 3-22 例 3-9 逻辑电路

以上用 3-8 译码器实现逻辑函数的例子中，所实现的逻辑函数变量个数正好与 3-8 译码器 74LS138 的译码地址个数相等，因此可以直接将逻辑函数的变量对应地连接到 3-8 译码器的地址输入端 A_2、A_1 和 A_0 上。如果所要实现的逻辑函数变量个数多于二进制译码器地址输入端个数，就需要对变量译码器进行扩展。

3. 变量译码器的扩展

利用译码器的使能端可以实现译码器功能扩展。图 3-23 为用使能端将两个 74LS138 扩展为 4-16 译码器的例子。当 $A_3=0$ 时，74LS138（Ⅰ）的使能端有效，正常工作，而 74LS138（Ⅱ）不工作，$A_2A_1A_0=000\sim111$ 时，其对应输出 $\overline{Y}_0\sim\overline{Y}_7$；当 $A_3=1$ 时，74LS138（Ⅱ）的使能端有效，正常工作，而 74LS138（Ⅰ）不工作，$A_2A_1A_0=000\sim111$ 时，其对应输出 $\overline{Y}_8\sim\overline{Y}_{15}$。

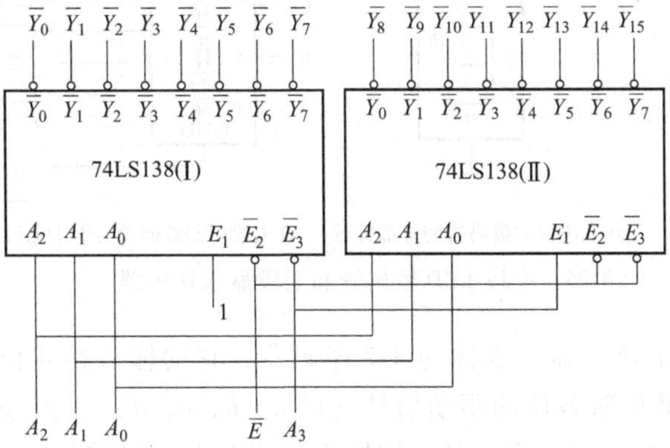

图 3-23 用使能端将两个 74LS138 扩展为 4-16 译码器

在进行功能扩展时，往往会用另外一个译码器来为其他译码器产生使能信号，如要用四个 3-8 译码器和一个 2-4 译码器实现 5-32 译码器，在此不再赘述，读者可以自行分析。

例 3-10 用 3-8 译码器 74LS138 和与非门实现以下逻辑函数。

$$F(A,B,C,D)=\sum m(2,5,6,8,10,12,14)$$

解： 由于给定的逻辑函数有四个变量，而 3-8 译码器只有三个译码地址输入端，显然仿照前面的例子采用一个 3-8 译码器和与非门不能直接实现。因此，可以先将两个 74LS138 扩展为 4-16 译码器，然后参考前面的例子，将 4-16 译码器输出中与函数 F 相关的项进行与非运算，即可实现给定函数的功能。其逻辑电路如图 3-24 所示。

4. 显示译码器

在数字系统中，经常需要将二进制代码表示的数字或字符等信息直观地显示出来，因此要用到数码显示器和显示译码器等逻辑器件。数码显示器是用来显示数字、文字或符号的器件，也称为数码管；显示译码器是用来驱动数码管显示数字或字符的逻辑器件。

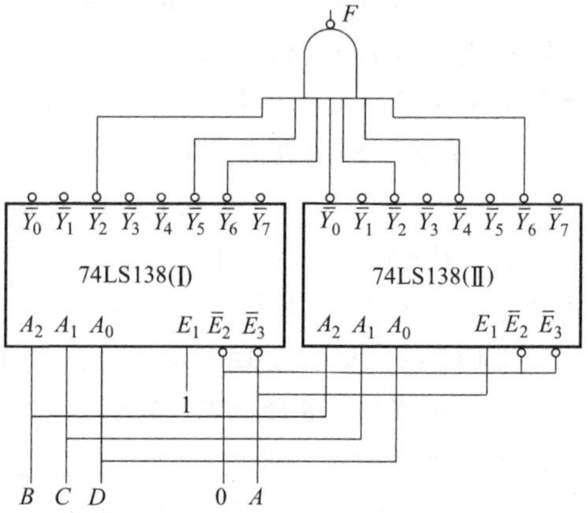

图 3-24　例 3-10 逻辑电路

图 3-25a 是一个阴极连在一起的七段发光二极管（LED）数码显示器的内部结构，这种 LED 数码管通常称为共阴极数码管。图 3-25b 为七段 LED 数码管的外部符号，图 3-25c 为七段 LED 数码管与 BCD 七段显示译码器的外部连接。数码管与显示译码器之间的电阻称为限流电阻，一般取值为 100~1000Ω。既然有共阴极数码管，那么一个阳极连在一起的七段 LED 数码管就称为共阳极数码管。LED 点亮只需使其正向导通即可，显示译码器根据 LED 的公共极是阳极还是阴极分为两类，共阳极的低电平有效的中规模集成显示译码器有 74LS46、74LS47 等，共阴极的高电平有效的显示译码器有 74LS48、74LS49 等。

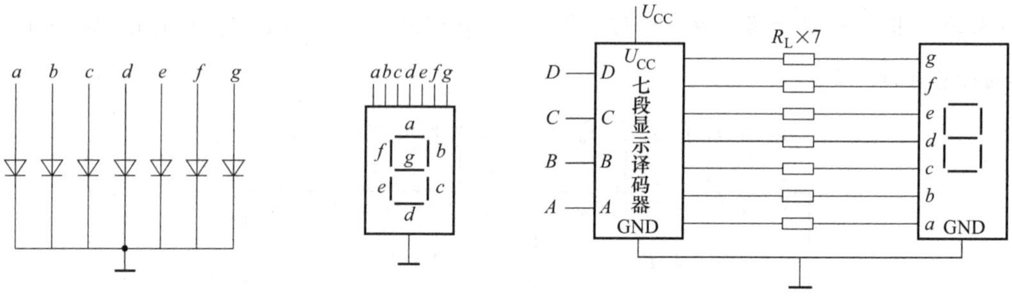

a) 七段LED数码显示器内部结构　b) 七段LED数码管的外部符号　c) 七段LED数码管与BCD七段显示译码器的外部连接

图 3-25　七段 LED 数码管和七段显示译码器

图 3-25c 中的七段显示译码器，也称为 4-7 译码器，它的输入是 4 位二进制码（以 D、C、B、A 表示），输出是数码管各段的驱动信号（以 a、b、c、d、e、f、g 表示）。若驱动共阴极 LED 数码管，则输出应为高电平有效，即输出为高电平（1）时，相应显示段发光。如当输入 $DCBA$ = 0101 时，应显示数码“5”，即要求同时点亮 a、c、d、f、g 段，熄灭 b、e 段，显示译码器的输出应为 $abcdefg$ = 1011011，这一组代码常称为段码，显示 0~9 的七段显示译码器真值表见表 3-12。

表 3-12　显示 0~9 的七段显示译码器真值表（驱动共阴极 LED 数码管）

输入				输出							字形
D	C	B	A	F_a	F_b	F_c	F_d	F_e	F_f	F_g	
0	0	0	0	1	1	1	1	1	1	0	0
0	0	0	1	0	1	1	0	0	0	0	1

（续）

输入				输出							字形
D	C	B	A	F_a	F_b	F_c	F_d	F_e	F_f	F_g	
0	0	1	0	1	1	0	1	1	0	1	2
0	0	1	1	1	1	1	1	0	0	1	3
0	1	0	0	0	1	1	0	0	1	1	4
0	1	0	1	1	0	1	1	0	1	1	5
0	1	1	0	1	0	1	1	1	1	1	6
0	1	1	1	1	1	1	0	0	0	0	7
1	0	0	0	1	1	1	1	1	1	1	8
1	0	0	1	1	1	1	1	0	1	1	9

目前普遍使用的七段数码显示器主要有 LED 和液晶显示器（LCD）两种。LED 由特殊的半导体材料砷化镓、磷砷化镓等制成，它可以单独使用，也可以组成分段式或点阵式 LED 显示器件，LED 数码显示器实物如图 3-26 所示。LED 数码管是用 LED 构成显示数码的笔画来显示数字，由于 LED 属于主动发光，故 LED 数码管不需要外界光，适用于各种场合。LCD 数码管利用液晶材料在交变电压的作用下会吸收光、而没有交变电压的作用则不会吸收光来显示数码，由于液晶材料须有光时才能使用，故不能用于无外界光的场合（目前计算机或电视 LCD 是用背光灯才可以在夜间使用）。LCD 相对于 LED 有一个最大的优点，即耗电量相当小。LCD 的译码驱动电路与 LED 的译码驱动电路不同，其输出不是高电平或低电平，而是脉冲电压，当输出有效时，其输出为交变的脉冲电压，否则为高电平或低电平。

图 3-26　LED 数码显示器实物

74LS47 是输出低电平有效的 LED 显示译码器，除了能够对一位 BCD 输入译码得到七段输出外，74LS47 还有试灯和灭零功能。

3.3.3　数据选择器

多路数据选择器（简称数选器）又称为多路选择器（Multiplexer，MUX），其框图如图 3-27a 所示。它有 n 个数据选择（地址）输入端、2^n 个数据输入端和一个输出端，每次在数据选择输入端的控制下，从多路数据输入端中选择一路数据输出，其功能类似于一个单刀多掷开关，等效开关如图 3-27b 所示。

1. 数据选择器的功能

数据选择器的功能是在多路数据输入中选择一路进行输出，至于选择哪一路，则由选择（地址）输入端控制。图 3-28a、b 分别为 4 选 1 数据选择器的逻辑电路及逻辑符号，其中

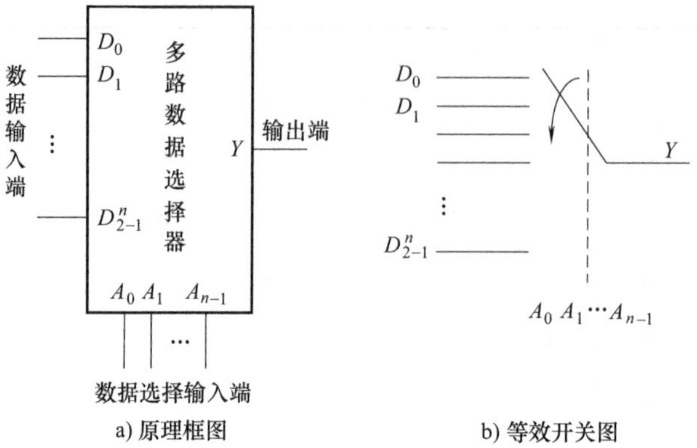

图 3-27　多路数据选择器框图及等效开关图

$D_0 \sim D_3$ 为数据输入端；A_1、A_0 为选择（地址）输入端；Y 为输出端；$\overline{E}$ 为使能端，低电平有效。当 $\overline{E}=1$ 时，输出 $Y=0$，即无效，当 $\overline{E}=0$ 时，在地址输入端 A_1、A_0 的控制下，从 $D_0 \sim D_3$ 中选择一路数据输出到 Y，其功能表见表 3-13。

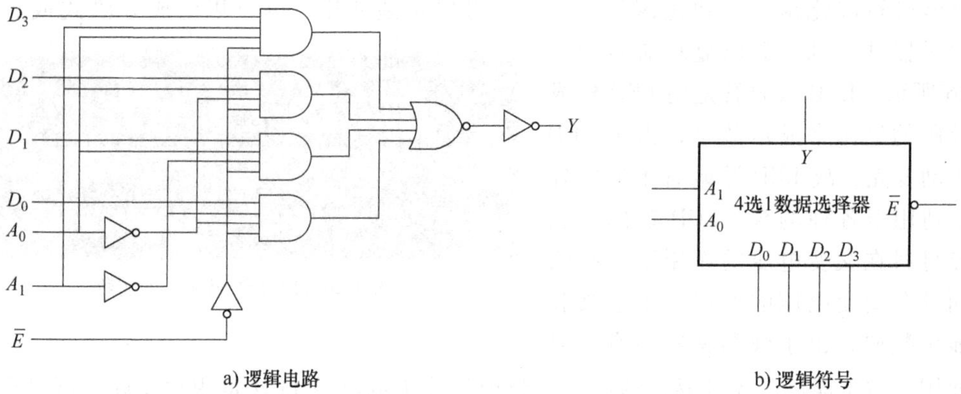

图 3-28　4 选 1 数据选择器的逻辑电路及其逻辑符号

表 3-13　4 选 1 数据选择器功能表

$\overline{E}$	A_1	A_0	Y
1	×	×	0
0	0	0	D_0
0	0	1	D_1
0	1	0	D_2
0	1	1	D_3

由表 3-13 可知，当使能端 $\overline{E}=0$ 时，输出与输入的关系为

$$Y=\overline{A}_1\overline{A}_0D_0+\overline{A}_1A_0D_1+A_1\overline{A}_0D_2+A_1A_0D_3$$

$$=\sum_{i=0}^{3}m_iD_i$$

注意：当使能端无效时，输出始终为低电平；m_i 为地址变量 A_1、A_0 所对应的最小项，

称为地址最小项。也可以把数据选择器的输出与输入的关系用矩阵形式表示为

$$Y=\overline{A}_1\overline{A}_0D_0+\overline{A}_1A_0D_1+A_1\overline{A}_0D_2+A_1A_0D_3$$

$$=[\overline{A}_1\overline{A}_0\quad \overline{A}_1A_0\quad A_1\overline{A}_0\quad A_1A_0]\begin{bmatrix}D_0\\D_1\\D_2\\D_3\end{bmatrix}$$

$$=[A_1A_0]_m[D_0\quad D_1\quad D_2\quad D_3]^{\mathrm{T}}$$

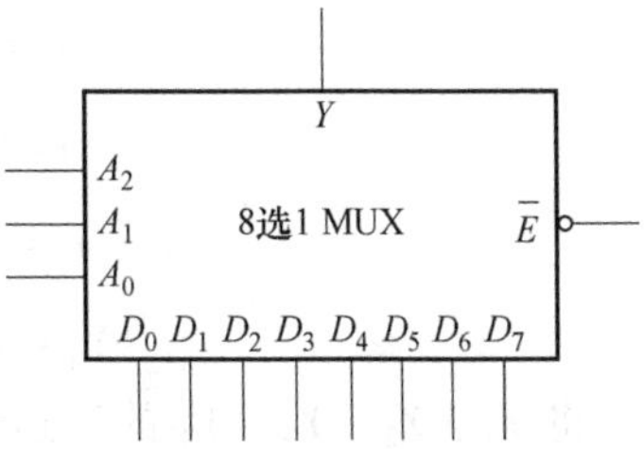

图 3-29 8 选 1 MUX 的逻辑符号

图 3-29 为 8 选 1 MUX 的逻辑符号，其功能表见表 3-14，输出表达式为

$$Y=\sum_{i=0}^{7}m_iD_i=[A_2A_1A_0]_m(D_0\quad D_1\quad D_2\quad D_3\quad D_4\quad D_5\quad D_6\quad D_7)^{\mathrm{T}}$$

表 3-14 8 选 1 MUX 功能表

$\overline{E}$	A_2	A_1	A_0	Y
1	×	×	×	0
0	0	0	0	D_0
0	0	0	1	D_1
0	0	1	0	D_2
0	0	1	1	D_3
0	1	0	0	D_4
0	1	0	1	D_5
0	1	1	0	D_6
0	1	1	1	D_7

2. 数据选择器的扩展

数据选择器扩展的目的是用数据端少的数选器扩展成更多数据端的 MUX。扩展可以通过 MUX 的使能端进行。图 3-30 为用 4 选 1 MUX 扩展为 8 选 1 MUX，用 A_2 接入使能端，$A_2=0$ 时 Y_1 工作，$Y_2=0$；$A_2=1$ 时 Y_2 工作，$Y_1=0$。8 选 1 MUX 的输出逻辑函数表达式为

$$Y=\overline{A}_2Y_1+A_2Y_2=\sum_{i=0}^{7}m_i(A_2A_1A_0)D_i$$

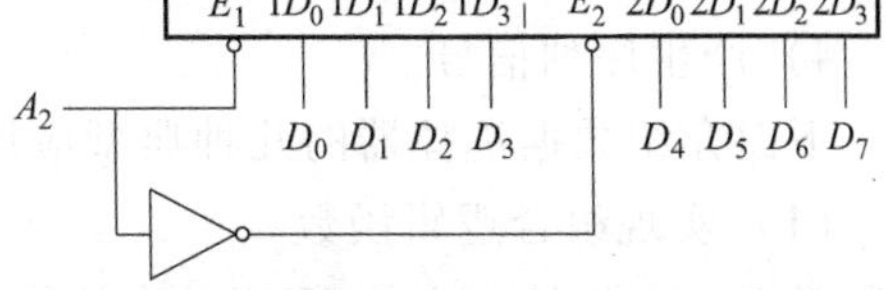

图 3-30 用 4 选 1 MUX 扩展为 8 选 1 MUX

其中

$$Y_1=\overline{A}_1\overline{A}_0D_0+\overline{A}_1A_0D_1+A_1\overline{A}_0D_2+A_1A_0D_3$$

$$Y_2=\overline{A}_1\overline{A}_0D_4+\overline{A}_1A_0D_5+A_1\overline{A}_0D_6+A_1A_0D_7$$

图 3-31 为用 4 选 1 MUX 扩展为 16 选 1 MUX 的两级树形结构。A_3、A_2 作为第一级的 4 选 1 MUX 的地址，用于从第二级的四个 4 选 1 MUX 的输出中选择哪个输出到 Y，16 选 1 MUX 的输出逻辑函数表达式为

$$Y=\overline{A}_3\overline{A}_2Y_1+\overline{A}_3A_2Y_2+A_3\overline{A}_2Y_3+A_3A_2Y_4$$

$$Y_1=\overline{A}_1\overline{A}_0D_0+\overline{A}_1A_0D_1+A_1\overline{A}_0D_2+A_1A_0D_3$$

$$Y_2=\overline{A}_1\overline{A}_0D_4+\overline{A}_1A_0D_5+A_1\overline{A}_0D_6+A_1A_0D_7$$

$$Y_3=\overline{A}_1\overline{A}_0D_8+\overline{A}_1A_0D_9+A_1\overline{A}_0D_{10}+A_1A_0D_{11}$$

$$Y_4=\overline{A}_1\overline{A}_0D_{12}+\overline{A}_1A_0D_{13}+A_1\overline{A}_0D_{14}+A_1A_0D_{15}$$

将 Y_1、Y_2、Y_3、Y_4 的表达式代入 Y，可得

$$Y=\sum_{i=0}^{15}m_i(A_3A_2A_1A_0)D_i$$

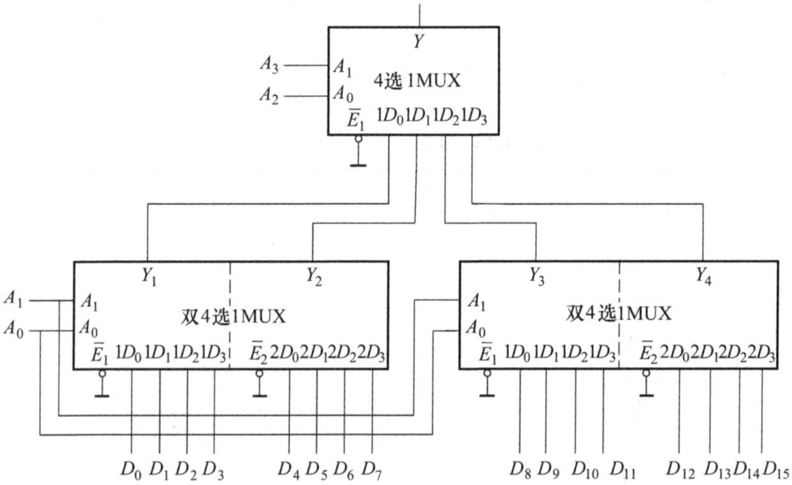

图 3-31　用 4 选 1 MUX 扩展为 16 选 1 MUX 的两级树形结构

数据选择器的扩展还可以利用二进制译码器选通各片 MUX 的使能端，控制各片轮流工作，读者可以自行分析。

3. 数据选择器的应用

数据选择器的应用很广泛，典型应用有以下几个方面：

1）实现多路信号的分时传送。

2）实现组合逻辑函数。

3）实现并行数据到串行数据的转换。

4）产生序列信号。

下面介绍数据选择器的几种典型应用。

（1）实现组合逻辑函数

对于 n 个地址输入的 MUX，当使能端有效时，其输出表达式为

$$Y=\sum_{i=0}^{2^n-1}m_iD_i \tag{3-14}$$

式中，m_i 为由地址变量 A_{n-1}、…、A_1、A_0 组成的地址最小项；D_i 为 MUX 的数据输入，称为 m_i 的系数。当 $D_i=1$ 时，其对应的最小项 m_i 在表达式中出现；当 $D_i=0$ 时，其对应的最小项 m_i 不出现。任何一个具有 l 个变量的逻辑函数 F 都可以用最小项之和表示为

$$F = \sum_{i=0}^{2^l-1} m_i \times (0 \text{ 或 } 1) \tag{3-15}$$

式中，m_i 为真值表中 l 个逻辑变量的第 i 组取值所对应的最小项，0 或 1 为第 i 组取值所对应逻辑函数 F 真值表中的输出。最小项表达式是真值表中使输出为 1 的所有最小项之和，也可以换一种说法，即真值表中每一个最小项同与之对应的输出取值（0 或 1）相与之后再相或，只有输出为 1 的取值才会出现在最小项表达式中。

MUX 的输出表达式式（3-14）和逻辑函数表达式式（3-15）相似，所以可以利用 MUX 实现组合逻辑函数。

为了利用 MUX 实现任意组合逻辑函数，需要明确逻辑函数与真值表之间的对应关系，即 l 个变量的逻辑函数可以用 l 个变量的真值表表示。如三变量逻辑函数可以用三变量真值表表示，见例 3-1。利用公式 $A+\overline{A}=1$，可以把 l 个变量的逻辑函数用 $l+1$ 个变量、$l+2$ 个变量的真值表表示。如对下式三变量逻辑函数进行变换可得到四变量逻辑函数，进而可以画出四变量真值表。

$$F=AB+\overline{A}C=(AB+\overline{A}C)(D+\overline{D})=ABD+AB\overline{D}+\overline{A}CD+\overline{A}C\overline{D}$$

由逻辑函数画真值表，只需要把逻辑变量的所有取值组合代入逻辑函数，得到对应的输出即可。据此，可以把 l 个变量的逻辑函数用 $l-1$ 个变量、$l-2$ 个变量的真值表表示，如三变量逻辑函数 $F=AB+\overline{A}C$，如果只选择变量 A 和 B 出现在真值表的左侧，则可以把变量 A 和 B 所对应的四组取值 00、01、10 和 11 分别代入逻辑函数 F，得到的对应结果即为真值表中的输出，见表 3-15，其余变量出现在真值表的输出部分。

表 3-15　三变量逻辑函数的二变量真值表表示

A	B	F
0	0	C
0	1	C
1	0	0
1	1	1

根据以上分析，l 个变量的逻辑函数可以用 l 变量的真值表表示，也可以用 $l+1$、$l+2$、…变量的真值表表示，还可以用 $l-1$、$l-2$、…变量的真值表表示。由于逻辑函数的真值表和卡诺图一一对应，因此，l 个变量的逻辑函数可以用 l 维（即 l 变量）K 图表示，也可以用 $l-1$、$l-2$、…维 K 图表示，这种 $l-1$、$l-2$、…维 K 图称为降维 K 图。

要利用 MUX 实现任意组合逻辑函数，从 MUX 的输出表达式式（3-14）和逻辑函数表达式式（3-15）可以看出，只要 MUX 的地址端个数 n 和逻辑变量个数 l 相等，逻辑函数真值表的输出即为 MUX 的数据输入，逻辑函数的变量即为 MUX 的选择地址。

例 3-11　试用 8 选 1 MUX 实现下面的逻辑函数。

$$F=\overline{A}B+A\overline{B}+C$$

解：首先根据逻辑函数 F 列出真值表，见表 3-16。

已知 8 选 1 MUX 的输出方程为

$$Y=\sum_{i=0}^{7} m_i D_i=[A_2A_1A_0]_m[D_0 \quad D_1 \quad D_2 \quad D_3 \quad D_4 \quad D_5 \quad D_6 \quad D_7]^{\mathrm{T}}$$

表 3-16　例 3-11 真值表

A	B	C	F
0	0	0	0
0	0	1	1
0	1	0	1
0	1	1	1
1	0	0	1
1	0	1	1
1	1	0	0
1	1	1	1

由题可知，逻辑函数 F 的变量个数和 8 选 1 MUX 的地址端个数正好相等，因此，只需要依次连接 $A_2=A$，$A_1=B$，$A_0=C$，逻辑函数 F 的真值表输出即对应 MUX 的 $D_0\sim D_7$。实现的逻辑电路如图 3-32 所示。

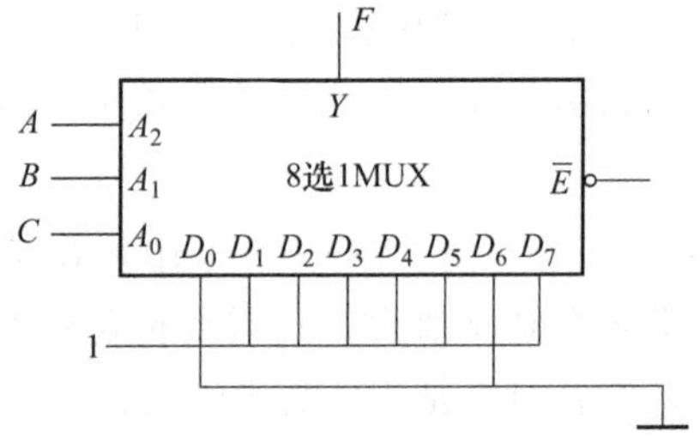

图 3-32　例 3-11 实现的逻辑电路

例 3-12　试用 4 选 1 MUX 实现如下三变量函数。

$$F=\overline{A}\,\overline{B}C+\overline{A}\,\overline{B}\,\overline{C}+\overline{A}BC+A\overline{B}\,\overline{C}$$

解：由题可知，4 选 1 MUX 有两个地址输入端，而需要实现的逻辑函数 F 有三个变量，变量个数比 MUX 地址输入端个数多，因此，在 A、B、C 三个变量中选择 A 和 B 两个变量列出逻辑函数 F 的二变量真值表，见表 3-17。

表 3-17　例 3-12 逻辑函数 F 的二变量真值表

A	B	F
0	0	1
0	1	C
1	0	$\overline{C}$
1	1	0

已知 4 选 1 MUX 的输出表达式为

$$Y=\sum_{i=0}^{3}m_iD_i=[A_1A_0]_m[D_0\quad D_1\quad D_2\quad D_3]^{\mathrm{T}}$$

由表 3-17 可知，只需要依次连接 4 选 1 MUX 的 $A_1=A$，$A_0=B$，真值表的输出即对应 MUX 的 $D_0\sim D_3$。实现的逻辑电路如图 3-33 所示。

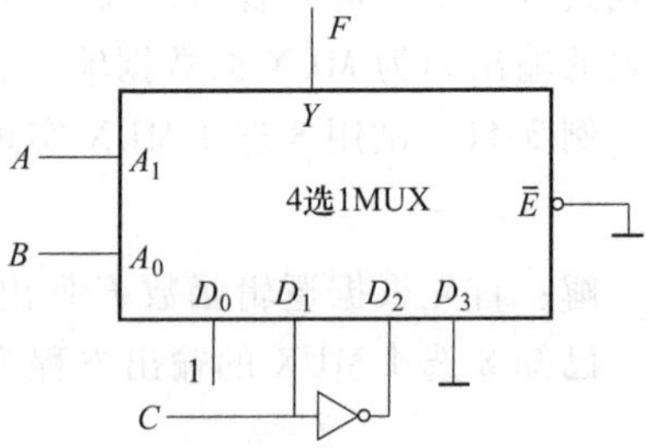

图 3-33　例 3-12 实现的逻辑电路

MUX 实现任意逻辑函数 $F=f(A,B,\cdots)$ 的通用模型：由 MUX 的输出表达式式（3-14）和逻辑函数表达式式（3-15）可知，逻辑函数的变量个数 l 和 MUX 的地址选择端个数 n 存在三种情况：情况 1，$l=n$；情况 2，$l<n$；情况 3，$l>n$。对于情况 2，可以利用公式 $A+\overline{A}=1$

将变量数扩展到 n 个；对于情况 3，可以在 l 个变量中任选 n 个变量，最终采用如图 3-34 所示通用模型，列出函数的 n 变量真值表，真值表的输出即为 MUX 的数据输入，真值表中的变量即为 MUX 的地址端，MUX 的输出 Y 即等于逻辑函数 F。

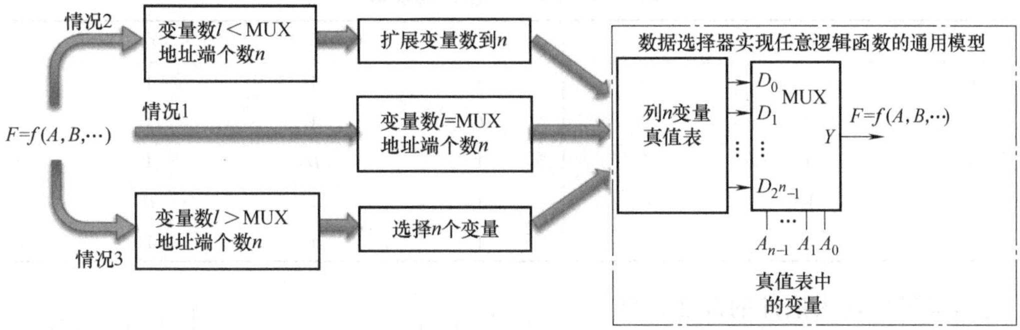

图 3-34　数据选择器实现任意逻辑函数的通用模型

对于图 3-34 中的情况 2，可以把 MUX 按照高位地址分成多个子 MUX，利用其中的部分 MUX 直接实现，读者可自行分析。

（2）实现并行数据到串行数据的转换

用 8 选 1 数据选择器构成的并-串转换电路如图 3-35a 所示，当 8 选 1 MUX 的地址输入 A_2、A_1、A_0 按照图 3-35b 所给的波形由 000 至 111 依次变化时，8 选 1 MUX 将并行输入数据 10110101 依次送至 Y 端串行输出。

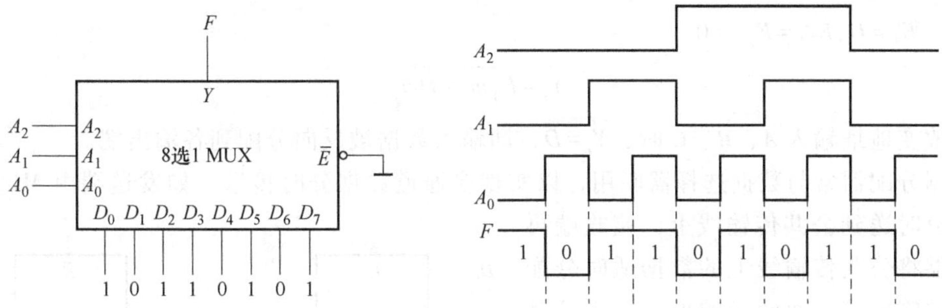

a) 电路　　b) 时序波形

图 3-35　用 MUX 实现的并-串转换电路及时序波形

3.3.4　数据分配器

数据分配器又称为多路分配器（DEMUX），其功能与数据选择器相反，它可以将一路输入数据按 n 位地址分送到 2^n 个数据输出端上。图 3-36 为 1-4 DEMUX 的逻辑符号，其功能表见表 3-18。其中 D 为数据输入，A_1、A_0 为地址输入，$Y_0\sim Y_3$ 为数据输出，$\overline{E}$ 为使能端。

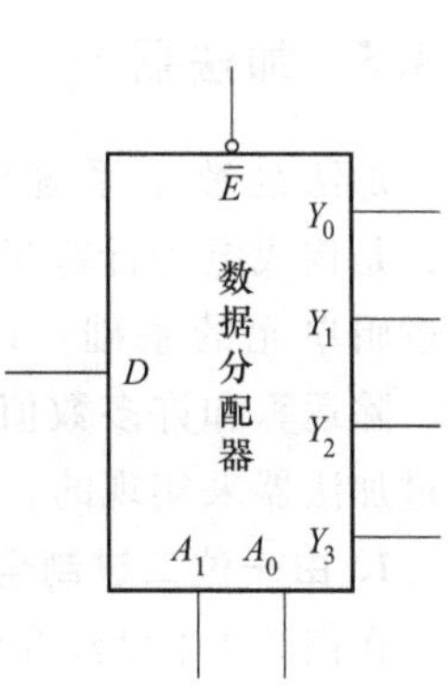

图 3-36　1-4 DEMUX 的逻辑符号

常用的 DEMUX 有 1-4 DEMUX、1-8 DEMUX、1-16 DEMUX 等。由表 3-18 可见，1-4 DEMUX 与 2-4 译码器功能相似，如果将 2-4 译码器的使能端 E 用作数据输入端 D，如图 3-37a 所示，则 2-4 译码

器的输出表达式为

$$\overline{Y}_i=\overline{\overline{E}m_i}=\overline{\overline{D}m_i}\quad (i=0,1,2,3)$$

表 3-18 1-4 DEMUX 功能表

E	A_1	A_0	Y_0	Y_1	Y_2	Y_3
1	×	×	1	1	1	1
0	0	0	D	1	1	1
0	0	1	1	D	1	1
0	1	0	1	1	D	1
0	1	1	1	1	1	D

随着译码器输入地址的改变，可使某个最小项 m_i 为 1，则译码器相应的输出 $\overline{Y}_i=\overline{D}$，因而只要改变译码器的地址输入 A_1、A_0，就可以将输入数据 D 分配到不同的通道上去。因此，凡是具有使能端的译码器，都可以用作数据分配器。图 3-37b 是将 3-8 译码器用作 1-8 DEMUX 的逻辑电路。其中：

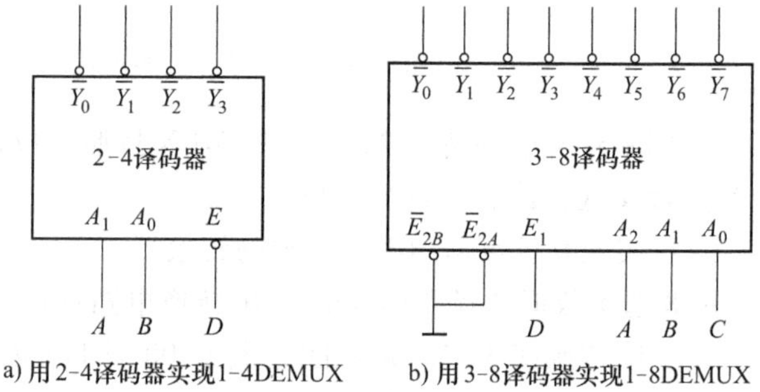

图 3-37 用译码器实现 DEMUX 的逻辑电路

$$E_1=D, E_{2A}=E_{2B}=0$$

$$\overline{Y}_i=\overline{E_1 m_i}=\overline{D m_i}$$

当改变地址输入 A、B、C 时，$\overline{Y}_i=\overline{D}$，即输入数据被反向分配到各输出端。

数据分配器常与数据选择器联用，以实现多通道数据分时传送。如发送端由 MUX 将各路数据分时送到公共传输线上，接收端再由分配器将公共传输线上的数据适时分配到相应的输出端，而两者的地址输入都是同步控制，其示意图如图 3-38 所示。

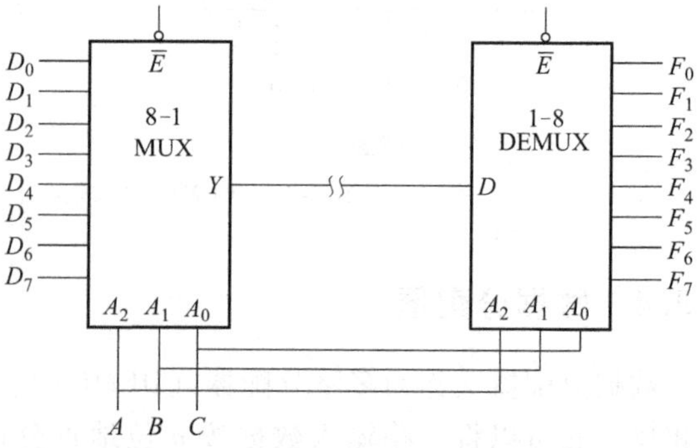

图 3-38 MUX 与 DEMUX 联用实现多通道数据分时传送

3.3.5 加法器

加法是数字系统中最常用的算术操作，是构成电子计算机核心微处理器中算术逻辑单元的基础。计算机内的加、减、乘、除运算和许多数值型数据的处理都是通过加法器来实现的。

1. 由一位二进制全加器构成的串行进位加法器

在例 3-2 中已经介绍了全加器，它可以完成两个一位二进制数相加。当要实现两个多位二进制数相加时，可采用多个全加器级联的方法实现。如要实现图 3-4b 两个 4 位二进制相加，可以由四个全加器级联构成，如图 3-39 所示，它的进位由低位向高位逐位串行传递，

这种进位方式称为串行进位。这种结构的加法器电路比较简单，但运算速度不高。为了克服

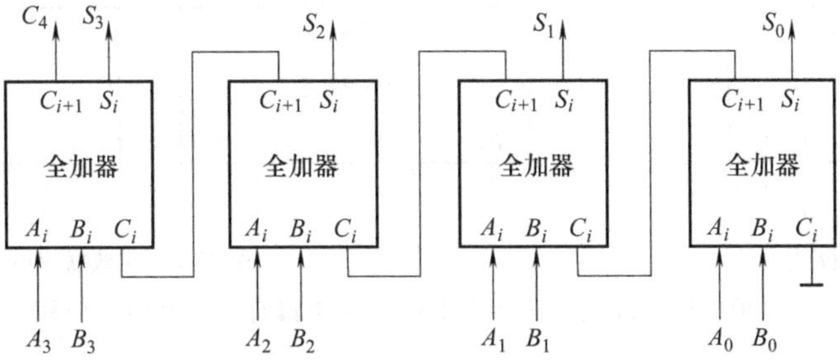

图 3-39　由四个全加器级联构成的 4 位二进制数加法器

运算速度问题，可采用超前进位等方式。

2. 超前进位加法器

超前进位加法器（Carry-Lookahead Adder）是针对普通全加器级联时串行进位产生的延迟，通过增加一个不是十分复杂的逻辑电路进行改良后而设计的并行加法器。

（1）超前进位加法器原理

由例 3-2 可知，一位二进制全加器的进位输出函数表达式为 $C_{i+1}=(A_i\oplus B_i)C_i+A_iB_i$。为了实现超前进位，这里为二进制加法器的每一位构建两个信号，分别称为生成信号 G_i 和传输信号 P_i，定义为

$$G_i=A_iB_i$$

$$P_i=A_i\oplus B_i$$

因此，多位加法器从低一位获得的进位可以用递推公式表示为

$$C_{i+1}=P_iC_i+G_i$$

如多位加法器的次低位从最低位获得的进位为 $C_1=P_0C_0+G_0$，从最低位开始的第三位获得的进位信号为 $C_2=P_1C_1+G_1=P_1(P_0C_0+G_0)+G_1$。在图 3-39 串行进位加法器中，$C_2$ 是连接在其低一位的进位输出 C_1 端，因此导致运算的延迟累加，使得电路的计算效率降低。超前进位加法器是将 C_1 的逻辑函数代入 C_2，因此，C_2 的进位输出仅取决于 A_1、B_1、A_0、B_0 和 C_0 几个信号，而这几个信号都是外部的已知输入信号，而非第一位的计算结果。以此类推，采用各位的生成信号 G_i、传输信号 P_i，以及最低位从外部获取的进位信号 C_0（通常接 0）来表示多位加法器的所有进位信号。

（2）超前进位加法器中规模集成芯片

通过列出多位加法器各位的进位输出，可以发现高位的进位输出表达式（积之和式）涉及的变量逐渐增多，对应的逻辑电路连线也会变得更复杂。因此通常用一定位数的超前进位加法器中规模集成芯片实现更多位数的加法器，如要实现 64 位加法器，可以首先实现 16 位超前进位加法器，再级联实现。常用超前进位结构的多位二进制加法器中规模集成芯片有 74LS××系列的 74LS83、74LS283 等。

中规模 4 位二进制超前进位加法器 74LS283 的逻辑符号如图 3-40a 所示。其中 $A_4\sim A_1$、$B_4\sim B_1$ 分别为 4 位加数和被加数输入端；$F_4\sim F_1$ 为 4 位和输出端；C_0 为进位输入端；C_4 为进位输出端。图 3-40b 是两片 74LS283 的级联应用，其片间进位仍采用串行进位的方式，当片数增加时也会影响运算速度。

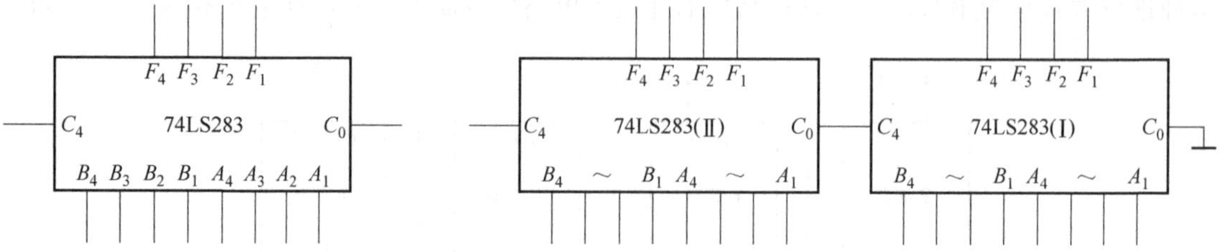

a) 74LS283的逻辑符号　　b) 74LS283的级联应用

图 3-40　超前进位加法器 74LS283 的逻辑符号及其级联应用

如果多片超前进位加法器级联时，片间进位也要用超前进位传输方式，则必须另外采用超前进位产生器和具有级联输出的超前进位加法器构成电路。图 3-41a 为超前进位产生器 74LS182 的逻辑符号，图 3-41b 为使用 74LS182 和 4 位算术逻辑单元 74LS181 的连接。超前进位产生器是一种产生快速进位的中规模集成电路。图 3-41a 中 P_0、P_1、P_2、P_3 分别为进位传输输入信号，G_0、G_1、G_2、G_3 分别为进位产生输入信号，C_{n+1}、C_{n+2}、C_{n+3} 分别为进位输出，F_P 和 F_G分别为进位传输输出和进位产生输出。其表达式分别为

$$
\begin{cases}
C_{n+1}=G_0+P_0C_n \\
C_{n+2}=G_1+P_1G_0+P_1P_0C_n \\
C_{n+3}=G_2+P_2G_1+P_2P_1G_0+P_2P_1P_0C_n \\
F_P=P_3P_2P_1P_0 \\
C_G=G_3+P_3G_2+P_3P_2G_1+P_3P_2P_1C_0
\end{cases}
$$

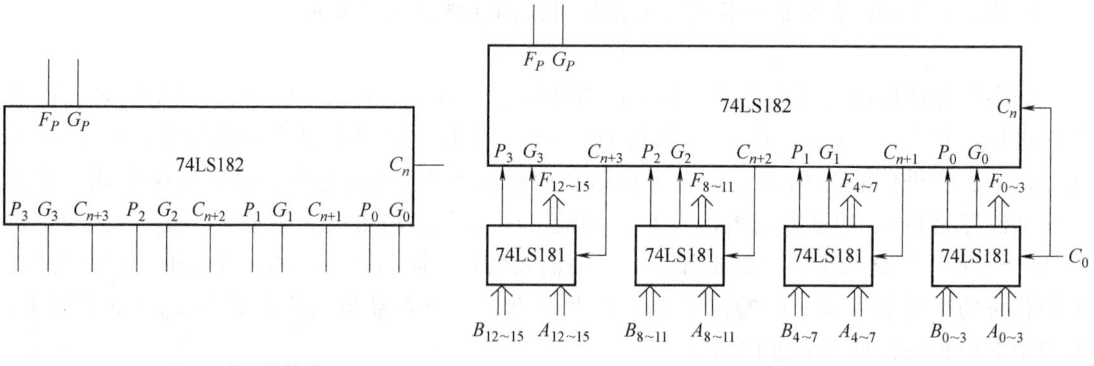

a) 74LS182的逻辑符号　　b) 74LS182与74LS181的连接

图 3-41　超前进位产生器 74LS182 的逻辑符号及其应用电路

3. 加法器的应用

加法器在数字系统中的应用十分广泛。加法器除了能进行多位二进制数的加法运算外，也可以用来完成二进制减法运算。在利用加法器完成减法运算时，最常用的做法是将减数的二进制数的每一位变反（0→1，1→0），并且在最低位加 1，其结果再同被减数相加。即采用减数求补相加法，$A-B=A+(-B)_{补}$。

例 3-13　用一片 4 位加法器 74LS283 和异或门构成两个 4 位二进制数加减运算电路。设 $x=0$ 时实现加法运算，$x=1$ 时实现减法运算。

解：由于计算机内只有加法器，减法运算是用补码来实现，即

$$A-B=A+(-B)_{补},\quad (-B)_{补}=B_{反}+1$$

由此可见，求$-B$的补码是先对二进制数B逐位取反后再加1。

用异或门实现输出为原和反逻辑：$B\oplus x$。当$x=0$时，$B\oplus X=B$，当$x=1$时，$B\oplus X=\overline{B}$。

加1可以通过低位进位端C_{in}实现。

用一片4位加法器74LS283实现的加、减运算可控电路如图3-42所示。实现加、减运算后，乘法运算可以用多次加法实现，除法运算则用多次减法实现。

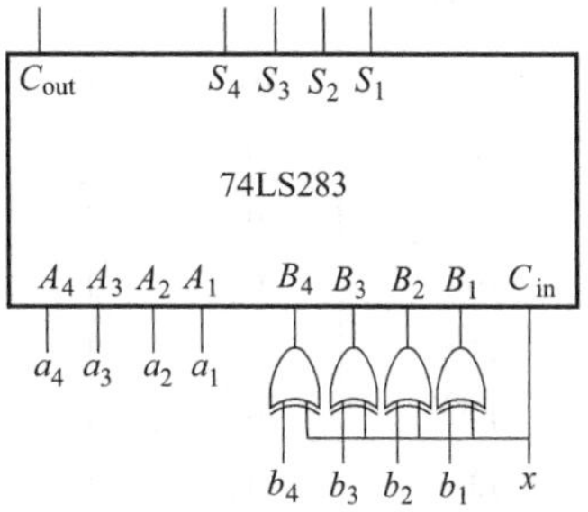

图3-42　例3-13实现的电路

例3-14　试采用4位加法器完成余3码到8421 BCD码的转换。

解：因为对于同样一个十进制数，余3码比相应的8421 BCD码多3，因此要实现余3码到8421 BCD码的转换，只需从余3码减去0011即可。由于0011各位变反后为1100，再加1，即为1101，因此，减0011同加1101等效。所以，在4位加法器的$A_3\sim A_0$接上余3码的4位代码，B_3、B_2、B_1、B_0接固定代码1101，就能实现转换，其逻辑电路如图3-43所示。

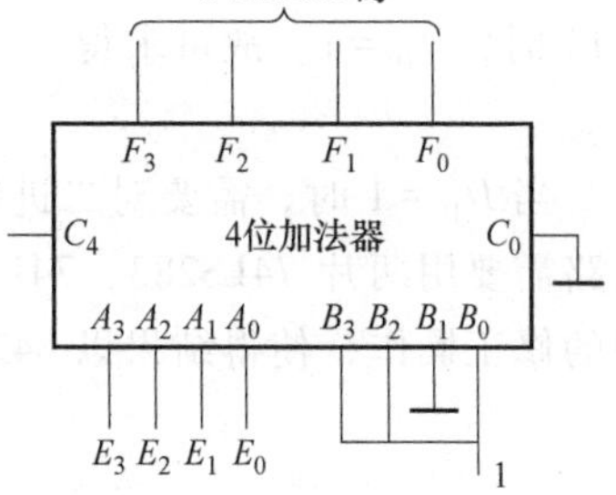

图3-43　加法器构成的余3码到8421 BCD码的转换

例3-15　用4位二进制加法器74LS283构成一位8421 BCD码加法器电路。

解：两个用BCD码表示的数字相加，并以BCD码给出其和的电路称为BCD码加法器。两个一位十进制数相加，若考虑低位的进位，其和应为0~19。

8421 BCD码加法器的输入、输出都应用8421 BCD码表示，而4位二进制加法器是按二进制数进行运算的，因此必须将输出的二进制数（和数）进行修正，才能得到等值的8421 BCD码结果。表3-19列出了与十进制数0~19相对应的二进制数及8421 BCD码。可以看出，当和小于或等于9时不需要修正，当和大于9时需要加6（0110）修正，即当和大于9时，二进制和加6（0110）才等于相应的8421 BCD码。由表3-18还可以看出，当和大于9时，$D_{10}=1$，因此可以用D_{10}来控制是否需要修正，即$D_{10}=1$时，和加6，$D_{10}=0$时则不加。

表3-19　十进制数0~19与相对应的二进制数及8421 BCD码

十进制数	二进制数					8421 BCD码				
N	B_4	B_3	B_2	B_1	B_0	D_{10}	D_8	D_4	D_2	D_1
0	0	0	0	0	0	0	0	0	0	0
1	0	0	0	0	1	0	0	0	0	1
2	0	0	0	1	0	0	0	0	1	0
3	0	0	0	1	1	0	0	0	1	1
4	0	0	1	0	0	0	0	1	0	0
5	0	0	1	0	1	0	0	1	0	1
6	0	0	1	1	0	0	0	1	1	0
7	0	0	1	1	1	0	0	1	1	1

（续）

十进制数	二进制数					8421 BCD 码				
N	B_4	B_3	B_2	B_1	B_0	D_{10}	D_8	D_4	D_2	D_1
8	0	1	0	0	0	0	1	0	0	0
9	0	1	0	0	1	0	1	0	0	1
10	0	1	0	1	0	1	0	0	0	0
11	0	1	0	1	1	1	0	0	0	1
12	0	1	1	0	0	1	0	0	1	0
13	0	1	1	0	1	1	0	0	1	1
14	0	1	1	1	0	1	0	1	0	0
15	0	1	1	1	1	1	0	1	0	1
16	1	0	0	0	0	1	0	1	1	0
17	1	0	0	0	1	1	0	1	1	1
18	1	0	0	1	0	1	1	0	0	0
19	1	0	0	1	1	1	1	0	0	1

D_{10} 可以根据表 3-18 求出。当 $B_4=1$ 时，D_{10} 一定为 1；当 $B_4=0$，$B_3B_2B_1B_0$ 为 1010~1111 时，$D_{10}=1$。故可求得

$$D_{10}=C_4+S_3S_2+S_3S_1$$

当 $D_{10}=1$ 时，需要对二进制加法器的运算结果进行修正，因此整个 8421 BCD 码加法器电路需要用两片 74LS283，74LS283（Ⅰ）完成二进制数的相加操作，74LS283（Ⅱ）完成和的修正操作，使得结果以 8421 BCD 码形式呈现，实现电路如图 3-44 所示。

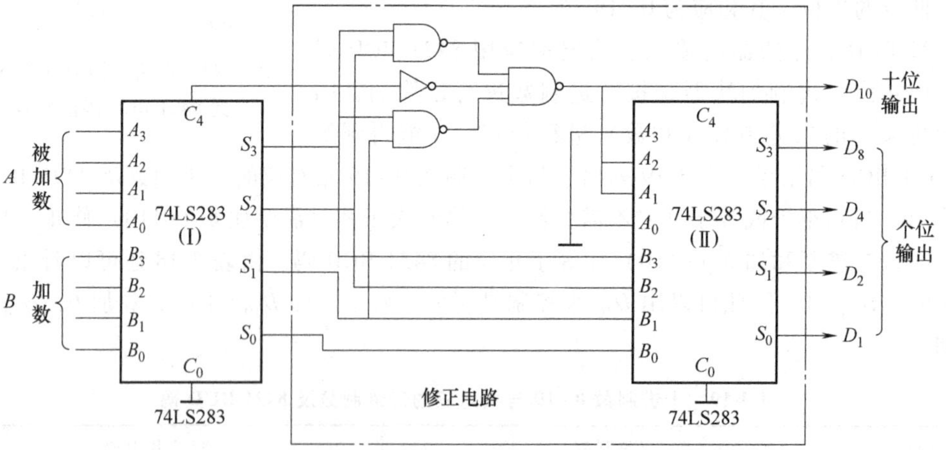

图 3-44　一位 8421 BCD 码加法器电路

3.3.6 数值比较器

比较两个二进制数的大小是数字系统中的常用操作，执行这一操作的器件称为比较器（Comparators），多位比较器分并行比较器和迭代比较器两类。迭代比较器和前面的串行进位加法器都属于迭代电路。常用的数值比较器有 4 位比较器 74LS85 和 8 位比较器等。

4 位比较器 74LS85 的逻辑符号如图 3-45 所示。$A_3A_2A_1A_0$、$B_3B_2B_1B_0$ 分别为 4 位比较器

输入，$P_{(A>B)}$ 为比较结果 $A>B$ 时的输出，$P_{(A<B)}$ 为 $A<B$ 时的输出，$P_{(A=B)}$ 为 $A=B$ 时的输出，$C_{(A>B)}$、$C_{(A<B)}$ 和 $C_{(A=B)}$ 为低位比较结果的输入（常作为级联端）。表 3-20 为 74LS85 的功能表。

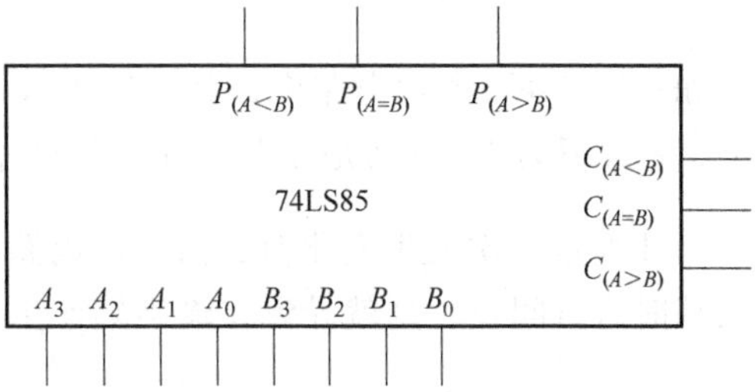

图 3-45　比较器 74LS85 的逻辑符号

74LS85 的比较过程是从最高位开始到最低位逐位进行比较，当最高位不相等时，输出比较结果，否则比较次高位；当两个 4 位数值都相等时，则要看 $C_{(A>B)}$、$C_{(A<B)}$ 和 $C_{(A=B)}$ 低位比较结果的输入，$P_{(A=B)}=1$ 时，必须满足 $C_{(A>B)}=0$、$C_{(A<B)}=0$、$C_{(A=B)}=1$。

数值比较器的扩展方法比较简单，有串联和并联两种，读者可以自行分析，在此不再赘述。

表 3-20　数值比较器 74LS85 的功能表

比较器输入				级联输入			输出		
A_3,B_3	A_2,B_2	A_1,B_1	A_0,B_0	$C_{(A>B)}$	$C_{(A<B)}$	$C_{(A=B)}$	$P_{(A>B)}$	$P_{(A<B)}$	$P_{(A=B)}$
$A_3>B_3$	×	×	×	×	×	×	1	0	0
$A_3<B_3$	×	×	×	×	×	×	0	1	0
$A_3=B_3$	$A_2>B_2$	×	×	×	×	×	1	0	0
$A_3=B_3$	$A_2<B_2$	×	×	×	×	×	0	1	0
$A_3=B_3$	$A_2=B_2$	$A_1>B_1$	×	×	×	×	1	0	0
$A_3=B_3$	$A_2=B_2$	$A_1<B_1$	×	×	×	×	0	1	0
$A_3=B_3$	$A_2=B_2$	$A_1=B_1$	$A_0>B_0$	×	×	×	1	0	0
$A_3=B_3$	$A_2=B_2$	$A_1=B_1$	$A_0<B_0$	×	×	×	0	1	0
$A_3=B_3$	$A_2=B_2$	$A_1=B_1$	$A_0=B_0$	1	0	0	1	0	0
$A_3=B_3$	$A_2=B_2$	$A_1=B_1$	$A_0=B_0$	0	1	0	0	1	0
$A_3=B_3$	$A_2=B_2$	$A_1=B_1$	$A_0=B_0$	0	0	1	0	0	1

3.4　组合逻辑电路中的竞争与冒险

在前面的章节中对组合逻辑电路进行分析和设计时，皆针对处于稳定工作状态的器件，而没有考虑信号从输入到输出经过器件时产生的延迟，也没有考虑从一种稳态到另一种稳态变化瞬间的情况。为了保证电路工作的稳定性及可靠性，必须对其输入变化情况下输出的稳定性加以考虑。

3.4.1　竞争与冒险

事实上，由于信号通过导线和逻辑门时会产生时间延迟，因此，信号的变化经不同路径（不同数目的门、不同长度导线的传输）到达电路中同一门时，不同输入端的时间有差异，犹如赛跑，各个运动员到达终点的时间会有先后一样，这种现象称为竞争。由于竞争，在输出端会发生瞬时错误，表现为输出端出现了错误的尖峰脉冲（或称毛刺），这种情况称为冒险。

如在图 3-46a 所示电路中，其输出函数 $F=AB+\overline{A}C$，当 $B=C=1$ 时，$F=A+\overline{A}$，在稳态条件下，F 应恒为 1。在考虑了门电路产生的平均延迟时间 t_{pd} 后，画出的波形图如图 3-46b 所示，当 A 变量三次发生变化时，由于门电路的延迟，$\overline{AB}$ 和 $\overline{\overline{A}C}$（即 $\overline{A}$ 和 $\overline{\overline{A}}$）到达后级与非门输入端时有时间差，这就导致在输出端产生了毛刺，这就出现了一次冒险。

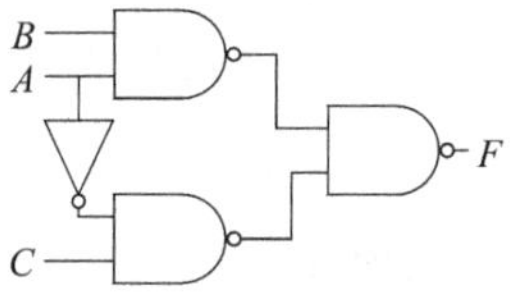

a) 逻辑电路

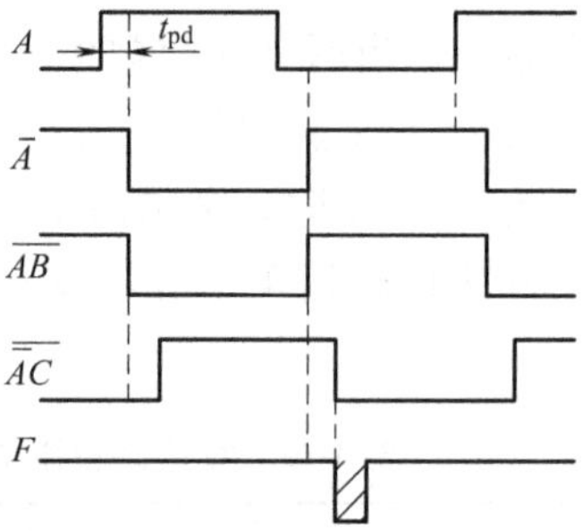

b) 波形图

图 3-46　出现竞争冒险的逻辑电路及波形图

竞争冒险现象既存在于组合逻辑电路中，也存在于时序逻辑电路中的存储电路中。毛刺的存在不仅可能导致负载电路误动作，还会增大电路的功耗，所以研究电路中冒险的判别和消除十分重要。

3.4.2 冒险的判别

1. 代数法

判断有没有竞争冒险现象，只要判断任意一个逻辑电路的输出会不会出现以下形式：

$$F=A\overline{A}$$

$$F=A+\overline{A}$$

式中，A 为具有竞争条件，即由不同路径到达电路中 F 输出端的变量。如果满足上面的情况，则存在冒险。这种判别方法称为代数法。

2. 卡诺图法

上述代数法还可以用卡诺图简便直观地进行判断。如果卡诺图中有两个卡诺圈相切，且相切处未被其他卡诺圈包围，则存在冒险。图 3-47 给出了图 3-46a 逻辑函数的两种实现电路，根据卡诺图化简，很显然第一种电路 $F=AB+\overline{A}C$ 更简单，第二种电路 $F=AB+\overline{A}C+BC$ 的卡诺图包含了冗余项，不是最简。但在冒险的卡诺图法判断中，第一种电路存在冒险，而第二种电路却不存在冒险。

3.4.3 冒险的消除

对于可能存在的毛刺信号，可以使用下面的方法进行消除。

1. 冗余项法

在保证逻辑功能不变的前提下，只要在卡诺图上两卡诺圈相切处加一个卡诺圈，即增加

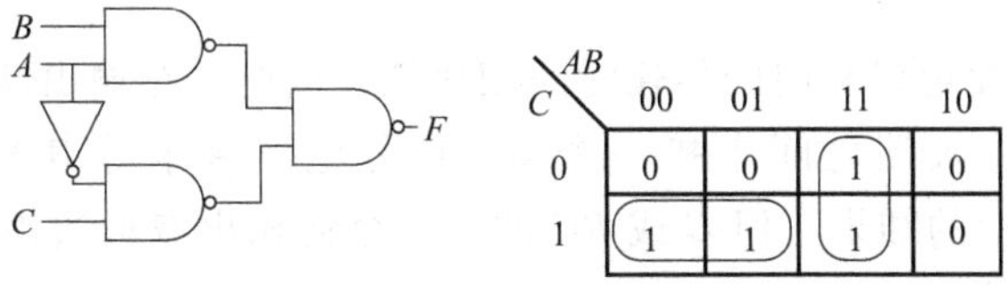

a) 最简电路与卡诺图

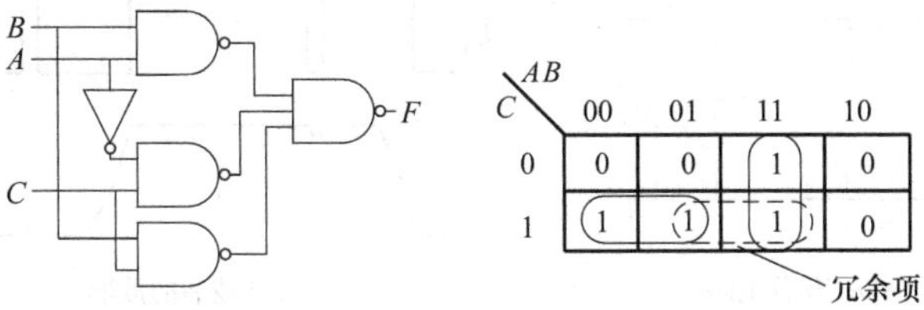

b) 无冒险的电路与卡诺图

图 3-47　用卡诺图判别冒险

一个冗余项，即可消除冒险。如图 3-47b 电路即可消除冒险，其方法是在原卡诺图的两卡诺圈相切处增加一个卡诺圈使其相交，消除冒险后 F 的表达式为

$$F=AB+\overline{A}C+BC$$

冗余项法也可以用在其他类型的电路中。如图 3-48a 给出了一个或与表达式的逻辑电路和卡诺图，其化简表达式为

$$F=(A+B)(\overline{B}+C)$$

由于图 3-48a 电路卡诺图上的两个卡诺圈相切，因此会出现冒险。为了消除冒险，增加一个卡诺圈的卡诺图和逻辑电路如图 3-48b 所示，消除冒险后 F 的表达式为

$$F=(A+B)(\overline{B}+C)(A+C)$$

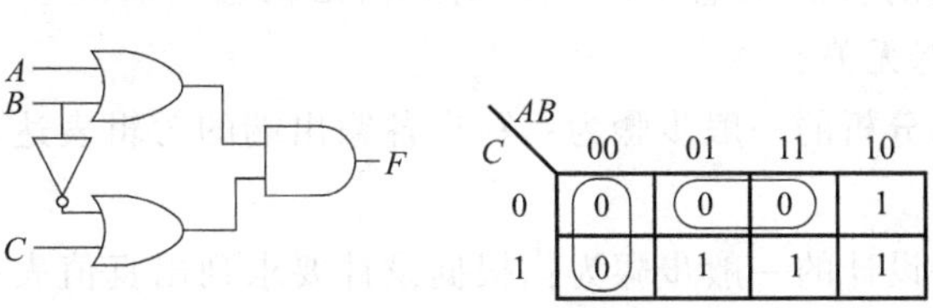

a) 有冒险的最简电路和卡诺图

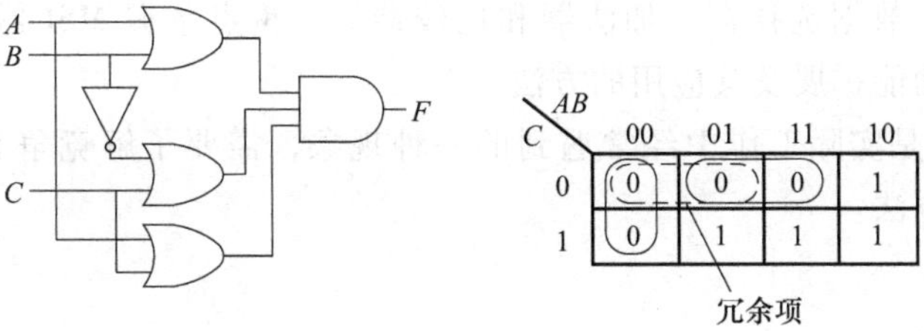

b) 消除冒险后的电路和卡诺图

图 3-48　用卡诺图判别和消除或与式电路的冒险

2. 滤波法

毛刺很窄，其宽度可以和门的传输时间相比拟，因此常在输出端并联滤波电容 C，或在本级输出端与下级输入端之间串接一个 RC 积分电路来消除其影响，如图 3-49a 所示，图 3-49b 给出了滤波后的结果。但 C 或 RC 的引入会使输出波形边沿变斜，故要选择合适的参数，一般由实验确定。

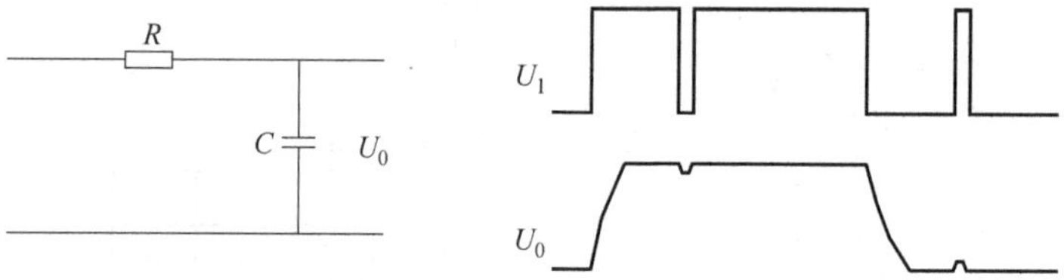

a) RC积分电路　　b) 滤波后的波形

图 3-49　加滤波电路排除冒险

3. 选通法

由于冒险出现在信号发生变化的时刻，而在输出信号的稳态保持时间内不会出现，因此，可以在电路上增加一个选通信号，如图 3-50 所示。当输入信号变化时，输出端与电路断开，当输入稳定后，选通信号工作，使电路输出端与电路接通。

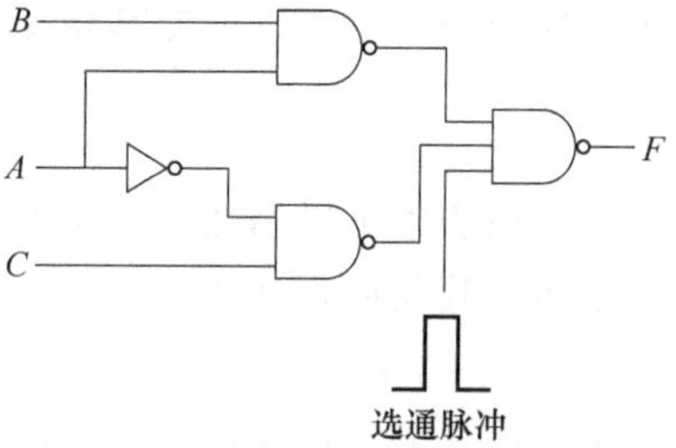

图 3-50　增加选通信号避开冒险

以上三种消除冒险的方法各有特点。增加冗余项适用范围有限；加滤波电容是实验调试阶段常采取的应急措施；加选通脉冲则是行之有效的方法。目前许多 MSI 器件都备有使能（选通控制）端，为加选通信号消除毛刺提供了方便。

本章小结

1）组合逻辑电路的特点是电路任一时刻的输出状态只取决于该时刻各输入状态的组合，而与电路的原状态无关。

2）组合逻辑电路分析的一般步骤为：写出各输出端的逻辑表达式→列出真值表→确定功能。

3）组合逻辑电路设计的一般步骤为：根据设计要求列出真值表→进行逻辑化简和表达式变换→画出逻辑图。

4）数字集成电路经历了从 SSI、MSI、LSI 到 VLSI 的发展过程。本章介绍了 MSI 器件，如译码器、编码器、数据选择器、加法器和比较器等。重点掌握 MSI 器件的功能、逻辑符号、逻辑表达式、功能扩展及其应用的方法。

5）竞争与冒险是实际工作中经常遇到的一种现象，需要了解竞争和冒险的基本概念、判别方法以及消除方法。

习题

3-1　实现表达式 $\bar{A}BCD+A\bar{B}CD+AB\bar{C}\,\bar{D}$，需要一个或门和（　　）。

A. 一个与门　　B. 三个与门

C. 三个与门和四个反相器　　D. 三个与门和三个反相器

3-2　写出图 3-51 电路的输出表达式。

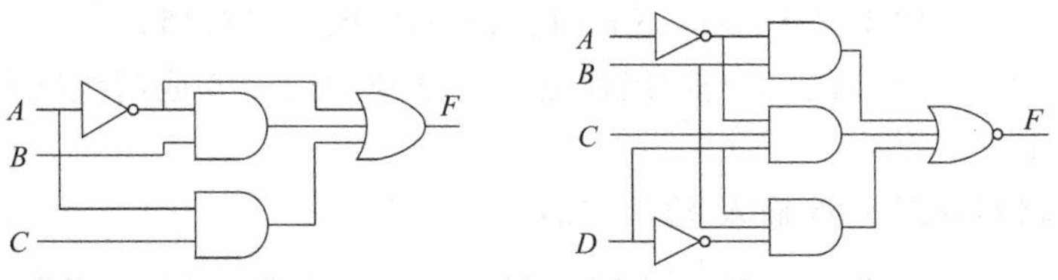

a)　　　　　　　　　　b)

图 3-51　习题 3-2 图

3-3　分析图 3-52 组合电路，写出输出函数表达式，列出真值表，说明该电路完成的逻辑功能。

3-4　图 3-53 是一个受 M 控制的代码转换电路。当 $M=1$ 时，完成 4 位二进制码至格雷码的转换；当 $M=0$ 时，完成 4 位格雷码至二进制码的转换。试分别写出 Y_0、Y_1、Y_2、Y_3 的逻辑函数表达式，并列出真值表，说明该电路的工作原理。

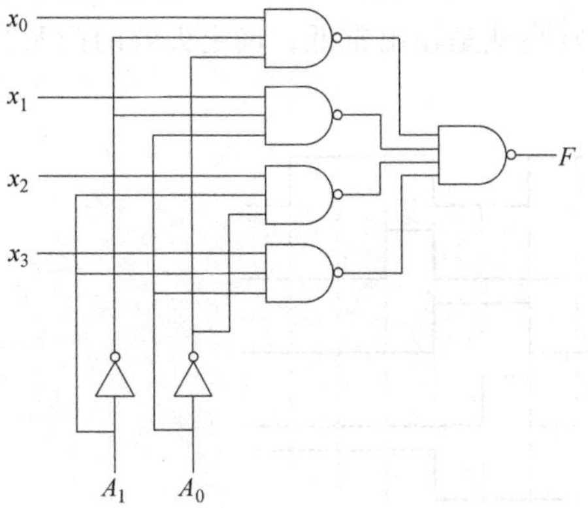

图 3-52　习题 3-3 图

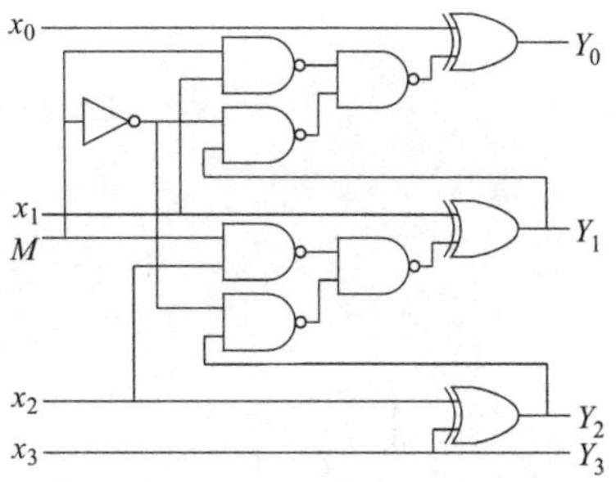

图 3-53　习题 3-4 图

3-5　电路及输入波形如图 3-54 所示，试确定各电路的输出波形。

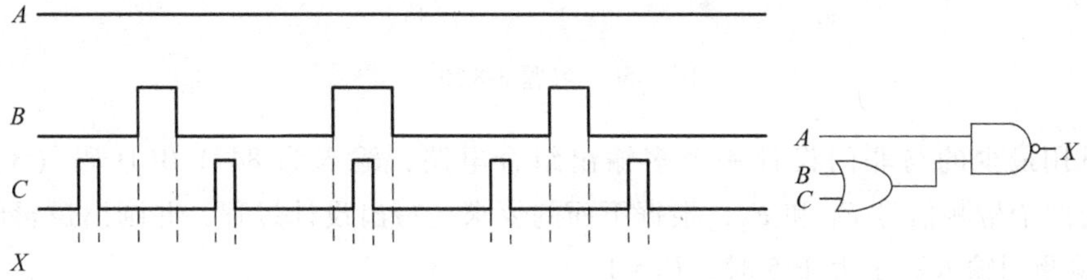

a)

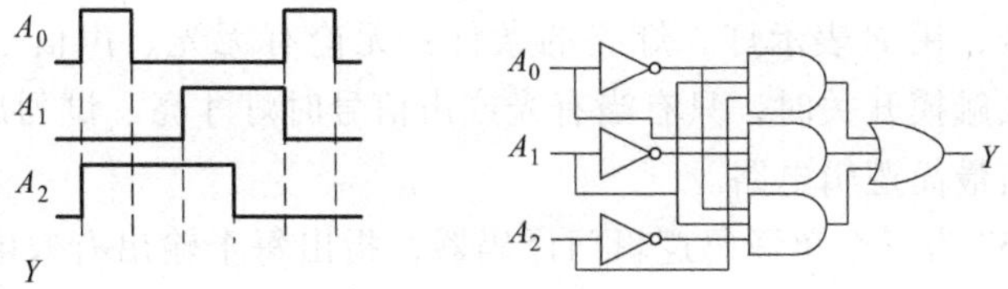

b)

图 3-54　习题 3-5 图

3-6 用门电路实现逻辑函数

$$F(A,B,C,D)=\sum m(1,3,5,7,8,9,12,13,15)$$

要求用以下五种方案实现：①与门级联或门；②与非门；③或门级联与门；④或非门；⑤与非门级联与门。

3-7 设计电路实现图 3-55 输入-输出波形。

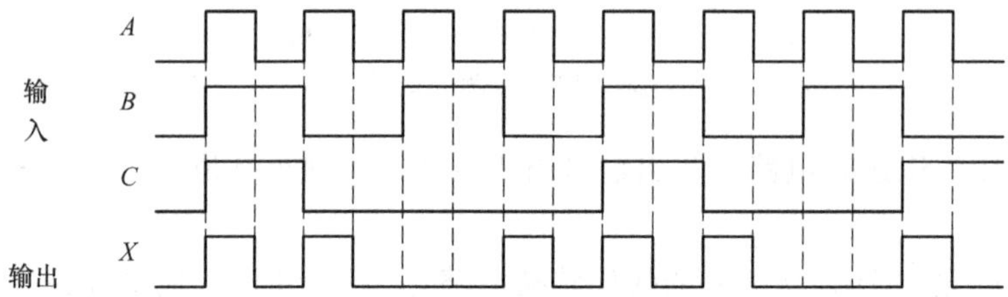

图 3-55 习题 3-7 图

3-8 对图 3-56a 所示电路测试时得到了如图 3-56b 所示波形。其中输出波形是不正确的。已知电路中有一个门失效，故障类型不是输出常高就是输出常低，确定失效的门及其故障类型。

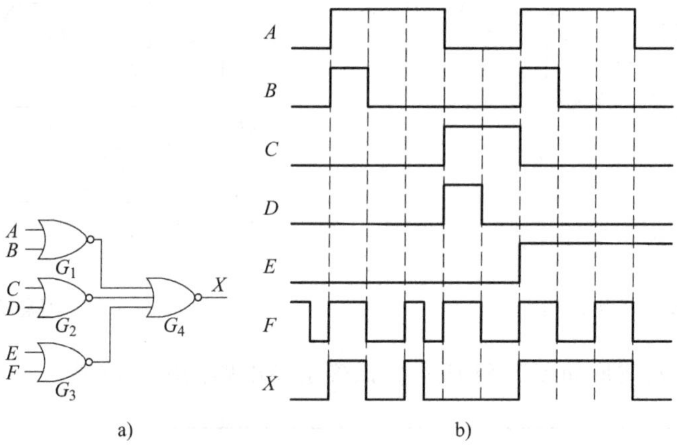

图 3-56 习题 3-8 图

3-9 试用最少的与非门设计一个多输出组合电路，输入为 8421 BCD 码（A、B、C、D），输出为两个检测信号 F_1 和 F_2，根据下面的要求，写出设计过程，并画出逻辑电路。

1）当检测到输入数字大于 5 时，$F_1=1$。

2）当检测到输入数字小于 6 时，$F_2=1$。

3-10 用逻辑门设计一个受光、声和触摸控制的灯开关逻辑电路，分别用 A、B、C 表示光、声和触摸信号，用 F 表示灯。灯亮的条件：无论有无光、声信号，只要有人触摸开关，灯就亮；当无人触摸开关时，只有当有光或声信号时灯才亮。试列出真值表，写出输出函数表达式，并画出最简逻辑电路。

3-11 1）图 3-57 为三个单译码逻辑门译码器，指出每个输出有效电平及相应的输入二进制码，写出输出函数表达式。

2）试画出与下列表达式对应的译码器单个输出逻辑电路。

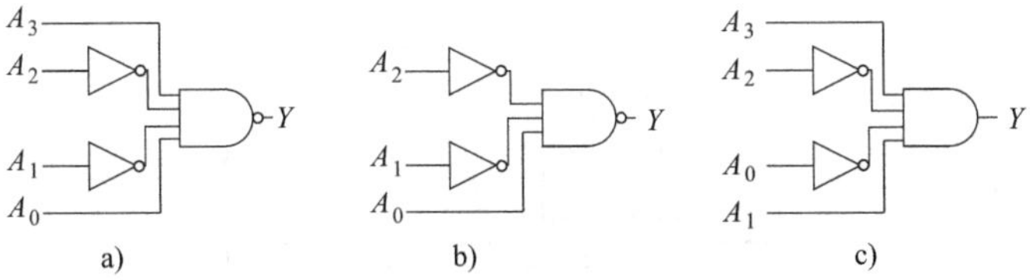

图 3-57　习题 3-11 图

①$Y=\overline{\bar{A}_3A_2\bar{A}_1A_0}$　②$Y=A_3\bar{A}_2A_1\bar{A}_0$　③$Y=\overline{\bar{A}_4A_3\bar{A}_2\bar{A}_1A_0}$

3-12　试用一片 74LS138 和少量门电路设计一个多地址译码电路。该译码电路有 12 根地址输入线 $A_{11}\sim A_0$，要求当地址码为 EA0H ~ EA7H 时，译码器的输出 $\bar{Y}_0\sim\bar{Y}_7$ 分别被译中，且低电平有效。

3-13　试用一片 74LS138 和适当的门电路实现如下逻辑函数。

$$F(a,b,c,d)=\sum m(1,3,7,9,15)$$

3-14　试用 74LS138 实现 5-32 译码器。

3-15　某组合电路如图 3-58 所示，要使 $F_1(A,B,C)$，$F_2(A,B,C)$ 同时为 1，则输入 ABC 的组合为__________。

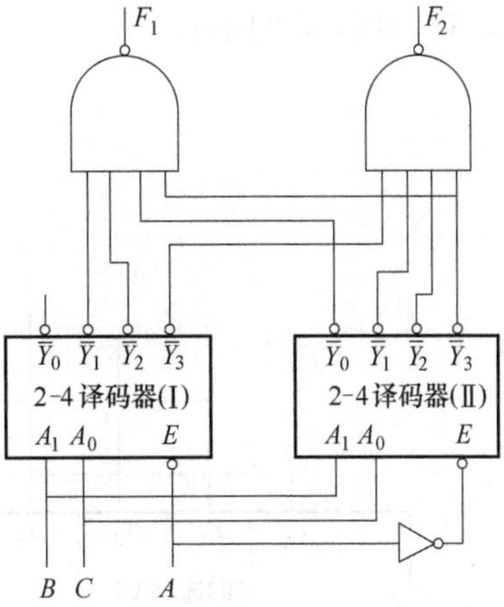

图 3-58　习题 3-15 图

3-16　试用一片 3-8 译码器 74LS138 和少量逻辑门实现下列多输出函数。

1）$F_1=AB+\bar{A}\,\bar{B}\,\bar{C}$。

2）$F_2=A+B+\bar{C}$。

3）$F_3=\bar{A}B+A\bar{B}$。

3-17　试用 3-8 译码器（74LS138）和少量逻辑门设计一组合逻辑电路，该电路输入 X 和输出 Y 均为 3 位二进制数，二者之间的关系为：$2\leqslant X\leqslant 5$ 时，$Y=X+2$；$X<2$ 时，$Y=1$；$X>5$ 时，$Y=0$。要求列出真值表，写出输出表达式，画出逻辑电路。

3-18　试用两片 74LS153 和一片 74LS138 接成 16 选 1 数据选择器。

3-19　设计用三个开关控制一盏电灯的逻辑电路，改变任何一个开关的状态都能控制电灯由亮变灭或者由灭变亮。要求用 8 选 1 数据选择器实现。

3-20　由 74LS153 双 4 选 1 数据选择器组成的电路如图 3-59 所示。

1）分析该电路，写出 F 的最小项表达式 $F(A,B,C,D)$。

2）改用 8 选 1 实现函数 F，试画出逻辑电路。

3-21　试用一片 4 位数值比较器 74LS85 和一片 4 位二进制加法器 74LS283 设计一个 4 位二进制数到 8421 BCD 码的转换电路。

3-22　设 X、Y 分别为 4 位二进制数，试用 4 位二进制加法器 74LS283 实现一个 $F=2(X+Y)$ 的运算电路。

3-23　对于图 3-60 所示的显示复用系统，试判断最可能引起以下每种现象的原因：

1）B 位（高位）彻底不亮。

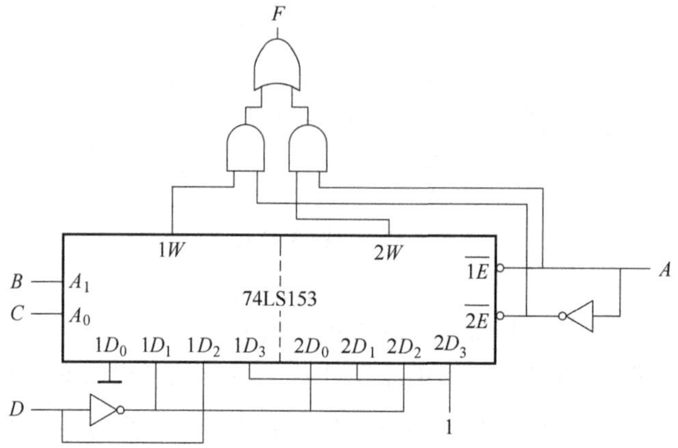

图 3-59　习题 3-20 图

2）两个七段数码管均不亮。

3）两个数码管的 f 段常亮。

4）显示可见闪烁。

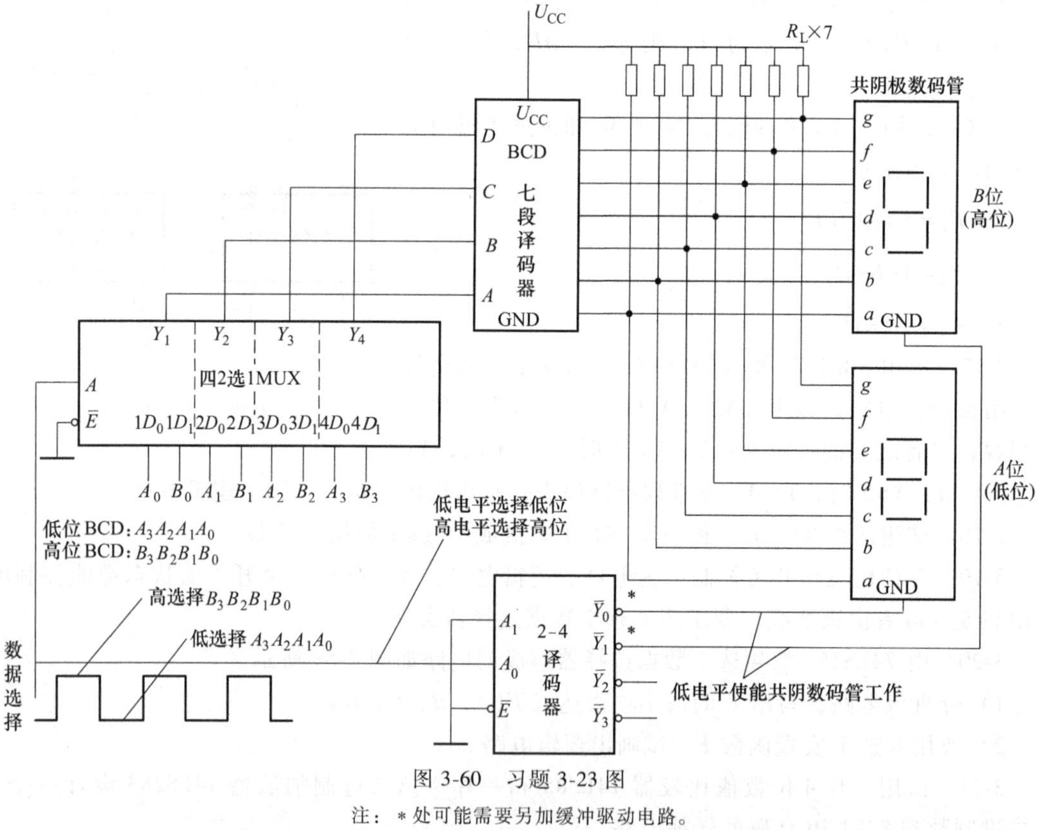

图 3-60　习题 3-23 图

注：＊处可能需要另加缓冲驱动电路。

3-24　判断以下逻辑函数是否存在冒险现象，若有，试消除。

1）$F_1 = AB+\overline{A}C+\overline{B}\,\overline{C}$。

2）$F_2 = (A+\overline{B}+C)(\overline{A}+\overline{B}+C)(A+B+C)$。

第 4 章　集成触发器

本章将介绍组成时序逻辑电路的基本模块——触发器（Flip-Flops，FF），它是一种具有记忆功能、可以存储二进制信息的双稳态逻辑器件，也是最基本的时序电路。本章首先介绍各种触发器的电路结构、工作原理和基本的描述方法，然后介绍常用触发器的逻辑符号和反映触发器动作特点和变化规律的时序图的画法。

4.1　基本 RS 触发器

4.1.1　基本 RS 触发器的电路结构和工作原理

基本 RS 触发器是构成各种功能触发器的基本单元，所以称为基本触发器。它可以用两个与非门或两个或非门交叉反馈构成。图 4-1a、b 为用两个与非门构成的低电平有效的基本 RS 触发器的逻辑电路和逻辑符号，它有两个互补输出端 Q 和 $\overline{Q}$，通常用 Q 端的逻辑值来描述触发器的状态。当 $Q=1$、$\overline{Q}=0$ 时，称触发器处于 1 状态；当 $Q=0$、$\overline{Q}=1$ 时，称触发器处于 0 状态。图 4-1b 中，R_D、S_D 为触发器的两个输入端（或称激励端），当输入信号变化时，触发器可以从一个稳定状态转换到另一个稳定状态。一般把输入信号作用前的触发器输出称为现在状态（简称现态），用 Q^n 和 $\overline{Q}^n$ 表示（可以把 Q^n 和 $\overline{Q}^n$ 简写成 Q 和 $\overline{Q}$）；把在输入信号作用后触发器新的输出称为触发器的下一状态（简称次态），用 Q^{n+1} 和 $\overline{Q}^{n+1}$ 表示。

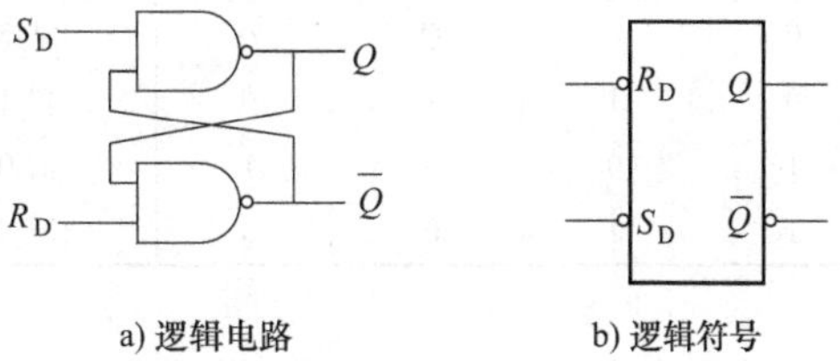

图 4-1　低电平有效的基本 RS 触发器

下面对图 4-1a 基本 RS 触发器的工作过程分四种情况讨论。

1）当 $R_D=0$、$S_D=1$ 时，由于 $R_D=0$，无论触发器原来的状态是什么，其次态 $\overline{Q}^{n+1}=1$，$Q^{n+1}=0$，因此当 $R_D=0$、$S_D=1$ 时触发器被置 0，也称为清 0 状态或复位状态。

2）当 $R_D=1$、$S_D=0$ 时，由于 $S_D=0$，无论触发器原来的状态是什么，其次态 $Q^{n+1}=1$，$\overline{Q}^{n+1}=0$，即触发器被置 1，也称为置位状态。

3）当 $R_D=1$、$S_D=1$ 时，两个与非门的输出均取决于另外一个输入端，即 $Q^{n+1}=Q$，$\overline{Q}^{n+1}=\overline{Q}$，故其输出状态保持不变，称为保持（记忆）状态。

4）当 $R_D=0$、$S_D=0$ 时，从电路上可以看出，两个与非门的输出均为 1（高电平），即 $Q^{n+1}=\overline{Q}^{n+1}=1$，此时破坏了触发器的互补输出关系，特别是当 R_D、S_D 同时从 0 变化为 1 时，由于两个与非门的延迟时间不一致，导致触发器的次态很难确定，因此 $R_D=0$、$S_D=0$ 的输入在实际使用场合一般是不允许的。因此，规定由两个与非门构成的基本 RS 触发器输入信号 R_D、S_D 不能同时为 0，它们应满足 $R_D+S_D=1$（不能同时为 0）的约束条件。

由以上分析可见，基本 RS 触发器具有置 0、置 1 和保持的逻辑功能。通常 S_D 称为置 1 端或置位（Set）端，R_D 称为置 0 端或复位（Reset）端。该触发器又称为置位-复位（Set-Reset）触发器。当 R_D、S_D 同时为高电平时输出状态不发生变化，而仅当其中一个为低电平时，输出才发生变化，故称 R_D、S_D 为低电平有效，图 4-1b 逻辑符号的 R_D、S_D 输入端加有小圆圈。

用或非门构成的基本 RS 触发器的逻辑电路和逻辑符号分别如图 4-2a、b 所示。其工作原理可以用真值表表 4-1 表示。由表 4-1 可以看出，该触发器是高电平有效的基本 RS 触发器，其不允许 R_D、S_D 两个输入端同时为 1，否则，当 R_D、S_D 从同时为 1 到同时为 0 变化时，由于两个与非门延迟时间的不确定性，导致触发器的次态无法确定。故两个或非门构成的基本 RS 触发器的输入端应满足 $R_DS_D=0$（不能同时为 1）的约束条件。如无特殊说明，本教材中的基本 RS 触发器指的是图 4-1a 由两个与非门构成的基本 RS 触发器。

表 4-1　真值表

R_D	S_D	Q^{n+1}	$\overline{Q}^{n+1}$	说明
0	0	Q	$\overline{Q}$	保持
0	1	1	0	置 1
1	0	0	1	清 0
1	1	0	0	不允许

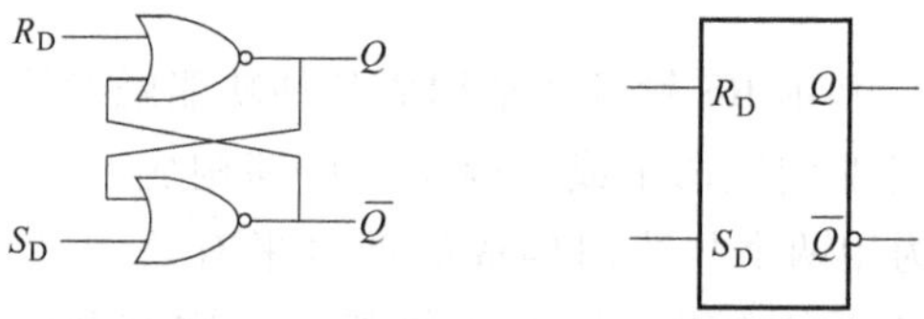

a) 逻辑电路　　b) 逻辑符号

图 4-2　高电平有效的基本 RS 触发器

4.1.2　基本 RS 触发器的功能描述

基本 RS 触发器作为最基本的时序电路，其逻辑功能通常采用以下几种方法来描述。

1. 状态转移真值表

前面由两个与非门所构成的基本 RS 触发器的工作原理也可以用真值表的形式表示，由于它表示了触发器的次态 Q^{n+1} 与现态 Q 及输入信号之间的逻辑关系，所以又称为状态转移真值表（简称状态表）。图 4-1a 低电平有效的基本 RS 触发器的状态转移真值表见表 4-2，表 4-3 是表 4-2 的简化，对于不允许输入的次态用无关项来表示。表 4-2、表 4-3 状态表与组合逻辑电路的真值表相似，不同的是触发器的次态 Q^{n+1} 不仅与输入信号有关，还与现态 Q 有关，这也体现了时序电路的特点。因此，表 4-2 中的现态 Q 被列在真值表的输入端。根

表 4-2　基本 RS 触发器状态转移真值表

R_D	S_D	Q	Q^{n+1}
0	0	0	×
0	0	1	×
0	1	0	0
0	1	1	0
1	0	0	1
1	0	1	1
1	1	0	0
1	1	1	1

表 4-3　简化后的基本 RS 触发器状态转移真值表

R_D	S_D	Q^{n+1}
0	0	×
0	1	0
1	0	1
1	1	Q^n

据表 4-2 可以画出基本 RS 触发器的卡诺图，如图 4-3 所示，并将其称为基本 RS 触发器的次态卡诺图。当已知触发器的输入信号和现态时，就可以从状态表或次态卡诺图中求出触发器的次态，并获取其状态变化的信息。

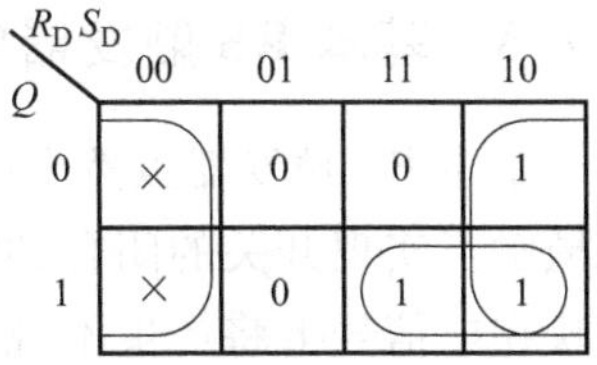

图 4-3　基本 RS 触发器次态卡诺图

2. 特征方程

描述触发器逻辑功能的函数表达式称为触发器的特征方程 (Characteristic Equation)。在图 4-3 所示的次态卡诺图中，圈卡诺圈并化简后可得基本 RS 触发器的特征方程为

$$\begin{cases} Q^{n+1}=\overline{S}_D+R_D Q \\ R_D+S_D=1 \end{cases} \tag{4-1}$$

式中，$R_D+S_D=1$（或 $\overline{R}_D\overline{S}_D=0$）为约束条件，正常使用时 R_D、S_D 不能同时为 0。

3. 状态转移图和激励表

状态转移图（简称状态图）是使用图形的方式来描述触发器的状态转移规律。状态转移图可以通过状态转移真值表或特征方程得到。图 4-4 为低电平有效的基本 RS 触发器状态图。状态图中用圆圈表示状态，用带箭头的曲线表示状态转移的方向，转移条件标注在曲线旁。图中左侧的符号称为图例，它明确了状态图中的标注与变量间的对应关系，如根据图 4-4 中的图例可知，曲线上的 01 表示 $S_D=0$，$R_D=1$。

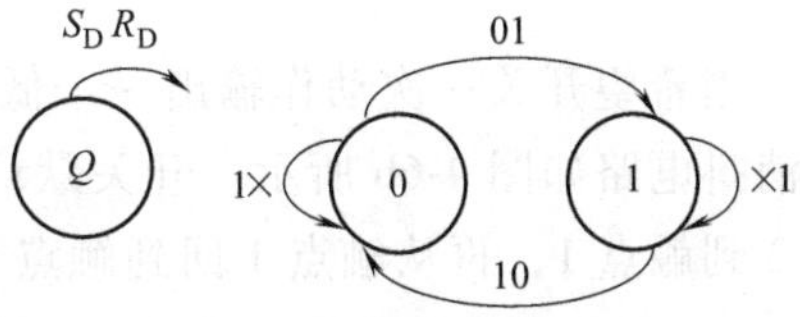

图 4-4　低电平有效的基本 RS 触发器状态图

激励表（也称驱动表）是表示触发器由当前状态 Q 转移到确定的下一状态 Q^{n+1} 时对输入信号的要求。根据低电平有效的基本 RS 触发器状态转移真值表表 4-2，或状态图 4-4，都可以得到激励表，见表 4-4。

表 4-4　低电平有效的基本 RS 触发器激励表

Q	→	Q^{n+1}	R_D	S_D
0		0	×	1
0		1	1	0
1		0	0	1
1		1	1	×

4. 时序图

时序图是触发器的工作波形图，它反映了触发器的输出状态在输入信号作用下随时间变化的规律，是实验中可观察到的波形。图 4-5 为低电平有效的基本 RS 触发器时序图，图中虚线部分表示状态不确定。

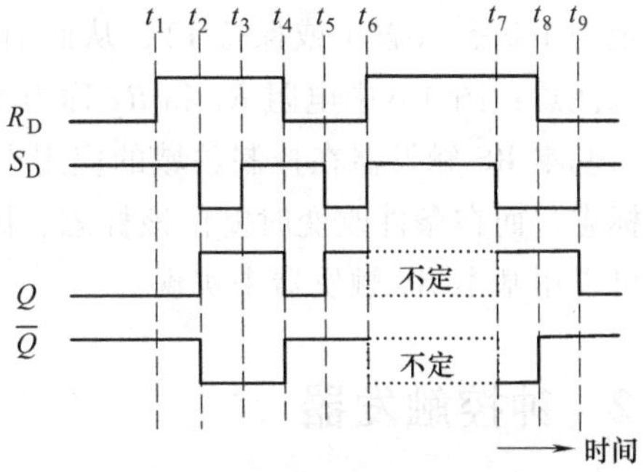

图 4-5　低电平有效的基本 RS 触发器时序图

状态转移真值表、特征方程、状态图和时序图是描述时序电路的基本方法，它们之间可以互相转换。

4.1.3 基本 RS 触发器的应用举例

基本 RS 触发器虽然电路相当简单，但却有很广泛的应用。如日常使用的开关一般是靠机械触点实现开关的闭合和断开，由于机械触点存在弹性，因此当开关闭合时会产生抖动，反映在电信号上将产生不规则高低交替变化的信号，如图 4-6a 所示。

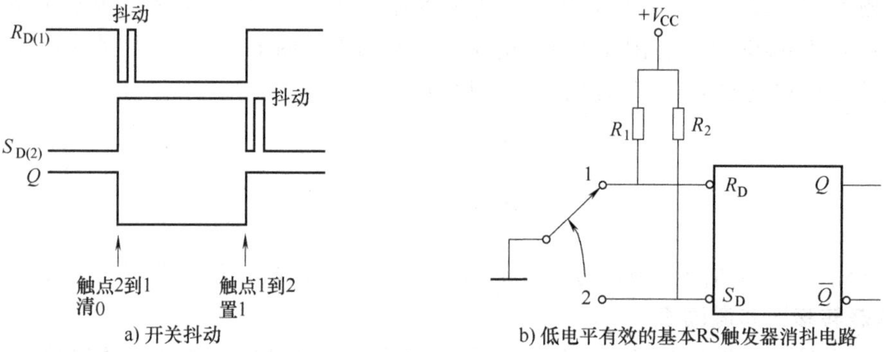

图 4-6　开关抖动和消抖电路

当希望开关一次动作输出一个低脉冲时，用低电平有效的基本 RS 触发器实现这个功能的消抖电路如图 4-6b 所示。开关默认动端（箭头端）放在触点 2 的位置，当开关动端从触点 2 到触点 1，再从触点 1 回到触点 2 表示开关的一次动作。消抖电路的工作原理如下：

1）开关默认状态下，基本 RS 触发器输入 $S_D=0$，R_D 通过电阻 R_1 接电源 V_{CC} 使 $R_D=1$，触发器 Q 输出为 1。

2）当开关动端从触点 2 到触点 1 时，$R_D=0$，S_D 通过电阻 R_2 接电源 V_{CC} 使 $S_D=1$，Q 输出为 0。此时，尽管在 R_D 端会产生抖动，但动端是在触点 1 和悬空之间抖动，即触发器输入 $S_D=1$，$R_D=0$（接触触点 1）或 1（由于抖动悬空），输出 Q 固定为 0 状态（清 0 或保持 0），这样就消除了开关的抖动影响。

3）同 2），当开关动端从触点 1 回到触点 2 时，由于 $R_D=1$，$S_D=0$ 或 1，触发器输出 Q 固定为 1 状态（置 1 或保持 1），从而消除了开关的抖动影响。

注意：图 4-6 中电阻 R_1 和 R_2 称为上拉电阻，一般取值为 $1\sim10\text{k}\Omega$。

基本 RS 触发器在控制领域的应用也较多，许多控制应用常常需要在某些条件下设置一个标志，而在条件改变时复位该标志，因为一个标志清 0 和置 1 的条件经常不同时成立，所以可以用基本 RS 触发器来实现。

4.2 钟控触发器

基本 RS 触发器的输出状态直接受输入信号的控制，随时都可能随着输入信号的变化而发生改变。而在实际数字系统中，为了协调各部分的工作状态，常常要求触发器能够按一定的节拍动作。为此，需要引入节拍同步信号，使触发器只有在同步信号到达时才按输入信号改变状态。由同步信号控制的基本触发器称为同步触发器或钟控触发器，同步信号也称为时钟信号（Clock，一般简写为 Clk）。

4.2.1 钟控 RS 触发器

图 4-7 为钟控 RS 触发器的逻辑电路和逻辑符号。图中钟控 RS 触发器是在基本 RS 触发器的基础上增加两个与非门来实现钟控信号控制的。当 $Clk=0$ 时，$R_D=1$、$S_D=1$，输入信号 R 和 S 被屏蔽而不起作用，由基本 RS 触发器的功能可知，触发器输出保持原状态不变；当 $Clk=1$ 时，$R_D=\overline{R}$，$S_D=\overline{S}$，触发器将发生状态转移。将 R_D、S_D 代入基本 RS 触发器的特征方程式（4-1），可得钟控 RS 触发器的特征方程为

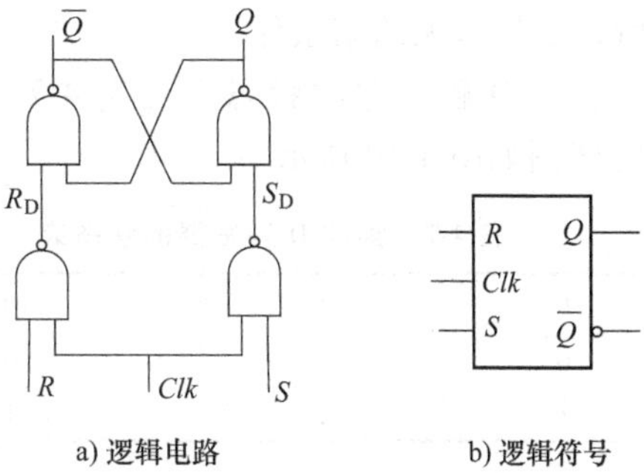

a) 逻辑电路　　b) 逻辑符号

图 4-7　钟控 RS 触发器的逻辑电路和逻辑符号

$$\begin{cases} Q^{n+1}=S+\overline{R}Q \\ RS=0 \end{cases} \tag{4-2}$$

式中，约束条件 $RS=0$ 表示 R 与 S 不能同时输入为 1。钟控 RS 触发器的特征方程表明，只有当时钟信号 $Clk=1$ 时才允许外部输入信号起作用，使得触发器的状态按式（4-2）发生转移，否则，触发器处于保持状态。

同理可得 $Clk=1$ 时钟控 RS 触发器的状态表和激励表，分别见表 4-5、表 4-6。

表 4-5　钟控 RS 触发器的状态表

S	R	Q^{n+1}	说明
0	0	Q	保持
0	1	0	清 0
1	0	1	置 1
1	1	×	不允许

表 4-6　钟控 RS 触发器的激励表

Q	→	Q^{n+1}	R	S
0		0	×	0
0		1	0	1
1		0	1	0
1		1	0	×

钟控 RS 触发器的状态图和时序图分别如图 4-8a、b 所示。从时序图可以看出，当输入 R 和 S 从同时为 1（不允许输入）变化为同时为 0（保持）时，钟控 RS 触发器状态输出 Q 由于内部逻辑门延迟的不确定而处于不确定状态。

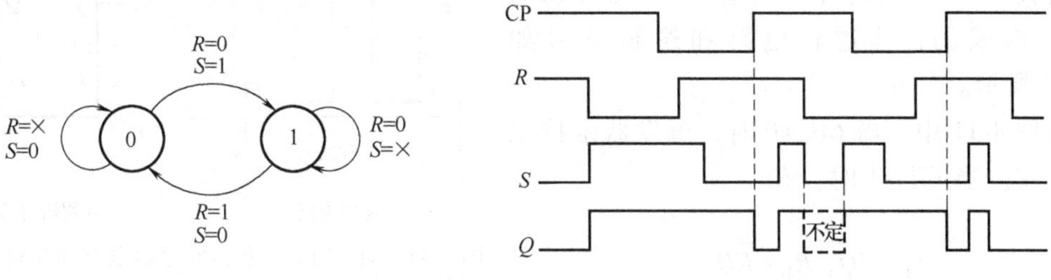

a) 状态图　　b) 时序图

图 4-8　钟控 RS 触发器的状态图和时序图

4.2.2 钟控 D 触发器

钟控 D 触发器仅使用一个输入信号 D，其逻辑电路和逻辑符号如图 4-9 所示。当 $Clk=1$ 时，将 $R_D=D$、$S_D=\overline{D}$ 代入基本 RS 触发器的特征方程式（4-1）可得钟控 D 触发器的特征

方程为

$$Q^{n+1}=\overline{S}_{D}+R_{D}Q=D+DQ=D$$

约束条件 $S_D+R_D=\overline{D}+D=1$ 恒成立，即钟控 D 触发器输入无约束条件。

钟控 D 触发器的状态表见表 4-7，状态图和时序图如图 4-10 所示。

表 4-7 钟控 D 触发器的状态表

D	Q^{n+1}	说明
0	0	清 0
1	1	置 1

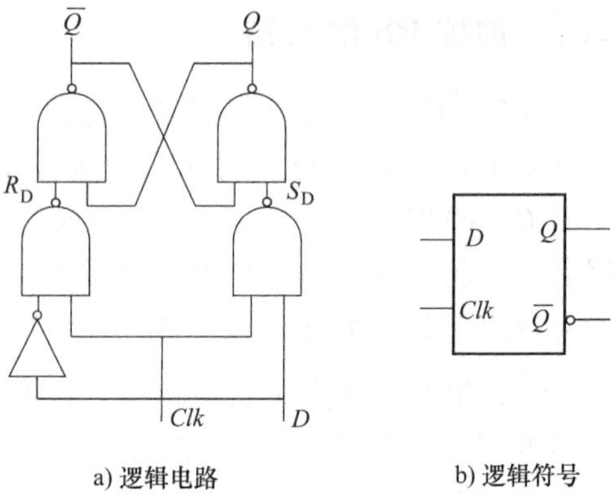

图 4-9 钟控 D 触发器的逻辑电路和逻辑符号

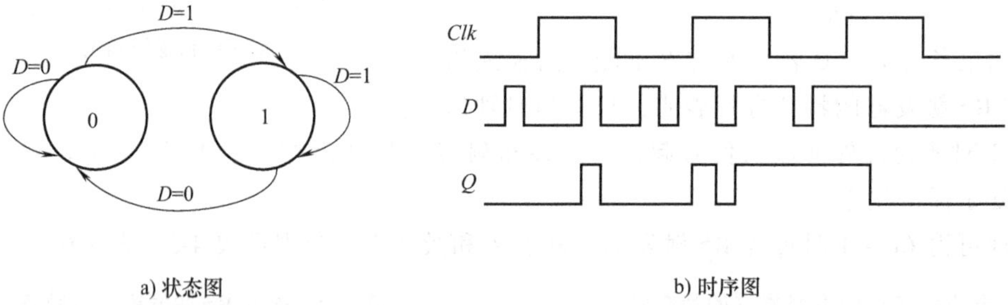

图 4-10 钟控 D 触发器的状态图和时序图

钟控 D 触发器在时钟信号作用下，其次态 Q^{n+1} 始终和输入信号 D 一致，因此常把 D 触发器称为数据锁存器或延迟（Delay）触发器，D 输入端也称为数据输入端。在后面介绍边沿触发 D 触发器时更能体会到 D 触发器的这一特点。

4.2.3 钟控 JK 触发器

钟控 JK 触发器同样是在基本 RS 触发器的基础上构成的，其逻辑电路和逻辑符号如图 4-11 所示。

在图 4-11 中，当 $Clk=0$ 时，触发器维持原状态不变。当 $Clk=1$ 时，有

$$S_D=\overline{J\overline{Q}},\ R_D=\overline{KQ}$$

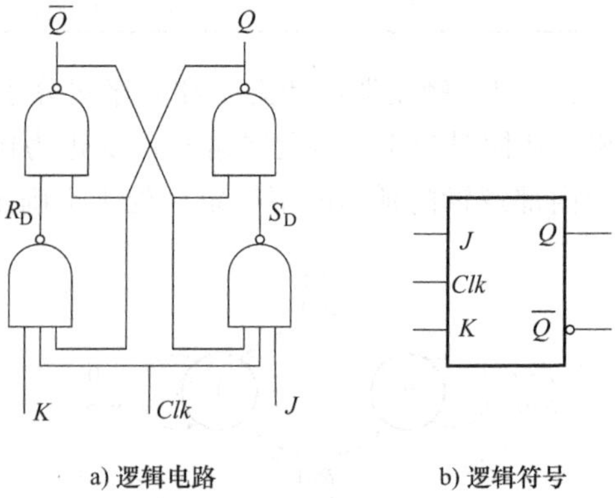

图 4-11 钟控 JK 触发器的逻辑电路和逻辑符号

将上式代入基本 RS 触发器的特征方程式式（4-1），可得钟控 JK 触发器的特征方程为

$$Q^{n+1}=J\overline{Q}+\overline{K}Q$$

它也避免了输入约束条件的出现。同理可得在 $Clk=1$ 时钟控 JK 触发器的状态表和激励表，分别见表 4-8、表 4-9。

表 4-8 钟控 JK 触发器的状态表

J	K	Q^{n+1}	说明
0	0	Q	保持
0	1	0	置 0
1	0	1	置 1
1	1	$\overline{Q}$	翻转

表 4-9 钟控 JK 触发器的激励表

Q	→ Q^{n+1}	J	K	说明
0	0	0	×	保持或置 0
0	1	1	×	翻转或置 1
1	0	×	1	翻转或置 0
1	1	×	0	保持或置 1

钟控 JK 触发器的状态图如图 4-12 所示。

由表 4-8 可见，JK 触发器具有保持（$Q^{n+1}=Q$）、置 0、置 1 和翻转（$Q^{n+1}=\overline{Q}$）功能。

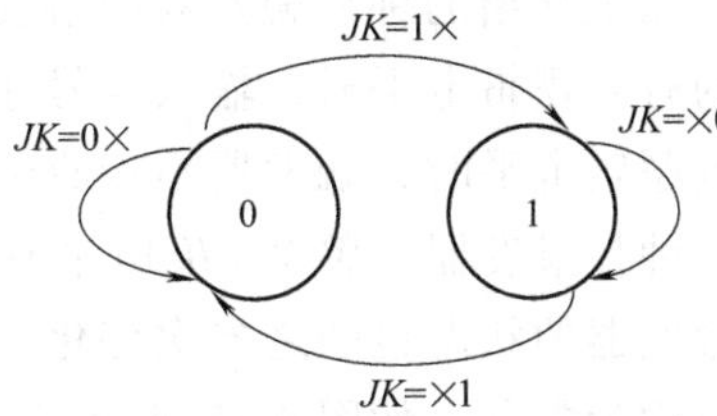

图 4-12 钟控 JK 触发器的状态图

4.2.4 钟控 T 触发器

钟控 T 触发器可以由钟控 JK 触发器电路简单演变而成。在图 4-11a 中，将输入端 J 和 K 连接在一起，并接到外部输入 T 上，即令 $J=K=T$，可得钟控 T 触发器。当时钟信号 $Clk=1$ 时，钟控 T 触发器的特征方程为

$$Q^{n+1}=T\overline{Q}+\overline{T}Q=T\oplus Q$$

同理可得钟控 T 触发器在 $Clk=1$ 时的状态表和激励表，分别见表 4-10、表 4-11，状态图如图 4-13 所示。

表 4-10 钟控 T 触发器的状态表

T	Q^{n+1}	说明
0	Q	保持
1	$\overline{Q}$	翻转

表 4-11 钟控 T 触发器的激励表

Q	→ Q^{n+1}	T	说明
0	0	0	保持
0	1	1	翻转
1	0	1	翻转
1	1	0	保持

由表 4-10 可见，钟控 T 触发器具有保持（$Q^{n+1}=Q$）和翻转（$Q^{n+1}=\overline{Q}$）功能。钟控 T 触发器的逻辑符号如图 4-14 所示。

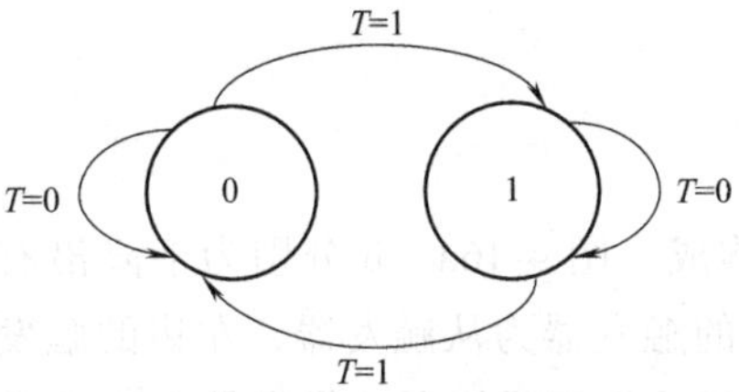

图 4-13 钟控 T 触发器的状态图

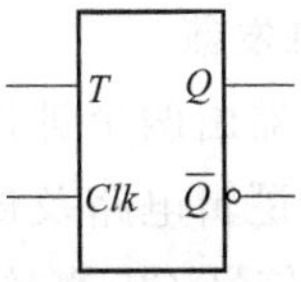

图 4-14 钟控 T 触发器的逻辑符号

如果将钟控 T 触发器的输入端 T 固定接至高电平（逻辑 1），则可以构成一个仅具有翻转功能的触发器，称为 T′触发器或计数触发器，其特征方程为

$$Q^{n+1}=1\oplus Q=\overline{Q}$$

在触发器中，使用较广的主要是 D 触发器和 JK 触发器。需要时可将一种类型的触发器

转换为其他类型的触发器，如将 JK 触发器的输入端 J 连接到外部输入 D 信号上、输入端 K 连接到 $\overline{D}$ 上，即 $J=D$，$K=\overline{D}$，可将 JK 触发器转换为 D 触发器，读者可以自行分析实现。同理，读者可以思考如何将 T 触发器转换为 D 触发器，以及如何将 D 触发器转换为 JK 触发器和 T 触发器。

4.2.5　钟控触发器存在的空翻现象

以上介绍的钟控触发器的触发方式均为电平（位）触发，即触发器的时钟信号 Clk 为规定的有效逻辑电平时，输入信号才能被触发器接收并导致输出状态的变化；而当时钟信号为无效逻辑电平时，触发器不接收输入信号且状态维持不变。

钟控触发器在整个 Clk 电平有效期间都接收输入信号的变化，若输入信号变化多次时，则触发器的状态也随之多次变化，通常把在一个 Clk 脉冲周期内触发器翻转两次或更多次的现象称为空翻。如图 4-15 所示钟控 D 触发器的时序图，在 $Clk=1$ 期间，触发器的状态随着输入 D 的多次变化而改变。另外，对于钟控 JK 触发器，当 $J=K=1$ 时，$Q^{n+1}=J\overline{Q}+\overline{K}Q=\overline{Q}$，这样在 $Clk=1$ 期间状态也会出现多次翻转。空翻现象的发生使时钟的控制失效，这样就达不到同步的目的。如果不改变时钟触发的方式，要求每来一个 Clk 脉冲，触发器仅翻转一次，就必须要求输入在时钟有效期间不能改变，或者要求时钟 $Clk=1$ 的有效宽度足够小，然而这样的要求在实际中很难满足。

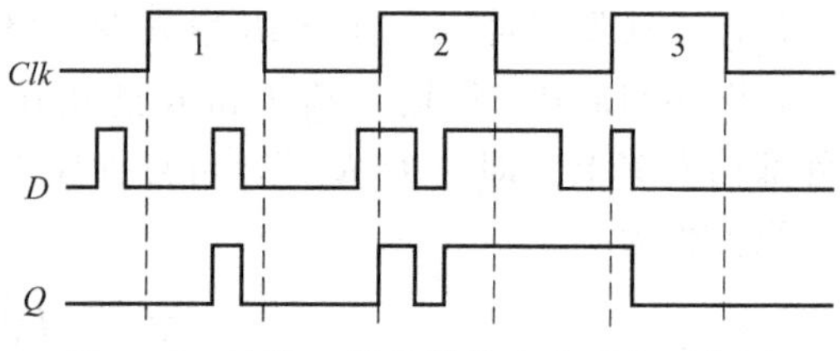

图 4-15　钟控 D 触发器的空翻现象时序图

空翻现象降低了电路的同步控制能力和抗干扰性，为了避免空翻现象，必须对钟控触发器电路结构进行改进。

4.3　主从触发器和边沿触发器

目前常用的集成触发器都可以防止空翻，性能稳定。常用的集成触发器有主从触发器和边沿触发器两种类型。

4.3.1　主从触发器

1. 主从 D 触发器

主从 D 触发器由两个钟控 D 触发器和一个非门构成。图 4-16a、b 分别为下降沿有效的主从 D 触发器的逻辑电路及逻辑符号。图 4-16a 右边的触发器为从触发器，左边的触发器为主触发器。时钟信号 Clk 直接加在主触发器上，时钟信号反相后加在从触发器上。此电路可实现仅在时钟信号 Clk 下降沿处才会使输出 Q 的状态发生改变。

在 $Clk=1$ 期间，主触发器打开，主触发器输出 Q_1 可以接收输入 D 的状态，从触发器此时对应的时钟信号为低电平，其输出 Q 保持不变。

当 Clk 由 1 变为 0 时，主触发器被封锁而保持输出不变，与此同时，从触发器的时钟信号由 0 变为 1，从触发器解除封锁，因此在 Clk 的下降沿，从触发器将按照主触发器在 $Clk=$

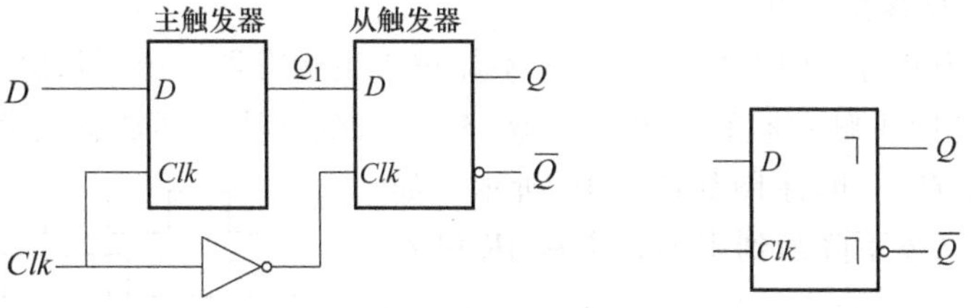

a) 逻辑电路　　b) 逻辑符号

图 4-16　下降沿有效的主从 D 触发器逻辑电路和逻辑符号

1 时最后时刻接收的输入去改变从触发器的状态，即整个主从触发器的状态输出 Q。若 Clk 下降沿前 $D=1$，则 $Q^{n+1}=1$；若 Clk 下降沿前 $D=0$，则 $Q^{n+1}=0$，即下降沿触发的主从 D 触发器的特征方程为

$$Q^{n+1}=D$$

由上述分析可知，主从结构的触发器状态改变是在时钟脉冲边沿完成的，因而这种结构的边沿触发器无空翻现象。下降沿有效的主从 D 触发器时序图如图 4-17 所示，D 输入只有在 Clk 下降沿前的一瞬间对最后的状态 Q 起作用。如第 1 个 Clk 下降沿前的 $D=0$，则 Clk 下降沿到来后的状态 $Q=0$；第 2 个 Clk 下降沿前的 $D=1$，则 Clk 下降沿到来后的状态 $Q=1$。

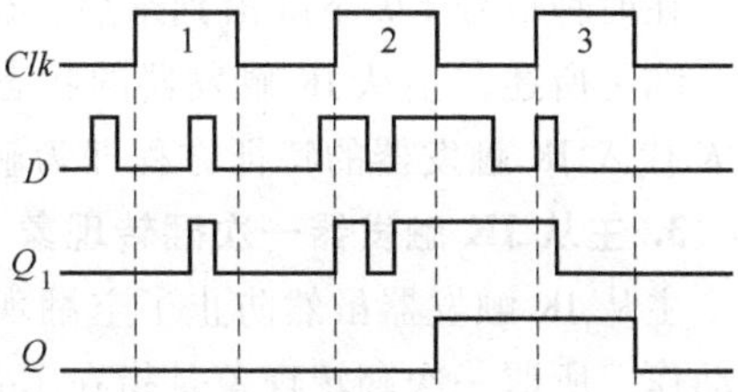

图 4-17　下降沿有效的主从 D 触发器时序图

主从 D 触发器的逻辑符号中，其输出端符号"┐"表示主从结构的 D 触发器为延时输出，即按时钟端标志主触发器是高电平有效，而从触发器状态（即整个主从触发器状态）是延时到高电平结束，即下降沿改变。

将下降沿有效的主从 D 触发器的时钟信号 Clk 输入反相，就可以得到上升沿有效的主从 D 触发器，该触发器在时钟脉冲上升沿到来前的一瞬间存入 D 输入的 0 或 1。

2. 主从 JK 触发器

主从 JK 触发器由两个钟控 RS 触发器构成，其逻辑电路及逻辑符号分别如图 4-18a、b 所示，图 4-18a 左边的钟控 RS 触发器为主触发器，右边的钟控 RS 触发器为从触发器。由图 4-18 可见，主触发器的 $S=J\overline{Q}$，$R=KQ$。

在 $Clk=1$ 期间，主触发器打开，可以接收 J、K 的输入，从触发器此时对应的时钟信号

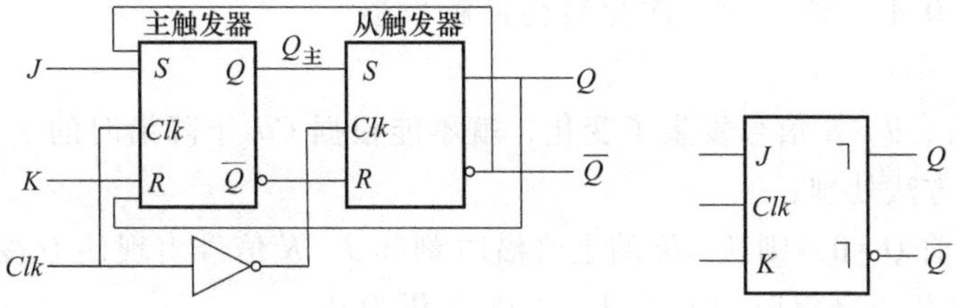

a) 逻辑电路　　b) 逻辑符号

图 4-18　下降沿有效的主从 JK 触发器逻辑电路及逻辑符号

为低电平，其输出 Q 保持不变。

当 Clk 由 1 变为 0 时，因 $Clk=0$，J、K 不能进入主触发器，由于从触发器的时钟信号由 0 变为 1，从而将此时主触发器的输出状态 $Q_{主}$ 输入从触发器，其从触发器的状态 Q 等于主触发器的输出状态 $Q_{主}$。时序图如图 4-19 所示，如在第 1 个时钟信号 Clk 下降沿到来前，主从 JK 触发器的 $J=0$、$K=0$，$Q_{主}=0$，$\overline{Q}_{主}=1$，主触发器的 $S=J\overline{Q}=0$、$R=KQ=0$，保持 $Q_{主}=0$，$\overline{Q}_{主}=1$；在第 1 个时钟信号 Clk 下降沿到来后，从触发器的 $S=Q_{主}=0$、$R=\overline{Q}_{主}=1$，从触发器此时为清 0 有效，$Q=0$，$\overline{Q}=1$。

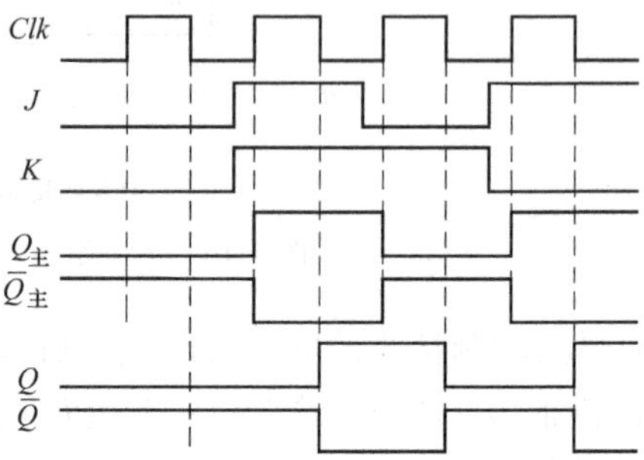

图 4-19　下降沿有效主从 JK 触发器时序图

由图 4-18a 和图 4-19 的变化规律，可以写出主从 JK 触发器的特征方程为

在时钟信号 Clk 下降沿到来前：$Q_{主}^{n+1}=J\overline{Q}+\overline{K}Q$

在时钟信号 Clk 下降沿到来后：$Q^{n+1}=Q_{主}=J\overline{Q}+\overline{K}Q$

综上所述，主从 JK 触发器的状态翻转发生在 Clk 的下降沿处，将下降沿到来前的输入 J 和 K 代入 JK 触发器的特征方程即为触发器的输出状态。

3. 主从 JK 触发器一次翻转现象

主从 JK 触发器虽然防止了空翻现象，但还存在一次翻转现象，可能会使触发器产生错误动作。所谓一次翻转现象是指在 $Clk=1$ 期间，主触发器接收输入激励信号发生一次翻转后，主触发器状态就一直保持不变，它不再随输入激励信号 J、K 的变化而变化。

例如，设 $Q=Q_{主}=0$，$J=0$，$K=1$，如果在 $Clk=1$ 期间 J、K 发生了多次变化，如图 4-20 所示。其中第一次变化发生在 t_1，此时 $J=K=1$，从触发器输出 $Q=0$，因而 $R=KQ=0$，$S=J\overline{Q}=1$，从而主触发器发生一次翻转，即 $Q_{主}=1$，$\overline{Q}_{主}=0$。在 t_2 瞬间，$J=0$，$K=1$，$R=KQ=0$，$S=J\overline{Q}=0$，主触发器状态不变。由于在 $Clk=1$ 期间 $Q=0$，因此 t_3 时刻 K 的变化不起作用，$Q_{主}$ 一直保持不变。当 Clk 下降沿到来时，从触发器的状态为 $Q=Q_{主}=1$，这就是一次翻转现象，它和 Clk 下降沿到来时由当时的 J、K 值（$J=0$，$K=1$）所确定的状态 $Q=0$ 不一致，即一次翻转会使触发器产生错误动作。

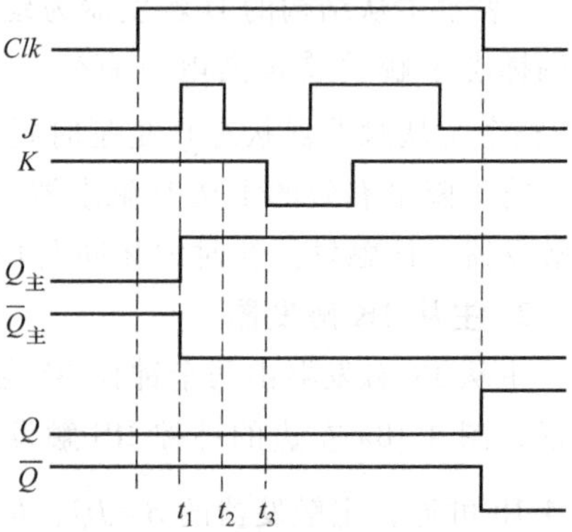

图 4-20　主从 JK 触发器一次翻转现象

若在 $Clk=1$ 时，J、K 信号发生了变化，就不能根据 Clk 下降沿时的 J、K 值来决定输出 Q，这时可按以下方法处理：

1）若 $Clk=1$ 前 $Q=0$，则从 Clk 的上升沿时刻起 J、K 信号出现使 Q 变为 1 的组合，即 $JK=10$ 或 11，在 Clk 下降沿时 Q 也为 1，否则 Q 仍为 0。

2）若 $Clk=1$ 前 $Q=1$，则从 Clk 的上升沿时刻起 J、K 信号出现使 Q 变为 0 的组合，即 $JK=01$ 或 11，在 Clk 下降沿时 Q 也为 0，否则 Q 仍为 1。

图 4-21 为考虑一次翻转现象后主从 JK 触发器的时序图，它仅在第 5 个 *Clk* 时没有产生一次翻转。

由于存在一次翻转现象，主从 JK 触发器能接收干扰信号，并且把干扰记忆下来，造成误动作，这是不希望的。解决的方法只有减小主触发器 *Clk* 有效的时间，但这可能造成状态的正常翻转不稳定。下面将介绍实际应用的边沿触发器。

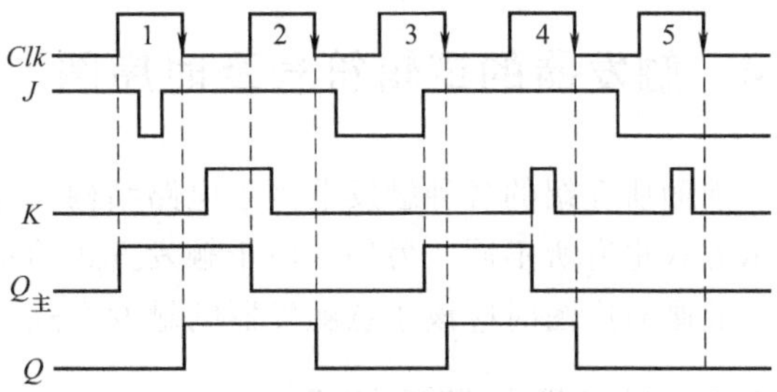

图 4-21　考虑一次翻转现象后主从 JK 触发器的时序图

4.3.2　边沿触发器

边沿触发器仅在约定的时钟信号边沿（上升沿或下降沿）才对输入信号响应。同时具备以下条件的触发器称为边沿触发方式触发器（简称边沿触发器）：

1）触发器仅在 *Clk* 某一约定跳变到来时，才接收输入信号。

2）在 $Clk=0$ 或 $Clk=1$ 期间，触发器处于保持状态，输入信号的变化不会引起触发器输出状态的变化。

因此，边沿触发器不仅克服了空翻现象，而且大大提高了抗干扰能力，工作更为可靠。

边沿 JK 触发器（Edge-Triggered J-K FF）消除了一次翻转现象，其逻辑电路及逻辑符号如图 4-22a、b 所示，其电路是在边沿 D 触发器的基础上改进得到。图 4-22a 右边为一个上升沿触发的 D 触发器，其输入端方程为 $D=J\overline{Q}+\overline{K}Q$，将其代入 D 触发器特征方程 $Q^{n+1}=D$，即可得到上升沿触发的边沿 JK 触发器特征方程 $Q^{n+1}=J\overline{Q}+\overline{K}Q$，按照边沿 JK 触发器特征方程将输入 J 和 K 的变化反映在输出端，其时序图如图 4-23 所示，图中假设触发器初始状态 $Q=0$（即第一个触发边沿到来之前的状态）。

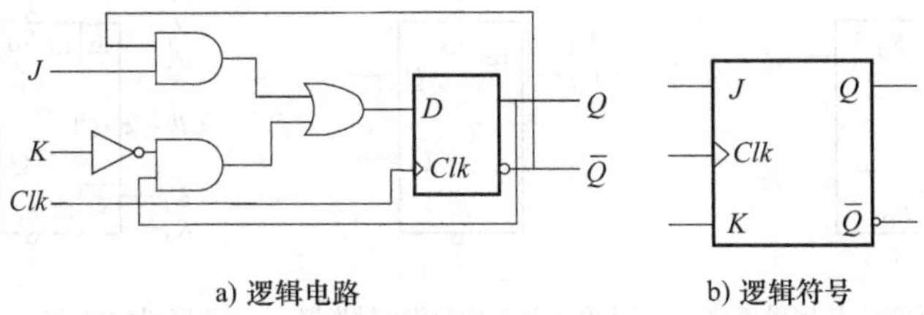

图 4-22　边沿 JK 触发器逻辑电路和逻辑符号

在实际应用中，大部分情况下采用边沿触发器。表 4-12 总结了不同触发器的动作特点。

表 4-12　不同触发器的动作特点

类型	动作特点
基本触发器	随时
钟控触发器	有效电平
主从触发器	有效边沿
边沿触发器	有效边沿

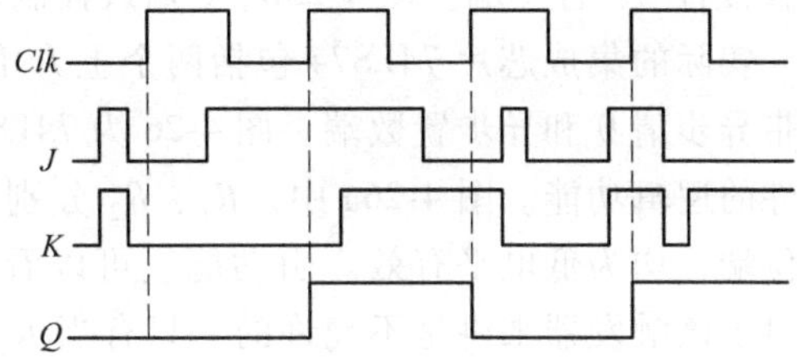

图 4-23　上升沿有效的边沿 JK 触发器时序图

4.4 触发器的逻辑符号及时序图

前面所介绍的各种触发器由于电路结构、逻辑功能及触发方式都不相同，其逻辑符号的表示方式也有所不同。另外，由于触发方式的不同，导致触发器输出对输入信号的响应也不同，故画时序图时应该注意触发器的触发方式。

4.4.1 触发器的逻辑符号

图 4-24 为一组基本触发器和钟控触发器逻辑符号。图中 *C*1 为时钟 *Clk* 输入端，*C*1 中的“1”是控制关联标记，*C*1 表示受其影响的输入是以数字 1 标记的数据输入，如 1*R*、1*S*、1*D* 等。输入端（包括控制输入端和 *Clk* 输入端）加有小圆圈时，表示低电平有效，否则表示高电平有效。

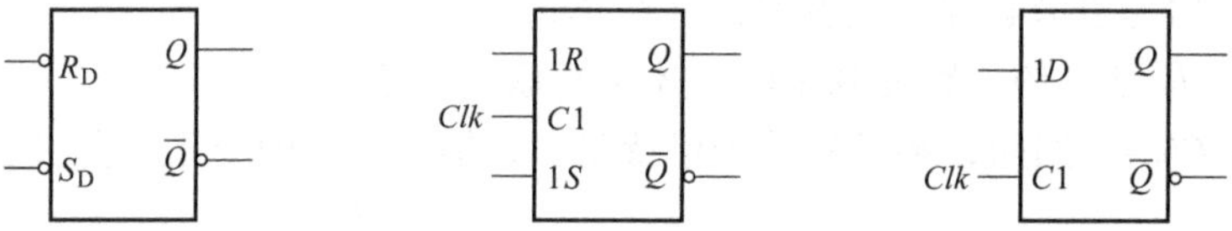

a) 基本RS触发器　　b) 钟控RS触发器　　c) 钟控D触发器

图 4-24　基本触发器和钟控触发器逻辑符号

图 4-25 为一组主从触发器和边沿触发器逻辑符号。图 4-25a 主从触发器是上升沿有效，当主从触发器 *Clk* 输入端没有小圆圈时，表示下降沿有效。图 4-25b、c 边沿触发器 *Clk* 输入处的三角表明了边沿触发特性，称为动态输入标志。边沿触发器 *Clk* 输入加有小圆圈时，表示下降沿有效，否则表示上升沿有效；与主从触发器正好相反。

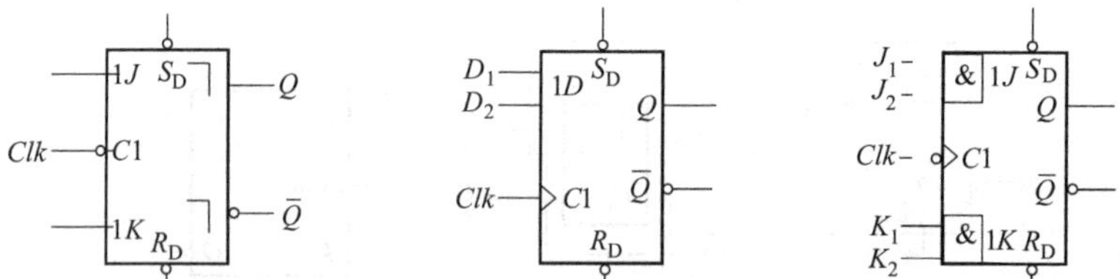

a) 上升沿触发的主从JK触发器　　b)上升沿触发的边沿D触发器　　c)下降沿触发的边沿JK触发器

图 4-25　主从触发器和边沿触发器逻辑符号

集成触发器有异步置 0 和置 1 端，不受时钟和输入信号控制。图 4-25 中的 R、S 均为异步直接置 0、置 1 端。图 4-25b、c 输入控制端由多个输入信号相与而成。

实际的集成芯片 74LS74 包括两个上升沿触发的边沿 D 触发器，两个触发器完全独立，各带异步清 0 和异步置数端。图 4-26 为 74LS74 逻辑符号、实物及引脚图，表 4-13 列出了该器件的逻辑功能。图 4-26a 中，R_1、R_2 分别为两个 D 触发器的异步清 0 端，S_1、S_2 为异步置位端，均为低电平有效。由功能表可以看出，R_1、S_1（或 R_2、S_2）都为低电平，这种情况对于该触发器来讲是不允许的。只有当 R_1、S_1（或 R_2、S_2）都为高电平时，该器件为上升沿触发的 D 触发器。

a) 逻辑符号　　b) 实物图　　c) 引脚图

图 4-26　双 D 触发器 74LS74

表 4-13　74LS74 功能表

S_1(或 S_2)	R_1(或 R_2)	$C1$(或 $C2$)	$1D$(或 $2D$)	Q_1(或 Q_2)	说明
0	1	×	×	1	置位
1	0	×	×	0	清 0
0	0	×	×	×	不允许
1	1	↑	0	0	上升沿触发
1	1	↑	1	1	上升沿触发

4.4.2　触发器的时序图

画时序图时首先要注意触发器的触发方式。对于电位触发方式的触发器（钟控触发器），其输出状态在触发时钟信号 *Clk* 的有效电平时受输入信号控制；对于边沿触发器，其时序图的画法一般按如下步骤进行：

1）以时钟信号 *Clk* 的作用沿为基准，划分时间间隔，*Clk* 作用沿到来前为现态，作用沿到来后为次态。

2）每个时钟脉冲作用沿到来后，根据触发器的状态方程或状态表确定其次态。

3）异步直接置 0、置 1（R_D、S_D）端的操作不受时钟信号 *Clk* 的控制，画波形时要特别注意。

例 4-1　边沿 JK 触发器和边沿 D 触发器电路分别如图 4-27a、b 所示，其输入波形如图 4-27c 所示，试分别画出 Q_1、Q_2 端的波形。设电路初态均为 0。

解： 由图 4-27a 可见，边沿 JK 触发器为下降沿触发，因此首先以 *Clk* 下降沿为基准，划分时间间隔，然后根据 JK 触发器的状态方程 $Q_1^{n+1}=J\overline{Q}_1+\overline{K}Q_1=A\overline{Q}_1+\overline{B}Q_1$，由每个 *Clk* 到来之前的 A、B 和原态 Q_1 决定其次态 Q_1^{n+1}。如第 1 个 *Clk* 下降沿到来前，因 $AB=10$，$Q_1=0$，将 A、B、Q_1 代入状态方程得 $Q_1^{n+1}=1$，故画波形时应在 *Clk* 下降沿到来后使 Q_1 为 1，

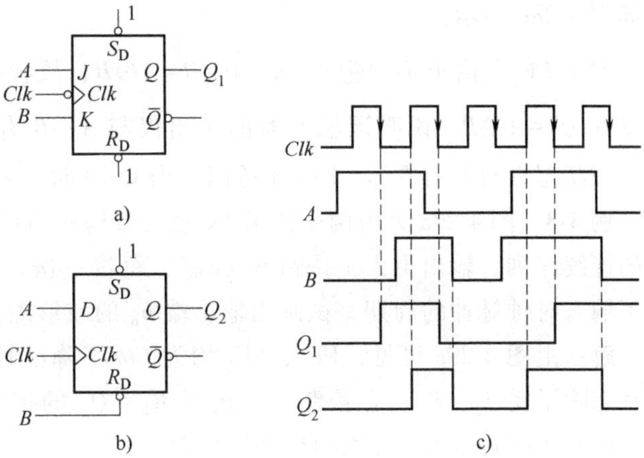

图 4-27　例 4-1 电路及时序图

该状态一直维持到第二个 Clk 下降沿到来后才变化。以此类推，可画出 Q_1 的波形如图 4-27c 所示。

图 4-27b 边沿 D 触发器为上升沿触发，因此首先以 Clk 上升沿为基准，划分时间间隔。由于 $D=A$，故 D 触发器的状态方程为 $Q_2^{n+1}=D=A$，这里需要注意的是异步置 0 端 R_D 和 B 相连，因此该状态方程只有当 $B=1$ 时才适用。当 $B=0$ 时，无论 Clk、A 如何，$Q_2^{n+1}=0$，即图 4-27c 中 $B=0$ 期间所对应的 Q_2^{n+1} 均为 0；只有 $B=1$ 时，Q_2^{n+1} 才在 Clk 的上升沿到来后和 A 有关。如在第二个 Clk 上升沿到来前，$B=1$，$A=1$，故 Clk 到来后 $Q_2^{n+1}=1$。该状态本来应维持到第 3 个 Clk 上升沿到来前，但在第 2 个 $Clk=0$ 的期间，B 已变为 0，因此也强迫 $Q_2=0$。Q_2 的波形如图 4-27c 所示。

例 4-2 由边沿触发器组成的电路分别如图 4-28a、b 所示，其输入波形如图 4-28c 所示，试分别画出 Q_1、Q_2 端的波形。设电路初态均为 0。

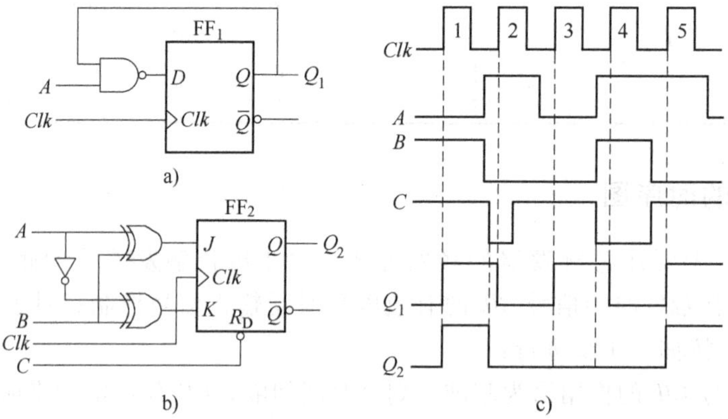

图 4-28 例 4-2 电路及时序图

解：由图 4-28a、b 可见，FF_1、FF_2 均为上升沿触发，故以 Clk 上升沿为基准划分时间间隔。

对于 FF_1，$Q_1^{n+1}=D=\overline{AQ_1}$。由每个 Clk 前沿到来前的外输入 A 和原态 Q_1 决定 Q_1^{n+1}，其波形如图 4-28c 所示。

对于 FF_2，由于 $J=A\oplus B$，$K=\overline{A}\oplus B=A\odot B$，故状态方程 $Q_2^{n+1}=J\overline{Q}_2+\overline{K}Q_2=(A\oplus B)\ \overline{Q}_2+(\overline{A\odot B})Q_2=A\oplus B$，说明该触发器的输出仅与 A、B 有关，与原态 Q_2 无关。但需要注意的是，该状态方程只有在 $C=1$ 时才适用，当 $C=0$ 时，强制 $Q_2^{n+1}=0$。其波形如图 4-28c 所示。

例 4-3 图 4-29a 为由两个边沿 JK 触发器构成的单脉冲发生器电路，其输入 u_i 为时钟脉冲的连续序列，输出由人工按钮 S_1 控制，每按一次，输出一个脉冲。输出脉冲的宽度仅取决于输入时钟脉冲的周期。试画出输出端 u_o 的波形图。

解：由图 4-29a 可见，FF_1、FF_2 均为 Clk 下降沿触发，但 FF_1 的 Clk 由 Q_2 提供，而 Q_2 的状态除了受 J_2、K_2、u_i 控制外，还受 $R_D=Q_1$ 的控制，即两个触发器的状态是互相制约的，因此要按每个 Clk 分别画出其波形图。

对于 FF_2，因 $K_2=1$，故 $Q_2^{n+1}=J_2\overline{Q}_2+\overline{K}_2Q_2=J_2\overline{Q}_2$，$R_D=\overline{Q}_1$。

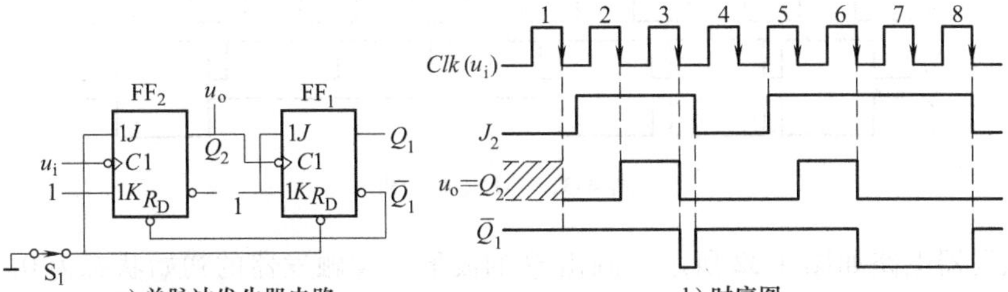

a) 单脉冲发生器电路　　b) 时序图

图 4-29　由两个边沿 JK 触发器构成的单脉冲发生器电路及时序图

对于 FF_1，因 $J_1=K_1=1$，故 $Q_1^{n+1}=J_1\overline{Q}_1+\overline{K}_1Q_1=\overline{Q}_1$，$R_D=J_2$。

开始时由于 $J_2=0$（即 S_1 接地），使 FF_1 的 $R_D=0$，故 $Q_1=0$，$\overline{Q}_1=1$，而 FF_2 的 $R_D=1$，$Q_2^{n+1}=J_2\overline{Q}_2=0$，因此第 1 个 *Clk* 到来后 $Q_2=0$。

当 $J_2=1$（即手动开关 S_1 按下）时对 Q_1、$\overline{Q}_1$ 没有影响，而 $Q_2^{n+1}=J_2\overline{Q}_2=\overline{Q}_2$，输入脉冲 u_i 的下降沿到达时 Q_2 将按照状态方程翻转。当第 3 个 *Clk* 到来后 Q_2 的下降沿去触发 FF_1，使 Q_1 由 0→1，$\overline{Q}_1$ 由 1→0。由于 FF_2 的 $R_D=\overline{Q}_1$，因此一旦 $\overline{Q}_1=0$，又使 FF_2 的输出置 0，它输出一个单脉冲，其脉冲宽度为输入脉冲的周期。

当 $J_2=0$（S_1 接地）后又恢复到开始的状态。$\overline{Q}=1$，FF_2 解除置 0 封锁，如果再按下 S_1（$J_2=1$）就能产生第 2 个单脉冲，整个波形如图 4-29b 所示。

单脉冲发生器常作为调测信号源，在数字设备中的应用很广泛，也可以用其他触发器实现单脉冲。

本章小结

1）触发器电路的特点是具有两个稳定状态且在输入信号的作用下可以发生状态转移。触发器的种类很多，逻辑功能也不尽相同，但它们都是由门电路加上适当的反馈耦合而成的。

2）触发器电路按动作特点分为基本触发器、钟控触发器、主从触发器、边沿触发器。实际应用中主要使用边沿触发器。

3）触发器电路按变化规律分为 RS 触发器、D 触发器、JK 触发器和 T 触发器等。D 触发器和 JK 触发器是使用最多的触发器。

4）本章引入了状态表（真值表）、特征方程（表达式）、状态图等概念及描述时序逻辑电路的基本方法。重点掌握触发器的逻辑符号和时序图的画法。

习题

4-1　列激励表：JK 触发器；T 触发器；D 触发器。

4-2　画出如图 4-30 所示触发器电路 Q 和 $\overline{Q}$ 的波形，设触发器的初始状态为 0。

4-3　设触发器为下降沿有效的主从 JK 触发器，输入如图 4-31 所示，画出 Q 的波形，触发器的初始状态为 0。

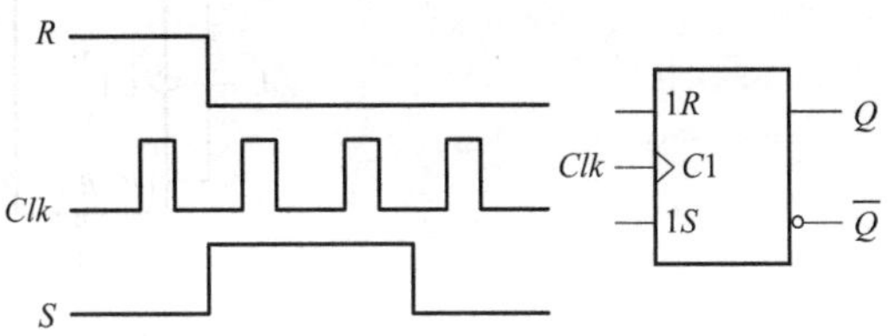

图 4-30　习题 4-2 图

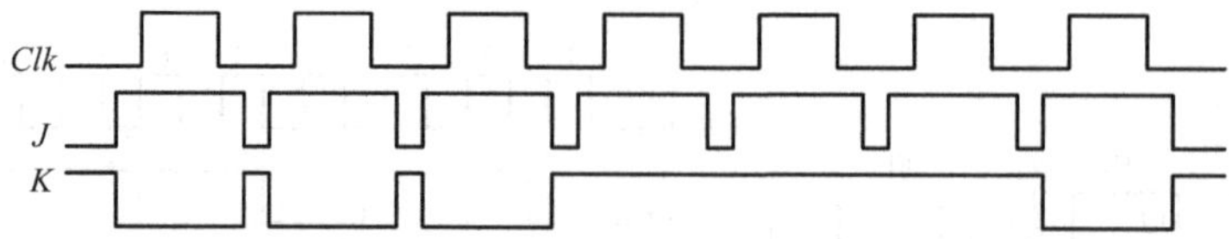

图 4-31　习题 4-3 图

4-4　触发器电路如图 4-32 所示，画出 Q 的波形，设触发器的初始状态为 0。

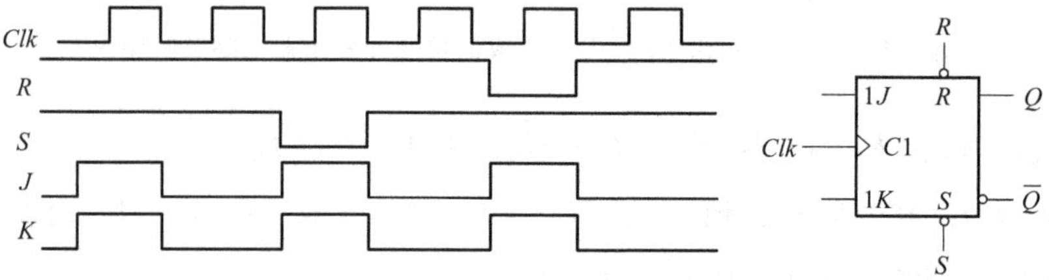

图 4-32　习题 4-4 图

4-5　对于图 4-33 所示触发器电路，画出 Q 的波形。

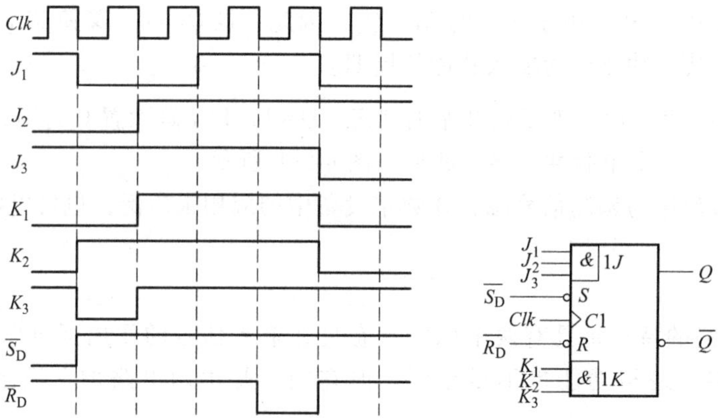

图 4-33　习题 4-5 图

4-6　在图 4-34 所示触发器电路中，已知 A 和 B 的波形，画出对应 Q_0 和 Q_1 的波形，设各触发器的初始状态为 0。

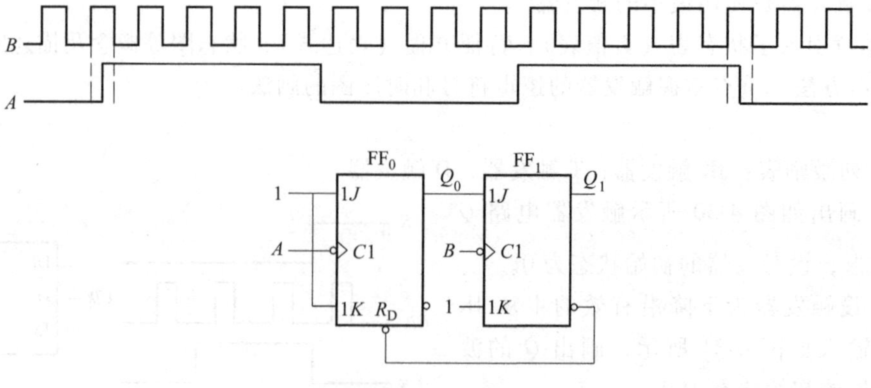

图 4-34　习题 4-6 图

4-7　触发器电路如图 4-35 所示，画出 Q 的波形。这个器件可执行什么特定功能?

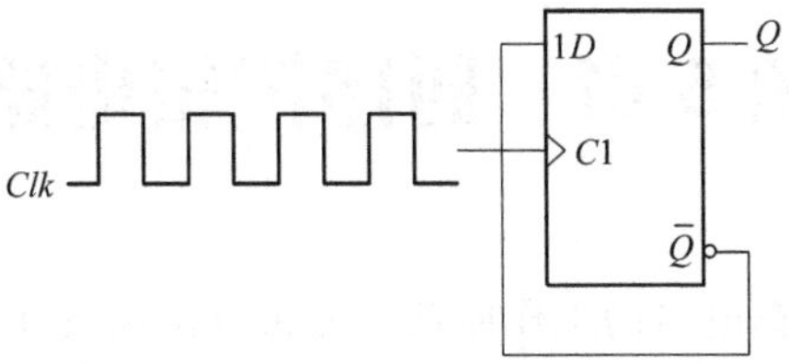

图 4-35　习题 4-7 图

4-8　如果把一个时钟下降沿 JK 触发器转换成时钟上升沿 D 触发器，设 X 为 D 触发器的输入。

1）试写出 D 触发器的输出表达式。

2）画出 JK 触发器实现 D 触发器的电路。

3）完成如图 4-36 所示时序图（设 Q 初态为 0）。

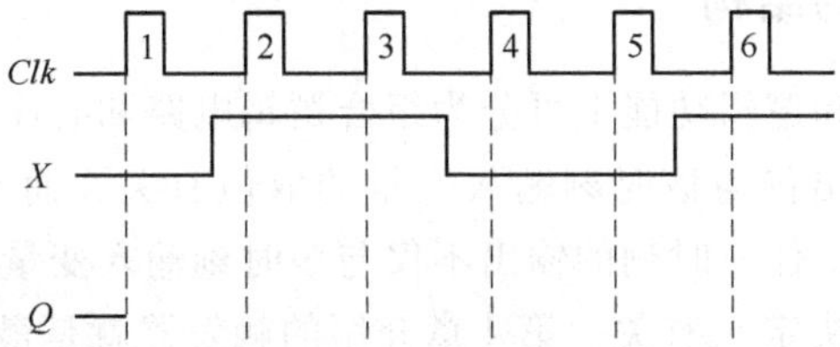

图 4-36　习题 4-8 图

4-9　如图 4-37 所示并行数据存储电路工作不正常。检查时，先确定 V_{CC} 和地连接正常。接着在所有 D 输入端接 0 并加时钟脉冲，查 Q 输出发现全为 0。接下来在所有 D 输入端接 1 再加时钟脉冲，查 Q 输出发现仍全为 0。试问最可能是什么问题？说明理由。

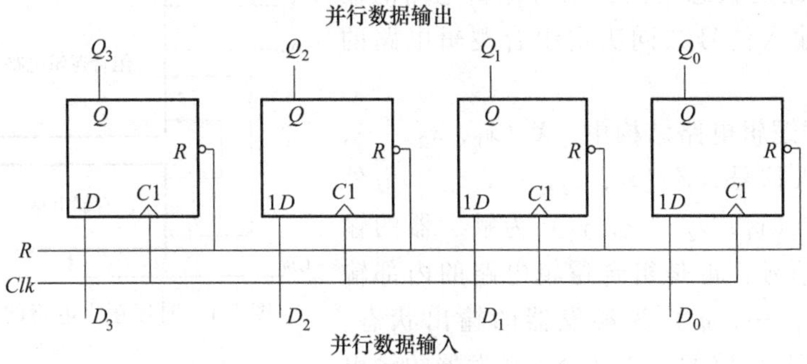

图 4-37　习题 4-9 图

第 5 章　时序逻辑电路

本章将系统介绍时序逻辑电路的工作原理、分析方法和设计方法。首先介绍时序逻辑电路（简称时序电路）在电路结构和逻辑功能上的特点，然后详细介绍时序逻辑电路分析和设计的具体步骤，介绍计数器、寄存器、脉冲分配器和序列信号产生器等常用典型时序电路，最后介绍常用 MSI 时序逻辑器件及其应用。

5.1　时序逻辑电路概述

5.1.1　时序逻辑电路的结构

数字电路从组成结构和逻辑功能上可分为组合逻辑电路和时序逻辑电路两类。在组合逻辑电路中，任一时刻的输出仅与该时刻输入变量的取值有关，而与输入变量的历史情况无关；而在时序逻辑电路中，任一时刻的输出不仅与该时刻输入变量的取值有关，还与电路当前状态（由过去输入情况决定）有关。第 4 章介绍的触发器就是最简单的时序逻辑电路。

图 5-1 为时序逻辑电路的一般结构图。与组合逻辑电路相比，时序逻辑电路有两个特点：

1）时序逻辑电路包含组合逻辑电路和存储电路两部分，存储电路具有记忆（存储）功能，由触发器组成。

2）存储电路的状态反馈到组合逻辑电路的输入端，与外部输入信号共同决定组合逻辑电路的输出。

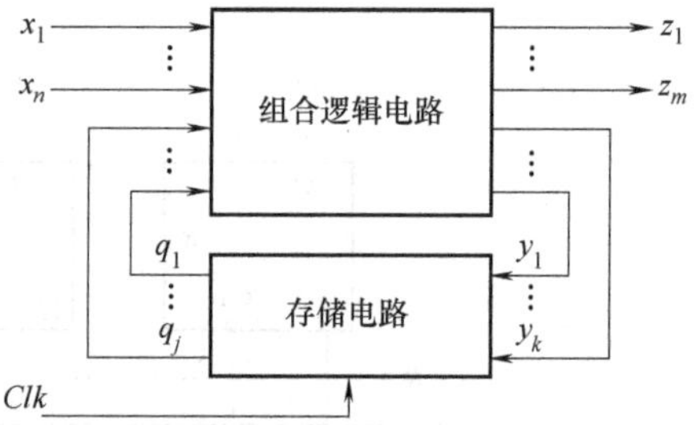

图 5-1　时序逻辑电路的一般结构图

图 5-1 时序逻辑电路结构中，X（x_1，x_2，…，x_n）为外部输入信号，Z（z_1，z_2，…，z_m）为外部输出信号，Y（y_1，y_2，…，y_k）为触发器的输入（或激励）信号，也是组合逻辑电路的内部输出，Q（q_1，q_2，…，q_j）为触发器的输出状态。触发器是时序逻辑电路的核心部分，触发器的输出状态 Q 与外部输入信号 X 通过组合逻辑电路共同决定外部输出 Z 和触发器的输入 Y；在时钟信号 Clk 的控制下，Y 决定了触发器的状态变化。

对于存储电路中的触发器，每一位输出 q_i（$i=1$，2，…，j）称为一个状态变量，j 个状态变量可以组成 2^j 个不同的状态，触发器状态变量的不同取值反映了时序逻辑电路对于输入变量的记忆情况，即不同的状态代表不同的输入变量的历史。

在时序逻辑电路中，为了表示电路的时间关系，t 时刻的外部输出用 Z^n 表示，该时刻的外部输入用 X^n 表示，触发器的当前状态用 Q^n 表示（也称现态）。而 $t+1$ 时刻的状态称为下一状态（也称为次态），用 Q^{n+1} 表示。为了书写方便，常略去符号右上角的“n”，时序逻辑电路的四组信号之间的逻辑关系可用以下三个方程描述：

$$z_i=f(x_1,x_2,\cdots,x_n,q_1,q_2,\cdots,q_j)(i=1,2,\cdots,m) \quad (5\text{-}1)$$

$$y_i=g(x_1,x_2,\cdots,x_n,q_1,q_2,\cdots,q_j)(i=1,2,\cdots,k) \quad (5\text{-}2)$$

$$q_i^{n+1}=h(y_1,y_2,\cdots,y_k,q_1,q_2,\cdots,q_j)(i=1,2,\cdots,j) \quad (5\text{-}3)$$

其中，式（5-1）称为输出方程，式（5-2）称为触发器激励方程（或输入方程），式（5-3）称为状态方程（也称次态方程）。以上三个方程可写为下面的形式：

$$Z=F(X,Q) \quad （输出方程）$$

$$Y=G(X,Q) \quad （激励方程）$$

$$Q^{n+1}=H(Y,Q) \quad （状态方程）$$

从以上关系式不难看出，时序逻辑电路某时刻的输出 Z 不但与该时刻的外部输入 X 有关，还与当前时刻的状态 Q 有关；而时序逻辑电路的下一状态 Q^{n+1} 同样由 X 和 Q 决定。时序逻辑电路的工作过程实质上就是在不同的输入条件下，触发器的状态不断改变的过程。

5.1.2 时序逻辑电路的分类

时序逻辑电路按照状态变化的特点，可分为同步时序电路和异步时序电路。在同步时序电路中，所有触发器的状态变化是在同一时钟信号控制下同时发生的，即各触发器的状态改变同步完成。如图 5-2 所示同步时序电路，电路中所有触发器的时钟信号输入端都连接同一个时钟信号 *Clk*。在异步时序电路中，各触发器不使用同一个时钟脉冲信号控制，各触发器状态的转换是非同时（异步）完成的。如图 5-3 所示异步十进制加法计数器电路，其特点是各触发器 *Clk* 端的输入时钟信号不相同，因此，各触发器状态的转换是异步完成的。

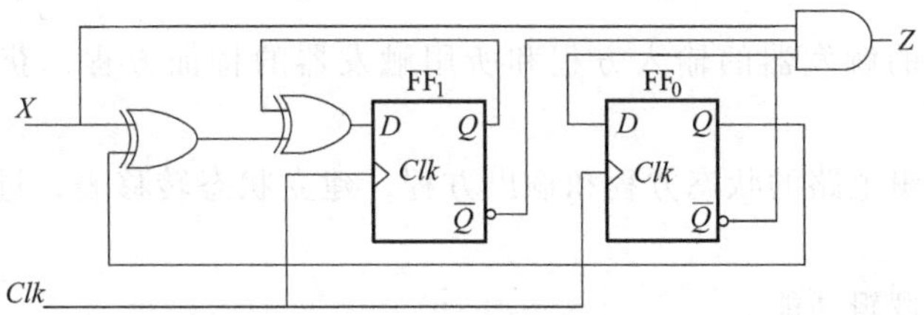

图 5-2 同步时序电路

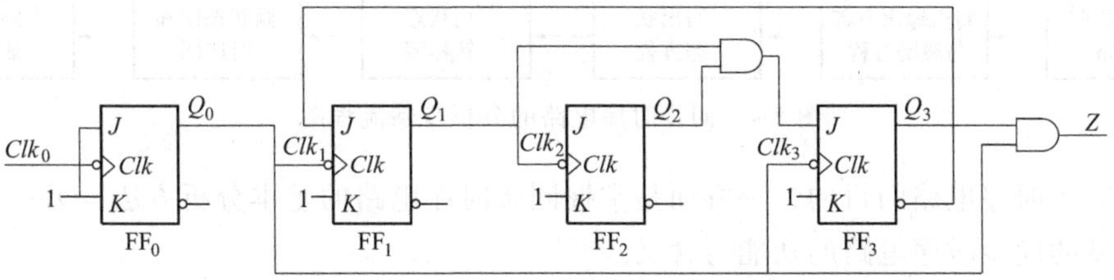

图 5-3 异步十进制加法计数器电路

时序电路按照输出信号与外部输入信号的关系，又可以分为米里（Mealy）型时序电路和摩尔（Moore）型时序电路。Mealy 型时序电路的输出函数表示为 $Z=F(X, Q)$，即某时刻的输出取决于该时刻的外部输入 X 和当前状态 Q。图 5-2 电路就是米里型同步时序电路，其输出 $Z=X\overline{Q_1}\ \overline{Q_0}$ 中包含外部输入 X。Moore 型时序电路的输出只取决于当前的状态 Q，而与

外部输入 X 无关，其输出函数表示为 $Z=F(Q)$，输出函数中不包含外部输入 X。如果某时序电路没有外部输入或外部输出，则为 Moore 型时序电路。图 5-3 电路就是 Moore 型异步时序电路，其输出 $Z=Q_3Q_0$，该电路没有外部输入。

时序电路的类型不同，分析与设计的方法也会有所不同。后面将通过举例详细讨论。

5.2 同步时序电路的分析方法

第 4 章已经介绍了常用触发器的构成与特性，本节将对用触发器构成的同步时序电路进行分析。分析同步时序电路，就是找出其状态和输出信号在输入变量及时钟信号作用下的变化规律，从而确定电路的逻辑功能。具体方法是通过三个方程描述一个给定同步时序电路的状态表、状态图或时序图，再依据状态表、状态图或时序图确定该同步时序电路的逻辑功能。

5.2.1 同步时序电路的一般分析过程

由于同步时序电路中所有触发器都是在同一个时钟信号控制下工作的，因此分析同步时序电路的关键在于确定给定电路的输出方程、每一个触发器的输入方程和状态方程。根据这三个方程，就能够求出在任意给定输入变量的取值和触发器状态下该电路的输出和下一状态。这样同步时序电路的状态转移规律和逻辑功能便能够清晰地描述了。

同步时序电路分析的一般步骤如下：

1）根据时序逻辑电路中的组合逻辑部分，求出输出方程和各触发器的输入（激励）方程。

2）根据已求出的触发器的输入方程和所用触发器的特征方程，获得时序电路的状态方程。

3）根据时序逻辑电路的状态方程和输出方程，建立状态转移表，进而画出状态图和时序图。

4）描述电路的逻辑功能。

同步时序电路的分析步骤流程图如图 5-4 所示。

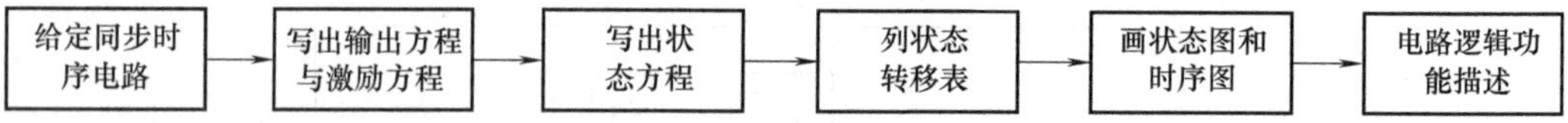

图 5-4 同步时序电路的分析步骤流程图

分析同步时序电路的目的，一方面是掌握同步时序电路的基本分析方法，另一方面是学习一些典型的同步时序电路的功能与含义。

5.2.2 同步时序电路分析举例

例 5-1 分析图 5-5 所示 Moore 型同步时序电路的逻辑功能。

解：

(1) 写出输出方程和触发器的输入方程

输出方程：$Z=Q_2Q_1Q_0$

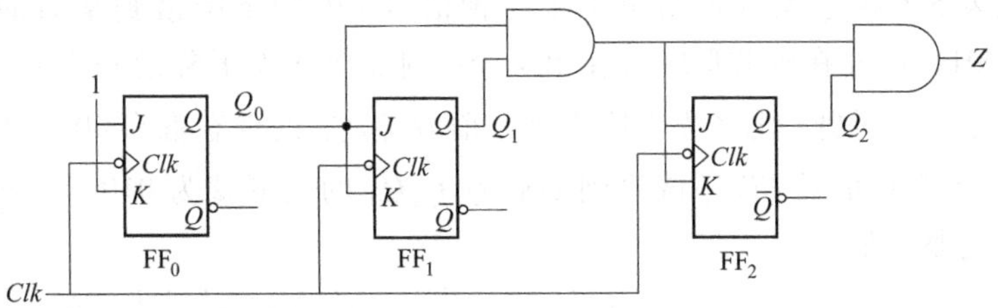

图 5-5　例 5-1 电路图

JK 触发器 FF_0 的输入方程：$J_0 = K_0 = 1$

JK 触发器 FF_1 的输入方程：$J_1 = K_1 = Q_0$

JK 触发器 FF_2 的输入方程：$J_2 = K_2 = Q_1 Q_0$

（2）写状态方程

图 5-5 同步时序电路中使用的是 JK 触发器，将三个触发器的输入方程分别代入 JK 触发器的特征方程 $Q^{n+1} = J\overline{Q} + \overline{K}Q$，可得触发器的状态方程分别为

FF_0 的状态方程：$Q_0^{n+1} = J_0\overline{Q}_0 + \overline{K}_0 Q_0 = 1 \cdot \overline{Q}_0 + \overline{1} \cdot Q_0 = \overline{Q}_0$

FF_1 的状态方程：$Q_1^{n+1} = J_1\overline{Q}_1 + \overline{K}_1 Q_1 = Q_0\overline{Q}_1 + \overline{Q}_0 Q_1 = Q_0 \oplus Q_1$

FF_2 的状态方程：$Q_2^{n+1} = J_2\overline{Q}_2 + \overline{K}_2 Q_2 = Q_1 Q_0 \overline{Q}_2 + \overline{Q_1 Q_0} Q_2 = (Q_1 Q_0) \oplus Q_2$

（3）列状态表，画状态图

图 5-5 同步时序电路没有外部输入，其状态表是在时钟信号控制下以现在的状态 $Q_2 Q_1 Q_0$ 为输入变量、以次态 $Q_2^{n+1} Q_1^{n+1} Q_0^{n+1}$ 和输出 Z 作为输出，由状态方程和输出方程可得该电路的状态表，见表 5-1。

表 5-1　例 5-1 同步时序电路状态表

Q_2	Q_1	Q_0	Q_2^{n+1}	Q_1^{n+1}	Q_0^{n+1}	Z
0	0	0	0	0	1	0
0	0	1	0	1	0	0
0	1	0	0	1	1	0
0	1	1	1	0	0	0
1	0	0	1	0	1	0
1	0	1	1	1	0	0
1	1	0	1	1	1	0
1	1	1	0	0	0	1

由于该电路是 Moore 型同步时序电路，输出只与现在的状态有关，因此其状态图每个圆圈内应标注现态和相应的输出值，箭头指向为时钟信号 *Clk* 到来后的下一个状态及其输出，根据状态方程和输出方程或状态表可直接画出状态图，如图 5-6 所示。由 $Q_2 Q_1 Q_0 / Z$ 可以看出，Moore 型同步时序电路在已知当前状态时即可确定输出 Z，因此输出放在表示状态的圆圈内。

（4）画时序图

例 5-1 的完整时序图如图 5-7 所示。设第 1 个时钟信号 *Clk* 下降沿到来前 $Q_2 Q_1 Q_0$ 的初始状态为 000，从表 5-1 状态表可查出第 1 个时钟信号 Clk 的下降沿到来后的状态，将变为 $Q_2^{n+1}Q_1^{n+1}Q_0^{n+1}=001$，因此在画波形时应在第 1 个时钟信号 Clk 下降沿到来后使 $Q_2Q_1Q_0$ 的波形为 001；这样第 2 个时钟信号 Clk 下降沿到来前 $Q_2Q_1Q_0$ 的现态就为 001，其次态 $Q_2^{n+1}Q_1^{n+1}$ $Q_0^{n+1}=010$，第 2 个时钟信号 Clk 下降沿到来后 $Q_2Q_1Q_0$ 的波形就为 010。以此类推，即可以画出 $Q_2Q_1Q_0$ 的完整波形。

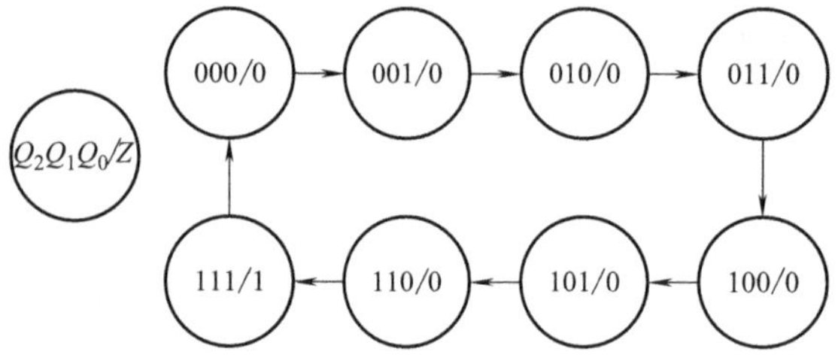

图 5-6　例 5-1 状态图

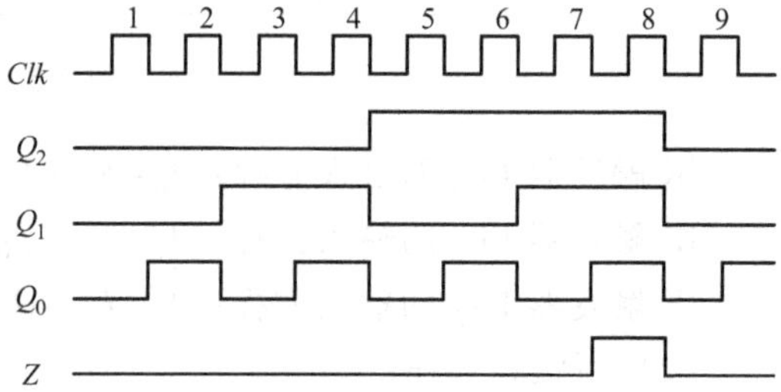

图 5-7　例 5-1 时序图

按照 $Q_2Q_1Q_0$ 的波形就可以画出外部输出 $Z=Q_2Q_1Q_0$ 的波形。注意：输出表达式是组合逻辑表达式，与时钟信号 Clk 没有关系。

（5）逻辑功能分析

从状态图图 5-6 可以看出，该电路在无外部输入信号时，在时钟信号 Clk 控制下电路的状态转移按 000→001→010→011→100→101→110→111→000 的规律循环。循环中每来一个时钟信号 Clk，状态的二进制数值就加 1，因此，该电路功能是模 8 加 1 计数器。输出 Z 为进位标志，当模 8 加 1 计数器计到状态 111 时，$Z=1$。

计数器是数字系统中应用最广泛的时序逻辑器件之一，它不仅可以用来计数、分频，还可以对系统进行定时、顺序控制等。

计数器的主要功能是累计输入脉冲的个数。计数器是一个周期性的时序电路，其状态图有一个闭合环，闭合环循环一次所需要的时钟脉冲的个数称为计数器的模值，一般用 M 表示。由 n 个触发器构成的计数器，其模值 M 一般应满足 $2^{n-1}<M\leqslant 2^n$。

例 5-2　分析图 5-8 所示同步时序电路的逻辑功能。

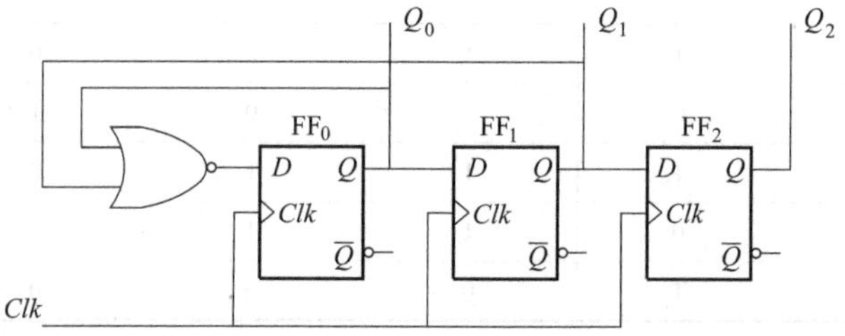

图 5-8　例 5-2 电路图

解：

（1）写出输出方程和激励方程

由图 5-8 可见，三个输出分别为三个触发器的现态输出 Q_2、Q_1 和 Q_0。

D 触发器 FF_2 的激励方程：$D_2=Q_1$

D 触发器 FF_1 的激励方程：$D_1=Q_0$

D 触发器 FF_0 的激励方程：$D_0=\overline{Q_1+Q_0}=\overline{Q_1}\,\overline{Q_0}$

（2）写出状态方程

将激励方程代入 D 触发器的特征方程，可分别得

FF_2 的状态方程：$Q_2^{n+1}=D_2=Q_1$

FF_1 的状态方程：$Q_1^{n+1}=D_1=Q_0$

FF_0 的状态方程：$Q_0^{n+1}=D_0=\overline{Q_1}\,\overline{Q_0}$

（3）列状态表，画状态图

由状态方程可得该电路的状态表，见表 5-2。

由状态表画出该电路的状态图，如图 5-9 所示。由状态图可见，100、010、001 这三个状态构成了闭合回路。电路正常工作时，状态总是按这个序列循环变化，这三个状态称为有效状态，有效状态所在的闭合回路也称为有效循环。其余五个没有在有效循环中的状态称为无效状态。如果在一个时序电路中所有的无效状态经过一定的时钟周期都能进入有效循环，则称该时序电路具有自启动能力，否则时序电路不能自启动。

表 5-2　例 5-2 状态表

Q_2	Q_1	Q_0	Q_2^{n+1}	Q_1^{n+1}	Q_0^{n+1}
0	0	0	0	0	1
0	0	1	0	1	0
0	1	0	1	0	0
0	1	1	1	1	0
1	0	0	0	0	1
1	0	1	0	1	0
1	1	0	1	0	0
1	1	1	1	1	0

（4）画时序图

根据状态图中的有效循环状态，可画出时序图如图 5-10 所示。

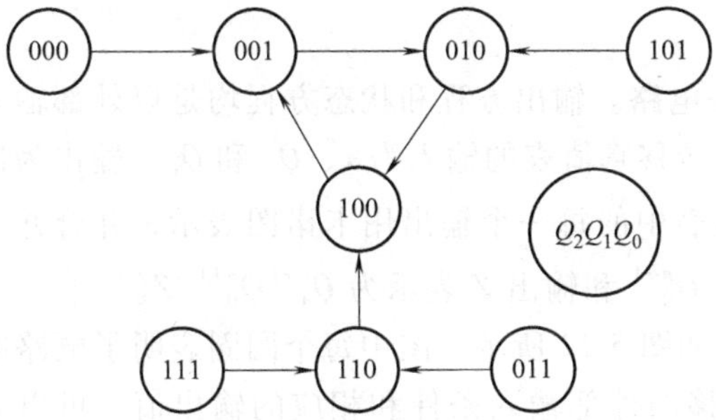

图 5-9　例 5-2 状态图

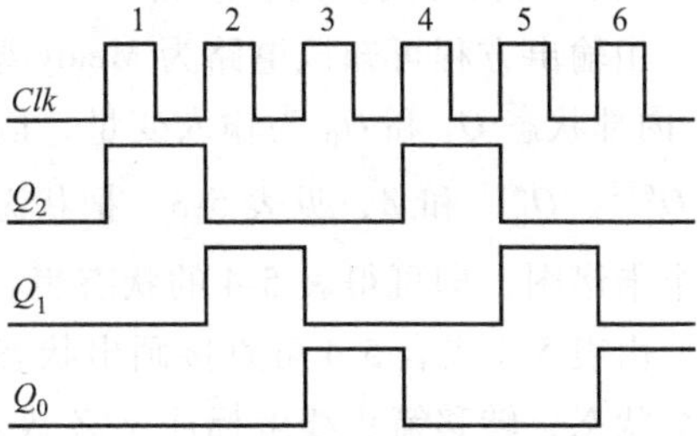

图 5-10　例 5-2 时序图

（5）逻辑功能分析

由时序图图 5-10 可以看出，当电路正常工作时，各输出端依次轮流出现正脉冲，其脉冲宽度等于一个 *Clk* 周期 T，循环周期为 $3T$。从状态图图 5-9 可知，有效循环有三个有效状态，因此该电路的功能也是一个模 3 计数器，其特点是“1”在三个触发器中循环，因此是一种特殊的计数器，称为环形计数器。

另外，分析时序图还可以看出，该电路在 *Clk* 脉冲作用下，把宽度为 T 的脉冲依次分配给 Q_2、Q_1 和 Q_0 各端输出，因此，该电路的功能也可以是一个脉冲分配器。

图 5-8 电路是一个具有自启动能力的同步时序电路，自启动能力又称为自校正能力，是指电路能从无效状态自动进入有效状态。

例 5-3 分析图 5-11 所示 Mealy 型同步时序电路的功能。

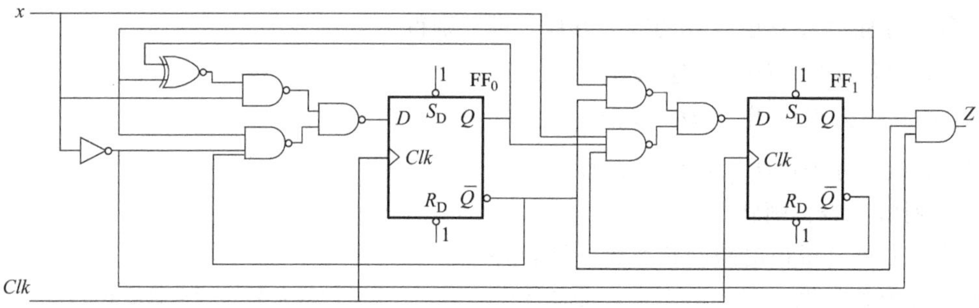

图 5-11 例 5-3 电路图

解：

（1）写出输出方程和触发器的输入方程

输出方程：$Z=\bar{x}Q_1\overline{Q}_0$

D 触发器 FF$_0$ 的输入方程：$D_0=x(\overline{Q_1\oplus Q_0})+\bar{x}Q_1\overline{Q}_0$

D 触发器 FF$_1$ 的输入方程：$D_1=Q_1\overline{Q}_0+x\overline{Q}_1Q_0$

（2）写出状态方程

将 D 触发器输入方程分别代入 D 触发器的特征方程 $Q^{n+1}=D$，可得

FF$_0$ 的状态方程：$Q_0^{n+1}=D_0=x(\overline{Q_1\oplus Q_0})+\bar{x}Q_1\overline{Q}_0$

FF$_1$ 的状态方程：$Q_1^{n+1}=D_1=Q_1\overline{Q}_0+x\overline{Q}_1Q_0$

（3）列状态表，画状态图

由输出方程可知该电路为 Mealy 型同步时序电路。输出方程和状态方程均是以外部输入 x、内部状态 Q_1 和 Q_0 为输入变量，因此，状态转移真值表的输入为 x、Q_1 和 Q_0，输出为次态 Q_1^{n+1}、Q_0^{n+1} 和 Z，见表 5-3。把状态转移真值表中的每一个输出用卡诺图表示，并合并为一个卡诺图，即可得表 5-4 的状态表，其中 $Q_1^{n+1}Q_0^{n+1}$ 和输出 Z 表示为 $Q_1^{n+1}Q_0^{n+1}/Z$。

由表 5-3 或表 5-4 可直接画出状态转移图，如图 5-12 所示，图中每个圆圈表明了电路的一个状态，转移箭头线上标注 x/Z 表示状态转移的外部输入条件和相应的输出值。可以看出，Mealy 型同步时序电路只有在已知当前状态和外部输入 x 时才能确定输出 Z，因此输出放在表示状态转移方向的曲线上。

表 5-3 状态转移真值表

x	Q_1	Q_0	Q_1^{n+1}	Q_0^{n+1}	Z
0	0	0	0	0	0
0	0	1	0	0	0
0	1	0	1	1	1
0	1	1	0	0	0
1	0	0	0	1	0
1	0	1	1	0	0
1	1	0	1	0	0
1	1	1	0	1	0

表 5-4 状态表

Q_1	Q_0	x	
		Q_1^{n+1}	Q_0^{n+1}/Z
		0	1
0	0	00/0	01/0
0	1	00/0	10/0
1	1	00/0	01/0
1	0	11/1	10/0

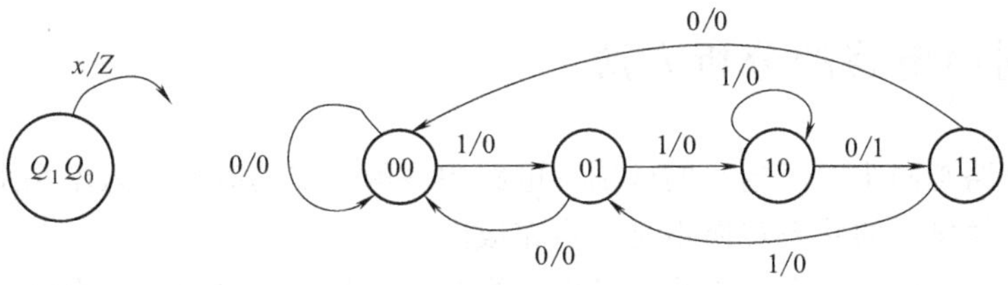

图 5-12　状态转移图

（4）时序图

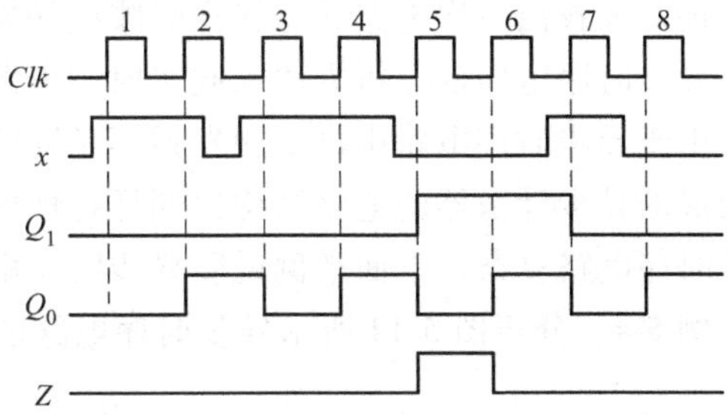

图 5-13　例 5-3 时序图

设 Q_1Q_0 的初始状态为 00，输入变量 x 的波形如图 5-13 所示。根据状态转移真值表表 5-3 或状态表表 5-4，在第 1 个时钟信号 Clk 上升沿到来前 $x=0$，$Q_1Q_0=00$，$Q_1^{n+1}\ Q_0^{n+1}=00$，因此在画波形时应在第 1 个时钟信号 Clk 到来后 Q_1Q_0 仍为 00；第 2 个时钟信号 Clk 上升沿到来前 $x=1$，$Q_1Q_0=00$，$Q_1^{n+1}\ Q_0^{n+1}=01$，第 2 个时钟信号 Clk 到来后应使 Q_1Q_0 为 01；以此类推，即可以画出如图 5-13 所示 Q_1Q_0 的完整波形。

外部输出 Z 是组合电路的输出，画波形时要特别注意，其与时钟信号 Clk 无关，在已经画出 Q_1Q_0 的波形后，只需按照表达式 $Z=\bar{x}Q_1\overline{Q_0}$，对照 x、Q_1 和 Q_0 的波形就可以画出 Z 的波形。

（5）逻辑功能分析

从状态转移图图 5-12 可以看出，当初始状态为 00、外部输入 $x=0$ 时，时钟信号 Clk 到来后状态转移 00→00，表示状态不变，输出 $Z=0$；在状态为 00、外部输入 $x=1$ 时，状态转移 00→01，此时 01 状态表示记忆 x 已经输入一个 1，输出 $Z=0$；在状态为 01、外部输入 $x=1$ 时，状态转移 01→10，10 状态表示记忆 x 已经连续输入两个 1，输出 $Z=0$；在状态为 10、外部输入 $x=0$ 时，状态转移 10→11，11 状态表示在 x 连续输入两个 1 后接着输入一个 0，此时输出 $Z=1$；状态转移按 00→01→10→11 的过程表示输入 x 在连续三个时钟到来前输入了 110 序列。

在状态为 01、外部输入 $x=0$ 时，状态转移 01→00，表示回到初始状态，输出 $Z=0$；在状态为 10、外部输入 $x=1$ 时状态转移 10→10，表示尽管 x 已经连续输入三个 1，但是，只记忆了后两个 1；在状态为 11、外部输入 $x=0$ 时，状态转移 11→00，表示回到初始状态，输出 $Z=0$，外部输入 $x=1$ 时，状态转移 11→01，表示回到输入一个 1 的状态，输出 $Z=0$。

外部输出 Z 只有在输入为 110 序列时 $Z=1$，其余 $Z=0$。所以，该电路是一个输入为 110 序列的检测电路。

由于时序逻辑电路具有记忆功能，因此可以用不同的状态来表示输入序列的情况，当输入序列是特定序列时，就用输出标志 Z 指示。

以上三个同步时序电路的分析实例详细给出了同步时序电路的分析过程，并给出了时序逻辑电路的自启动概念，以及 Moore 型和 Mealy 型时序逻辑电路状态转移图中输出 Z 的位置。

5.3 异步时序电路的分析方法

异步时序电路与同步时序电路的区别是电路中各触发器的时钟输入不是来自同一个时钟信号，因此，各触发器的状态转换不是同步完成的。

在异步时序电路中，每次电路状态发生转换时并不是所有触发器都有触发信号。对每一个触发器的特征方程必须加入触发时钟信号，只有那些有时钟信号的触发器才需要用特征方程去计算次态，而没有时钟信号的触发器将保持原来的状态不变。因此，在分析异步时序电路时还需要找出每次电路状态转换时哪些触发器有时钟信号、哪些触发器没有时钟信号。可见，异步时序电路的分析方法和同步时序电路的分析方法有所不同。

由于异步时序电路中每个触发器不是同时翻转，使得异步时序电路的功耗相对较低，而且构成的异步计数器的电路结构比同样特性的同步计数器相对简单。但其缺点是分析方法比同步时序电路复杂。下面举例说明异步时序电路的分析方法和步骤。

例 5-4 分析图 5-14 所示异步时序电路的逻辑功能。

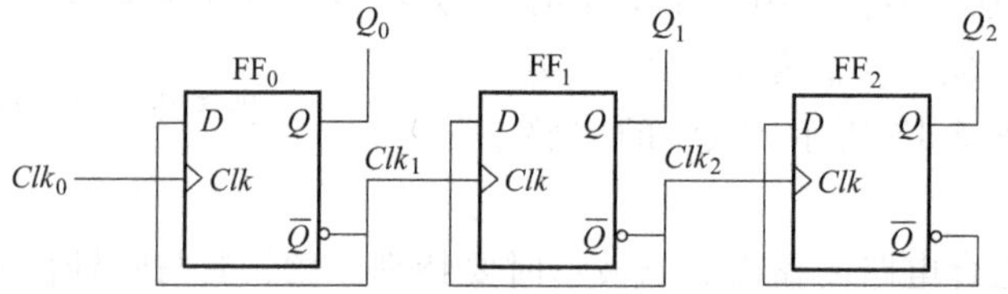

图 5-14 异步时序电路

解：

（1）写出输出方程和激励方程

图 5-14 电路中的输出即 Q_0、Q_1 和 Q_2 的状态输出，因此该电路为 Moore 型异步时序电路。激励方程分别为

D 触发器 FF_0 的激励方程：$D_0=\overline{Q_0}$

D 触发器 FF_1 的激励方程：$D_1=\overline{Q_1}$

D 触发器 FF_2 的激励方程：$D_2=\overline{Q_2}$

（2）写状态方程

在同步时序电路中，由于电路中所使用的触发器时钟输入端都接入同一个时钟信号，因此，在状态方程中的时钟信号被省略。但是，异步时序电路的状态方程必须考虑时钟信号，在图 5-14 异步时序电路中，三个 D 触发器没有统一的时钟，Clk_0 为外部时钟信号，输入 FF_0，FF_1 的输入时钟信号为 $Clk_1=\overline{Q_0}$，FF_2 的输入时钟信号为 $Clk_2=\overline{Q_1}$。据此可得状态方程分别为

D 触发器 FF_0 的状态方程：$Q_0^{n+1}=\overline{Q_0}Clk_0$

D 触发器 FF_1 的状态方程：$Q_1^{n+1}=\overline{Q_1}Clk_1$

D 触发器 FF_2 的状态方程：$Q_2^{n+1}=\overline{Q_2}Clk_2$

注意：Clk_i（i=0、1、2）表示时钟信号，它不是一个逻辑变量，仅表示是否有触发信

号到达。对上升沿触发器而言，$Clk_i=1$ 仅表示时钟输入端有上升沿到达；对下降沿触发器而言，$Clk_i=1$ 仅表示时钟输入端有下降沿到达。$Clk_i=0$ 表示没有时钟信号有效沿到达，触发器保持原状态不变。

（3）画状态表、状态转移图和时序图

图 5-14 电路的状态表见表 5-5，表中时钟上升沿用“↑”表示。因为 Clk_0 为外部时钟信号，以 Clk_0 为主来列表。因此，首先求出 FF_0 的状态转换关系，获得 Clk_1 的变化情况；再求出 FF_1 的状态转换关系，获得 Clk_2 的变化情况；最后求出 FF_2 的状态转换关系。

表 5-5　例 5-4 状态表

Clk_0	Q_2	Q_1	Q_0	Q_2^{n+1}	Q_1^{n+1}	Q_0^{n+1}	Clk_1	Clk_2
↑	0	0	0	0	0	1	0	0
↑	0	0	1	0	1	0	↑	0
↑	0	1	0	0	1	1	0	0
↑	0	1	1	1	0	0	↑	↑
↑	1	0	0	1	0	1	0	0
↑	1	0	1	1	1	0	↑	0
↑	1	1	0	1	1	1	0	0
↑	1	1	1	0	0	0	↑	↑

如当 $Q_2Q_1Q_0=000$ 时，第 1 个 Clk_0 上升沿到达后，$Q_0^{n+1}=1$，Q_0 从 0 到 1，而 $\overline{Q_0}$ 则是从 1 到 0，未产生 Clk_1 上升沿，Q_1 的状态 0 不变，可求得 $Q_1^{n+1}=0$，此时 Clk_2 也未产生上升沿，Q_2 的状态 0 仍不变，因而可求得 $Q_2^{n+1}=0$。这样，当 $Q_2Q_1Q_0=000$ 时，Clk_0 到达后，新状态为 $Q_2Q_1Q_0=001$。

当 $Q_2Q_1Q_0=001$ 时，第 2 个 Clk_0 上升沿到达后，$Q_0^{n+1}=0$，Q_0 从 1 到 0，而 $\overline{Q_0}$ 则是从 0 到 1，使 Clk_1 产生上升沿，Q_1 的状态改变，可求得 $Q_1^{n+1}=1$，此时 Q_1 从 0 到 1，而 $\overline{Q_1}$ 则是从 1 到 0，Clk_2 仍未产生上升沿，Q_2 的状态 0 仍不变，因而可求得 $Q_2^{n+1}=0$。这样，当 $Q_2Q_1Q_0=001$ 时，Clk_0 到达后，新状态为 $Q_2Q_1Q_0=010$。用同样的分析方法可以获得 Clk_0 的第 3~8 个时钟脉冲到达后的状态转移和各个时钟的产生情况，见表 5-5。

由状态表表 5-5 可画出状态转移图，如图 5-15 所示。图 5-16 为该电路的时序图。在画时序图的过程中，首先画出 Q_0 在时钟信号 Clk_0 作用下，每来一个上升沿 Q_0 翻转一次（$Q_0^{n+1}=\overline{Q_0}Clk_0$）；然后，根据 $Clk_1=\overline{Q_0}$，画出 Q_1 在时钟信号 Clk_1 作用下，每来一个上升沿 Q_1 翻转一次（$Q_1^{n+1}=\overline{Q_1}Clk_1$）；最后，同理可画出 $Clk_2=\overline{Q_1}$ 和 Q_2 的波形。

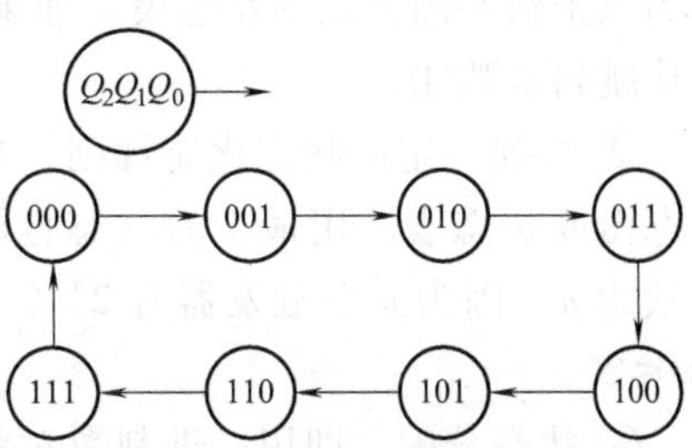

图 5-15　例 5-4 状态转移图

（4）逻辑功能分析

从状态表或状态转移图可以看出，该电路是一个模 8 加法计数器，也称八进制加法计数器。

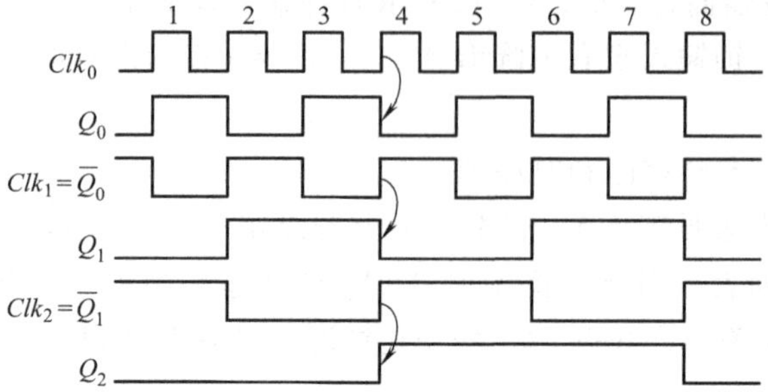

图 5-16　例 5-4 时序图

5.4　同步时序电路的设计方法

时序逻辑电路的设计就是根据逻辑设计命题的描述，选择适当的逻辑器件，把语言描述的功能转换成符合设计要求的状态图或状态表，从而设计出合理的时序逻辑电路。同步时序电路的一般设计流程如图 5-17 所示。

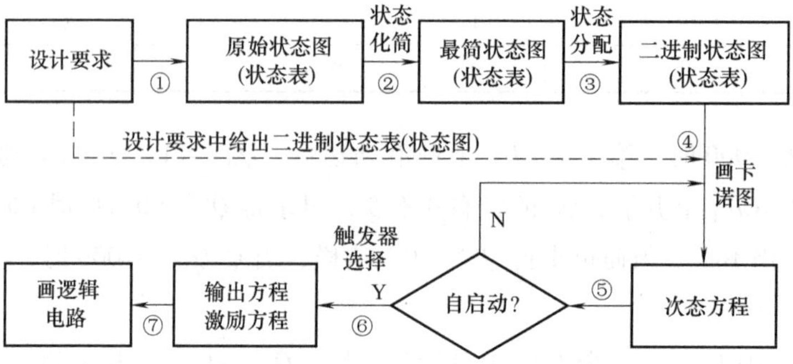

图 5-17　同步时序电路的一般设计流程

图 5-17 同步时序电路一般设计流程中的各步骤说明如下：

① 根据设计要求确定输入、输出变量和可能的状态数目，建立原始状态图和原始状态表，这是时序电路设计中关键的一步。为了充分反映设计要求，可能会包含多余状态，所以称为原始状态图和原始状态表。如果设计要求中已经给出了二进制状态表或状态图，则可以直接跳到步骤④。

② 根据一定的状态化简规则，从原始状态图或原始状态表中去掉多余状态，得到最简状态图或状态表。用最少的状态也就是用最少的触发器实现逻辑设计。设最少的触发器个数为 n，因为 n 个触发器有 2^n 个状态组合，如果有 M 个状态，则 M 与 n 一般应满足 $2^{n-1}<M\leqslant 2^n$。

③ 状态分配，即用二进制数对状态进行编码，状态编码的方法不同，将会导致设计的电路复杂程度不同，合适的编码可以获得简单的设计电路。

④ 根据二进制分配的状态图或状态表画卡诺图，进而写出触发器的次态方程。

⑤ 自启动检查。一般时序逻辑电路设计时，如果状态转移图中的有效状态数目为 M，所需触发器的个数为 n，当 $2^n>M$ 时，则有 $K=2^n-M$ 个多余状态（即无效状态）。检查自启

动就是根据步骤④中得到的所有触发器的次态方程，检查 K 个无效状态是否可以经过一定的时钟周期后进入有效状态。能够自启动的时序逻辑电路才有实际使用价值，否则回到步骤④，根据卡诺图重写新的次态方程，重复前面自启动检查过程，直到电路能够自启动为止。

⑥ 根据设计要求选择触发器，根据所选触发器类型以及步骤⑤中的次态方程，写出每个触发器的输入（激励）方程，以及电路的输出方程。

⑦ 画时序逻辑电路。根据所选触发器类型画出所需数量的触发器，将触发时钟信号统一连接到 Clk 上，完成存储电路部分；根据触发器激励方程和电路输出方程画出组合逻辑电路部分。

在实际设计过程中，对于某些比较典型的同步时序电路，从命题要求就可以直接列出二进制状态表，而不需要经过建立原始状态图或状态表、状态化简和状态分配等步骤，这样的设计称为给定状态设计，如图 5-17 中虚线所示，直接完成④后面的步骤。下面举例说明给定状态设计的设计过程。

例 5-5 按下面的要求完成模值为 4 的同步可逆计数器设计。可逆计数器的加、减控制信号为 X，当 $X=0$ 时为加 1 计数器，计数状态循环过程为 00→01→10→11→00；当 $X=1$ 时为减 1 计数器，计数状态循环过程为 00→11→10→01→00。Z 为进位和借位输出标志，即当 $X=0$ 且加 1 计数器状态为 11 时 $Z=1$，当 $X=1$ 且减 1 计数器状态为 00 时 $Z=1$。试分别用 D 触发器和 JK 触发器实现该可逆计数器设计，并画出时序逻辑电路。

解：

（1）根据设计命题的描述，确定输入、输出变量和可能的状态数目

一个输入变量 X，一个输出变量 Z，00、01、10 和 11 共四个状态，每个状态包含两位二进制数，故可用两个触发器 FF_1 和 FF_0 的两个状态 Q_1Q_0 表示。

（2）列出二进制状态表

题目中已经给出可逆计数器的状态转移关系，根据设计命题的描述列出状态表，见表 5-6。

（3）根据状态表，画出卡诺图

根据二进制状态表表 5-6 画出 Q_1^{n+1}、Q_0^{n+1} 和 Z 的卡诺图，分别如图 5-18a、b、c 所示，并圈卡诺圈化简。

（4）检查自启动

因为该设计命题共有四个状态，用两个触发器实现时无多余的状态，所以，可以自启动。

（5）根据选择的触发器，写出激励方程和输出方程

表 5-6 例 5-5 状态表

X	Q_1	Q_0	Q_1^{n+1}	Q_0^{n+1}	Z
0	0	0	0	1	0
0	0	1	1	0	0
0	1	0	1	1	0
0	1	1	0	0	1
1	0	0	1	1	1
1	0	1	0	0	0
1	1	0	0	1	0
1	1	1	1	0	0

1）选用 D 触发器实现时序逻辑电路设计。由前面的分析可知，本设计包括一个外部输入 X、一个外部输出 Z，并需要两个 D 触发器。因此，根据图 5-1 时序逻辑电路的一般结构，可以画出存储电路部分由两个 D 触发器实现的同步时序电路，其结构如图 5-19 所示。

由图 5-19 可知，组合逻辑电路部分的输入为 X、Q_0 和 Q_1，输出为 Z、D_0 和 D_1。只要得到 Z、D_0 和 D_1 的表达式即可完成该同步时序电路的设计，其中 Z 的表达式为电路的输出方程，D_0 和 D_1 的表达式为两个 D 触发器的激励方程。

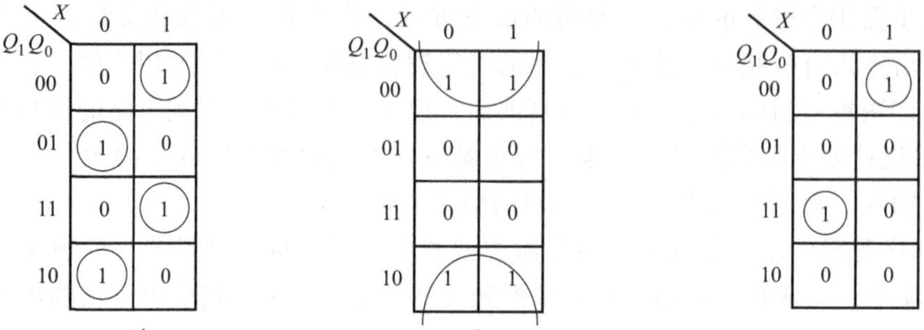

a) Q_1^{n+1}卡诺图　　b) Q_0^{n+1}卡诺图　　c) 输出Z卡诺图

图 5-18　Q_1^{n+1}、Q_0^{n+1} 和 Z 的卡诺图

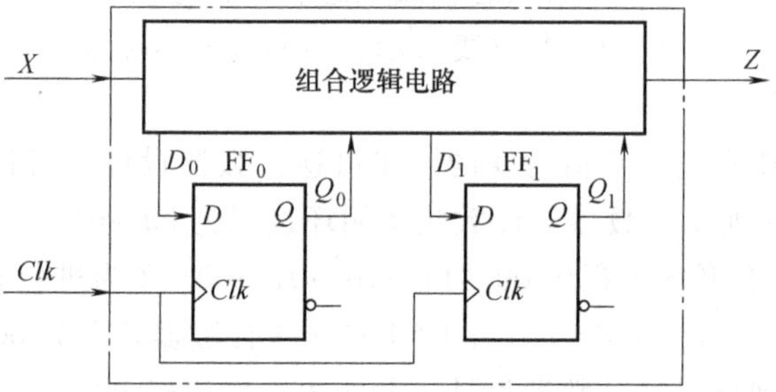

图 5-19　存储电路部分由两个 D 触发器构成的同步时序电路结构

在写出激励方程和输出方程前，对卡诺图图 5-18a、b 进行化简，可得 Q_1^{n+1} 和 Q_0^{n+1} 的表达式为

$$Q_1^{n+1}=\overline{X}\,\overline{Q_1}Q_0+\overline{X}Q_1\overline{Q_0}+X\overline{Q_1}\,\overline{Q_0}+XQ_1Q_0$$

$$=\overline{X}(Q_1\oplus Q_0)+X\overline{Q_1\oplus Q_0}=X\oplus Q_1\oplus Q_0$$

$$Q_0^{n+1}=\overline{Q_0}$$

根据 D 触发器的特征方程 $Q^{n+1}=D$ 可知，D 触发器的状态方程即为激励方程，因此图 5-19 中两个 D 触发器的激励方程分别为

$$D_1=X\oplus Q_1\oplus Q_0$$

$$D_0=\overline{Q_0}$$

根据图 5-18c 卡诺图，可得输出方程为

$$Z=\overline{X}Q_1Q_0+X\overline{Q_1}\,\overline{Q_0}$$

2）选用 JK 触发器实现时序逻辑电路设计。同理，根据图 5-1 时序逻辑电路的一般结构，可以画出存储电路部分由两个 JK 触发器实现的同步时序电路，其结构分别如图 5-20a、b 所示。

方法一：如图 5-20a 点画线框所示，首先由 JK 触发器实现 D 触发器，即将 J 经过一个非门连接到 K 端，J 输入端连接 D 输入端，由 JK 触发器的特征方程可得

$$Q_0^{n+1}=J\overline{Q}+\overline{K}Q=D_0\overline{Q}+\overline{\overline{D_0}}Q=D_0(\overline{Q}+Q)=D_0$$

$$Q_1^{n+1}=J\overline{Q}+\overline{K}Q=D_1\overline{Q}+\overline{\overline{D_1}}Q=D_1(\overline{Q}+Q)=D_1$$

因此，可以采用前面 D 触发器实现逻辑电路的方法，此处不再赘述。

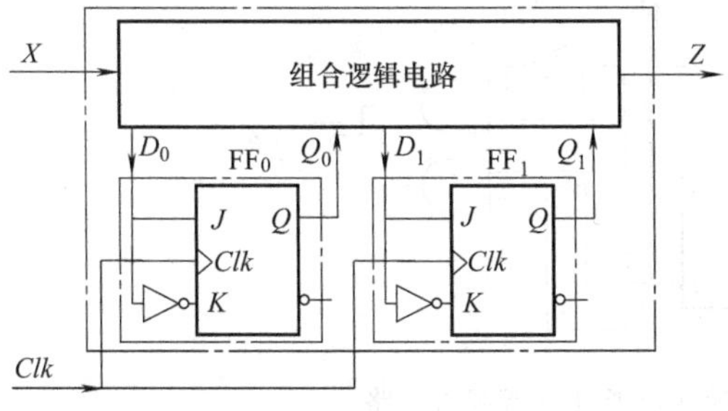

a) 方法一

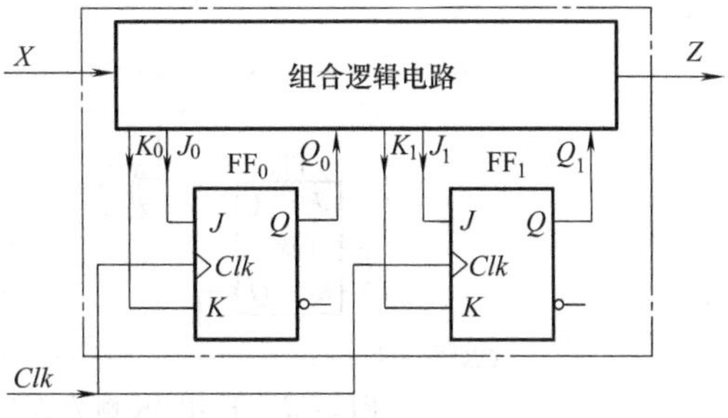

b) 方法二

图 5-20　存储电路部分由两个 JK 触发器构成的时序电路结构

方法二：如图 5-20b 所示，组合逻辑电路部分的输入为 X、Q_0 和 Q_1，输出为 Z、K_0、J_0、K_1 和 J_1。只要得到 Z、K_0、J_0、K_1 和 J_1 的表达式即可完成该同步时序电路的设计，其中 Z 的表达式为电路的输出方程，K_0、J_0、K_1 和 J_1 的表达式为两个 JK 触发器的激励方程。

根据 JK 触发器的特征方程 $Q^{n+1}=J\overline{Q}+\overline{K}Q$，在由卡诺图写 Q^{n+1} 表达式时，将卡诺图按照 Q 取值为 0 和 1 分成 $\overline{Q}$ 和 Q 两部分。这样，表达式与特征方程相对应，通过对比就可以得到 J、K 的表达式。

根据图 5-18a、b，可得 Q_1^{n+1} 和 Q_0^{n+1} 的表达式为

$$
\begin{aligned}
Q_1^{n+1} &= \overline{X}\,\overline{Q_1}Q_0+X\overline{Q_1}\,\overline{Q_0}+XQ_1\overline{Q_0}+XQ_1Q_0 \\
&= (\overline{X}Q_0+X\overline{Q_0})\overline{Q_1}+(\overline{X}\,\overline{Q_0}+XQ_0)Q_1=(X\oplus Q_0)\overline{Q_1}+\overline{X\oplus Q_0}Q_1
\end{aligned}
$$

$$Q_0^{n+1}=\overline{Q_0}$$

对比特征方程 $Q^{n+1}=J\overline{Q}+\overline{K}Q$，可得两个 JK 触发器的激励方程分别为

$$J_1=K_1=X\oplus Q_0$$

$$J_0=K_0=1$$

（6）画出时序逻辑电路

根据所得到的激励方程和输出方程，完成整个电路的设计。选用 D 触发器和 JK 触发器实现的模 4 可逆计数器逻辑电路分别如图 5-21、图 5-22 所示。图 5-22 只给出了 5-20b 的实现方法，5-20a 电路与图 5-21 类似。

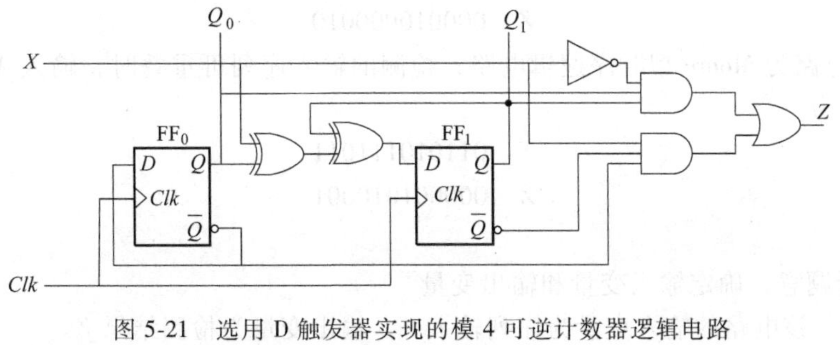

图 5-21　选用 D 触发器实现的模 4 可逆计数器逻辑电路

以上举例只是给出了一个比较典型的已知电路状态图的时序逻辑电路设计，对于一般的设计命题，总是从建立原始状态图或状态表开始。

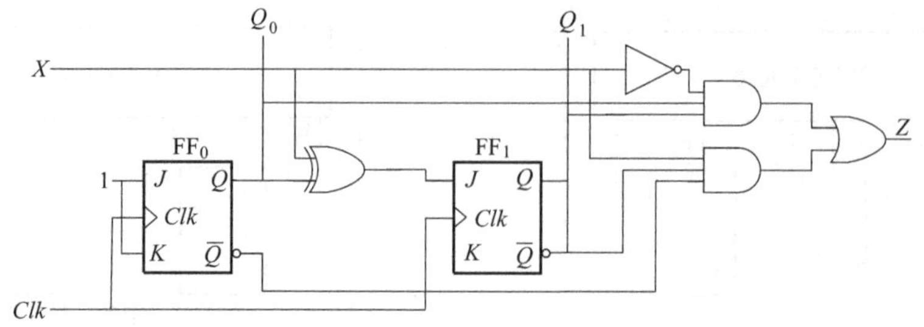

图 5-22　选用 JK 触发器实现的模 4 可逆计数器逻辑电路

5.4.1　建立原始状态图或状态表

当设计命题的功能描述中没有直接给出状态图或状态表时，就需要根据功能描述建立原始状态图或状态表。建立原始状态图或状态表是时序逻辑电路设计中比较关键的一步，其步骤如下：

1）分析命题要求，确定输入、输出变量。

2）确定状态数目以及每一个状态的含义。也就是确定有多少种信息需要记忆，并用字母表示每一个信息。

3）确定状态之间的转换关系，画出原始状态图，列出原始状态表。

下面通过几个具体的例子说明建立原始状态图或状态表的方法。

例 5-6　建立 101 序列检测电路的原始状态图和原始状态表。设该电路输入变量为 X，代表输入串行序列；输出变量为 Z，当检测到输入序列中出现 101 时，$Z=1$。分别按下面的设计要求建立原始状态图和原始状态表：

1）设该电路为 Mealy 型时序逻辑电路，检测的输入序列可重叠时，输入 X 和输出 Z 之间的关系为

X　011010111011

Z　000010100010

将 X 和 Z 的这种关系称为径迹关系或径迹表。

2）设该电路为 Mealy 型时序逻辑电路，检测的输入序列不重叠时，输入 X 和输出 Z 之间的径迹关系为

X　011010111011

Z　000010000010

3）设该电路为 Moore 型时序逻辑电路，检测的输入序列可重叠时，输入 X 和输出 Z 之间的径迹关系为

X　011010111011

Z　000001010001

解：

（1）分析题意，确定输入变量和输出变量

由题可知，该电路的输入变量为序列输入 X，输出变量为检测结果 Z。

（2）确定状态数目以及每一个状态的含义

状态是指需要记忆的信息或事件，由于状态编码还没有确定，所以用字母或符号来表示状态。根据题意，共有四个状态，每一个状态的含义设为：

S_0：初始状态，表示电路还没有收到一个有效的 1。

S_1：表示电路收到一个 1 的状态。

S_2：表示电路收到 10 的状态。

S_3：表示电路收到 101 的状态。

（3）画状态图、列状态表

以每一个状态作为现态，分析在各种输入条件下电路应转向的新状态和输出。该电路有一个输入变量 X，因此，每个状态都有两个转移方向（$X=0$ 或 $X=1$），画状态图时应先从初始状态 S_0 出发。

下面分别按题目设计要求建立原始状态图和原始状态表。

1）Mealy 型检测电路，检测的输入序列可重叠使用。当电路处于 S_0 状态时，若输入 $X=0$，则输出 $Z=0$，电路保持 S_0 状态不变，表示还未收到过 1；若输入 $X=1$，电路应记住输入了一个 1（这可能是 101 序列的第一个 1），因此，电路应转向新状态 S_1，输出 $Z=0$。

当电路处于 S_1 状态时，若输入 $X=0$，电路应记住收到了 10 的状态（这可能是 101 序列中的 10），因此，电路应转向新状态 S_2，输出 $Z=0$；若输入 $X=1$，电路保持 S_1 状态不变，表示仍然收到的是 1（这可能是 101 序列的第一个 1），输出 $Z=0$。

当电路处于 S_2 状态时，若输入 $X=0$，因为 100 不是有效的输入序列（需要重新等待 101 序列的第一个 1 出现），电路应回到 S_0 状态，因此，输出 $Z=0$；若输入 $X=1$，电路应记住收到了 101 的状态（正好出现了 101 序列），因此，电路应转向新状态 S_3，此时输出 $Z=1$（由于是 Mealy 型电路，因此 $Z=1$ 应该出现在现态为 S_2 状态且已知 $X=1$ 的转移曲线上，而曲线箭头所指方向为新状态 S_3）。

当电路处于 S_3 状态时，若输入 $X=0$，因为 101 后输入 0 可以看成是有效的序列输入 10，前面的 1 被重复使用，这样的序列称为可重叠序列（即这里出现了可能是 101 序列中的新的 10），此时，电路应转向 S_2 状态，输出 $Z=0$；若输入 $X=1$（这可能是新的 101 序列的第一个 1），电路应转向 S_1 状态，输出 $Z=0$。

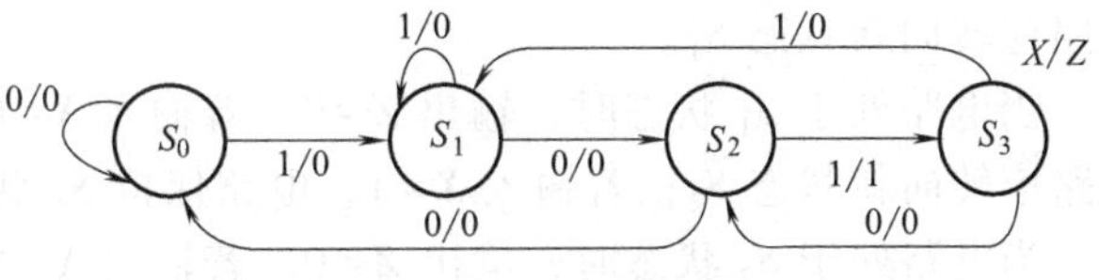

图 5-23　Mealy 型电路且检测的 101 输入序列可重叠时的原始状态图

根据以上描述，Mealy 型电路且检测的 101 输入序列可重叠时的原始状态图如图 5-23 所示，把图 5-23 转换成状态表，见表 5-7。

2）Mealy 型检测电路，检测的输入序列不重叠使用。在建立检测的输入序列不重叠时的状态图的过程中，状态转移过程在 S_0、S_1 和 S_2 状态时都与重叠时的状态图相同，只有在 S_3 状态时不同。

当电路处于 S_3 状态时，若输入 $X=0$，因为 101 后输入 0 可以看成无新的有效序列 1 输入（因为前面的 101 序列最后的 1 不能重复使用，即不能作为新的 101 序列的第一

表 5-7　Mealy 型电路且检测的 101 输入序列可重叠时的原始状态表

S	X	
	S^{n+1}/Z	
	0	1
S_0	$S_0/0$	$S_1/0$
S_1	$S_2/0$	$S_1/0$
S_2	$S_0/0$	$S_3/1$
S_3	$S_2/0$	$S_1/0$

个 1 使用)，这样电路应转回初始状态 S_0，因此，输出 $Z=0$；若输入 $X=1$，有新的有效序列 1 输入（这可能是新的 101 序列的第一个 1)，电路应转向 S_1 状态，输出 $Z=0$。

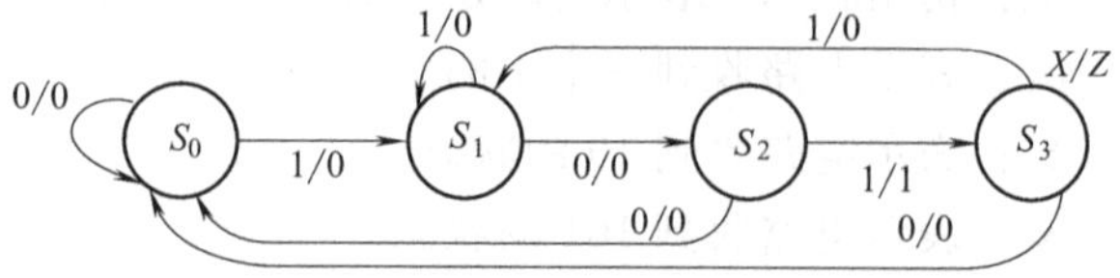

图 5-24 Mealy 型电路且检测的 101 输入序列不重叠时的原始状态图

根据以上描述，Mealy 型电路且检测的 101 输入序列不重叠时的原始状态图如图 5-24 所示，状态表见表 5-8。

3) Moore 型检测电路，检测的输入序列可重叠使用。对于 Moore 型时序逻辑电路，其输出仅与状态有关，而与输入无关。该 Moore 型检测电路在三个时钟周期期间，只要电路存储状态为 101，此时不论输入 X 为 0 或 1，输出都是 $Z=1$（因此，Moore 型输出 Z 应标注在表示状态的圆圈中)。而 Mealy 型检测电路在两个时钟周期期间，只要输入序列为 10，之后只有输入为 1 时才有输出 $Z=1$（因此，Mealy 型输出 Z 与输入 X 一起标注在转移曲线上)。由此可见，Moore 型检测电路比 Mealy 型检测电路的输出要多一个时钟周期。

表 5-8 Mealy 型电路且检测的 101 输入序列不重叠时的原始状态表

S	X	
	S^{n+1}/Z	
	0	1
S_0	$S_0/0$	$S_1/0$
S_1	$S_2/0$	$S_1/0$
S_2	$S_0/0$	$S_3/1$
S_3	$S_2/0$	$S_1/0$

当电路处于 S_0 状态时，输出 $Z=0$。若输入 $X=0$，则电路保持 S_0 状态不变，表示还未收到过 1；若输入 $X=1$，电路应记住输入了一个 1（这可能是 101 序列的第一个 1)，因此，电路应转向新状态 S_1。

当电路处于 S_1 状态时，输出 $Z=0$。若输入 $X=0$，电路应记住收到了 10 的状态，因此，电路应转向新状态 S_2；若输入 $X=1$，电路保持 S_1 状态不变，表示仍然收到的是 1。

当电路处于 S_2 状态时，输出 $Z=0$。若输入 $X=0$，因为 100 不是有效的输入序列，电路应回到 S_0 状态；若输入 $X=1$，电路应记住收到了 101 的状态（但此时这个 101 还不是电路的状态)，电路应转向新状态 S_3。

当电路处于 S_3 状态时，输出 $Z=1$（表示电路已经存储了 101 的状态，并且 101 状态为现态)。若输入 $X=0$，因为 101 后输入 0 可以看成是有效的序列输入 10，前面的 1 被重复使用，电路应转向 S_2 状态；若输入 $X=1$，电路应转向 S_1 状态。

根据以上描述，Moore 型电路且检测的 101 输入序列可重叠时的原始状态图如图 5-25 所示，输出标注在表示状态的圆圈内，即表示输出仅与当前状态有关，而与外部输入无关。把图 5-25 转换成状态表，见表 5-9，从状态表也可以看出，输出仅与现态有关。

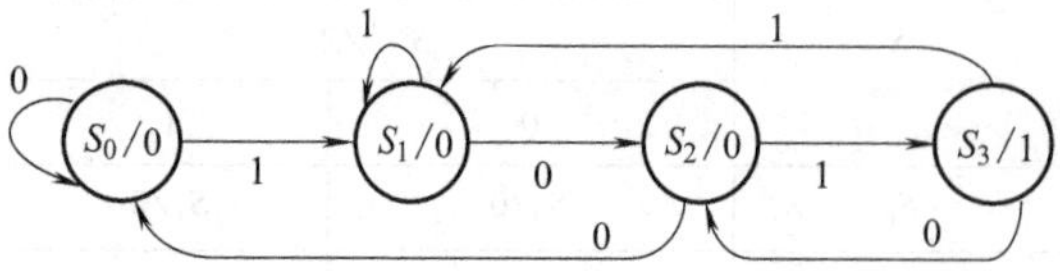

图 5-25 Moore 型电路且检测的 101 输入序列可重叠时的原始状态图

表 5-9 Moore 型电路且检测的 101 输入序列可重叠时的原始状态表

S	X		
	S^{n+1}		
	0	1	Z
S_0	S_0	S_1	0
S_1	S_2	S_1	0
S_2	S_0	S_3	0
S_3	S_2	S_1	1

在 Mealy 型和 Moore 型检测电路原始状态图、原始状态表的建立过程中不难看出，它们具有相同的逻辑功能，但 Moore 型电路的输出比 Mealy 型电路要多一个时钟周期。利用下一节状态化简方法可知，在 Mealy 型检测电路原始状态图图 5-23 和图 5-24（或状态表表 5-7 和表 5-8）中有多余状态，可进行简化。而 Moore 型检测电路原始状态图图 5-25（或表 5-9）中无多余状态，不能进一步简化，即 Moore 型结构所需的状态数多于 Mealy 型结构。

例 5-7 建立一个余 3 码误码检测器的原始状态图。

题意分析：设余 3 码高位在前、低位在后串行地加到检测器的输入端。电路每接收一组 4 位代码，即在收到第 4 位代码时判断所接收到的 4 位代码是否是余 3 码。若不是余 3 码，则输出为 1（表示收到了错误代码），否则输出为 0（表示收到了余 3 码），然后电路又回到初始状态并开始接收下一组代码。

解：

（1）确定输入变量和输出变量

输入变量 X 为串行输入余 3 码，高位在前，低位在后；输出变量 Z 为误码输出。根据题意可知，X 和 Z 的径迹关系为

$$X\quad 0110\quad 1111\ 1011\ 0001\ 0000\ 1010$$

$$Z\quad 0000\quad 0001\ 0000\ 0001\ 0001\ 0000$$

（2）设置状态

该电路属于串行码组检测电路，对输入序列每 4 位一组进行检测后即回到初始状态，以表示前一组代码已检测结束并准备新的一组代码的检测。本题的状态图采用树形结构，从初始状态开始，每接收一位代码便设置一个状态。如电路处于初始状态 S_0，收到余 3 码的第 1 位（最高位），代码可能是 1，也可能是 0。若为 0，状态转到 S_1 分支；若为 1，状态转到 S_2 分支。当电路分别处于 S_1 或 S_2 状态时，表示电路将接收第 2 位代码，当第 2 位代码到达时，由 S_1 派生出 S_3 和 S_4 分支，由 S_2 派生出 S_5 和 S_6 分支。以此类推，若电路处于 S_7，表示已收到了输入序列的高 3 位（余 3 码的高 3 位）为 000，因而，不论收到第 4 位数码是 0 还是 1，均应回到 S_0 状态（一组代码检测结束），且都不是余 3 码，输出 $Z=1$，表示收到的是错误代码。根据以上描述可以画出完整的原始状态图，如图 5-26 所示。

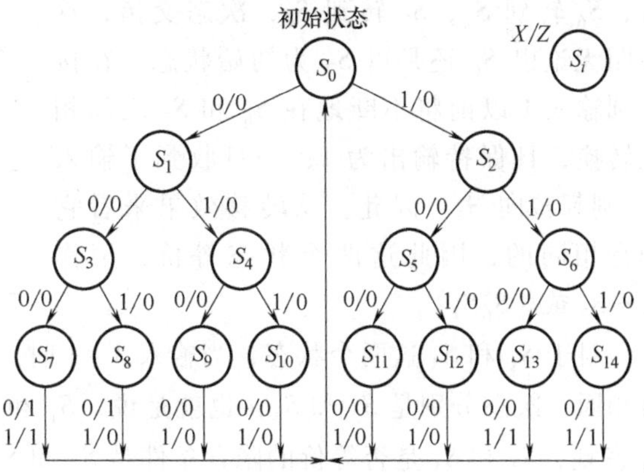

图 5-26 例 5-7 原始状态图

5.4.2 状态化简

在建立原始状态图和原始状态表时，设置状态只是为了正确反映设计要求，因而往往可能会多设置一些状态。如例 5-7 建立余 3 码误码检测器的原始状态图时，为了正确反映设计要求设置了 15 个状态，其中肯定存在多余状态。消除多余状态，使得状态数目减少，有可能会减少实现电路所用的触发器数目并简化电路。状态个数 M 与所需触发器的个数 n 的关

系式为

$$2^{n-1}<M\leqslant 2^n$$

可见，状态化简的目的就是要消去多余状态。状态化简的方法是找出状态表中的等价状态，并将它们合并，以便得到最简状态图和最简状态表。

1. 状态的等价

设 S_i 和 S_j 是原始状态表中的两个状态，若分别以 S_i 和 S_j 为初始状态，对于加入的任意相同输入，电路均产生相同的输出，并且状态转移的效果相同，则两个状态相互等价，记作 $S_i \approx S_j$ 或 $[S_iS_j]$。凡是相互等价的状态可以合并成一个状态。

在状态表中，判断两个状态是否等价必须满足以下两个条件：

1）在相同的输入条件下输出都相同（必要条件）。

2）在相同的输入条件下次态也等价。次态等价可以是以下三种情况之一：

① 次态相同。

② 次态交错。

③ 次态互为隐含条件。

如在原始状态表表 5-10 中，对于状态 S_2 和 S_5，当输入 $X=0$ 时，输出相同都为 1，次态也相同都为 S_5；当输入 $X=1$ 时，输出相同都为 0，次态也相同都为 S_3。因此可以确定状态 S_2 和 S_5 为等价状态，记作 $S_2 \approx S_5$ 或 $[S_2S_5]$。

表 5-10　原始状态表

S	X	
	S^{n+1}/Z	
	0	1
S_1	$S_2/0$	$S_3/0$
S_2	$S_5/1$	$S_3/0$
S_3	$S_4/0$	$S_1/0$
S_4	$S_5/1$	$S_1/0$
S_5	$S_5/1$	$S_3/0$
S_6	$S_7/1$	$S_5/0$
S_7	$S_6/1$	$S_5/0$

对于 S_6 和 S_7 这两个状态，当输入 $X=1$ 时，输出相同，次态也相同；当输入 $X=0$ 时，S_6 转到 S_7，S_7 转到 S_6，次态交错，这说明无论以 S_6 还是以 S_7 为初始状态，在接收到输入 1 以前将不断地在 S_6 和 S_7 之间相互转换，且保持输出为 1；一旦收到了输入 1，则都转向 S_5。因此，从转移效果来看它们是相同的，因此这两个状态等价，记作 $S_6 \approx S_7$ 或 $[S_6S_7]$。

对于 S_1 和 S_3 这两个状态，当输入 $X=1$ 时，输出相同，次态交错；当输入 $X=0$ 时，输出相同，次态分别是 S_2 和 S_4，也就是说，S_1 和 S_3 是否等价取决于 S_2 和 S_4。而观察 S_2 和 S_4 发现，S_2 和 S_4 是否等价的隐含条件是 S_1 和 S_3 等价，这就是互为隐含条件的情况，其转移效果也是相同的，所以 S_1 和 S_3 等价，S_2 和 S_4 也等价，记作 $S_1 \approx S_3$、$S_2 \approx S_4$ 或 $[S_1S_3]$、$[S_2S_4]$。

由以上分析可见，等价状态的基本条件是输出必须相同，然后再比较次态是否相同或等价。

等价状态具有传递性：若 $S_i \approx S_j$，$S_i \approx S_k$，则 S_j 和 S_k 也等价，记作 $S_j \approx S_k$或 $[S_jS_k]$。

相互等价的状态集合称为等价类，凡不被其他等价类所包含的等价类称为最大等价类。如根据等价状态的传递性可知，若有 $[S_iS_j]$ 和 $[S_iS_k]$，则有 $[S_jS_k]$，它们都称为等价类，而只有［$S_iS_jS_k$］才是最大等价类。另外，在状态表中，若某一状态和其他状态都不等价，则其本身就是一个最大等价类。状态表的化简实际就是寻找所有最大等价类，并将最大等价类合并，最后得到最简状态表。所以，表 5-10 所有最大等价类为［S_1S_3］［$S_2S_4S_5$］［S_6S_7］，若保留 S_1、S_2 和 S_6 状态，其他状态用等价状态表示，则化简后的状态表见表 5-11。

表 5-11 最简状态表

S	X	
	S^{n+1}/Z	
	0	1
S_1	$S_2/0$	$S_1/0$
S_2	$S_2/1$	$S_1/0$
S_6	$S_6/1$	$S_2/0$

表 5-12 原始状态表

S	X	
	S^{n+1}/Z	
	0	1
A	C/0	B/1
B	F/0	A/1
C	D/0	G/0
D	D/1	E/0
E	C/0	E/1
F	D/0	G/0
G	C/1	D/0

2. 隐含表化简

对于简单的状态表可以采用上述观测法化简，但对较复杂的状态表必须采用隐含表法进行化简。下面以原始状态表表 5-12 为例说明其化简步骤。

（1）画隐含表

隐含表是一种两项比较的梯形表格，表 5-12 的隐含表如图 5-27a 所示。隐含表的纵坐标为 B、C、D、E、F、G 六个状态（缺头 A），横坐标为 A、B、C、D、E、F 六个状态（少尾 G），表中的每一个小格表示一个状态对的等价比较情况，这种表格能保证每两个状态进行比较，而且可以逐步确定所有的等价状态。

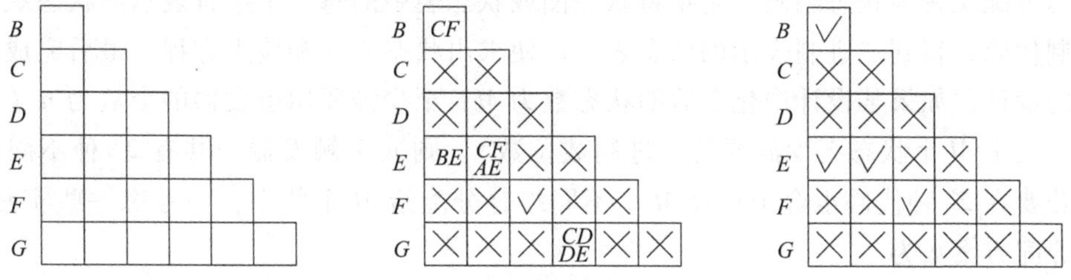

图 5-27 隐含表简化状态

（2）顺序比较

对原始状态表中的每一对状态逐一比较，结果有三种情况：

1）状态对肯定不等价，在小格内填 ×。

2）状态对肯定等价，在小格内填 √。

3）状态是否等价取决于隐含条件是否满足，填入隐含条件状态对，用于进一步比较。

按上述规则对表 5-12 进行顺序比较后，所得的隐含表如图 5-27b 所示。

（3）关联比较

对顺序比较中的隐含状态做进一步判断。由图 5-27b 可见，顺序比较后只有 C 和 F 已确定是等价状态对，记为［CF］。但 AB、AE、BE、DG 是否为等价状态对还需要检查其隐含状态对，而其余状态均不等价。

状态 A 和 B 是否等价取决于隐含状态对 C 和 F，因为 C 和 F 为等价，所以状态 A 和 B 为等价状态对，记为［AB］。

状态 A 和 E 是否等价取决于隐含状态对 B 和 E，而状态 B 和 E 是否等价取决于隐含状态对 C、F 和 A、E，而已有［CF］，所以有［AE］和［BE］。

状态 D 和 G 是否等价取决于隐含状态对 C、D 和 D、E，而状态对 C、D 和 D、E 不等价，所以状态 D 和 G 不等价。

填入以上比较结果可得图 5-27c，并求得全部等价状态对为［AB］、［AE］、［BE］和［CF］。

（4）找出最大等价类

根据以上求得的全部等价状态对，可求得该状态表的最大等价类为［ABE］、［CF］、［D］、［G］。

（5）列出最简状态表

从每一个最大等价类中选出一个状态作为简化后的状态。如分别从最大等价类［ABE］、［CF］、［D］和［G］中选出 A、C、D 和 G，作为简化后的四个状态，最后可得最简状态表见表 5-13。

表 5-13　最简状态表

S	X	
	S^{n+1}/Z	
	0	1
A	$C/0$	$A/1$
C	$D/0$	$G/0$
D	$D/1$	$A/0$
G	$C/1$	$D/0$

5.4.3　状态分配

状态分配又称为状态编码，是指将状态图或状态表中的每一个字符表示的状态赋以适当的二进制代码，得到二进制表示的状态表，以便求出状态方程和输出方程，最后完成时序逻辑电路的设计。如果某设计中化简后的状态数为 M，至少需要用触发器的个数为 n（触发器个数等于表示 M 个状态至少需要的二进制数位数），则 n 个触发器一共有 2^n 种不同的代码组合，若要在 2^n 种代码组合中选择 M 个不同组合分配给 M 个状态，并考虑一些实际情况，有效的分配方案数为

$$N=\frac{(2^n-1)!}{(2^n-M)!\ n!}$$

可见，当 M 增大时，N 值将急剧增加，状态分配合适与否，对所设计的时序电路的复杂程度有一定的影响。要寻找一个最佳状态分配方案很困难。

在众多编码方法中，采用相邻法可以得到比较简单的设计电路。相邻法有三条原则，即符合下列条件的状态应尽可能分配相邻的二进制代码：

1）具有相同次态的现态。

2）同一现态下的次态。

3）具有相同输出的现态。

以上三条原则以第一条为主，兼顾第二、第三条。

例 5-8 试对原始状态表表 5-14 进行状态分配。

解：由表 5-14 可见，四个状态 S_1、S_2、S_3、S_4 至少可用 2 位二进制数表示，故电路使用两个触发器，需要两个状态变量 Q_1Q_0 进行编码。

表 5-14 原始状态表

S	X	
	S^{n+1}/Z	
	0	1
S_1	$S_3/0$	$S_1/0$
S_2	$S_1/0$	$S_1/1$
S_3	$S_1/0$	$S_4/1$
S_4	$S_2/1$	$S_3/0$

按相邻法原则一：S_1S_2、S_2S_3 应分配相邻代码。

按相邻法原则二：S_1S_3、S_1S_4、S_2S_3 应分配相邻代码。

按相邻法原则三：S_2S_3 应分配相邻代码。

根据以上三条原则，将可能的状态分配方案填入图 5-28 所示两变量卡诺图中，只有 S_1S_3 相邻没有满足。所以，根据图 5-28 的分配结果为：$S_1=00$，$S_2=01$，$S_3=11$，$S_4=10$。最后可得二进制状态表见表 5-15。

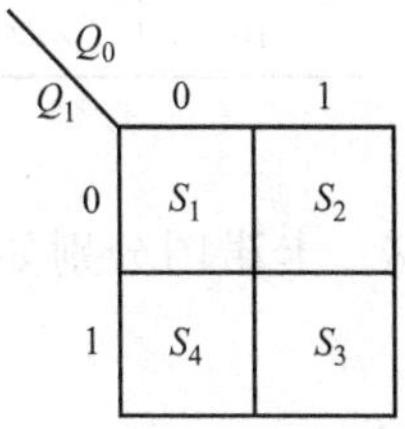

图 5-28 例 5-8 两变量卡诺图

表 5-15 二进制状态表

Q_1Q_0	X	
	Q_1^{n+1}	Q_0^{n+1}/Z
	0	1
00	11/0	00/0
01	00/0	00/1
11	00/0	10/1
10	01/1	11/0

如果不考虑实际电路设计的复杂度，也可以采用随机分配法，即在 2^n 种代码组合中任选 M 个不同组合分配给 M 个状态即可。

5.4.4 同步时序电路设计举例

前面详细讨论了同步时序电路设计步骤中的原始状态图和原始状态表建立、状态化简和状态分配。得到二进制状态表后，即可仿照例 5-5 完成整个同步时序电路的设计。下面举例说明整个时序电路的设计。

例 5-9 试用 D 触发器完成 Mealy 型 101 可重叠序列检测器的设计。

解：在例 5-6 的分析中，已经得到 Mealy 型 101 可重叠序列检测器的原始状态表见表 5-16（同表 5-7）。

表 5-16 例 5-9 原始状态表

S	X	
	S^{n+1}/Z	
	0	1
S_0	$S_0/0$	$S_1/0$
S_1	$S_2/0$	$S_1/0$
S_2	$S_0/0$	$S_3/1$
S_3	$S_2/0$	$S_1/0$

（1）状态化简

对表 5-16 用直接观测法可知 S_1、S_3 为等价状态对，简化后可得最简状态表，见表 5-17。

（2）状态分配

对表 5-17 进行状态分配，该时序电路共有三个状态，只需要两个 D 触发器，设状态变量为 Q_1、Q_0。

按相邻法原则一，S_1S_2 相邻；按相邻法原则二，S_0S_1 和 S_0S_2 相邻；按相邻法原则三，S_0S_1 相邻。综合考虑后分配 S_0S_1 和 S_1S_2 相邻，这样就不能兼顾 S_0S_2 相邻。状态分配卡诺图如图 5-29 所示，状态分配为：$S_0=00$，$S_1=01$，$S_2=11$。状态分配后得到二进制状态表见表 5-18，它是一个非完全描述时序逻辑电路的设计，因为在状态分配时没有使用状态 $Q_1Q_0=10$，故可当作无关项处理，在状态表中填×。

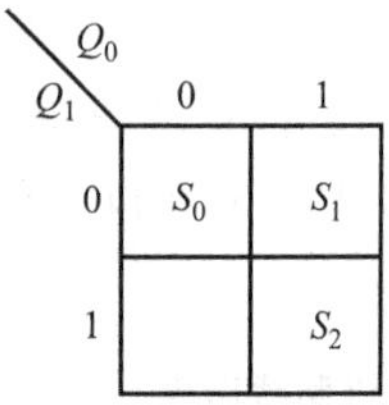

图 5-29　例 5-9 卡诺图

表 5-17　最简状态表

S	X	
	S^{n+1}/Z	
	0	1
S_0	$S_0/0$	$S_1/0$
S_1	$S_2/0$	$S_1/0$
S_2	$S_0/0$	$S_1/1$

表 5-18　二进制状态表

Q_1Q_0	X	
	Q_1^{n+1}	Q_0^{n+1}/Z
	0	1
00	00/0	01/0
01	11/0	01/0
11	00/0	01/1
10	××/×	××/×

（3）导出次态方程和输出方程、检查自启动

对于二进制状态表表 5-18 中的次态 Q_1^{n+1}、Q_0^{n+1} 和输出 Z，卡诺图分别如图 5-30a、b、c 所示。

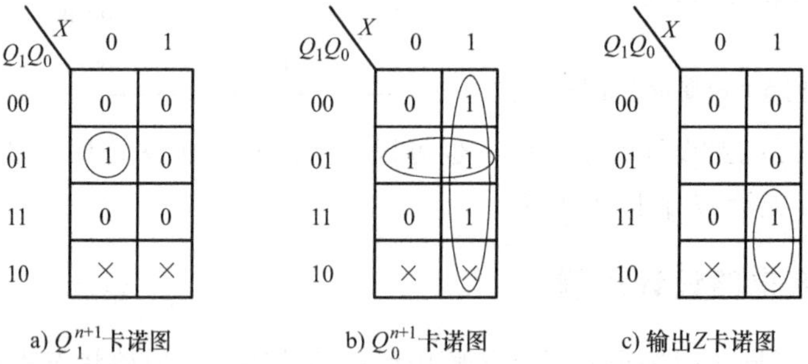

图 5-30　次态和输出卡诺图

通过卡诺图化简，求得次态和输出方程为

$$Q_1^{n+1}=\overline{X}\,\overline{Q_1}Q_0 \qquad Q_0^{n+1}=X+\overline{Q_1}Q_0 \qquad Z=XQ_1$$

检查自启动，$Q_1Q_0=10$ 状态为无效状态，根据求得的 Q_1 和 Q_0 的次态方程检查 10 状态能否进入有效状态：

当 $X=0$ 时，如果现态是 10，则次态为 00，即 10→00，可以自启动。

当 $X=1$ 时，如果现态是 10，则次态为 01，即 10→01，也可以自启动。

通过自启动检查，电路具有自启动能力。对于本例来说，所圈的卡诺圈化简后的次态方程正好具有自启动能力。如果不能自启动，则需要修改卡诺圈的圈法，得到新的次态方程后，再按以上方法检查，直到可以自启动为止。

（4）确定激励方程

选用 D 触发器时，从 D 触发器的特征方程 $Q^{n+1}=D$ 可得激励方程分别为

$$D_1=Q_1^{n+1}=\overline{X}\ \overline{Q_1}Q_0,\ D_0=Q_0^{n+1}=X+\overline{Q_1}Q_0$$

（5）画逻辑电路

根据激励方程和输出方程，画出 D 触发器实现的 101 序列检测器的逻辑电路如图 5-31 所示。

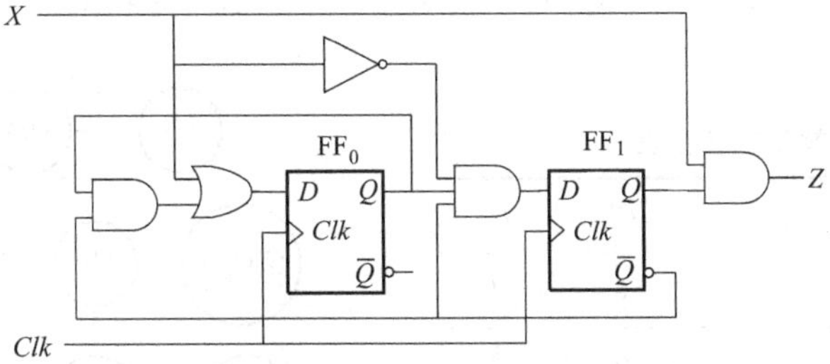

图 5-31　Mealy 型 101 可重叠序列检测器电路

例 5-10　用 JK 触发器设计一个五进制同步计数器，要求状态转换关系为

$$000\rightarrow001\rightarrow011\rightarrow101\rightarrow110$$

解：本例属于给定二进制分配状态的时序逻辑电路设计问题。

（1）列状态表

由题可知，该时序逻辑电路有三个状态变量，设状态变量为 Q_2、Q_1、Q_0，可列出二进制状态表见表 5-19，它是一个非完全描述时序逻辑电路的设计。

表 5-19　例 5-10 状态表

Q_2	Q_1	Q_0	Q_2^{n+1}	Q_1^{n+1}	Q_0^{n+1}
0	0	0	0	0	1
0	0	1	0	1	1
0	1	0	×	×	×
0	1	1	1	0	1
1	0	0	×	×	×
1	0	1	1	1	0
1	1	0	0	0	0
1	1	1	×	×	×

（2）确定激励方程和次态方程

由表 5-19 状态表分别画出 Q_2、Q_1、Q_0 的次态卡诺图，如图 5-32a、b 和 c 所示。根据 JK 触发器特征方程的结构特点，由次态卡诺图分别写出次态方程，通过对比求出其对应的激励方程分别为

$$Q_2^{n+1}=Q_1\overline{Q}_2+\overline{Q}_1Q_2,\ J_2=Q_1,\ K_2=Q_1$$

$$Q_1^{n+1}=Q_0\overline{Q}_1,\ J_1=Q_0,\ K_1=1$$

$$Q_0^{n+1}=\overline{Q}_2\overline{Q}_0+\overline{Q}_2Q_0,\ J_0=\overline{Q}_2,\ K_0=Q_2$$

这里也可以首先通过一个非门将 JK 触发器变为 D 触发器，然后采用 D 触发器的设计方法实现。

（3）自启动检查

根据以上状态方程，检查无效状态的转移情况见表 5-20，画出有效状态和无效状态的完整状态图如图 5-33 所示。

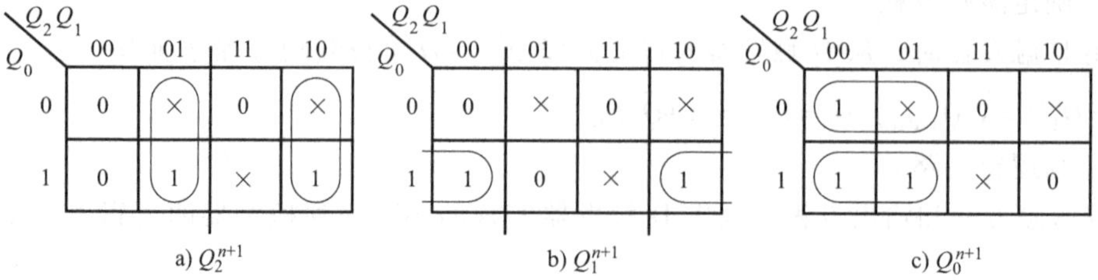

图 5-32　表 5-19 次态 Q_2^{n+1}、Q_1^{n+1}、Q_0^{n+1} 卡诺图

表 5-20　无效状态转移表

Q_2	Q_1	Q_0	Q_2^{n+1}	Q_1^{n+1}	Q_0^{n+1}
0	1	0	1	0	1
1	0	0	1	0	0
1	1	1	0	0	0

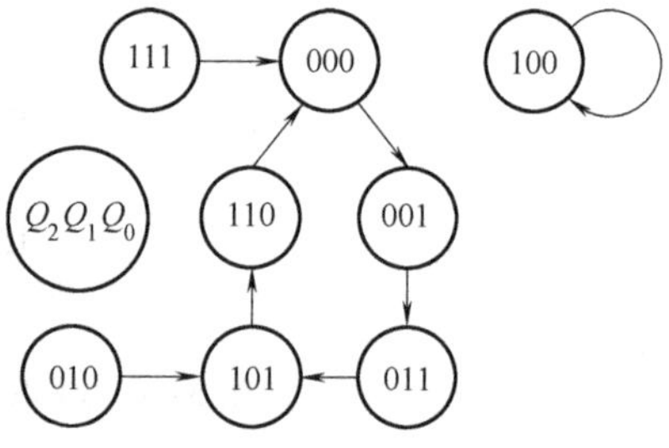

图 5-33　例 5-10 完整状态图

从图 5-33 可以看出，状态转移图中有两个闭合的环，而电路一旦由于外部干扰等因素进入状态 100，就不能进入计数主循环，因而该电路不能实现自启动，需要修改次态方程。

在非完全描述时序逻辑电路中，由于存在无效状态，使得在次态卡诺图中出现了无关项。在求取次态方程时，如果某无关项被圈入，则该无关项被确认为 1，否则被确认为 0。由于卡诺圈圈法的随意性，故可能会导致无效状态的转移出现死循环而使电路不能自启动。当电路不能自启动时，解决的方法通常有两种。

第一种方法是将所有的无效状态强制指定到某个有效状态上，使得原来的非完全描述时序逻辑电路变成完全描述时序逻辑电路。如将表 5-19 状态表中无效状态的转移方向均定义为 000，则可得到一个完全描述时序逻辑电路的状态表，见表 5-21。显然，按照表 5-21 设计的时序逻辑电路不存在死循环问题，因为它是完全描述的，所有状态的次态都是有效状态。但这种方法由于失去了无关项，会增加电路设计的复杂程度。

表 5-21　例 5-10 完全描述状态表

Q_2	Q_1	Q_0	Q_2^{n+1}	Q_1^{n+1}	Q_0^{n+1}
0	0	0	0	0	1
0	0	1	0	1	1
0	1	0	0	0	0
0	1	1	1	0	1
1	0	0	0	0	0
1	0	1	1	1	0
1	1	0	0	0	0
1	1	1	0	0	0

第二种方法是改变次态卡诺图中卡诺圈的圈法。如果盲目地改变所有次态卡诺图中卡诺圈的圈法，则工作量大、效果差。若在分析观察的基础上改变某次态卡诺图的圈法，则可能获得较满意的效果。观察图 5-32 次态卡诺图，如果希望能尽量使用无关项，只能对图 5-32a、c 的圈法做修改。下面对图 5-32c 的圈法做修改，仅改变 Q_0 的次态，新的圈法如图 5-34 所示。

分析图 5-34 可知，状态 010 将转移到 100（原圈法转移到 101，现在最后一位 Q_0 转为 0），状态 100 将转移到 101（原圈法转移到 100，现最后一位 Q_0 转为 1）。新圈法克服了 100 状态的死循环，也不会增加次态方程的复杂程度。

由图 5-32c 的新圈法可得 Q_0 的次态方程和激励方程为

$$Q_0^{n+1}=\overline{Q}_1\overline{Q}_0+\overline{Q}_2Q_0$$

$$J_0=\overline{Q}_1,\ K_0=Q_2$$

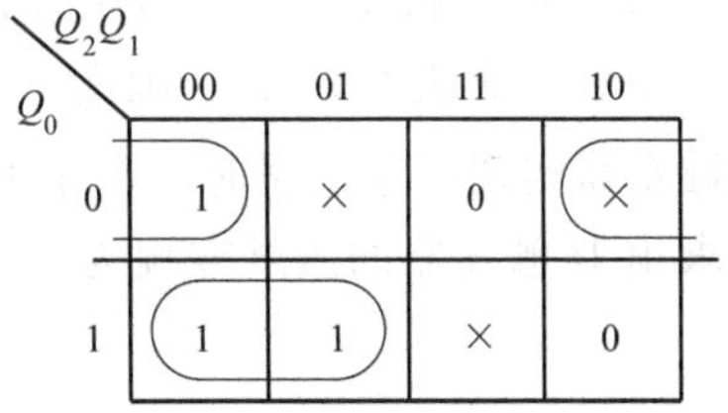

图 5-34　图 5-32c 新的卡诺圈圈法

重新检查无效状态的转移情况，见表 5-22，新的完整状态图如图 5-35 所示。可以看出，该电路具有自启动能力。如果修改 5-32a 的圈法，可以得到同样的效果，读者可以自行验证完成。

表 5-22　无效状态转移表

Q_2	Q_1	Q_0	Q_2^{n+1}	Q_1^{n+1}	Q_0^{n+1}
0	1	0	1	0	0
1	0	0	1	0	1
1	1	1	0	0	0

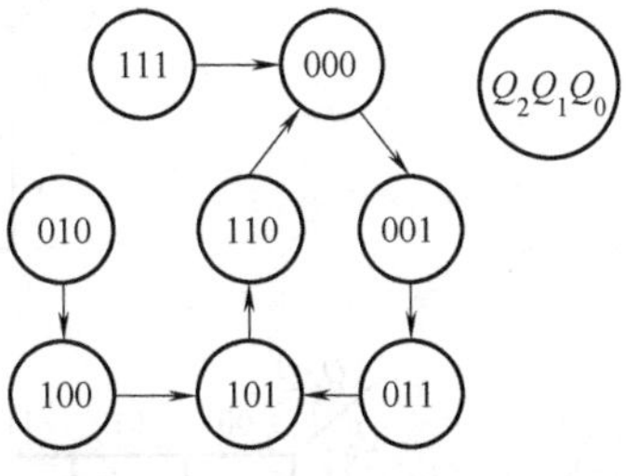

图 5-35　例 5-10 完整状态图

（4）画逻辑电路

根据能够自启动的激励方程和输出方程画出由三个 JK 触发器构成的五进制同步计数器电路如图 5-36 所示。

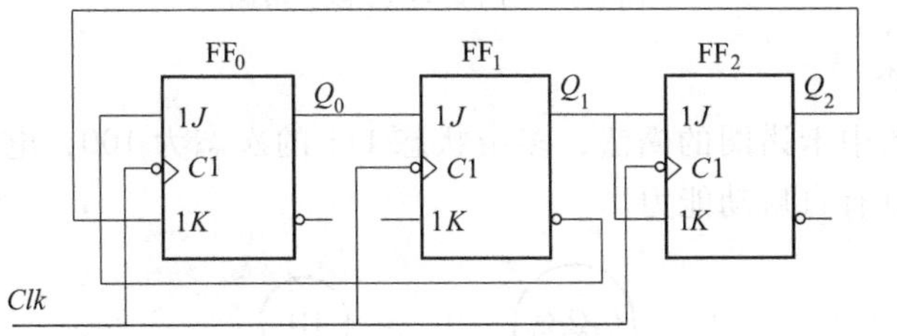

图 5-36　例 5-10 逻辑电路

例 5-11　用 D 触发器设计一个模 7 同步加法计数器。

解：本题要求设计的是模 7 同步加法计数器，属于给定状态的时序逻辑电路设计问题。

（1）列状态表

根据题意，该时序逻辑电路至少需要三个状态变量，即至少需要用三个 D 触发器。设状态变量分别为 Q_2、Q_1、Q_0，可直接列出二进制状态表见表 5-23，它包含了一个无效状态，因此是一个非完全描述时序逻辑电路的设计。

表 5-23　例 5-11 状态表

Q_2	Q_1	Q_0	Q_2^{n+1}	Q_1^{n+1}	Q_0^{n+1}
0	0	0	0	0	1
0	0	1	0	1	0
0	1	0	0	1	1
0	1	1	1	0	0
1	0	0	1	0	1
1	0	1	1	1	0
1	1	0	0	0	0
1	1	1	×	×	×

（2）确定状态方程、激励方程和输出方程

由状态表表 5-23 分别画出 Q_2、Q_1、Q_0 的次态卡诺图，如图 5-37a、b、c 所示。当使用 D 触发器实现时序电路时，由于 D 触发器的特征方程为 $Q^{n+1}=D$，因此，可从次态卡诺图直接求出 D 触发器的激励方程为

$$D_2=Q_2^{n+1}=Q_1Q_0+Q_2\overline{Q}_1$$

$$D_1=Q_1^{n+1}=\overline{Q}_2Q_1\overline{Q}_0+\overline{Q}_1Q_0$$

$$D_0=Q_0^{n+1}=\overline{Q}_2\overline{Q}_0+\overline{Q}_1\overline{Q}_0$$

由于本例无外部输出，故没有输出方程。

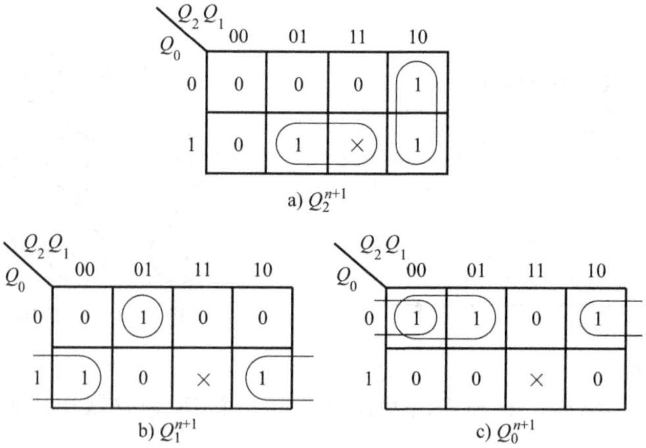

图 5-37　例 5-11 次态卡诺图

（3）自启动检查

观察次态卡诺图中卡诺圈的圈法，多余状态 111 的次态为 100，电路的完整状态图如图 5-38 所示，该电路具有自启动能力。

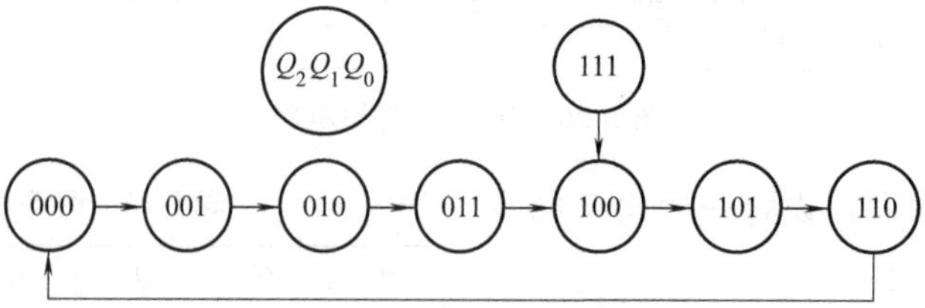

图 5-38　例 5-11 完整状态图

（4）画逻辑电路

请读者根据前面求出的激励方程和输出方程自行画出本例实现的逻辑电路，此处电路略。

5.5　中规模集成计数器

在时序逻辑电路的分析与设计中介绍了计数器的分析与设计方法，本节将介绍中规模集

成计数器的功能及应用。常用的集成计数器产品有许多不同的类型，按时钟控制方式来分，有同步和异步两类；按计数过程中数值的增减来分，有加法、减法和可逆计数器三类；按模值来分，有二进制、十进制和任意进制计数器等。

5.5.1 典型集成计数器

1. 4 位二进制加法计数器 74LS161 和 74LS163

（1）74LS161：同步置数、异步清 0

74LS161 是模值为 $2^4=16$（4 位二进制）的同步集成计数器，具有计数、保持、预置和清 0 功能，其逻辑电路及逻辑符号分别如图 5-39a、b 所示。74LS161 由四个 JK 触发器和一些逻辑门组成，Q_D、Q_C、Q_B、Q_A 为计数输出，其中 Q_D 为计数状态最高位，计数过程为加 1 计数循环：0000→0001→0010→…→1110→1111→0000。74LS161 功能表见表 5-24。

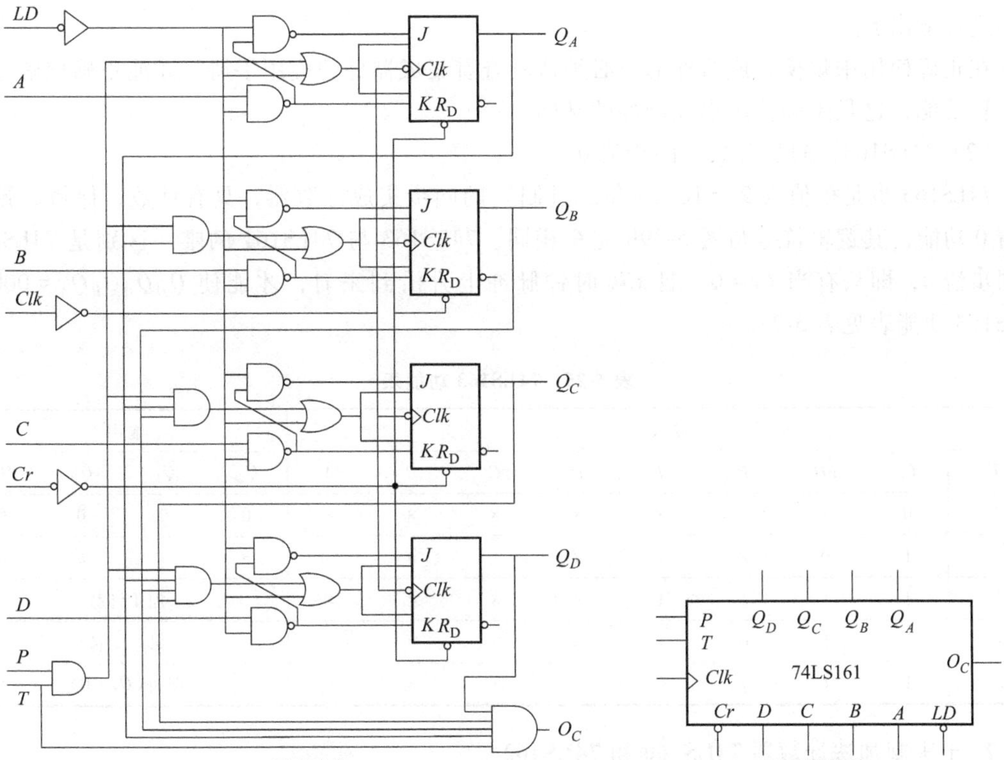

a) 逻辑电路　　b) 逻辑符号

图 5-39　74LS161 计数器逻辑电路及逻辑符号

表 5-24　74LS161 功能表

输入									输出			
Clk	*Cr*	*LD*	*P*	*T*	*D*	*C*	*B*	*A*	Q_D	Q_C	Q_B	Q_A
×	0	×	×	×	×	×	×	×	0	0	0	0
↑	1	0	×	×	*d*	*c*	*b*	*a*	*d*	*c*	*b*	*a*
↑	1	1	1	1	×	×	×	×	加 1 计数			
×	1	1	0	1	×	×	×	×	保　持			
×	1	1	1	0	×	×	×	×	保持（$O_C=0$）			

图 5-39b 所示 74LS161 逻辑符号中各引脚功能说明如下：

Clk 为计数时钟脉冲输入端，上升沿有效。

O_C 为进位输出端，$O_C = Q_D Q_C Q_B Q_A T$，仅当 $T=1$ 且计数状态为 1111 时，O_C 为高电平，表示产生进位脉冲信号，宽度为一个 *Clk* 时钟周期。

Cr 为异步清 0 端，低电平有效。只要 $Cr=0$，即有 $Q_D Q_C Q_B Q_A = 0000$，与 *Clk* 等输入信号无关，具有最高优先权。

LD 为同步预置端，低电平有效。当 $Cr=0$、$LD=0$ 时，在 *Clk* 时钟脉冲上升沿到来时，将数据输入端 *D*、*C*、*B*、*A* 的数据置入计数器状态端，即 $Q_D Q_C Q_B Q_A = DCBA$。

P、*T* 为计数器允许控制端，高电平有效。只有当 $Cr=LD=1$（不清 0、不置数）、$PT=1$ 时，在 *Clk* 时钟脉冲作用下计数器才能正常进行计数。当 $Cr=LD=1$，而 $PT=0$ 时（即 *P*、*T* 中有一个为低电平时），计数器处于保持状态。*P*、*T* 的区别是 *T* 影响进位输出 O_C，而 *P* 不影响进位输出 O_C。

在正确使用中规模集成器件前，必须认真查看集成器件的应用手册，才能正确理解器件的逻辑功能，这是正确使用集成器件的基础。

（2）74LS163：同步置数、同步清 0

74LS163 也是模值为 $2^4=16$（4 位二进制）的同步集成计数器，具有计数、保持、预置和清 0 功能，其逻辑符号与图 5-39b 完全相同。74LS163 与 74LS161 的唯一区别是 74LS163 为同步清 0，即只有当 $Cr=0$，且 *Clk* 时钟脉冲上升沿到来时，才能使 $Q_D Q_C Q_B Q_A = 0000$。74LS163 功能表见表 5-25。

表 5-25　74LS163 功能表

输入									输出			
Clk	*Cr*	*LD*	*P*	*T*	*D*	*C*	*B*	*A*	Q_D	Q_C	Q_B	Q_A
↑	0	×	×	×	×	×	×	×	0	0	0	0
↑	1	0	×	×	*d*	*c*	*b*	*a*	*d*	*c*	*b*	*a*
↑	1	1	1	1	×	×	×	×	加 1 计数			
×	1	1	0	1	×	×	×	×	保　持			
×	1	1	1	0	×	×	×	×	保持（$O_C=0$）			

2. 十进制加法计数器 74LS160 和 74LS162

（1）74LS160：同步置数、异步清 0

74LS160 是同步集成十进制计数器，具有计数、保持、预置和清 0 功能，其逻辑符号、输入输出信号与图 5-39b 完全相同，不同的是 74LS160 的进位端 $O_C = Q_D \overline{Q_C}\ \overline{Q_B} Q_A T$，即仅当 $T=1$ 且计数状态为 1001 时，$O_C=1$ 产生进位信号。其计数状态循环为：0000→0001→0010→…→ 1000→1001→0000，因此也称为 8421 BCD 码计数器。74LS160 功能表也与 74LS161 类似，在此不再赘述。

（2）74LS162：同步置数、同步清 0

74LS160 也是同步集成十进制计数器，具有计数、保持、预置和清 0 功能，其逻辑符号、输入输出信号与 74LS160 完全相同，唯一不同的是 74LS162 为同步清 0。

3. 4 位二进制加/减可逆集成计数器 74LS169

74LS169 是同步预置、无清 0 端的 4 位二进制可逆集成计数器，其逻辑符号如图 5-40 所示，功能表见表 5-26。

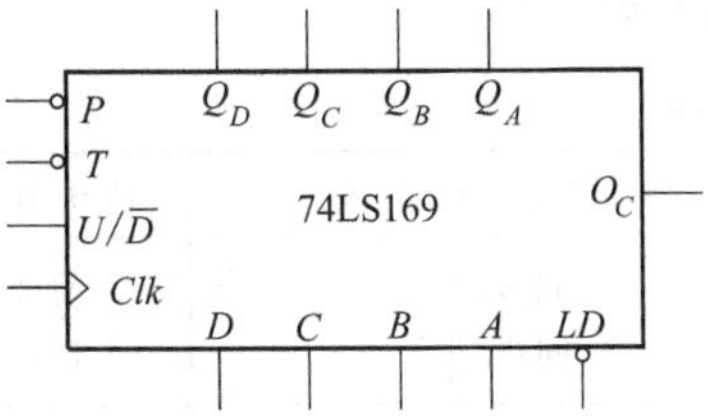

图 5-40　74LS169 逻辑符号

表 5-26　74LS169 功能表

输入				输出
Clk	$\overline{P}+\overline{T}$	$U/\overline{D}$	*LD*	Q_D　Q_C　Q_B　Q_A
×	1	×	1	保　持
↑	0	×	0	*D*　*C*　*B*　*A*
↑	0	1	1	二进制加法计数
↑	0	0	1	二进制减法计数

74LS169 各引脚功能说明如下：

Clk 为计数时钟脉冲输入端，上升沿有效。

$U/\overline{D}$($Up/\overline{Down}$) 为加/减控制端，$U/\overline{D}=1$ 时进行加 1 计数，计数状态循环为：0000→0001→0010→…→1000→1001→0000；$U/\overline{D}=0$ 时进行减 1 计数，计数状态循环为：0000→1111→1110→…→0010→0001→0000。

LD 为同步预置控制端，低电平有效。

P、*T* 为计数允许控制端，低电平有效。只有当 $LD=1$ 且 $P=T=0$ 时，在 *Clk* 的作用下计数器才能正常工作，否则计数器保持原状态不变。

O_C 为进位和借位同一输出端，低电平有效。当加法计数进入 1111 状态时，O_C 端有负脉冲输出；当减法计数进入 0000 状态时，O_C 端有负脉冲输出。输出的负脉冲与时钟上升沿同步，宽度为一个时钟周期。

4. 十进制可逆集成计数器 74LS192

74LS192 是异步预置、异步清 0 的同步十进制可逆集成计数器，其逻辑符号如图 5-41 所示，功能表见表 5-27。

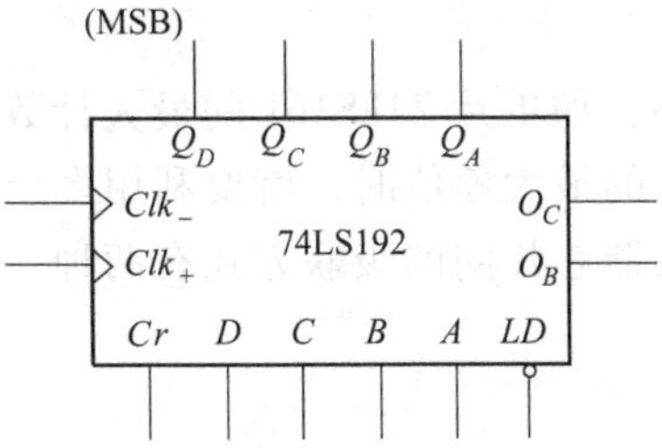

图 5-41　74LS192 逻辑符号

表 5-27　74LS192 功能表

Clk_+	Clk_-	*LD*	*Cr*	Q_D　Q_C　Q_B　Q_A
×	×	×	1	0　0　0　0
×	×	0	0	*D*　*C*　*B*　*A*
↑	1	1	0	加法计数
1	↑	1	0	减法计数
1	1	1	0	保　持

74LS192 为双时钟工作方式，Clk_+是加计数时钟输入，Clk_-是减计数时钟输入，均为上升沿触发，采用 8421 BCD 码计数。

Cr 为异步清 0 端，高电平有效，当 $Cr=1$ 时，$Q_DQ_CQ_BQ_A=0000$，与计数时钟无关。

LD 为异步预置控制端，低电平有效，当 $Cr=0$、$LD=0$ 时，预置输入端 *D*、*C*、*B*、*A* 的数据送至输出端，即 $Q_DQ_CQ_BQ_A=DCBA$，与计数时钟无关。

74LS192 的进位输出和借位输出是分开的。O_C 为进位输出，加法计数时，进入 1001 状态后有负脉冲输出，脉冲宽度为一个时钟周期。O_B 为借位输出，减法计数时，进入 0000 状态后有负脉冲输出，脉冲宽度为一个时钟周期。

中规模集成计数器的型号有许多，表 5-28 列出了几种常用的计数器的型号及工作特点，读者可以在数字电路器件手册或相关网站查询到更多的集成计数器型号。

表 5-28　常用集成计数器

类型	名称	型号	预置方式/有效电平	清 0/有效电平
同步计数器	十进制计数器	74LS160 74LS162	同步/低 同步/低	异步/低 同步/低
	十进制加/减计数器	74LS168 74LS190	同步/低 异步/低	无 无
	4 位二进制计数器	74LS161 74LS163	同步/低 同步/低	异步/低 同步/低
	4 位二进制加/减计数器	74LS169 74LS191	同步/低 异步/低	无 无
	4 位二进制加/减计数器(双时钟)	74LS193	异步/低	异步/高
异步计数器	二-五-十进制计数器	74LS90 74LS290 74LS196	异步置 9/高 异步置 9/高 异步/低	异步/高 异步/高 异步/低
	二-八-十六进制计数器	74LS293 74LS197	无 异步/低	异步/高 异步/低
	双 4 位二进制计数器	74LS393	无	异步/高

5.5.2 集成计数器的级联

前面介绍的集成计数器单片最大计数模值都比较小，如单片 74LS161 的最大计数模值为 16，如果要实现的计数器模值超过单片集成计数器芯片的最大模值时，就要利用多个集成计数器芯片进行级联来扩展计数器的计数模值。集成计数器芯片间的级联方式有两种：同步级联和异步级联。

（1）同步级联

同步级联：首先将多个集成计数器芯片的时钟输入端都接入同一个外加的时钟信号，然后，将前一级的进位（或借位）输出端连接到后一级的计数允许端。

同步级联的工作原理：每当前一级计数器计到进位（或借位）输出有效时，在下一个时钟信号的有效沿到来时后一级计数器才能计数一次。

如两片 74LS161 利用 P、T 端串行同步级联，74LS161（Ⅰ）的 O_C 端与 74LS161（Ⅱ）的 P、T 端相连，级联电路如图 5-42 所示。

由图 5-42 可得

74LS161（Ⅱ）的使能端 $T_2=O_{C1}=Q_3Q_2Q_1Q_0T_1=Q_3Q_2Q_1Q_0$

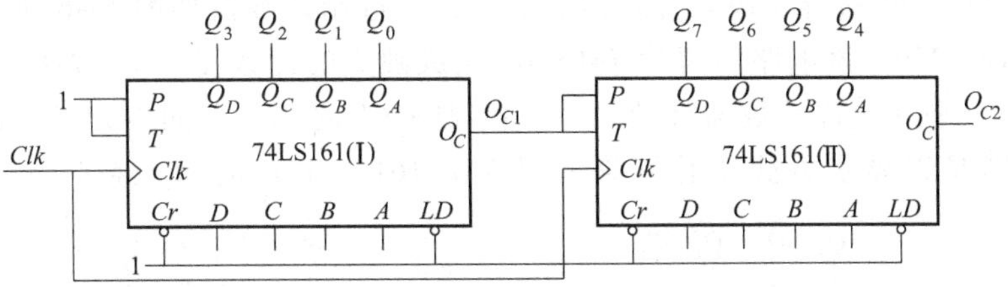

图 5-42　74LS161 同步级联电路

74LS161（Ⅱ）的进位端 $O_{C2}=Q_7Q_6Q_5Q_4T_2=Q_7Q_6Q_5Q_4Q_3Q_2Q_1Q_0$

图 5-42 同步级联电路的工作过程：当 74LS161（Ⅰ）开始计数（其使能端 $T_1=1$），但未计到 1111 时，由于 $O_{C1}=0$，故 $T_2=0$，所以 74LS161（Ⅱ）处于保持状态。只有当 74LS161（Ⅰ）计到 1111 产生进位时，即 $T_2=O_{C1}=1$ 时，74LS161（Ⅱ）才在下一个时钟作用下加 1 计数，同时 74LS161（Ⅰ）计数回到 0000，$T_2=O_{C1}=0$。每当 74LS161（Ⅰ）计数器循环计数一周，74LS161（Ⅱ）计数器进行一次计数，这样两片 74LS161 构成的计数器模值为 256。两片 74LS161 同步级联电路的工作波形示意图如图 5-43 所示。

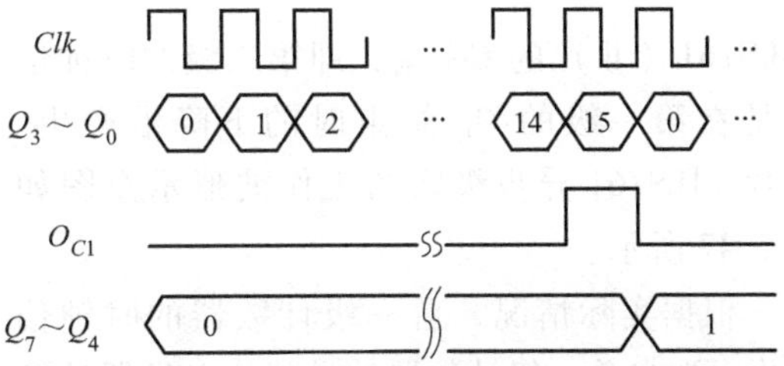

图 5-43　图 5-42 的工作波形示意图

同理，用两片 74LS160 同步级联可构成最大计数模值为 100 的计数器，其电路如图 5-44 所示。当计数器状态 $Q_7Q_6Q_5Q_4Q_3Q_2Q_1Q_0=10011001$ 时，$O_{C2}=1$。所以，两片 74LS160 级联后可构成 2 位 8421 BCD 码计数器。两片 74LS160 同步级联的工作波形示意图如图 5-45 所示。

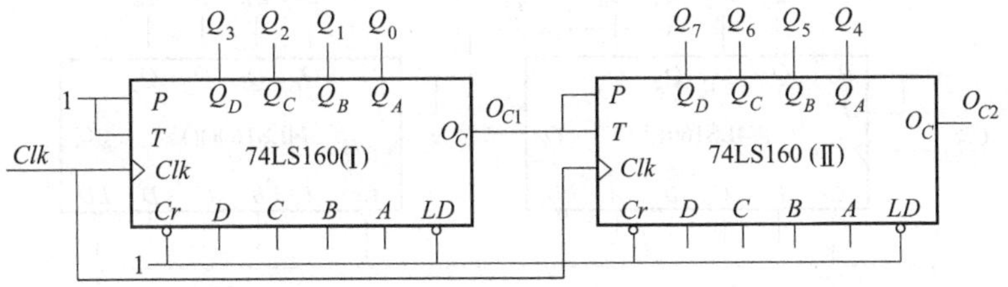

图 5-44　74LS160 同步级联电路

（2）异步级联

异步级联：用前一级计数器的输出作为后一级计数器的时钟信号。实际上后级计数器的时钟信号可取自前一级的进位（或借位）输出，也可取自前一级计数器的最高位触发器的输出。若后级计数器具有计数允许端，则应使其处于允许计数状态。

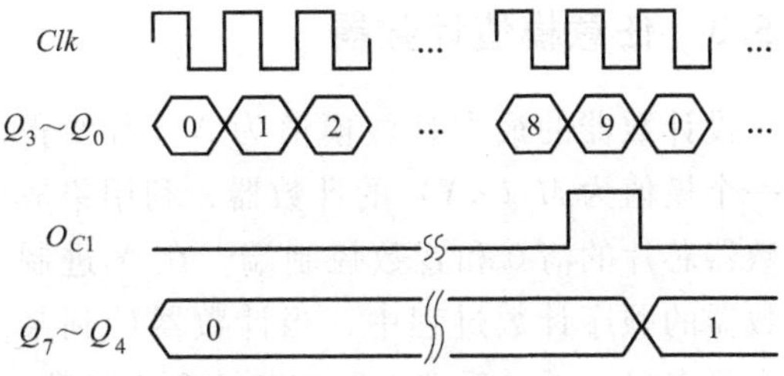

图 5-45　图 5-44 的工作波形示意图

异步级联的工作原理：每当前一级计数器有输出信号时，该输出信号即作为触发信号使得后一级计数器计数一次。

如由两片 74LS161 按异步级联方式构成的 8 位二进制计数器如图 5-46 所示，其计数器的模值为 16×16=256。该电路中每片 74LS161 接成独立的计数器，*Cr*、*LD* 连接到高电平，*P*、*T* 连接到高电平（允许计数器计数），每片 74LS161 内部是以同步方式工作，但是两片 74LS161 之间则是以异步方式工作。第一级 74LS161（Ⅰ）的 O_C 经非门连接到第二级 74LS161（Ⅱ）的 *Clk* 端，即第二级的时钟信号是在第一级的 O_C 结束时的下降沿产生。两片 74LS161 异步级联的工作波形示意图如图 5-47 所示。

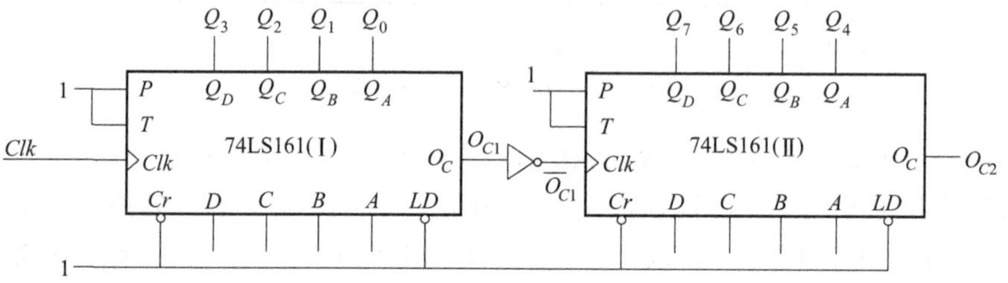

图 5-46　74LS161 异步级联电路

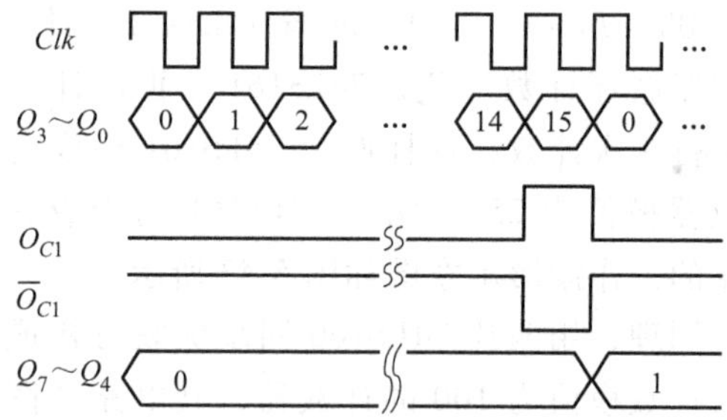

图 5-47　图 5-46 的工作波形示意图

根据实际情况，后一级计数器的时钟信号也可取自前一级计数器的最高位触发器的输出端。如图 5-48 所示两片 74LS160 异步级联电路，第一级的 Q_D 经非门连接到第二级的 *Clk* 端构成模 100 计数器。其工作波形示意图如图 5-49 所示。

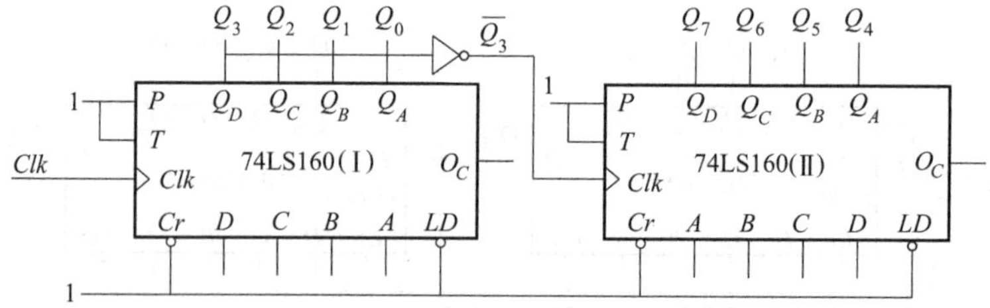

图 5-48　74LS160 异步级联电路

5.5.3　任意模值计数器

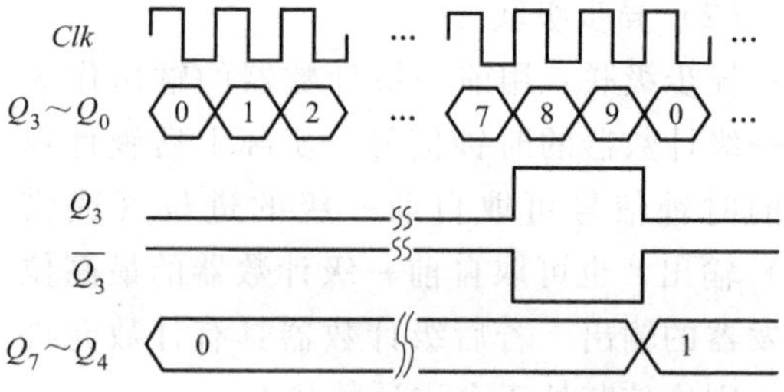

图 5-49　图 5-48 的工作波形示意图

设计数器的最大计数模值为 *N*，若要得到一个模值为 *M*（<*N*）的计数器，利用集成计数器芯片的清 0 和置数控制端，在 *N* 进制计数器的顺序计数过程中，当计数器计到某一个状态时，通过反馈电路使其清 0 或置数，设法使之跳过 *N*−*M* 个状态，只在 *M* 个状态中循环即可。通过计数器的清 0、置数控制端实现模 *M* 计数器的方法分别称为反馈清 0 法和

反馈置数法。

1. 反馈清 0 法

如果要设计一个模值为 M 的计数器，反馈清 0 法的计数器总是从全 0 状态 S_0 开始计数，计满 M 个状态后产生清 0 信号，使计数器回到全 0 状态 S_0，不断重复上述过程。由于集成计数器芯片有的是同步清 0，有的是异步清 0，故其实现方法又分两种情况。

（1）异步清 0 法

计数器从全 0 状态 S_0 开始，当计数器进入第 M 个状态时，利用该状态产生清 0 反馈信号到异步清 0 端，使计数器立即返回全 0 状态 S_0。由于是异步清 0，只要第 M 个状态一出现便立即被清成全 0 状态，因此第 M 个状态 S_M 只在极短的瞬间出现，通常称其为过渡态。模值为 M 的计数器的稳定状态循环是全 0 状态 S_0 到第 $M-1$ 个状态 S_{M-1}，不包含 S_M 状态。过渡态和全 0 状态占用同一个时钟周期。用 4 位二进制加法计数器 74LS161 的异步清 0 实现模 10 计数器的状态转移图如图 5-50 所示，其中有效状态为 0000～1001，过渡态为 1010，即设计反馈电路的状态，1011～1111 为无效状态。

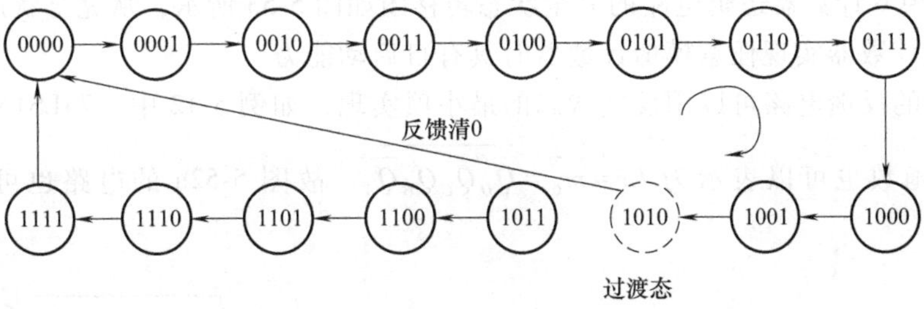

图 5-50　用 4 位二进制加法计数器 74LS161 的异步清 0 实现模 10 计数器的状态转移图

（2）同步清 0 法

设计一个模值为 M 的计数器，计数器从全 0 状态 S_0 开始，当计数器进入第 $M-1$ 个状态 S_{M-1} 时，利用该状态产生清 0 反馈信号到同步清 0 端，使计数器准备清 0，当下一个时钟信号到来时，才完成清 0 动作，使计数器返回全 0 状态 S_0。可见，同步清 0 没有过渡状态，M 个有效状态为 S_0～S_{M-1}。用 4 位二进制加法计数器 74LS163 的同步清 0 实现模 10 计数器的状态转移图如图 5-51 所示，其中有效状态为 0000～1001，在有效状态 1001 设计反馈清 0 电路，1010～1111 为无效状态。

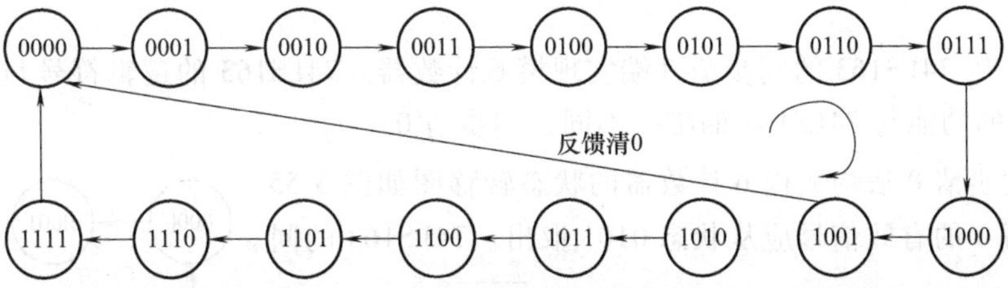

图 5-51　用 4 位二进制加法计数器 74LS163 的同步清 0 实现模 10 计数器状态转移图

例 5-12　用 74LS160 的异步清 0 端实现计数模值 $M=6$ 的计数器。

解： 用异步清 0 法构成模 6 计数器的状态表见表 5-29，0000～0101 为 6 个有效状态，过渡态为 0110。应从 0110 状态设计清 0 的反馈电路，由于 74LS160 的异步清 0 端 Cr 是低电平有效，因此采用与非门实现反馈函数 $Cr=\overline{Q_C Q_B}$，即当 Q_C 和 Q_B 同时为高电平时，$Cr=0$。逻辑电路如图 5-52a 所示，其时序图如图 5-52b 所示。从时序图可以看出过渡态 0110 时间很短，且与状态 0000 占用同一个时钟周期。

表 5-29　状态表

Q_D	Q_C	Q_B	Q_A	
0	0	0	0	
0	0	0	1	
0	0	1	0	
0	0	1	1	
0	1	0	0	
0	1	0	1	
0	1	1	0	过渡态

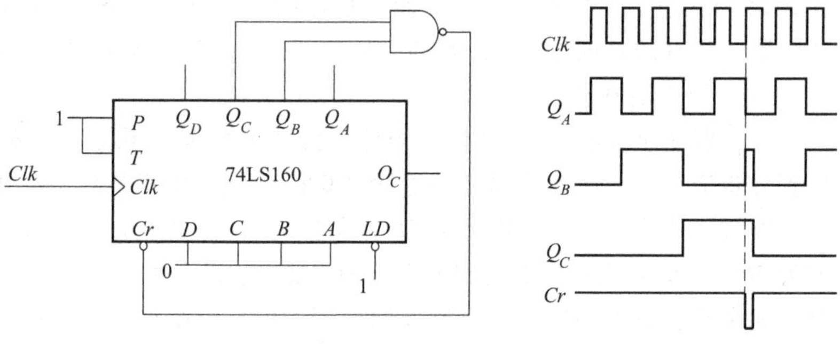

a) 逻辑电路　　b) 时序图

图 5-52　用 74LS160 的异步清 0 端实现模 6 计数器的逻辑电路及时序图

图 5-52a 模 6 计数器逻辑电路的完全状态转移图如图 5-53 所示，从完全状态转移图可以看出，用集成计数器实现任意模值计数器时具有自启动能力。

更为通用的反馈电路可以用反馈状态的最小项实现，如例 5-12 中，74LS160 的异步清 0 端 Cr 的反馈函数也可以表示为 $Cr=\overline{m_6}=\overline{\overline{Q_D}Q_C Q_B \overline{Q_A}}$。故图 5-52a 的电路也可以用图 5-54 表示。

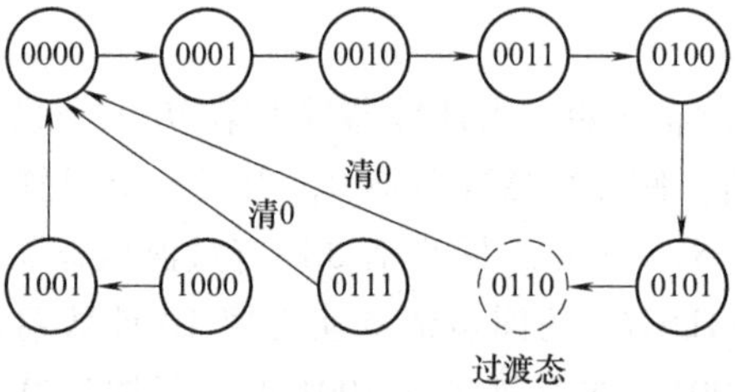

图 5-53　模 6 计数器逻辑电路的完全状态转移图

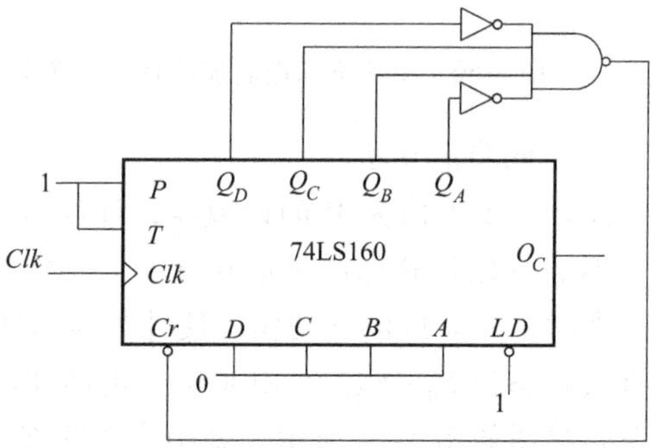

图 5-54　最小项全译码反馈的模 6 计数器逻辑电路

例 5-13　用 74LS163 的同步清 0 端实现模 6 计数器。74LS163 的逻辑符号与 74LS161 相同，74LS163 的功能与 74LS161 的唯一不同是同步清 0。

解：用同步清 0 法构成模 6 计数器的状态转移图如图 5-55 所示，反馈清 0 的有效信号应从状态 0101 取出。74LS163 的同步清 0 端 Cr 也是低电平有效，反馈函数 $Cr=\overline{Q_C Q_A}$，逻辑电路如图 5-56a 所示，其时序图如图 5-56b 所示。$Cr=0$ 时，只有在下一个时钟信号到来时才会使计数器状态清 0。

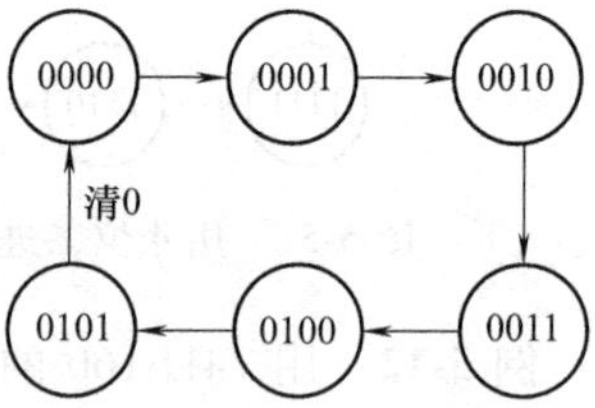

图 5-55　同步清 0 法构成模 6 计数器状态转移图

2. 反馈置数法

置数法和清 0 法不同，由于置数操作可以置入任意状态，

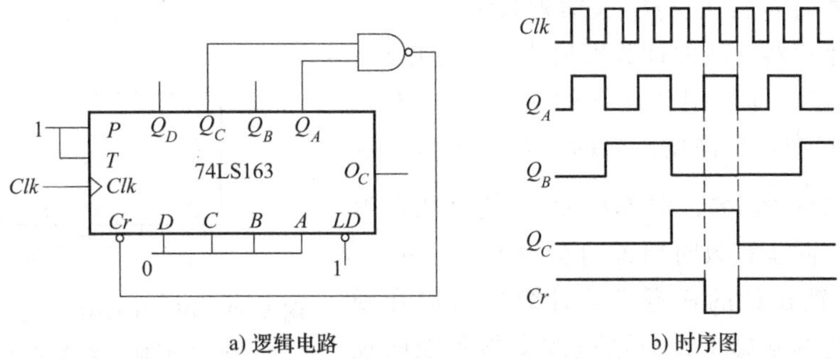

图 5-56　用 74LS163 的同步清 0 端实现模 6 计数器的逻辑电路及时序图

因此计数器可以通过预置功能使计数器从某个预置状态 S_i 开始计数，计满 M 个状态后产生置数信号，使计数器又进入预置状态 S_i，然后再重复上述过程。对于同步置数的计数器，使置数端（LD）有效的信号应从 S_i+M-1 状态译出，当下一个时钟信号到来时将预置数值置入计数器，计数器在 S_i、S_{i+1}、⋯、S_{i+M-1} 共 M 个状态中循环。N 进制计数器的同步置数法实现任意模值计数器的状态转移图如图 5-57 所示。

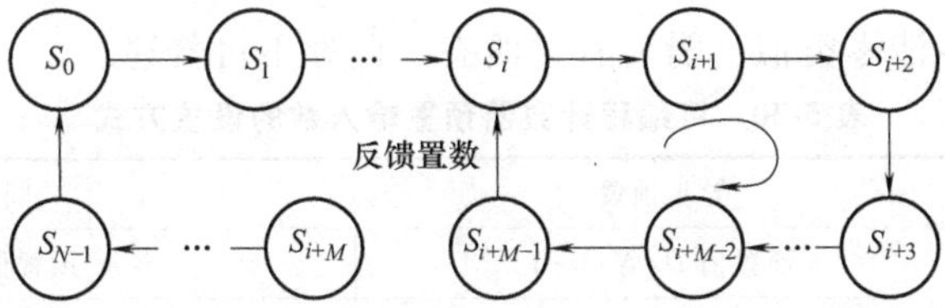

图 5-57　N 进制计数器的同步置数法实现任意模值计数器的状态转移图

同步置数法是通过控制同步置数端 LD 和预置输入端 D、C、B、A 来实现模 M 计数器。由于置数状态可在 N 个状态中任选，因此实现的方案很多。根据反馈置数控制信号的设计，常用的方法有两种。

（1）任意 M 个状态计数

任意选用 $S_i \sim S_{i+M-1}$ 共 M 个状态，当计数到 S_{i+M-1} 状态时通过译码反馈电路使置数端 $LD=0$，等下一个 Clk 信号到来时返回 S_i 状态。反馈置数控制信号取自 Q_D、Q_C、Q_B、Q_A 端。当 S_i 为 0 状态 S_0 时，称为反馈置 0 法，反馈状态为 S_{M-1}，D、C、B、A 全部接到 0 上。

例 5-14　用 74LS161 的同步置数端实现模 12 小时计数器。

解：根据时钟的实际应用，设计模 12 小时计数器的起始状态为 0001，其状态转移图如图 5-58 所示，反馈置数的有效信号应从状态 1100 取出。74LS161 的同步置数端 LD 是低电平有效，反馈函数 $LD=\overline{Q_D Q_C}$，逻辑电路如图 5-59 所示。

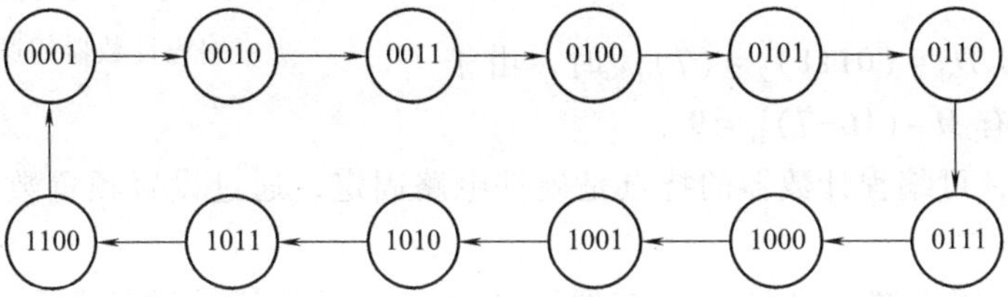

图 5-58　模 12 小时计数器状态转移图

(2) 可编程计数器法（O_C 反馈置数法）

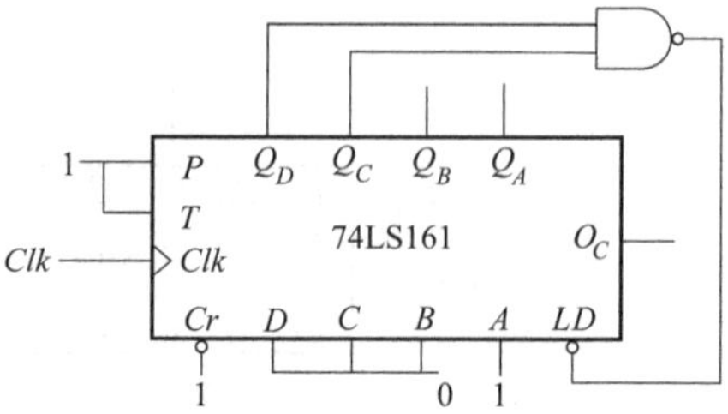

图 5-59 用 74LS161 的同步置数端实现模 12 小时计数器的逻辑电路

如果所用计数器的最大计数模值为 N，选用 $S_i \sim S_{N-1}$ 共 M 个状态（即使用计数器的后 M 个状态），当计数到 S_{N-1} 状态产生进位信号时，反馈置数控制信号可以直接取自 O_C 端，即 $LD=\overline{O_C}$，使计数器返回初始状态 S_i。同步置数时预置初态为 $S_i=N-M$。

用 O_C 端反馈设计的任意模值计数器可以在硬件电路形式不变的基础上，只通过改变预置端的预置值，就可以实现计数模值从最小模值 $M=2$ 到最大模值 $M=N$ 之间任意改变。因此，O_C 反馈置数法也称为可编程计数器法。

凡是具有预置功能的加（减）计数器都可以实现可编程计数器，只要用进位（或借位）输出去控制置数控制端。表 5-30 列出了在不同工作条件下预置输入数的设置方式。表中 N 为所用计数器的最大计数模值，M 为要求实现的模值。对于同步置数加法计数器，预置值 $D_{预}=N-M=[M]_{补}$，$M=N-D_{预}=[D_{预}]_{补}$，即如果已知 M，只要求出 $[M]_{补}$（M 的各位求反，再加 1），即可求得预置值；同理，若已知预置值，只要求出 $[D_{预}]_{补}$，即可求得模 M 的值。异步预置与异步清零类似，需要有过渡态，此处不再赘述。

表 5-30 可编程计数器预置输入数的设置方式

工作条件	异步预置	同步预置
加法计数	预置值 $D=N-M-1$	预置值 $D=N-M$
减法计数	预置值 $D=M$	预置值 $D=M-1$

例 5-15 利用一片 74LS161 计数器的进位端设计一个可编程计数器，试分别求出 $M=6$ 和 $M=10$ 时的预置值 $D_3 \sim D_0$；若 $D_3 \sim D_0=0111$，试求计数器模值 M。

解：用 O_C 反馈置数法设计的可编程计数器的逻辑电路如图 5-60 所示。图中反馈置数控制信号取自 O_C 端，$LD=\overline{O_C}=\overline{Q_D Q_C Q_B Q_A T}$，即一片 74LS161 计数器计到的最后一个状态为 1111。

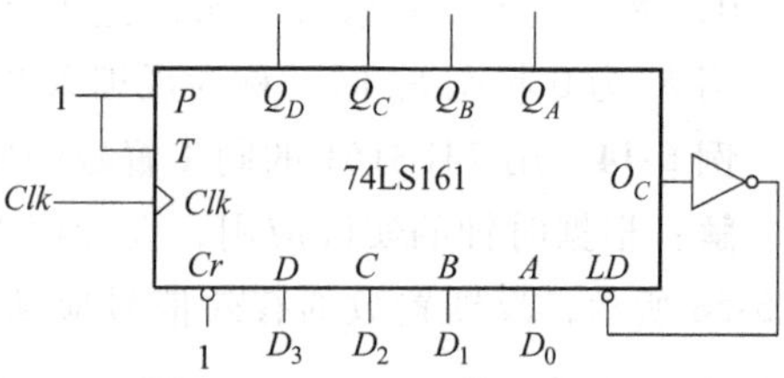

图 5-60 用 O_C 反馈置数法设计的可编程计数器的逻辑电路

图 5-60 电路所用计数器 74LS161 的最大计数模值 $N=16$。根据可编程计数器的预置值 $D_{预}=N-M=[M]_{补}$，可求得：

1）当 $M=(6)_{10}=(0110)_2$ 时，预置值为：$D_3D_2D_1D_0=(16-6)_{10}=(1010)_2$；当 $M=(10)_{10}=(1010)_2$ 时，预置值为：$D_3D_2D_1D_0=(16-10)_{10}=(0110)_2$。

2）当 $D_3D_2D_1D_0=(0111)_2=(7)_{10}$ 时，由于 $M=N-D_{预}$，因此有 $M=(16-7)_{10}=9$。

例 5-15 说明，可编程计数器的特点是硬件电路固定，通过设置预置数据就可以改变计数器的模值。

综上所述，采用反馈清 0 法或反馈置数法设计任意模值计数器都需要经过以下三个步骤：

1）选择模 M 计数器的计数范围，确定初态和末态。

2）确定产生清 0 或置数信号的译码状态，然后根据译码状态设计译码反馈电路。

3）画出模 M 计数器的逻辑电路。

如果实现计数器的模值 M 超过单片计数器的计数范围时，可以通过集成计数器的同步级联或异步级联两种方法来实现。

1）将 n 片计数器先级联组成最大计数值 $N>M$ 的计数器，然后采用整体清 0 法或整体置数法实现模 M 计数器。

2）用 n 片计数器先分别组成模值为 M_1、M_2、…、M_n 的计数器，然后再将它们级联组成模 M 计数器，其模 $M=M_1 \times M_2 \times \cdots \times M_n$。

例 5-16 试分别用 74LS161、74LS160 实现时钟的模 60 分/秒计数器。

解：

1）用两片 74LS161 实现模 60 计数器，计数范围为 0~59。

方法一：整体法。先将两片 74LS161 同步或异步级联（一般采用同步级联方法）组成最大模值为 $N=16 \times 16=256$ 的计数器，然后用整体清 0 法或置数法构成模 60 计数器。如果采用整体清 0 法，由于 74LS161 是异步清 0，因此应该在计数器计数到 60 时设计反馈清 0 电路。由于 74LS161 是二进制计数器，故需要把 60 转换为 8 位二进制数 $(00111100)_2$，将状态中的高位经过与非门连接到异步清零 Cr 端。下面给出同步整体置 0 法实现的逻辑电路，如图 5-61a 所示。当计数器计数到 $59=(00111011)_2$ 时，设计反馈电路完成状态置 0。

方法二：大模分解法。将模 60 分解为 $60=6 \times 10$，用两片 74LS161 分别构成十位模 6 计数器，其计数范围为 0~5；个位的模 10 计数器，计数范围为 0~9，然后采用同步或异步级联（一般采用同步级联方法）构成模 60 计数器。其中的模 6 计数器和模 10 计数器可以采用前面介绍的任意一种方式实现，如异步清 0 法、同步置 0 法。如果仅考虑状态个数，而忽略

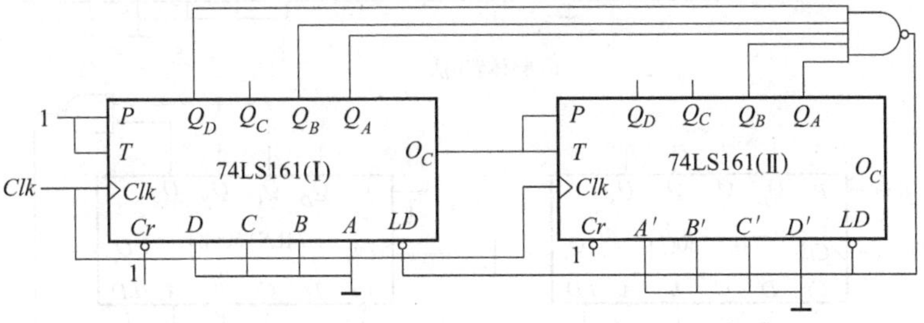

a) 同步整体置0法

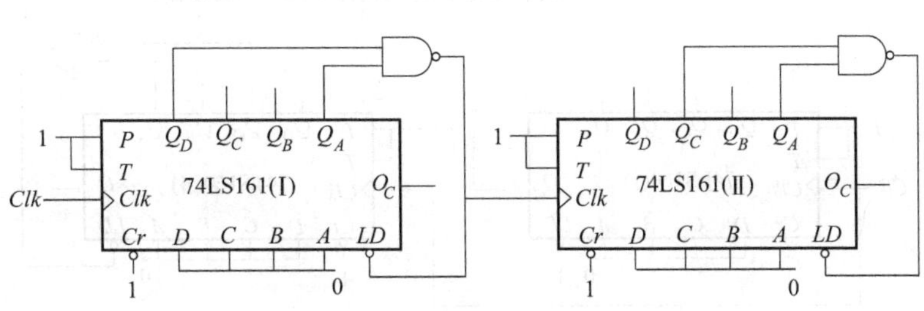

b) 模6和模10计数器异步级联实现的模60计数器

图 5-61 用两片 74LS161 实现模 60 计数器逻辑电路

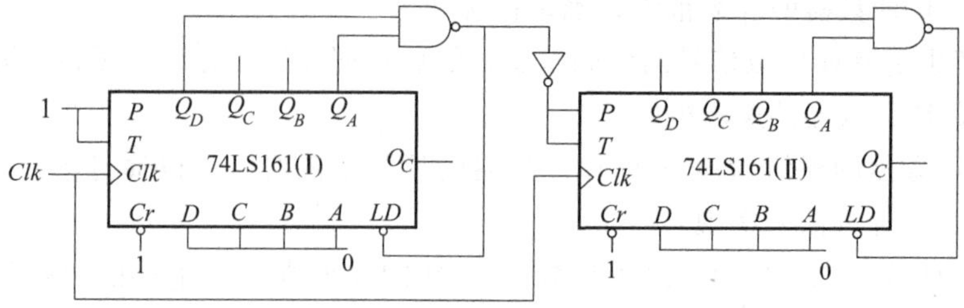

c) 模6和模10计数器同步级联实现的模60计数器

图 5-61 用两片 74LS161 实现模 60 计数器逻辑电路（续）

具体状态数值，也可以采用 O_C 反馈置数法。这里给出采用反馈置 0 法分别实现的模 6 和模 10 计数器，如图 5-61b 所示为通过异步级联实现的模 60 计数器，如图 5-61c 所示为通过同步级联实现的模 60 计数器。读者可自行分析图 5-61b、c 的区别。

2）用两片 74LS160 实现模 60 计数器，计数范围为 0~59。

74LS160 是十进制计数器，也称为 8421 BCD 码计数器。若先将两片 74LS160 同步级联后可得最大计数值为 100 的计数器，其计数状态变化范围为 $(00000000)_{8421\ BCD}$ ~ $(10011001)_{8421\ BCD}$。图 5-62a 为用两片 74LS160 同步级联后采用整体置 0 法构成的模 60 计数器的逻辑电路，其计数范围为 $(00000000)_{8421\ BCD}$ ~ $(01011001)_{8421\ BCD}$。

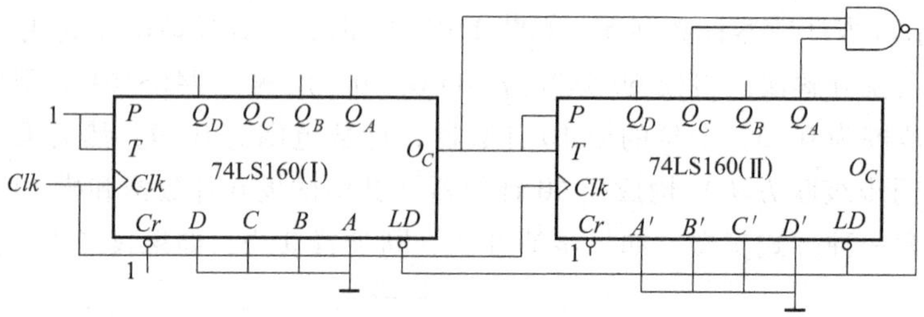

a) 整体置0法

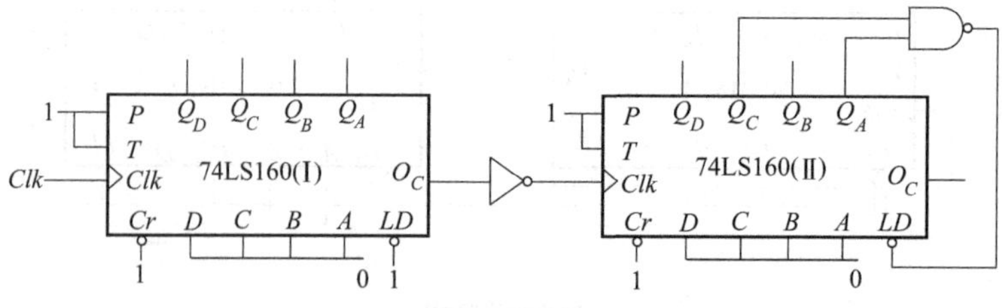

b) 模10和模6计数器异步级联构成的模60计数器

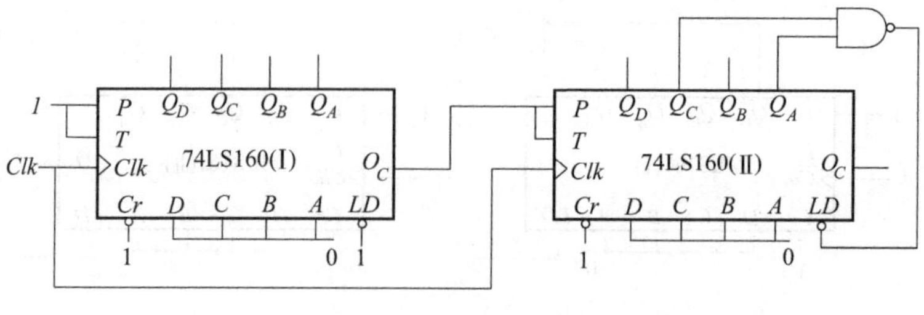

c) 模10和模6计数器同步级联构成的模60计数器

图 5-62 用两片 74LS160 实现模 60 计数器逻辑电路

采用大模分解法，首先将模 60 分解为 60 = 6×10，用两片 74LS160 分别构成十位的模 6 计数器，其计数范围为 0~5，个位的模 10 计数器，计数范围为 0~9，然后同步或异步级联组成模 60 计数器，图 5-62b 为模 10 和模 6 计数器异步级联构成的模 60 计数器，图 5-62c 为模 10 和模 6 计数器同步级联构成的模 60 计数器。

5.5.4 分频器与计数器的关系

分频器的主要功能是降低输入信号的频率，其工作过程与计数器相似，都是在输入脉冲信号的作用下完成 M 个状态的循环，因此分频器也是计数器，其分频系数 M 与计数器的模值 M 相同。

分频器与计数器的区别是分频器对状态变化没有要求，只要计数模值正确就可以，而计数器通常对状态的变化有要求。图 5-63 为 74LS161 计数器的计数时序图。可以看出 Q_D、Q_C、Q_B、Q_A 端输出波形的频率是输入 Clk 时钟频率的 16 分频、8 分频、4 分频和 2 分频，即 $f_{Q_D}=\frac{1}{16}f_{Clk}$、$f_{Q_C}=\frac{1}{8}f_{Clk}$、$f_{Q_B}=\frac{1}{4}f_{Clk}$、$f_{Q_A}=\frac{1}{2}f_{Clk}$。$O_C$ 端的输出波形的频率也是输入 Clk 时钟频率的 16 分频，即 $f_{O_C}=\frac{1}{16}f_{Clk}$，输出脉冲的宽度只有一个 Clk 周期。

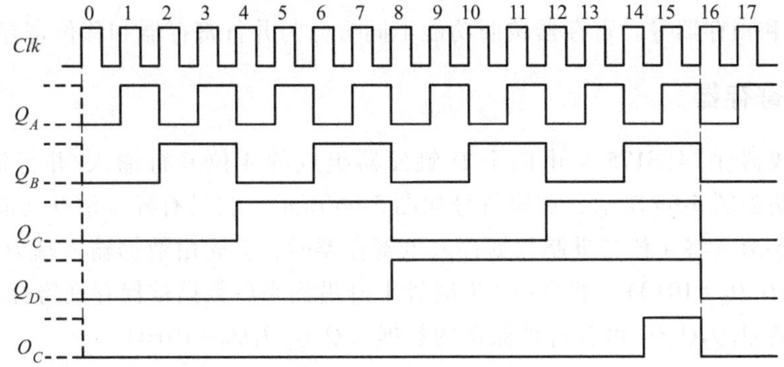

图 5-63 74LS161 计数器的计数时序图

例 5-17 设计一个可编程分频器，如果输入时钟的频率为 10MHz，试分别求出分频值 $M=100$ 和 $M=200$ 时的预置值和输出频率。

解：设计的可编程分频器电路与可编程计数器电路相同，由两片 74LS161 级联构成的最大计数模值 $N=256$ 的可编程计数器逻辑电路如图 5-64 所示。

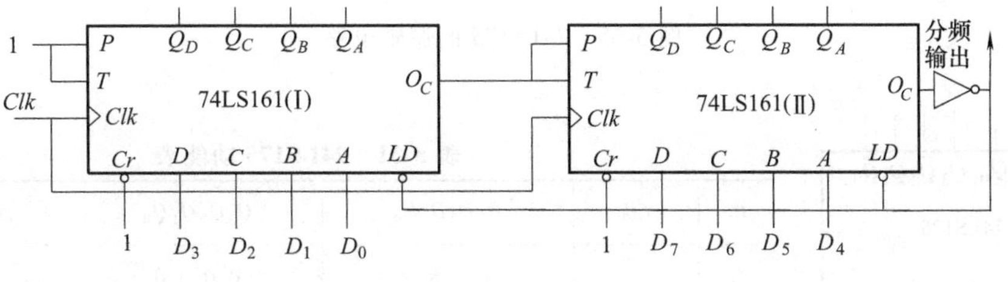

图 5-64 由两片 74LS161 级联构成的 $N=256$ 的可编程计数器（可编程分频器）逻辑电路

根据预置值 $D_{预}=N-M=[M]_{补}$，可求得当 $M=(100)_{10}=(01100100)_2$ 时，预置值为

$$D_7D_6D_5D_4D_3D_2D_1D_0=[M]_{补}=10011100$$

输出频率为

$$f_{O_C}=\frac{1}{100}f_{Clk}=100\text{kHz}$$

当 $M=(200)_{10}=(11001000)_2$ 时，预置值为

$$D_7D_6D_5D_4D_3D_2D_1D_0=[M]_{补}=00111000$$

输出频率为

$$f_{O_C}=\frac{1}{200}f_{Clk}=50\text{kHz}$$

5.6 集成并行寄存器和移位寄存器

一个触发器能够存储一位二进制数据，一组触发器就可以存储多位二进制数据，这样的一组触发器称为寄存器。在数字系统和数字计算机中常用寄存器存储一组二进制数据，因此用 N 个触发器可以组成 N 位寄存器。组成寄存器的触发器可以是基本 RS 触发器、D 触发器、JK 触发器和锁存器等。寄存器按照功能不同可分为并行寄存器和移位寄存器两种。

5.6.1 并行寄存器

中规模集成器件 74LS175 是由四个 D 触发器组成的 4 位并行输入/并行输出数据寄存器，其内部电路如图 5-65 所示，逻辑符号如图 5-66 所示。它具有异步清 0 功能，互补输出，其功能表见表 5-31。将 4 位二进制数据存入该寄存器时，首先由数据输入端 $D_3D_2D_1D_0$ 送入数据（如 $D_3D_2D_1D_0=1010$），然后在 Clk 时钟上升沿到来后数据被保存在寄存器中，并且从寄存器的输出端 $Q_3Q_2Q_1Q_0$ 可获得被保存的数据（$Q_3Q_2Q_1Q_0=1010$）。

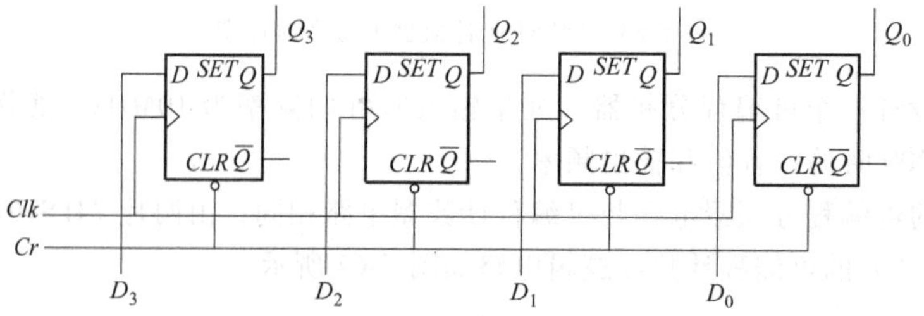

图 5-65　74LS175 的逻辑电路

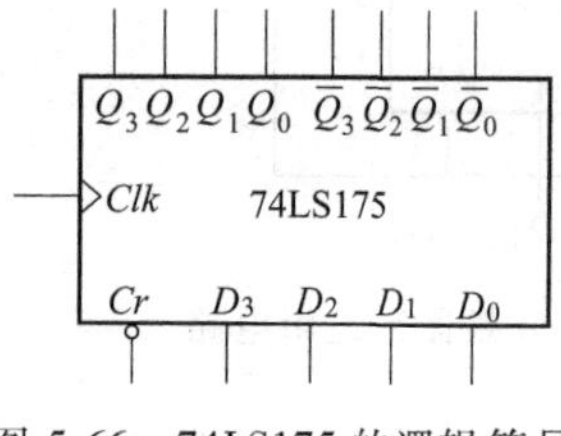

图 5-66　74LS175 的逻辑符号

表 5-31　74LS175 功能表

Cr	Clk	$D_3D_2D_1D_0$	$Q_3Q_2Q_1Q_0$	$\overline{Q}_3\overline{Q}_2\overline{Q}_1\overline{Q}_0$
0	×	× × × ×	0 0 0 0	1 1 1 1
1	↑	$d\ c\ b\ a$	$d\ c\ b\ a$	$\overline{d}\ \overline{c}\ \overline{b}\ \overline{a}$

目前，用于寄存二进制数据的并行寄存器有电位型数据锁存器（Latch）和边沿触发器（Flip-Flop）。如 74LS373、74LS573 等属于电位型八 D 数据锁存器。74LS374、74LS574 等属于八 D 边沿触发器。

图 5-67 为 74LS573 的逻辑符号，其功能表见表 5-32。74LS573 内含八个数据锁存器，LE 为锁存允许控制信号，高电平有效；输出具有三态控制功能，$\overline{OE}$ 为输出允许控制信号，低电平有效，仅当 $\overline{OE}=0$ 时，锁存器的内部状态可以从输出端读出，否则输出端悬空（呈高阻状态）；当 $\overline{OE}=0$、$LE=1$ 时，数据输入端（D 端）的信号将直接传送至输出端（Q 端）输出，故称 74LS573 是透明的。74LS373 具有与 74LS573 完全相同的逻辑功能，仅引脚排列不同，它们常在微型计算机中用作地址锁存器。

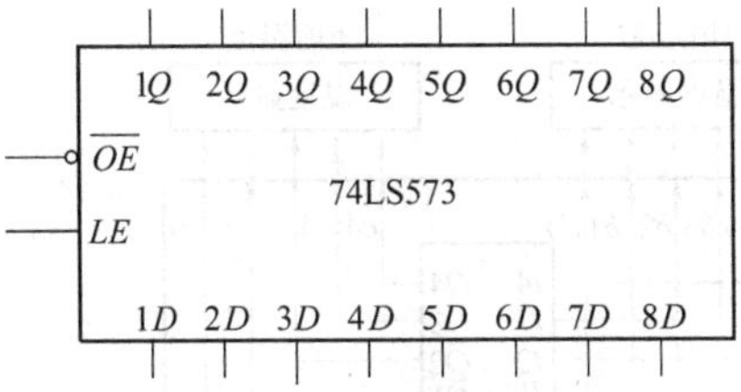

图 5-67　74LS573 的逻辑符号

表 5-32　74LS573 功能表

输出允许	锁存允许	数据输入	输出
$\overline{OE}$	LE	D	Q^{n+1}
0	0	0	Q^n
0	0	1	Q^n
0	1	0	0
0	1	1	1
1	×	×	高阻

图 5-68 为 74LS574 的逻辑符号，其功能表见表 5-33。74LS574 内含八个 D 触发器，Clk 为时钟脉冲输入端，上升沿有效；输出具有三态控制功能，$\overline{OE}$ 为输出允许控制信号，低电平有效，仅当 $\overline{OE}=0$ 时，内部触发器的状态可以输出，否则输出端悬空呈高阻状态。74LS374 具有与 74LS574 完全相同的逻辑功能，仅引脚排列不同，它们可作为 8 位数据锁存器使用，在上升沿锁存数据时，也可作为八个 D 触发器使用，但八个 D 触发器是共时钟信号的，且输出具有三态控制功能。

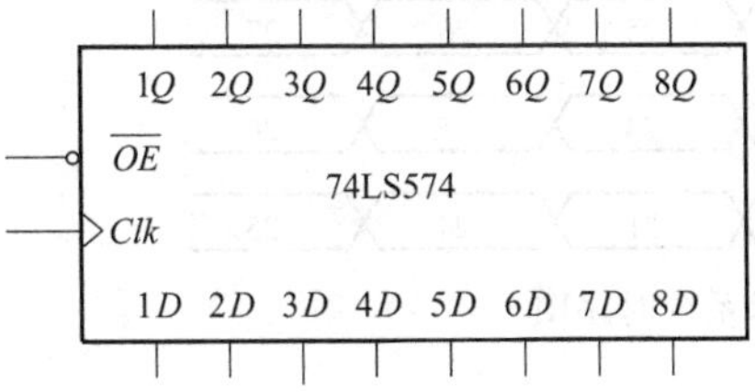

图 5-68　74LS574 的逻辑符号

表 5-33　74LS574 功能表

输出允许	时钟脉冲	数据输入	输出
$\overline{OE}$	Clk	D	Q^{n+1}
0	0	0	Q^n
0	0	1	Q^n
0	↑	0	0
0	↑	1	1
1	×	×	高阻

下面举例说明寄存器的简单应用。

例 5-18　如图 5-69 所示为某历史温度存储显示系统，该系统需要每小时采集一次室外温度，并实现最近连续 3h 采集的温度显示，从而可以看出温度变化趋势。假设温度传感器输出的温度为 5 位二进制数，系统中有三个可以接收 5 位二进制数的温度显示模块，试使用 5 位数据寄存器实现该系统的历史温度显示，并完成下面的框图。图中 C 为定时器输出，每小时产生一个时钟脉冲信号。

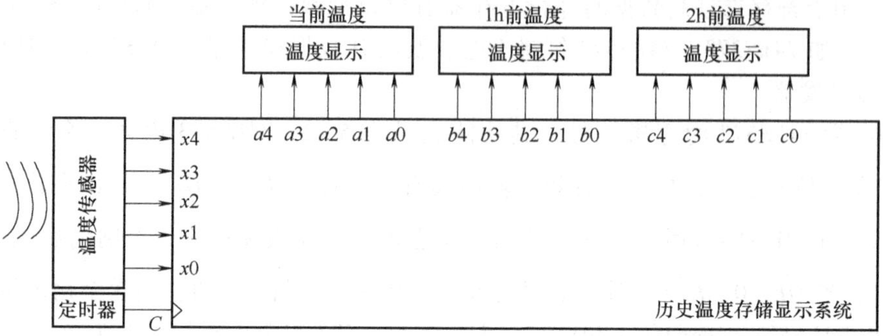

图 5-69　历史温度存储显示系统

解： 根据题意，需要使用三个 5 位数据寄存器实现本系统功能，如图 5-70 所示。

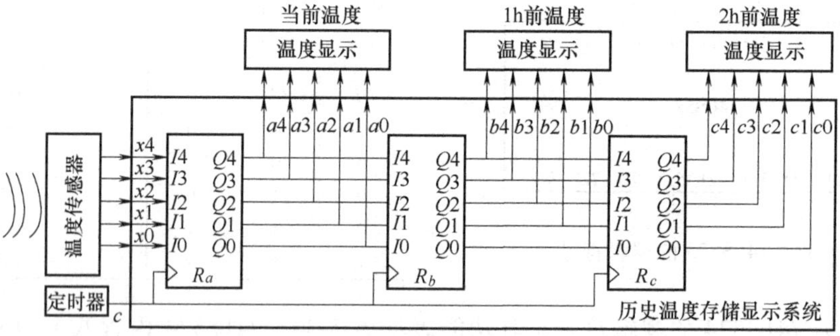

图 5-70　由三个 5 位数据寄存器实现的历史温度存储显示系统

假设三个 5 位数据寄存器的初始状态均为 0，该历史温度存储显示系统的时序图如图 5-71 所示。图中，x4…x0 表示传感器输出的实时温度数据；C 表示周期为 1h 的时钟脉冲信号；R_a、R_b、R_c 表示三个寄存器中存储的数据。

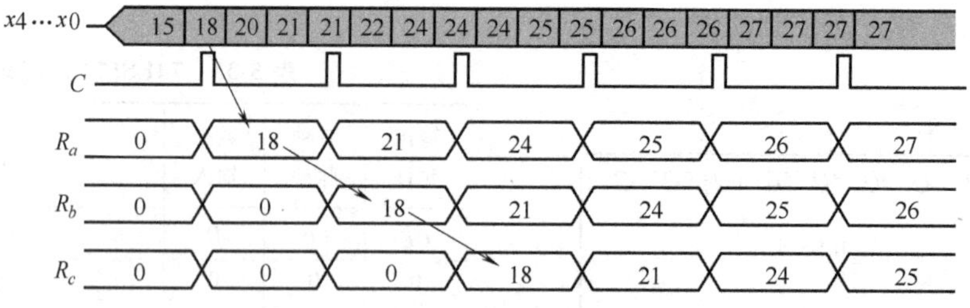

图 5-71　历史温度存储显示系统时序图

图 5-70 中三个 5 位数据寄存器的连接方式也构成了 5 位移位寄存器结构，由图 5-71 可见，每来一个 C 时钟脉冲，数据从 $x4\cdots x0 \to R_a \to R_b \to R_c$ 移动一次。

5.6.2　移位寄存器

移位寄存器除了具有数据存储的功能外，还具有移位功能。移位寄存器存储的数据在移位时钟的控制下依次左移或右移。由 D 触发器组成的 4 位右移移位寄存器逻辑电路如图 5-72 所示，X 为外部串行数据输入端，$Q_3Q_2Q_1Q_0$ 为外部并行输出端，Q_0 也称为串行输出端，Clk 为移位时钟脉冲输入端。该移位寄存器经过四个 Clk 移位脉冲后，X 输入端输入 $X_0X_1X_2X_3$，

其中 X_0 先入，4 位数码恰好全部移入寄存器中，数据从四个触发器输出端并行读出时 $Q_3Q_2Q_1Q_0=X_3X_2X_1X_0$，这种工作方式称为串入-并出方式。如果只从 Q_0 串行输出端输出数据，当四个 *Clk* 移位脉冲后 $Q_0=X_0$，若继续加入三个 *Clk* 移位脉冲，三位数码 X_1、X_2、X_3 便依次由 Q_0 串行输出，这种工作方式称为串入-串出方式。

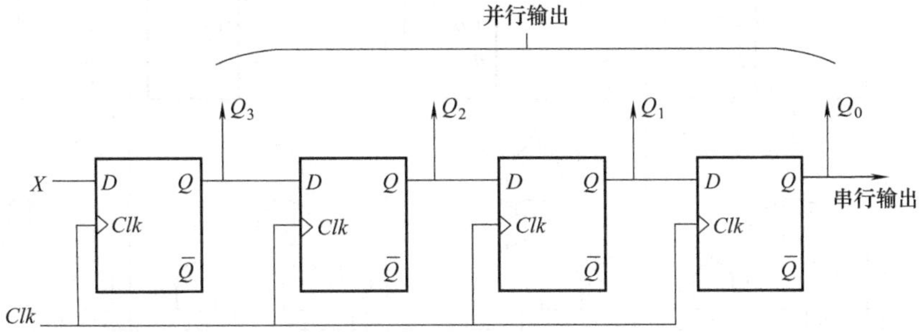

图 5-72　由 D 触发器组成的 4 位右移移位寄存器逻辑电路

串入-并出方式可以用来实现数据从串行到并行的转换，串入-串出方式可以用来实现数据的延时，当 X 从 Q_0 串行输出时的延迟时间是四个 *Clk* 移位脉冲时，从 Q_1、Q_2、Q_3 依次串行输出的延迟时间分别是三个、二个和一个 *Clk* 移位脉冲。

移位寄存器按移位方向分为左移位寄存器、右移位寄存器和双向移位寄存器；按接收数据的方式分为串行输入和并行输入移位寄存器；按输出方式可分串行输出和并行输出移位寄存器。

常用的集成移位寄存器种类很多，如 4 位单向移位寄存器 74LS195、8 位单向移位寄存器 74LS164、4 位双向移位寄存器 74LS194 和 8 位双向移位寄存器 74LS198 等。下面以 4 位双向移位寄存器 74LS194 为例来介绍移位寄存器的功能及其应用。

74LS194 是 4 位通用移位寄存器，具有左移、右移、并行置数、保持、清 0 等多种功能，其内部逻辑电路、逻辑符号及时序图分别如图 5-73a、b、c 所示，功能表见表 5-34。74LS194 各引脚功能如下：

表 5-34　74LS194 功能表

Cr	S_1	S_0	*Clk*	S_L	S_R	D_0	D_1	D_2	D_3	Q_0	Q_1	Q_2	Q_3
0	×	×	×	×	×	×	×	×	×	0	0	0	0
1	0	0	×	×	×	×	×	×	×	保持			
1	0	1	↑	×	S_R	×	×	×	×	S_R	Q_0^n	Q_1^n	Q_2^n
1	1	0	↑	S_L	×	×	×	×	×	Q_1^n	Q_2^n	Q_3^n	S_L
1	1	1	↑	×	×	*a*	*b*	*c*	*d*	*a*	*b*	*c*	*d*
1	×	×	0	×	×	×	×	×	×	保持			

Cr：异步清 0 端，低电平有效。

Clk：时钟脉冲输入端。

S_R、S_L：右移、左移串行数据输入端。

S_1、S_0：工作方式控制端。

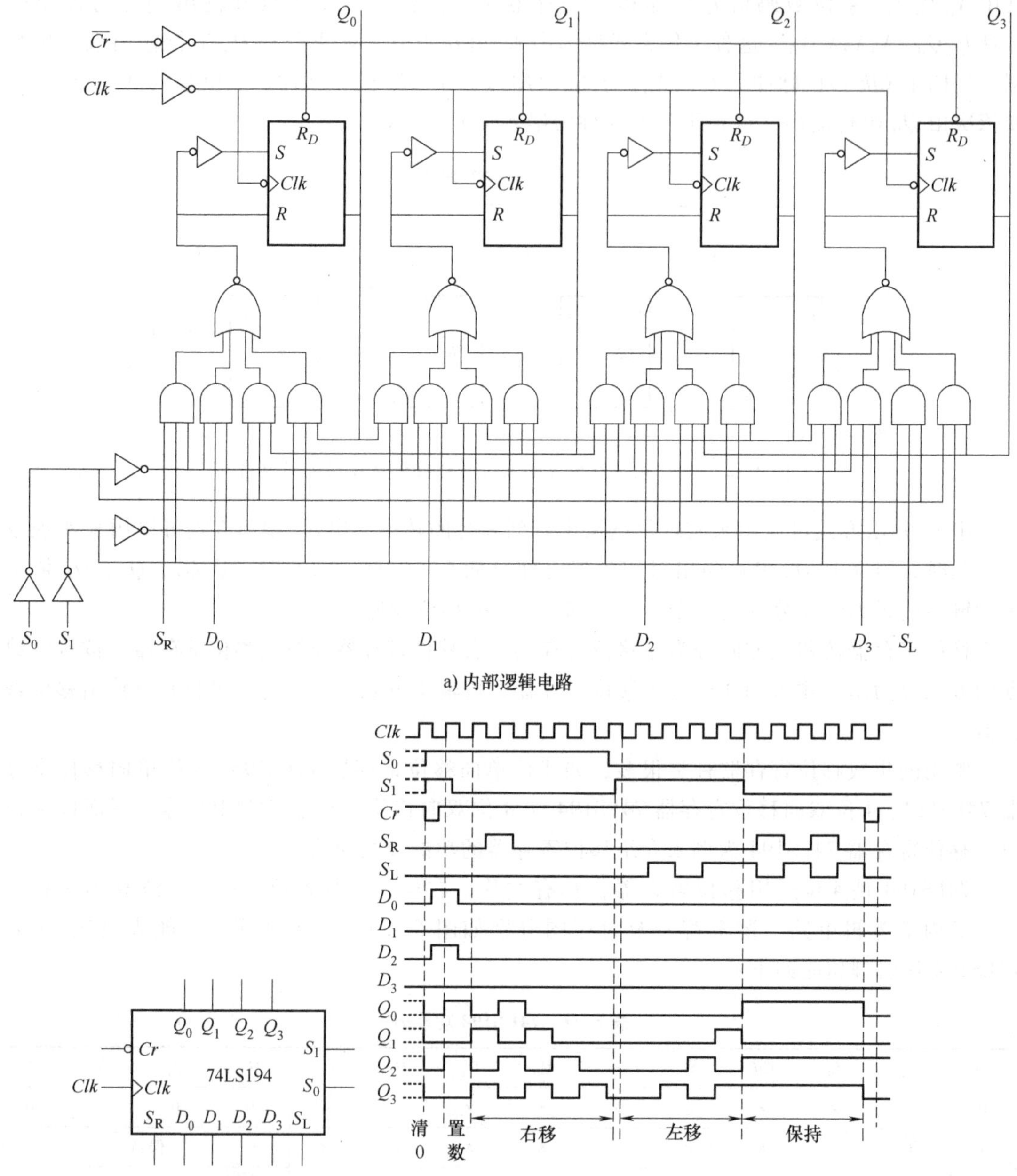

a) 内部逻辑电路

b) 逻辑符号

c) 时序图

图 5-73　4 位双向移位寄存器 74LS194

$D_0 \sim D_3$：并行数据输入端。

从功能表表 5-34 和图 5-73c 时序图可以看出，只要 $Cr=0$，移位寄存器无条件清 0；只有当 $Cr=1$、Clk 上升沿到来时，电路才可能按 S_1、S_0 设定的方式执行移位或置数操作等，$S_1S_0=11$ 为并行置数，$S_1S_0=01$ 为右移，$S_1S_0=10$ 为左移；当 $Cr=1$、$S_1S_0=00$ 或时钟无效时，电路保持原状态。

更多平行寄存器和移位寄存器，读者可以查询数字逻辑器件手册及网络资料。

5.6.3 移位型计数器

移位寄存器是数字系统中应用最广泛的时序逻辑部件之一。它可以用来实现数据的串-并和并-串变换，也可以构成移位寄存器型计数器（简称移位型计数器），进行计数、分频，还可以构成序列码发生器、序列码检测器、数据延时和数据处理器等。

移位型计数器由移位寄存器加反馈网络组成，其实现原理框图如图 5-74 所示。移位型计数器的状态变化顺序必须符合移位的规律，即

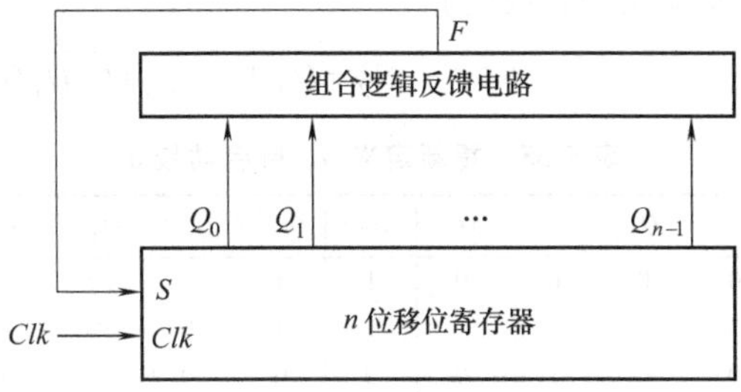

图 5-74　移位型计数器实现原理框图

$$Q_0^{n+1}=S=F,\cdots,Q_i^{n+1}=Q_{i-1}\quad(i=1,\cdots,n-1)$$

因此，移位型计数器的设计很简单，只需要设计第一级，即移位数据输入端 $S=F$ 的组合逻辑反馈电路的逻辑方程，其他各级都按移位寄存器方式连接即可。

典型的移位型计数器有以下几种：

1. 环形计数器

当反馈逻辑方程 $S=Q_{n-1}$ 时，即 n 位移位寄存器的最后一个触发器的状态输出连接到第一个触发器的数据输入端，就构成了由 n 位移位寄存器组成的 n 位环形计数器。用一片 74LS194 右移方式构成的 4 位环形计数器逻辑电路如图 5-75a 所示，其输入方程为 $S_R=Q_3$，根据移位规律得到的完整状态转移图如图 5-75b 所示。若电路的起始状态为 $Q_0Q_1Q_2Q_3=0001$，则 $S_R=Q_3=1$，在时钟脉冲作用下电路循环右移一位，下一个状态为 1000，经过四个时钟后得到如图 5-75b 环 ①所示的循环状态图。若起始状态为 $Q_0Q_1Q_2Q_3=1110$，则 $S_R=Q_3=0$，电路循环右移一位，下一个状态为 0111，经过四个时钟后得到如图 5-75b 环②所示循环状态图。以次类推，可分别得到图 5-75b 的其他循环，可见，4 位环形计数器的最大模值为 4。从图 5-75b 完整状态转移图可知，图 5-75a 所设计的环形计数器不能自启动。

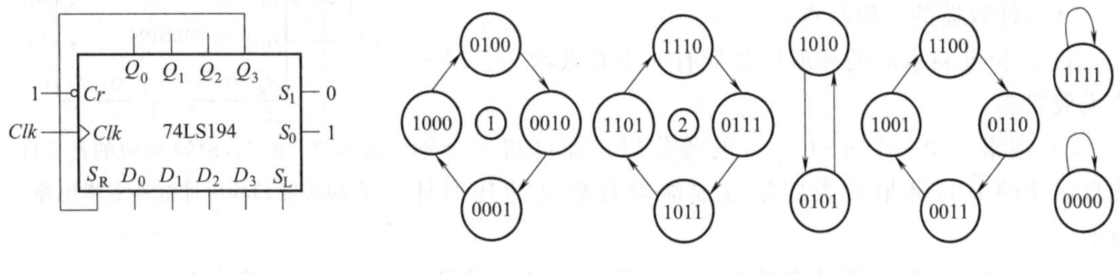

图 5-75　4 位环形计数器逻辑电路及完整状态图

环形计数器结构很简单，如果选环①为有效循环，其特点是每个时钟周期只有一个输出端为 1，因此可以直接用环形计数器的输出作为状态输出信号或节拍信号，不需要再加译码电路。但它的状态利用率低，n 个触发器或 n 位移位寄存器只能构成模值 $M=n$ 的计数器，有 2^n-n 个无效状态。

为了使环①为有效循环的环形计数器具有自启动功能，设计时要对图 5-75a 进行自启动

校正。重新定义右移数据输入端 S_R。如果现态为 0000、S_R 为 1，则其次态为 1000 即为有效状态；以此类推，列出所有状态对应的 S_R 输入端，使其次态经过一定的移位时钟即可进入主循环，见表 5-35。由表 5-35 画出完整的状态转移图，如图 5-76 所示，写出新的右移数据输入端 S_R 的方程为

$$S_R=\overline{Q}_0\overline{Q}_1\overline{Q}_2\overline{Q}_3+\overline{Q}_0\overline{Q}_1\overline{Q}_2Q_3=\overline{Q}_0\overline{Q}_1\overline{Q}_2=\overline{Q_0+Q_1+Q_2}$$

表 5-35　重新定义 S_R 自启动校正

Q_0	Q_1	Q_2	Q_3	S_R	Q_0^{n+1}	Q_1^{n+1}	Q_2^{n+1}	Q_3^{n+1}
0	0	0	0	1	1	0	0	0
0	0	0	1	1	1	0	0	0
0	0	1	0	0	0	0	0	1
0	0	1	1	0	0	0	0	1
0	1	0	0	0	0	0	1	0
0	1	0	1	0	0	0	1	0
0	1	1	0	0	0	0	1	1
0	1	1	1	0	0	0	1	1
1	0	0	0	0	0	1	0	0
1	0	0	1	0	0	1	0	0
1	0	1	0	0	0	1	0	1
1	0	1	1	0	0	1	0	1
1	1	0	0	0	0	1	1	0
1	1	0	1	0	0	1	1	0
1	1	1	0	0	0	1	1	1
1	1	1	1	0	0	1	1	1

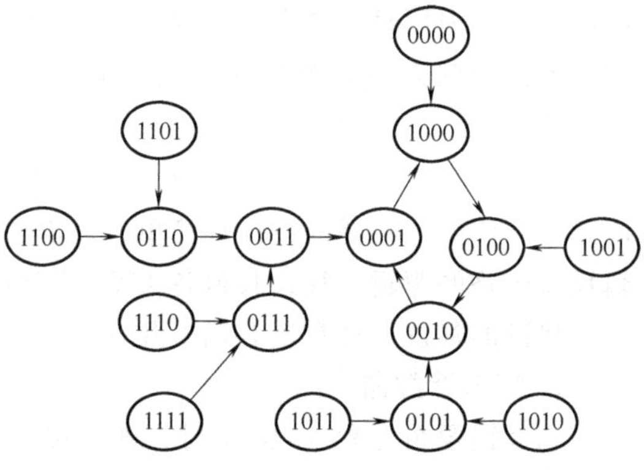

图 5-76　能够自启动的完整状态转移图

由 74LS194 构成的具有自启动功能的环形计数器逻辑电路如图 5-77 所示。

如果在图 5-75b 中选择环②为有效循环，读者可自行仿照表 5-35 的方法重新定义右移数据输入端 S_R 的方程，并画出能够自启动的环形计数器逻辑电路图和完整状态转移图。此处不再赘述。

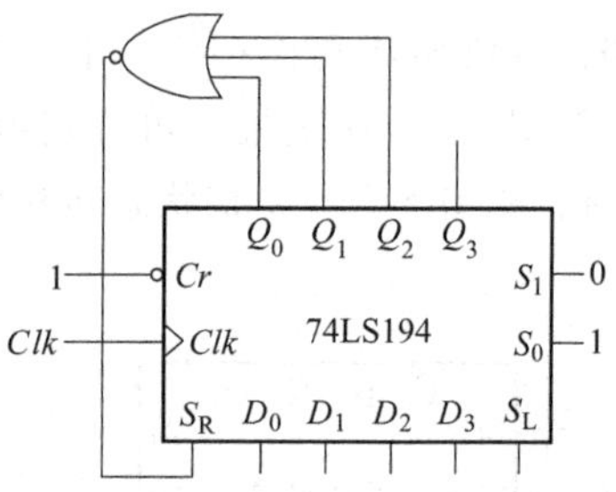

图 5-77　由 74LS194 构成的具有自启动功能的环形计数器逻辑电路

环形计数器的一般特点：

1）n 位能自启动的环形计数器有 n 个有效状态，2^n-n 个无效状态。

2）通常，用一个 $n-1$ 输入的或非门，即可将一个不能自启动的 n 位环形计数器修改成能够自启动的环形计数器。

3）一般环形计数器的有效状态特点是每个时钟周期只有一个输出端为 1（或 0）。

2. 扭环形计数器

当反馈逻辑方程 $S=\overline{Q_{n-1}}$ 时，即 n 位移位寄存器的最后一个触发器的状态输出经过一个非门连接到第一个触发器的数据输入端，就构成了由 n 位移位寄存器组成的 n 位扭环形计数器。其计数模值为 $M=2n$，无效状态为 2^n-2n 个。扭环形计数器的状态按循环码的规律变化，且译码电路比较简单，因此也称为循环码或约翰逊计数器。由一片 74LS194 右移方式构成的 4 位扭环形计数器及其完整状态转移图分别如图 5-78a、b 所示，它有两个循环圈，不

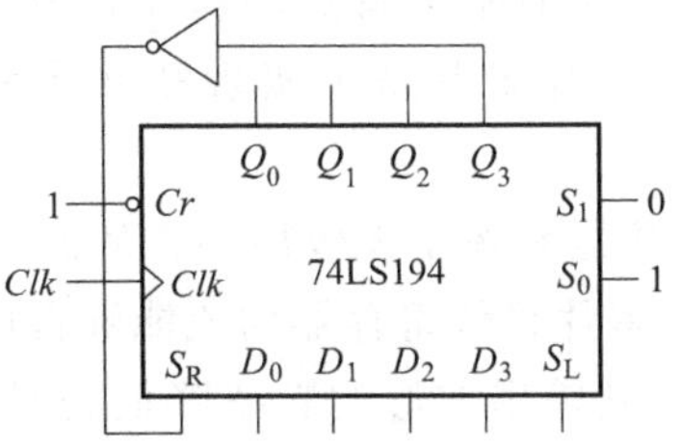

a) 逻辑电路

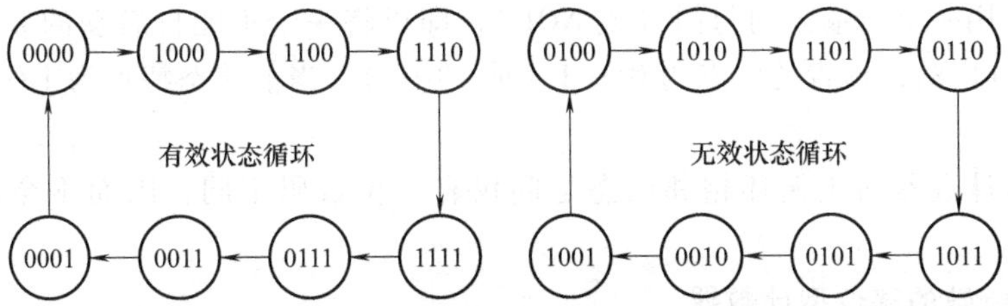

b) 完整状态转移图

图 5-78　由一片 74LS194 右移方式构成的 4 位扭环形计数器逻辑电路及其完整状态转移图

具有自启动能力。

如果将图 5-78b 中的有效状态循环作为主循环，需要对图 5-78a 进行自启动校正。同样可以利用环形计数器自启动校正方法，见表 5-35，重新定义右移数据输入端 S_R 的方程。这里采用另外一种方法实现电路的自启动校正。观察图 5-78b 状态转移图，只要能够打破无效状态循环使其进入有效状态循环，即可实现自启动。因此，在有效状态中找出一个具有唯一特点的状态，如状态 1111，有效状态中只有该状态满足 $Q_0=Q_3=1$，而在无效状态中，具有该特点的状态有 1101、1011 和 1001 三个。如果在图 5-78a 中加入一个附加电路来判断状态是否满足 $Q_0=Q_3=1$，当满足时，通过 74LS194 的置数功能（$S_1S_0=11$）将其次态置为有效状态 0111（即有效状态 1111 的次态），否则按图 5-78a 正常右移（$S_1S_0=01$）。因此，当 $Q_0=Q_3=1$ 时，使控制端 $S_1=1$，否则 $S_1=0$ 即可，很容易得到方程 $S_1=Q_0Q_3$。由 74LS194 构成的能够自启动的扭环形计数器逻辑电路和状态转移图分别如图 5-79a、b 所示。

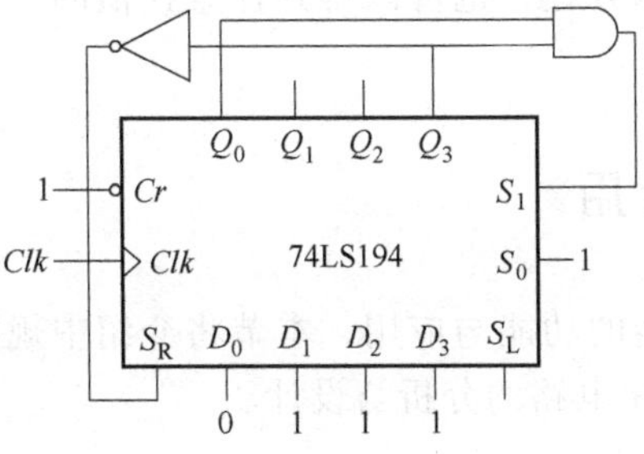

a) 逻辑电路

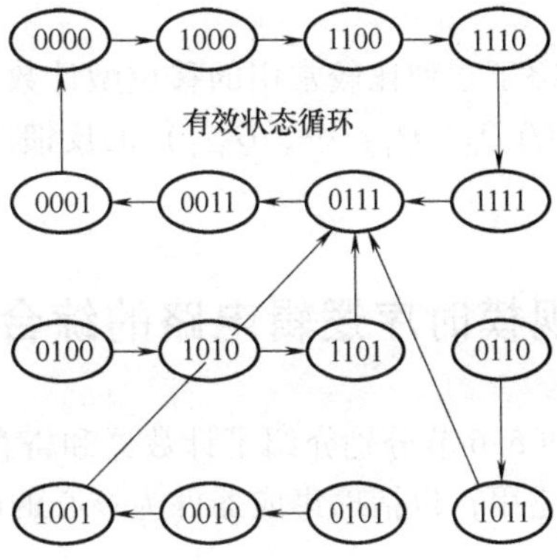

b) 状态转移图

图 5-79　能够自启动的扭环形计数器逻辑电路及状态转移图

另外，在图 5-78a 有效状态中具有唯一特点的状态还有 0000 状态，其特点是 $Q_0=Q_3=0$。因此，也可以利用该特点设计附加电路来实现扭环形计数器的自启动。读者可自行完成。

图 5-79a 逻辑电路利用预置功能破坏了无效循环，从而使电路具有自启动功能。利用这种典型电路的设计思路，可以用多片移位寄存器构成能够自启动的任意 n 位扭环形计数器。

扭环形计数器的模值为 $2n$，其输出波形的频率降低为时钟频率的 $1/2n$，所以它可以用作偶数分频器。扭环形计数器的一般特点：

1）n 位能自启动的扭环形计数器有 $2n$ 个有效状态，2^n-2n 个无效状态。

2）通常，用一个二输入的与门（或 NOR），即可将一个不能自启动的 n 位扭环形计数器修改成能够自启动，预置的状态为 01…1（或 10…0），当前状态特点为 1×…×1（或 0×…×0）。

3）扭环形计数器的主循环相邻状态之间仅有一位数码不同，因而不会产生竞争冒险现象。

3. 模值为奇数的移位型计数器

如果将移位寄存器的反馈逻辑方程改为 $S=\overline{Q_{n-1}Q_{n-2}}$，即将 n 位移位寄存器的最后两个触发器的状态输出经过一个与非门连接到第一个触发器的数据输入端，则可以构成模值为奇数的移位型计数器（或分频器），模值为 $M=2n-1$。其状态变化与扭环形计数器相似，但跳过了全 0 状态。图 5-80 是用两片 74LS194 构成的模值为 15 的移位型计数器逻辑电路，读者可自行画出其完整状态转移图并判断是否能自启动。

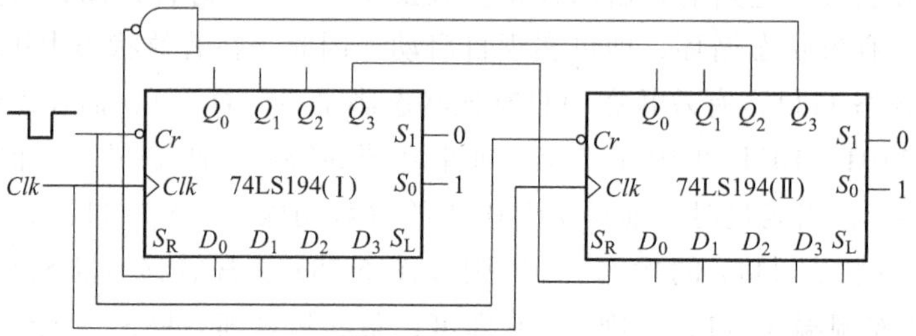

图 5-80　用两片 74LS194 构成的模值为 15 的移位型计数器逻辑电路

以上介绍了三种比较常用的移位型计数器的设计，通过设计移位寄存器第一级的移位数据输入端 $S=f(Q_0, Q_1, \cdots, Q_{n-1})$ 的反馈逻辑方程，也可以得到任意模值的一般的移位型计数器。

5.7 中规模时序逻辑电路的综合应用

5.5 节和 5.6 节分别介绍了计数器和寄存器的功能与应用，本节将介绍中规模时序逻辑电路的综合应用，包括以集成器件为核心的时序电路的分析与设计。

5.7.1 序列信号发生器

序列信号是一组串行周期性的二进制数。能够产生一组或多组序列信号的电路称为序列信号发生器，它在数字通信、雷达、遥控与遥测以及电子仪表等领域有着广泛的应用。序列信号的种类很多，根据序列循环长度 M 和触发器数目 n 的关系一般可分为三种：

1）最大循环长度序列码，$M=2^n$。

2）最长线性序列码（m 序列码），$M=2^n-1$。

3）任意循环长度序列码，$M<2^n$。

序列信号发生器可以由触发器、计数器或移位寄存器构成。

1. 计数型序列信号发生器

计数型序列信号发生器是用计数器实现序列循环长度的控制，组合电路则完成所要求的序列码的输出。计数型序列信号发生器的构成原理框图如图 5-81 所示，Z_1、Z_2、…、Z_m 为输出序列，输出序列与计数器状态之间满足 $Z_i=f(Q_0, Q_1, \cdots, Q_{n-1})$。由于计数器的状态设置和输出序列没有对应关系的要求，因此这种结构对于输出序列的设计比较灵活，而且能同时产生多组长度相关的序列码。

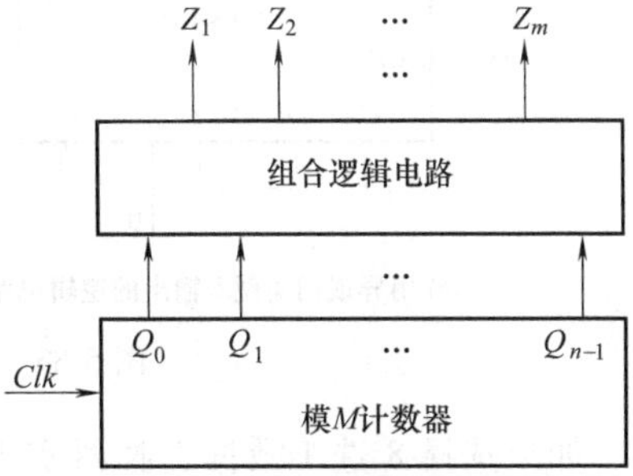

图 5-81　计数型序列信号发生器的构成原理框图

计数型序列信号发生器的设计过程为：

1）根据序列码的长度 L，设计模值 $M=L$ 的计数器。

2）按计数器的状态转移关系和序列码的要求，设计组合逻辑电路。

例 5-19　设计一个可产生 0101101 序列码的计数型序列信号发生器，分别使用普通逻辑门和 8 选 1 数据选择器实现该电路。

解：

1）序列长度为 $L=7$，选用 74LS161，采用同步置 0 方法设计一个模值 $M=7$ 的计数器，计数器 $Q_DQ_CQ_BQ_A$ 的有效状态范围为 0000~0110。

2）设计组合输出电路。根据计数的有效状态和输出序列的对应关系，列出真值表见表 5-36。

如果选用普通逻辑门实现表 5-36 中的输出 Z，使用卡诺图对其化简，如图 5-82 所示，可得序列输出 Z 的逻辑表达式为

$$Z=Q_C\overline{Q_A}+\overline{Q_C}Q_A=Q_C\oplus Q_A$$

表 5-36　例 5-19 真值表

Q_D	Q_C	Q_B	Q_A	Z
0	0	0	0	0
0	0	0	1	1
0	0	1	0	0
0	0	1	1	1
0	1	0	0	1
0	1	0	1	0
0	1	1	0	1

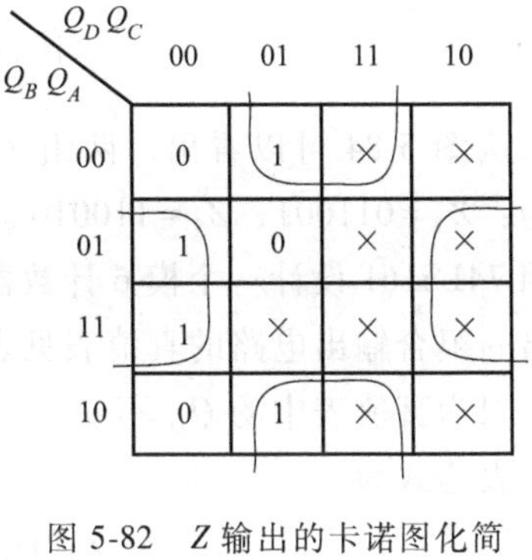

图 5-82　Z 输出的卡诺图化简

直接使用异或门实现的逻辑电路如图 5-83a 所示。

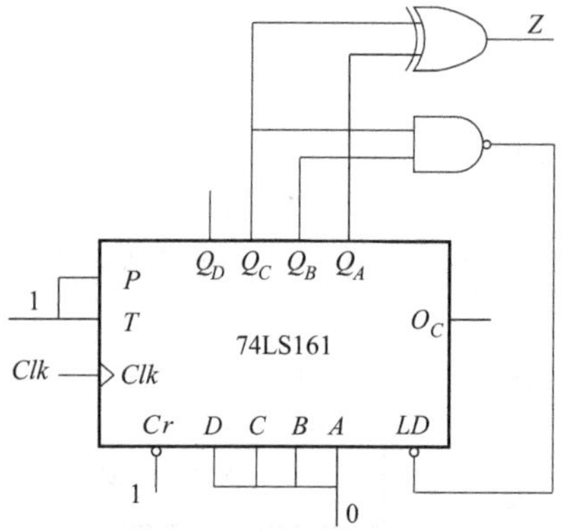

a) 用异或门实现Z 输出的逻辑电路

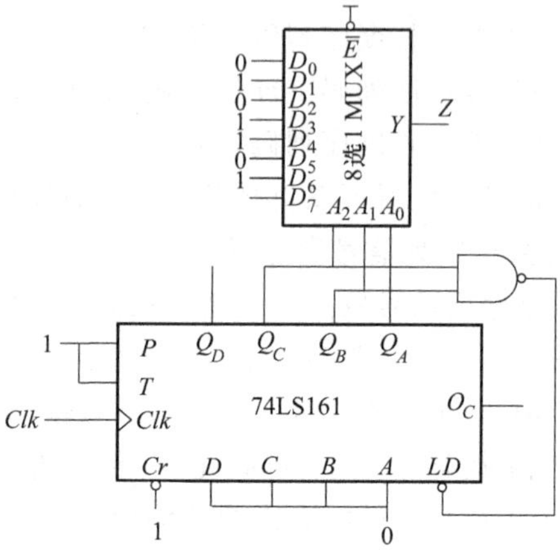

b) 用8选1 MUX实现Z 输出的逻辑电路

图 5-83　例 5-19 序列信号发生器逻辑电路

如果选择 8 选 1 数据选择器实现表 5-36 中的输出 Z，由真值表可以看出，选择 $Q_CQ_BQ_A$ 作为 8 选 1 数据选择器的三位地址选择端，则表 5-36 中的输出即为数据选择器的输入端。8 选 1 MUX 的输出表达式为

$$Z=Y=(Q_CQ_BQ_A)[0\ 1\ 0\ 1\ 1\ 0\ 1\ \times]^{T}$$

选择 8 选 1 MUX 实现的序列信号发生器逻辑电路如图 5-83b 所示。

例 5-19 说明，用计数器和数据选择器可以很方便地实现序列信号发生器，特别是当序列长度不变的情况下，修改输出序列比较方便。如把例 5-19 的序列码改为 1011100，对于用普通逻辑门实现的电路需要比较大的修改，而用数据选择器实现的电路则不需要修改，只需修改数据选择端的数据即可。

例 5-20　设计一个能同时产生两组序列码的双序列信号发生器，两组序列码的时序图如图 5-84 所示。

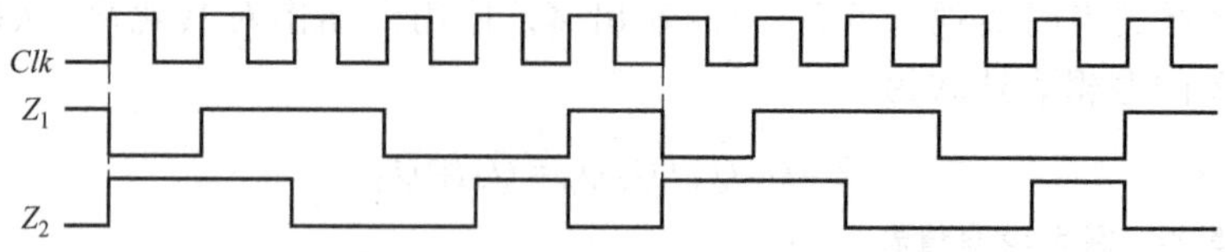

图 5-84　两组序列码时序图

解：从图 5-84 可以看出，两组序列码的循环周期都是六个 Clk 时钟，两组序列码的码组分别为：$Z_1=011001$，$Z_2=110010$。

选用 74LS161 设计一个模 6 计数器，如果用可编程计数器设计方法，则计数器的有效状态和列出的组合输出电路的真值表见表 5-37；选用一片 3-8 译码器 74LS138 和与非门实现组合输出。因为真值表中的 Q_D 不变，固定为 1，所以能写出只与 Q_C、Q_B、Q_A 有关的 Z_1、Z_2 的最小项表达式为

$$Z_1(Q_C,Q_B,Q_A)=m_3+m_4+m_7$$

$$Z_2(Q_C,Q_B,Q_A)=m_2+m_3+m_6$$

双序列信号发生器逻辑电路如图 5-85 所示。

表 5-37　例 5-20 真值表

Q_D	Q_C	Q_B	Q_A	Z_1	Z_2
1	0	1	0	0	1
1	0	1	1	1	1
1	1	0	0	1	0
1	1	0	1	0	0
1	1	1	0	0	1
1	1	1	1	1	0

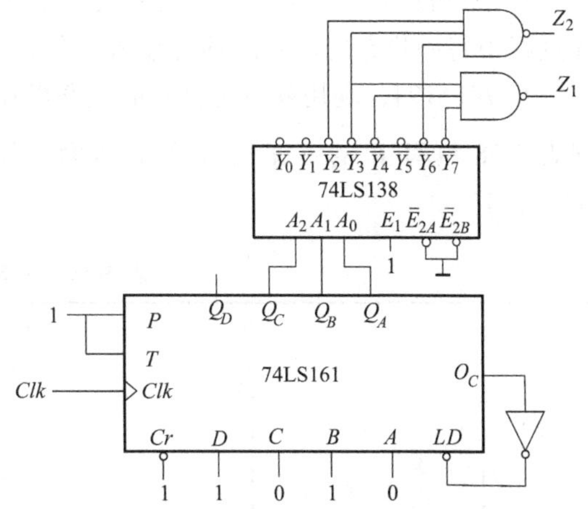

图 5-85　双序列信号发生器逻辑电路

2. 反馈移位型序列信号发生器

反馈移位型序列信号发生器是根据所要产生的序列码来构成移位寄存器的状态循环，它由移位寄存器和组合反馈电路组成。其实现原理框图如图 5-86 所示，可以选择移位寄存器的某一端作为周期性的序列码 Z 的输出。图 5-86 与移位型计数器的原理图类似，不同的是其循环移位的状态转移图是根据所产生的序列来确定。反馈移位型序列信号发生器的一般设计过程如下：

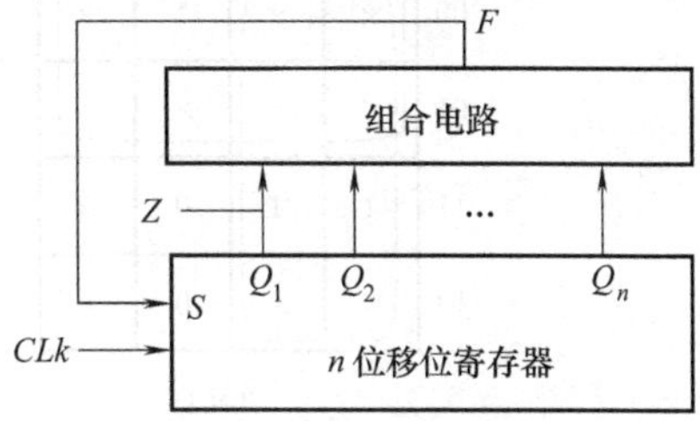

图 5-86　反馈移位型序列信号发生器实现原理框图

1）根据所要产生的序列码，确定移位寄存器位数 n 及 M 个独立状态，M 为序列码的长度。

从序列码的第一位开始到最后一位，按照移位循环的规律每 n 位为一组，划分为 M 个状态。若 M 个状态中出现重复现象，则应增加移位寄存器的位数。用 $n+1$ 位再重复上述过程，直到能够划分为 M 个独立状态为止。

2）根据移位寄存器的 M 个不同循环状态，列出反馈函数表，求出反馈函数 F 的表达式。

3）检查是否自启动，如果不能自启动，修改反馈函数 F 的表达式直到能自启动为止。

4）画出逻辑电路。

例 5-21　用移位寄存器 74LS194 设计一个产生 100111 序列的反馈移位型序列信号发生器。

解：

1）确定移位寄存器位数 n 及 M 个独立状态。由于序列码的长度 $L=6$，因此首先选取 $n=3$，即每 3 位一组将序列码 100111 按照移位循环的规律，从序列码的第一位开始循环，划分 6 个状态分别为 100、001、011、111、111、110，其中状态 111 重复出现。故取 $n=4$，并重新划分 6 个状态为 1001、0011、0111、1111、1110、1100，因为这 6 个状态是独立的，所以确定 $n=4$，即可用 4 位移位寄存器实现，一片 74LS194 即可。

2）根据独立状态列出状态表和反馈激励函数表，求反馈函数 F 的表达式。根据状态循环过程中每一状态所需要的移位输入信号，列出反馈函数表见表 5-38。由表 5-38 可见，选用一片 74LS194，利用移位寄存器的左移操作就能实现状态循环，因此反馈函数 $F=S_L$。根据表 5-38 填写 F 的卡诺图并圈卡诺圈，如图 5-87a 所示，并求 F 的表达式为 $F=\overline{Q_0}+\overline{Q_2}=\overline{Q_0Q_2}$。

表 5-38　例 5-21 反馈函数表

Q_0	Q_1	Q_2	Q_3	$F(S_L)$
1	0	0	1	1
0	0	1	1	1
0	1	1	1	1
1	1	1	1	0
1	1	1	0	0
1	1	0	0	1

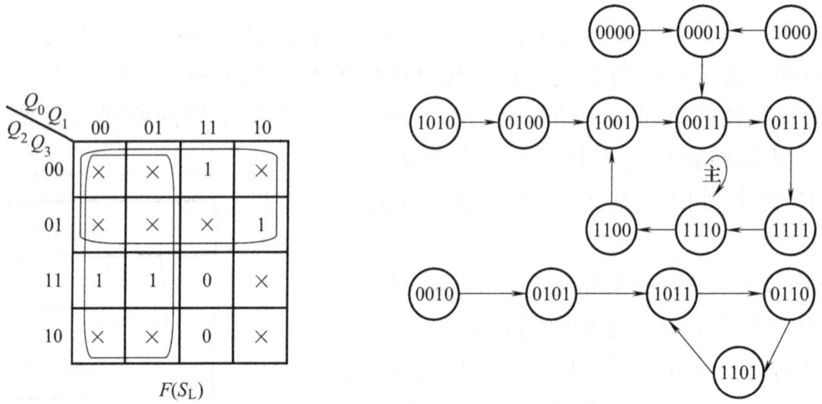

a) 卡诺图　　b) 完整状态转移图

图 5-87　反馈函数 F 的卡诺图和完整状态转移图

3）画完整状态转移图，检查是否可以自启动。根据图 5-87a 卡诺图中所圈的卡诺圈或反馈函数 F 的表达式，可得出完整状态转移图如图 5-87b 所示，图中有一个无效循环。可见，根据图 5-87a 所圈卡诺圈得出的反馈函数 F 实现的电路不能自启动，需要重新圈卡诺圈。图 5-87a 卡诺图新的圈法如图 5-88a 所示，并求得新的反馈函数 $F=\overline{Q_2}+\overline{Q_0}Q_3$，其完整状态转移图如图 5-88b 所示。可见，根据修正后的反馈函数 F 实现的电路可以自启动。

4）画逻辑电路。选用一片 74LS194 移位寄存器，反馈函数 $F=\overline{Q_2}+\overline{Q_0}Q_3=\overline{Q_2\overline{\overline{Q_0}Q_3}}$ 可以用普通逻辑门或中规模集成器件实现。图 5-89a 为利用普通逻辑门实现的反馈函数电路。若用一片 4 选 1 数据选择器实现反馈函数，则选择函数 F 中的 Q_0 和 Q_2 作为 4 选 1 数据选择器的地址，并令 $A_1A_0=Q_0Q_2$，列出函数 F 根据 Q_0 和 Q_2 的真值表，其输出即为 4 选 1 数据选

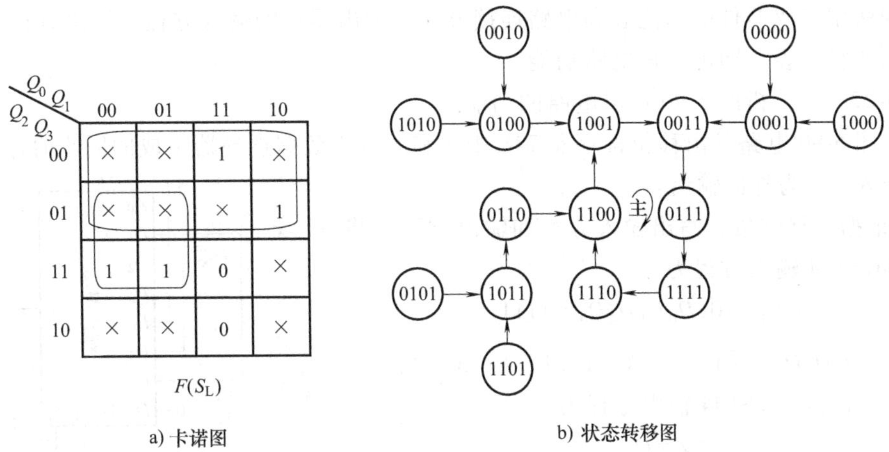

图 5-88　修正后反馈函数 F 的卡诺图和状态转移图

择器的数据输入端，即 $F=Y=(Q_0Q_2)_m[1,\ Q_3,\ 1,\ 0]^T$。采用 4 选 1 数据选择器实现的反馈函数逻辑电路如图 5-89b 所示。

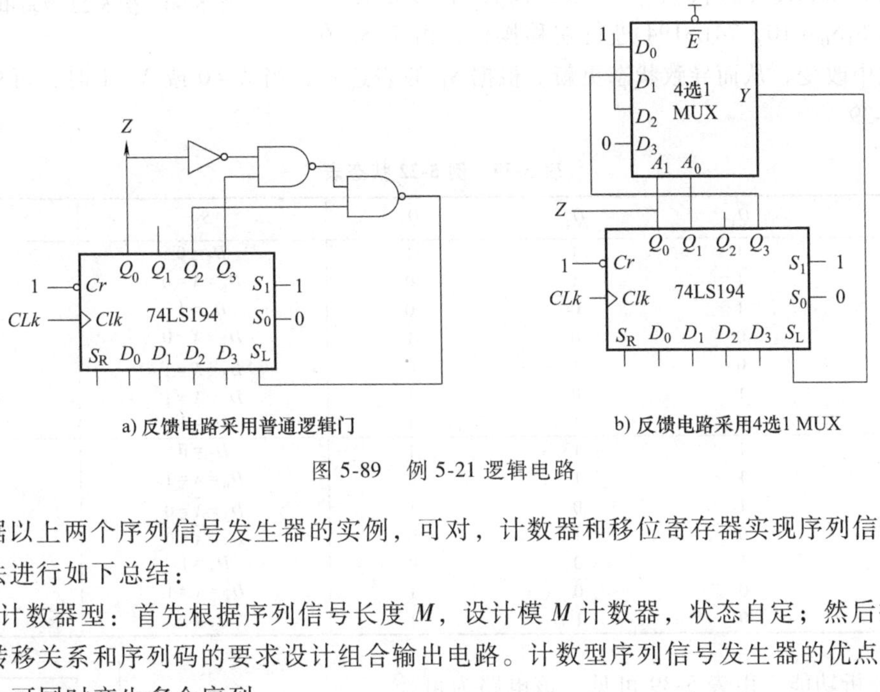

图 5-89　例 5-21 逻辑电路

根据以上两个序列信号发生器的实例，可对，计数器和移位寄存器实现序列信号发生器两种方法进行如下总结：

1）计数器型：首先根据序列信号长度 M，设计模 M 计数器，状态自定；然后按计数器的状态转移关系和序列码的要求设计组合输出电路。计数型序列信号发生器的优点是设计过程简单，可同时产生多个序列。

2）移位寄存器型：首先根据序列信号长度 M，确定移位寄存器位数 n，确定移位寄存器的 M 个独立状态；然后根据 M 个状态列出移位寄存器的状态表和反馈函数表，求出移位反馈函数；检查自启动性能；最后设计反馈组合电路。移位型序列信号发生器的缺点是设计过程较复杂，而且只能产生一个序列。

5.7.2　以集成器件为核心的同步时序电路的分析

以中规模集成器件为核心的同步时序电路的分析方法与普通时序逻辑电路的分析过程一

样，根据所用集成器件的功能表和电路连接方式，列出器件的输入方程、输出方程，然后列出状态图或状态表，即可分析电路功能。

例 5-22 试分析图 5-90 逻辑电路的功能。

解： 图 5-90 电路是由移位寄存器 74LS194 和 8 选 1 数据选择器组成的同步时序电路，X 为外部输入，Z 为外部输出。

1）根据电路连接，写出输入方程和输出方程。移位寄存器 74LS194 输入方程为

$$S_1S_0=10, D_0D_1D_2D_3=1111$$

$$S_L=(Q_1Q_2Q_3)_m[1 \quad X \quad \overline{X} \quad 1 \quad 1 \quad \overline{X} \quad X \quad 0]^T$$

移位寄存器 74LS194 输出方程为

$$Z=Q_3$$

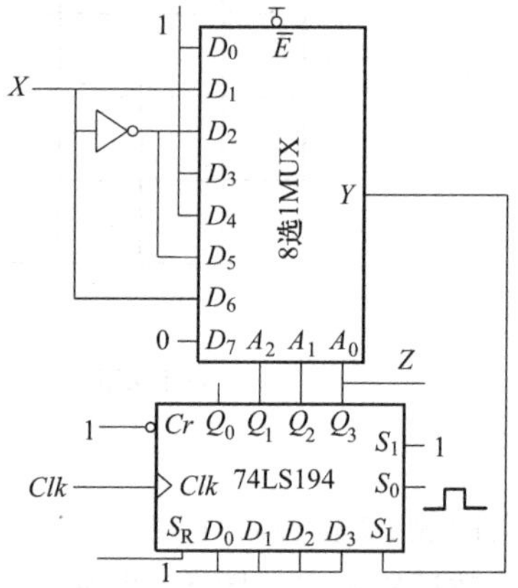

图 5-90 例 5-22 逻辑电路

2）根据集成器件功能表，列电路状态表。由图 5-90 可以看出，电路开始工作时，74LS194 的 S_0 端开始输入高电平脉冲，使得控制信号 $S_1S_0=11$，74LS194 进行置数操作，故起始状态 $Q_0Q_1Q_2Q_3=1111$。接着 S_0 为低电平，控制信号 $S_1S_0=10$，74LS194 进行左移操作，由于 S_L 在状态变化中改变，从而导致状态更新。根据 S_L 的表达式，当 $X=0$ 或 $X=1$ 时，可列出状态表见表 5-39。

表 5-39 例 5-22 状态表

X	Q_1	Q_2	Q_3	S_L	Z
0	1	1	1	$D_7=0$	1
0	1	1	0	$D_6=X=0$	0
0	1	0	0	$D_4=1$	0
0	0	0	1	$D_1=X=0$	1
0	0	1	0	$D_2=\overline{X}=1$	0
0	1	0	1	$D_5=\overline{X}=1$	1
0	0	1	1	$D_3=1$	1
1	1	1	1	$D_7=0$	1
1	1	1	0	$D_6=X=1$	0
1	1	0	1	$D_5=\overline{X}=0$	1
1	0	1	0	$D_2=\overline{X}=0$	0
1	1	0	0	$D_4=1$	0
1	0	0	1	$D_1=X=1$	1
1	0	1	1	$D_3=1$	1

3）分析功能。由表 5-39 可见，该电路为可控序列信号发生器，当 $X=0$ 时产生 1001011 序列，当 $X=1$ 时，产生 1010011 序列。

例 5-23 分析图 5-91 同步时序电路的功能。

解： 由图 5-91 可知，该电路无外部输入信号，因此是 Moore 型电路。

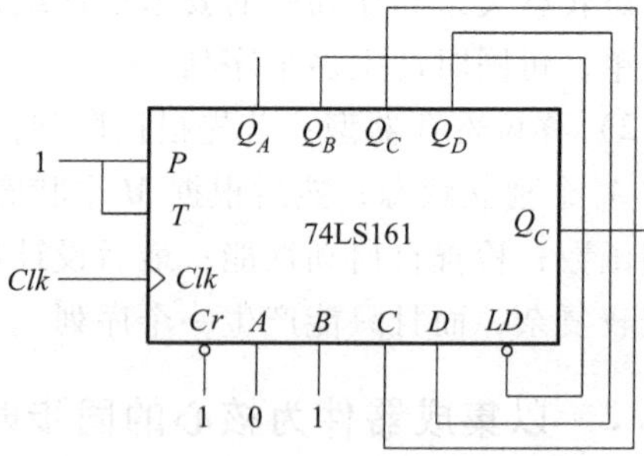

图 5-91 例 5-23 同步时序电路

1）根据电路连接，写出 74LS161 的各输入端（控制端）方程为

$$Cr=1, PT=1, LD=Q_B, DCBA=Q_D Q_C 10$$

2）根据集成器件功能表，列电路状态表。先根据输入方程与 74LS161 的功能确定每个状态下的激励信号及操作功能，然后确定其次态，因而得出该电路的状态表，见表 5-40。

3）分析功能。根据表 5-40 可知，该电路是模 12 计数器，若从 Q_D 端输出，则可以得到占空比为 50%的 12 分频的方波。

表 5-40　例 5-23 状态表

Q_D	Q_C	Q_B	Q_A	LD	D	C	B	A	功能说明
0	0	0	0	0	0	0	1	0	置数
0	0	1	0	1					计数
0	0	1	1	1					计数
0	1	0	0	0	0	1	1	0	置数
0	1	1	0	1					计数
0	1	1	1	1					计数
1	0	0	0	0	1	0	1	0	置数
1	0	1	0	1					计数
1	0	1	1	1					计数
1	1	0	0	0	1	1	1	0	置数
1	1	1	0	1					计数
1	1	1	1	1					计数

5.7.3　以集成器件为核心的同步时序电路的设计

采用中规模集成器件设计同步时序电路时有许多不同于传统方法的特点：

1）状态化简一般不必进行。只有在某些特殊情况下，如果化简能够减少集成器件数目（如原状态为 17 个，化简后小于 17 个）才有实际意义。

2）状态分配根据器件的功能而定。一般选择了合适的中规模集成器件后，根据其操作特点来进行状态分配。为了使电路连线减少，还应考虑尽量使操作功能种类减少。

3）求激励函数和输出函数时，首先要确定集成器件在每个状态下执行的操作功能，然后根据需要执行的操作去设置各控制端的激励，进而再导出激励（控制）方程和输出方程。

例 5-24　试以集成器件 74LS169 为核心设计带有进位/借位输出的模 5 可逆加/减计数器。

解：

1）选择状态。74LS169 是同步、可预置、无清 0 端的 4 位二进制可逆集成计数器，其逻辑符号如图 5-40 所示，功能表见表 5-26。根据题意要求，设 X 为加/减控制变量，$X=0$ 时进行加法计数，$X=1$ 时进行减法计数，可选择 74LS169 的最后五个状态构成模 5 可逆计数器，即 1011—1100—1101—1110—1111，其状态转移图如图 5-92 所示。

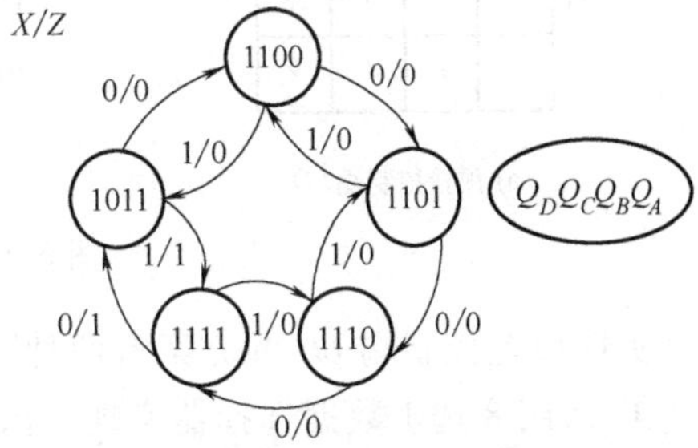

图 5-92　状态转移图

2）列操作表。器件在每个状态下所进行的操作功能用操作表来表示。从图 5-92 可以看出，当电路处于 1011 状态时，若 $X=0$，则计数器进行加 1 计数操作；若 $X=1$，则计数器进行置数操作。根据 74LS169 功能表，不同状态下 74LS169 需要进行的操作可以用表 5-41 表示。

表 5-41　操作表

X	Q_D	Q_C	Q_B	Q_A	LD	$U/\overline{D}$	Z	D	C	B	A	功能说明
0	1	0	1	1	1	1	0					加计数
0	1	1	0	0	1	1	0					加计数
0	1	1	0	1	1	1	0					加计数
0	1	1	1	0	1	1	0					加计数
0	1	1	1	1	0	1	1	1	0	1	1	置数
1	1	0	1	1	0	0	1	1	1	1	1	置数
1	1	1	0	0	1	0	0					减计数
1	1	1	0	1	1	0	0					减计数
1	1	1	1	0	1	0	0					减计数
1	1	1	1	1	1	0	0					减计数

3）求集成器件 74LS169 预置控制端 LD、预置值 $DCBA$ 的激励函数和进位/借位输出 Z 的函数。这一步是确定集成器件 74LS169 各控制端需要加什么信号才能实现表 5-41 中的操作。从状态图和操作表可以看出，计数器在各种状态下的操作是由外部输入 X 和内部状态 $Q_DQ_CQ_BQ_A$ 决定的，因此可以首先根据操作表表 5-41 求出每一个状态下激励函数、输出函数与外部输入 X 的关系，然后再求出激励函数、输出函数与 X、$Q_DQ_CQ_BQ_A$ 的关系。

如当状态为 1011、1111 时有计数、置数两种操作，并可求得当 $Q_DQ_CQ_BQ_A=1011$ 时，$LD=\overline{X}$，$Z=X$；当 $Q_DQ_CQ_BQ_A=1111$ 时，$LD=X$，$Z=\overline{X}$；由于状态为 1100、1101、1110 时仅有计数操作（加计数或减计数），故 $LD=1$。可见，根据输入 X 为 0 或 1，可分别画出预置控制端 LD、预置值 $DCBA$ 和进位/借位输出 Z 的卡诺图如图 5-93a、b、c 所示。

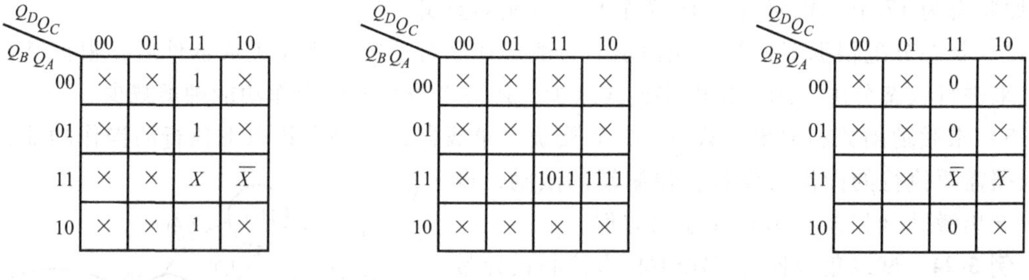

a) 预置控制端 LD　　b) 预置值 $DCBA$　　c) 进位/借位输出 Z

图 5-93　各控制信号卡诺图

实现预置控制端 LD 的方案有两种：

① 选用 8 选 1 数据选择器实现。由表 5-41 可以看出，选择 $Q_CQ_BQ_A$ 作为 8 选 1 数据选择的地址，则有

$$LD=(Q_CQ_BQ_A)_m[d\ d\ d\ \overline{X}\ 1\ 1\ 1\ X]^{\mathrm{T}}$$

② 选用普通逻辑门实现。根据图 5-93a 卡诺图可得

$$\begin{aligned}LD&=\overline{Q}_B+\overline{Q}_A+Q_CQ_BQ_AX+\overline{Q}_CQ_BQ_A\overline{X}=\overline{Q_BQ_A}+Q_BQ_A(\overline{Q_C\oplus X})\\&=\overline{Q_BQ_A(Q_C\oplus X)}\end{aligned}$$

由图 5-93b、c 可得激励函数和输出函数分别为

$$D=1,\quad C=\overline{Q}_C,\quad B=A=1$$

$$Z=\overline{LD}$$

$$U/\overline{D}=\overline{X}$$

4）画逻辑电路。

图 5-94a、b 分别为由 8 选 1 数据选择器和普通逻辑门实现的逻辑电路。

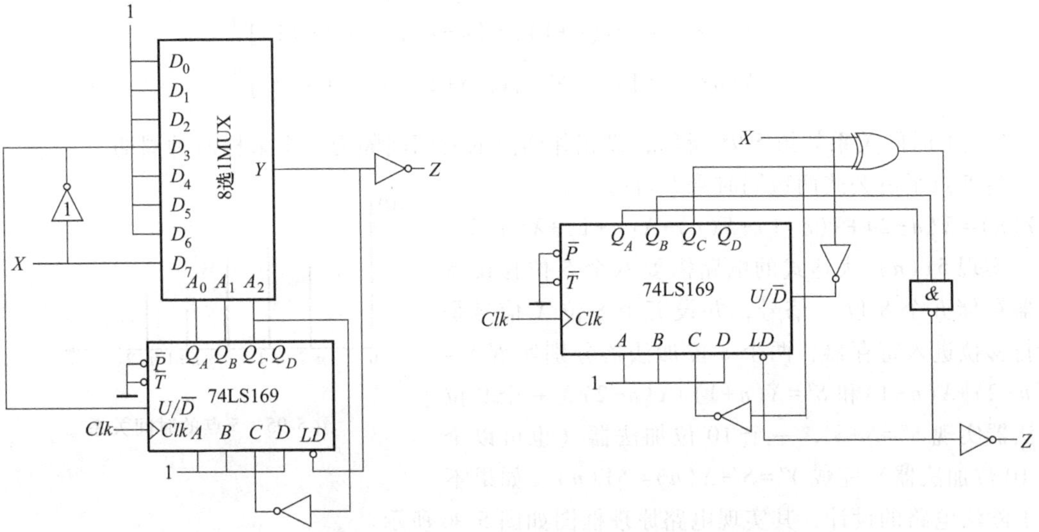

a) *LD*采用8 选1 MUX实现　　b) *LD*采用普通逻辑门实现

图 5-94　例 5-24 实现的逻辑电路

5.7.4　简单数字信号处理电路设计

直接用数字电路来实现数字信号的处理具有并行和速度快的优点。本节简要介绍数字信号的平滑滤波电路的实现和简单的数字信号处理系统的构成。

为了消除数字信号的噪声干扰，常对数字信号进行简单的平滑滤波处理。一般的平滑滤波处理是把一段时间的信号加起来求平均，m 点平滑的计算公式为

$$Y(n)=\frac{X\left(i-\frac{m-1}{2}\right)+\cdots+X(n-1)+x(n)+X(n+1)+\cdots+X\left(n+\frac{m-1}{2}\right)}{m}$$

式中，m 一般为奇数；n 为 m 个点的中心点。

3 点平滑的计算公式为

$$Y(n)=\frac{X(n-1)+X(n)+X(n+1)}{3}$$

5 点平滑的计算公式为

$$Y(n)=\frac{X(n-2)+X(n-1)+X(n)+X(n+1)+X(n+2)}{5}$$

要实现以上平滑处理，首先需要用移位寄存器实现 m 个时间点的信号的延迟和存储，

然后用加法器进行加法计算，最后实现除法运算。

例 5-25 如果输入信号为 8 位并行的数字信号，设计一个电路实现对该信号的 5 点平滑滤波。

解： 设某一时间段的 5 点 8 位并行数字信号表示为

$$X(n-2)=[x_7(n-2),x_6(n-2),\cdots,x_0(n-2)]^{\mathrm{T}}$$

$$X(n-1)=[x_7(n-1),x_6(n-1),\cdots,x_0(n-1)]^{\mathrm{T}}$$

$$X(n)=[x_7(n),x_6(n),\cdots,x_0(n)]^{\mathrm{T}}$$

$$X(n+1)=[x_7(n+1),x_6(n+1),\cdots,x_0(n+1)]^{\mathrm{T}}$$

$$X(n+2)=[x_7(n+2),x_6(n+2),\cdots,x_0(n+2)]^{\mathrm{T}}$$

5 点的时间关系如图 5-95 所示，设相邻两点的时间间隔为一个采样时钟周期。

将 5 点平滑公式两边同时乘 5 可得

$$5Y(n)=X(n-2)+X(n-1)+X(n)+X(n+1)+X(n+2)$$

实现 $5Y(n)$ 表达式的电路需要八个 5 位移位寄存器存储五个 8 位 X 信号，并设五个 8 位 X 信号是并行移位进入寄存器；两个 8 位加法器分别实现 $S=X(n-2)+X(n-1)$ 和 $S'=X(n+1)+X(n+2)$，一个 9 位加法器实现 $S''=S+S'$，一个 10 位加法器（也可以全用 10 位加法器）完成 $Y'=S''+X(n)=5Y(n)$。如果不考虑除法电路的设计，其实现电路原理框图如图 5-96 所示。

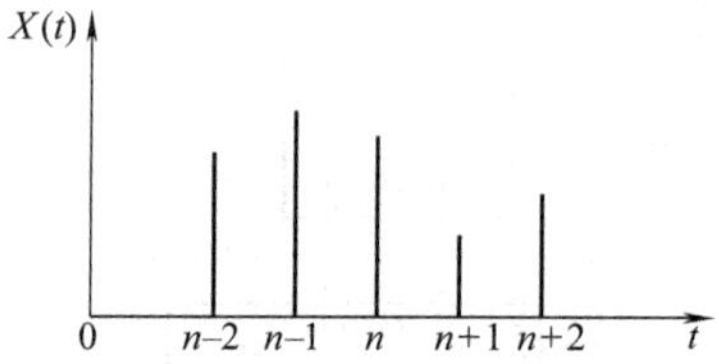

图 5-95 5 点的时间关系

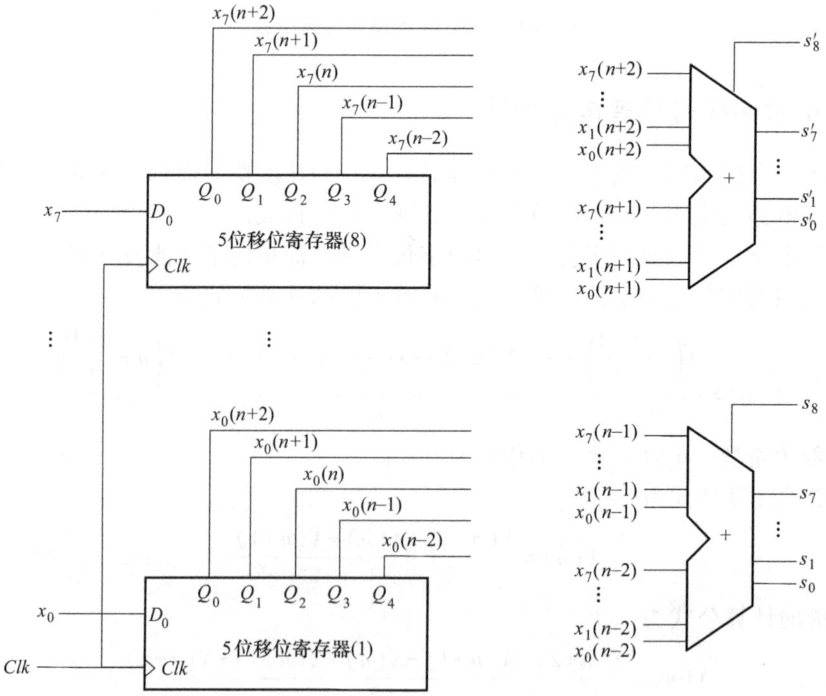

图 5-96 5 点平滑滤波电路原理框图

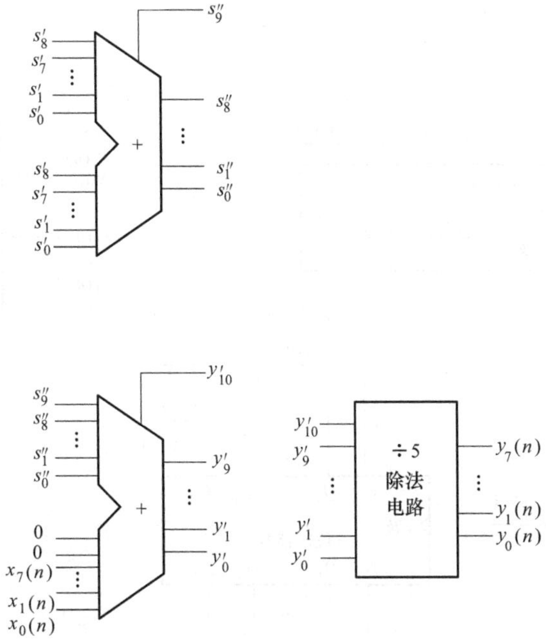

图 5-96　5 点平滑滤波电路原理框图（续）

例 5-26　一阶无限冲激响应（IIR）滤波器的表达式为

$$Y(n)=\frac{1}{4}Y(n-1)+X(n)$$

如果输入信号 $X(n)$ 为 8 位串行的数字信号，设计一个完成该表达式运算的电路。设 8 位串行输入信号 $X(n)$ 的串行表达式为 $X(n)=x_7(n)x_6(n)\cdots x_1(n)x_0(n)$，串行时高位 $x_7(n)$ 在前、低位 $x_0(n)$ 在后。

解： 实现差分方程表达式的原理图如图 5-97 所示。

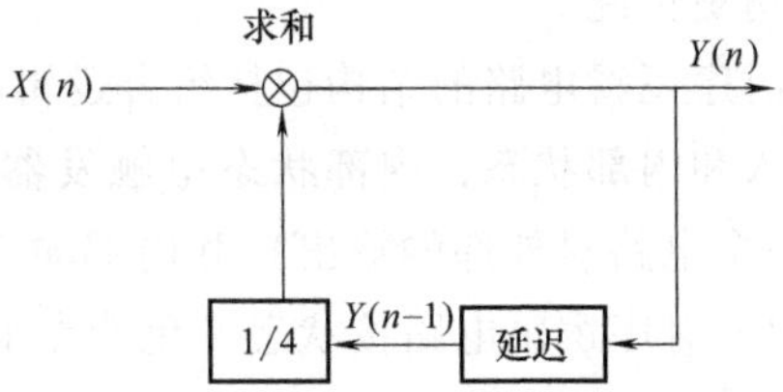

图 5-97　差分方程表达式的原理图

用数字电路实现差分方程表达式的设计方案分析如下：

1）需要一个 8 位移位寄存器实现输入信号 $X(n)$ 的串-并转换，一个 8 位加法器完成加法运算。

2）需要两个控制时钟，一个是 $X(n)$ 的串行时钟 *Clk*，另一个是延迟时钟 *Clk*1，*Clk*1 是 *Clk* 的 8 分频。

3）需要一个计数器实现 *Clk* 的 8 分频。

4）需要一个 8 位寄存器实现 $Y(n)$ 的取值和延迟一个 *Clk*1 时钟并右移两位得到 $\frac{1}{4}Y(n-1)$。

一阶 *IIR* 滤波器电路原理框图如图 5-98 所示。注意：该电路中的 $Y(n)$ 为 9 位并行信号，如果要求串行输出时需要进行并-串转换。

例 5-25 和例 5-26 说明，数字信号处理表达式都可以用数字硬件电路实现，并具有运行

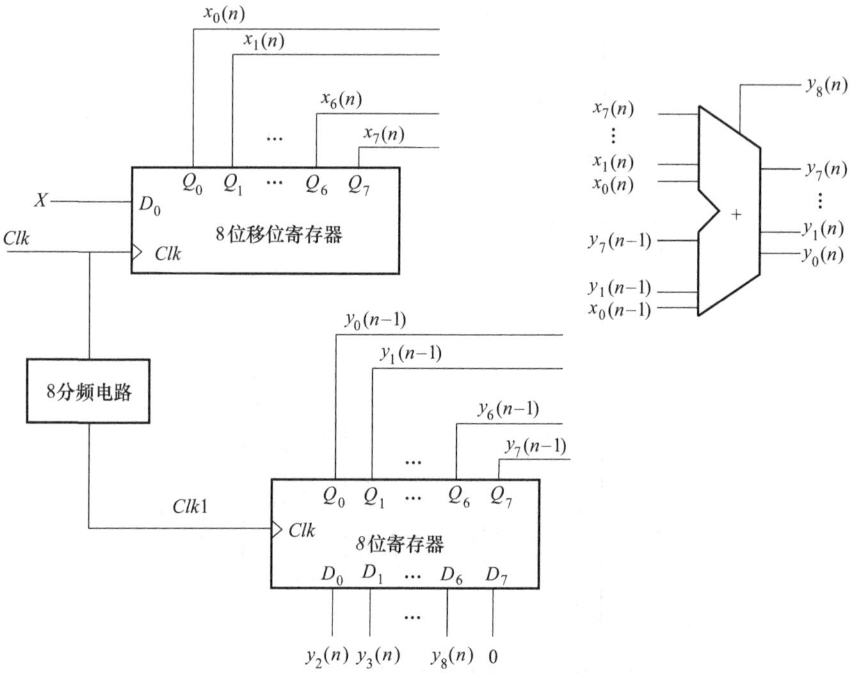

图 5-98　一阶 *IIR* 滤波器电路原理框图

速度快的特点。

本章小结

1）时序逻辑电路与组合逻辑电路不同，在时序逻辑电路中，某一时刻的输出不仅与该时刻输入变量的取值有关，而且与电路的内部状态有关，电路的内部状态记忆着电路以前输入的历史情况。

时序逻辑电路的结构包括组合逻辑电路和存储电路两部分，组合逻辑电路的输入包括外部输入和内部状态，内部状态由触发器记忆历史情况；组合逻辑电路的输出包括外部输出（即整个电路对外部的输出）和内部输出，内部输出将决定状态的转移。

2）时序逻辑电路按状态变化特点来分，有同步时序电路和异步时序电路两种；按输出的特点来分有 Mealy 型和 Moore 型两种，Mealy 型时序电路的输出方程中包含外部输入和触发器的状态，而在 Moore 型时序电路的输出方程中仅包含触发器的状态。

3）时序逻辑电路的描述方法主要有方程组（包括输出方程、状态转移方程、激励方程）、状态转移表、状态图、时序图等几种形式，它们从不同的方面表达了时序电路的逻辑功能，是分析和设计时序逻辑电路的主要工具和手段。

4）时序逻辑电路的分析步骤：首先根据给出的逻辑电路列出各方程组，进而列出状态转移表、画出状态图和时序图，最后分析得到电路的逻辑功能。

时序逻辑电路的设计方法分两种情况：对于未给定状态的设计，首先要根据设计要求建立原始状态图或原始状态表，经过状态化简、状态编码后得到二进制状态表，然后根据状态表导出激励方程和输出方程，最后画出逻辑电路；对于给定状态的设计，则可根据设计要求直接列出二进制状态表进行设计，即不需要再经过建立原始状态图、状态化简和状态编码等过程。

本章介绍的时序逻辑电路分析和设计方法适用于任何复杂的时序电路，它是本章的重点，因此必须熟练掌握。

5）本章介绍了典型的中规模集成时序逻辑器件及其应用。集成计数器、移位寄存器等都是通用性很强的逻辑器件，应熟悉其逻辑功能的描述方法，如各种控制端的功能，时序图、功能表的分析和理解及芯片的级联方法等，同时应特别注意同步和异步控制的区别。

6）掌握计数器和寄存器的应用，熟悉环形计数器、扭环形计数器、序列检测器和序列信号发生器等电路的基本结构，掌握其工作原理和信号之间的关系。

习题

5-1　一个 Mealy 型时序电路的状态图如图 5-99 所示，试列出该时序电路的状态表。

5-2　已知一个 Moore 型时序电路的状态图如图 5-100 所示，试列出该时序电路的状态表。设初始状态为 000，触发器为上升沿有效，画出工作时序图（不少于八个时钟脉冲）。

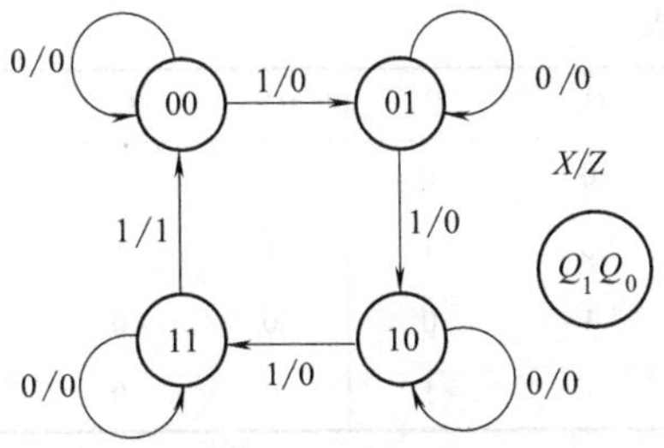

图 5-99　习题 5-1 图

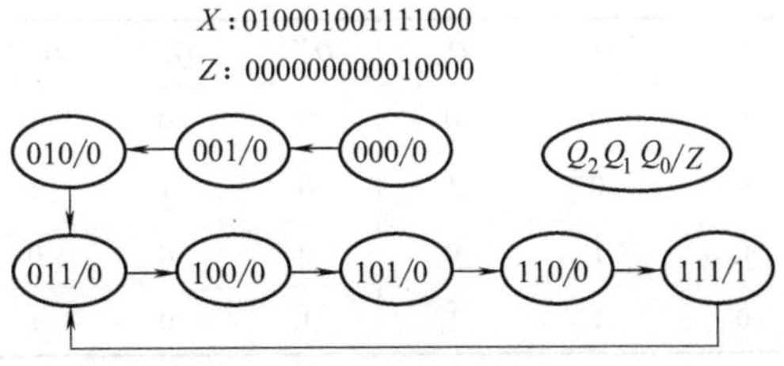

图 5-100　习题 5-2 图

5-3　环形计数器电路如图 5-101 所示，列出其状态表，画出其状态图。设初始状态为 000，画工作时序图（不少于四个时钟周期）。

5-4　分析如图 5-102 所示 Mealy 型时序电路，求出其状态转移方程和输出方程，列出状态表，画出其状态图，分析电路功能。

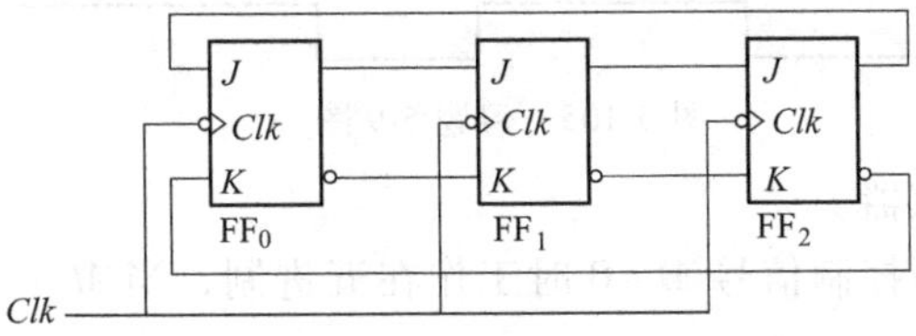

图 5-101　习题 5-3 图

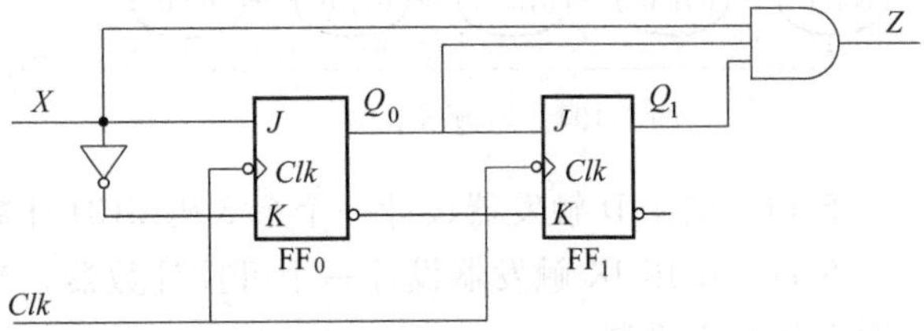

图 5-102　习题 5-4 图

5-5　分析如图 5-103 所示脉冲异步时序电路，求出其状态转移方程和输出方程，列出状态表，画出状态图，分析电路功能。设初始状态为 000，画出其工作时序图（不少于八个时钟脉冲）。

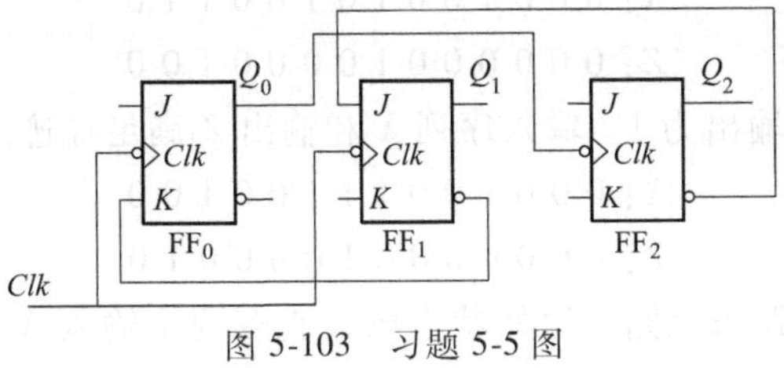

图 5-103　习题 5-5 图

5-6　将表 5-42 原始状态表进行化简。

表 5-42　习题 5-6 表

S	X		S	X	
	S^{n+1}/Z			S^{n+1}/Z	
	0	1		0	1
A	$A/0$	$E/0$	E	$B/1$	$C/1$
B	$E/1$	$C/1$	F	$F/0$	$E/0$
C	$A/1$	$D/1$	G	$A/1$	$D/1$
D	$F/0$	$G/0$			

5-7　试用 D 触发器设计一个时序逻辑电路，该时序逻辑电路的状态转移规律由表 5-43 给出。

表 5-43　习题 5-7 表

Q_2	Q_1	Q_0	Q_2^{n+1}	Q_1^{n+1}	Q_0^{n+1}	Q_2	Q_1	Q_0	Q_2^{n+1}	Q_1^{n+1}	Q_0^{n+1}
0	0	0	0	0	1	1	0	0	0	0	0
0	0	1	0	1	1	1	0	1	1	1	0
0	1	0	0	0	0	1	1	0	0	0	0
0	1	1	1	0	1	1	1	1	0	0	0

5-8　试用 JK 触发器设计一个时序逻辑电路，该电路的状态转移图如图 5-104 所示。

5-9　设计一个时序逻辑电路，该时序逻辑电路的时序波形如图 5-105 所示。

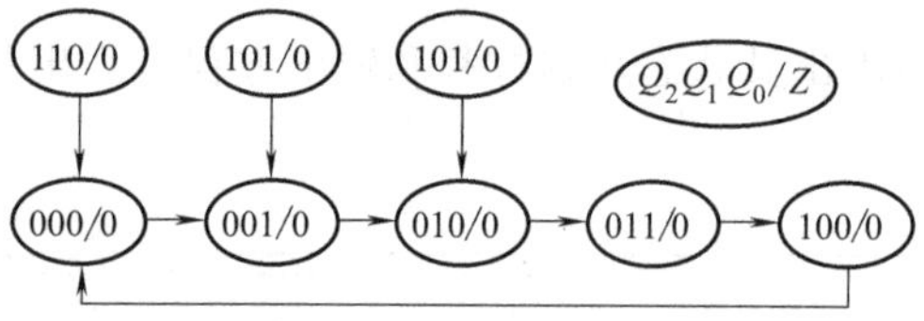

图 5-104　习题 5-8 图

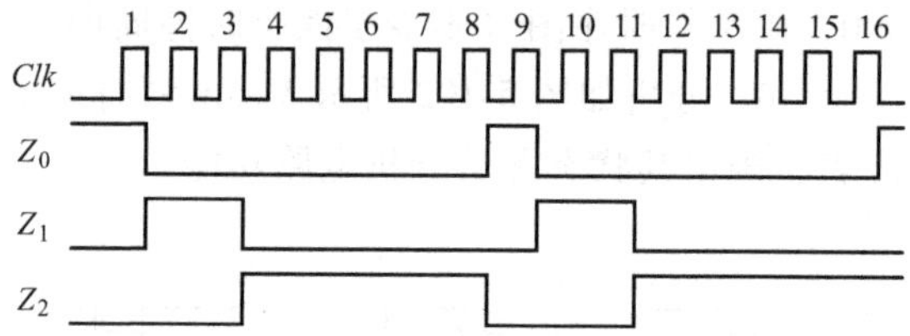

图 5-105　习题 5-9 图

5-10　试用 D 触发器设计一个余 3 码 BCD 计数器。

5-11　试用 JK 触发器设计一个可控计数器，当控制信号 $M=0$ 时工作在五进制，当 $M=1$ 时工作在六进制。

5-12　用 T 触发器（将 JK 触发器的 JK 端连接在一起）设计一个模 5 可逆计数器。

5-13　建立序列检测器的原始状态图，该检测器有一串行输入 X，一个输出 Z。

1）当检测到 01001 时输出为 1。输入序列 X 和输出 Z 满足径迹关系：

X：0 0 0 1 0 0 1 0 1 0 0 1 1 0

Z：0 0 0 0 0 0 1 0 0 0 0 1 0 0

2）当检测到 1001 时输出为 1。输入序列 X 和输出 Z 满足径迹关系：

X：0 0 0 1 0 0 1 1 1 0 0 1 0 0

Z：0 0 0 0 0 0 0 1 0 0 0 0 1 0

5-14　建立一个时序逻辑电路的原始状态图，它有两个输入 X_1 和 X_0，一个输出 Z。只

有当 X_1 输入三个（或三个以上）1 后、X_0 再输入一个 1 时，输出 Z 为 1，而在同一时刻两个输入不同时为 1，一旦 $Z=1$，电路就回到初始状态。这里 X_1 输入三个 1 并不要求连续，只要中间没有 $X_0=1$ 插入即可。

5-15　试用 74LS160 分别构成模 8、9 计数器。要求用两种方案实现，画出相应的逻辑电路。

5-16　试用 74LS160 设计一个模 24 小时计数器。画出相应的逻辑电路并简述工作原理。

5-17　试用 74LS161 分别构成模 10、24 计数器。要求每种模值用两种方案实现，画出相应的逻辑电路。

5-18　试用 74LS161 构成模 150 计数器，画出两种方案的逻辑电路。

5-19　试分析如图 5-106 所示计数器，求出计数器的模值 M。

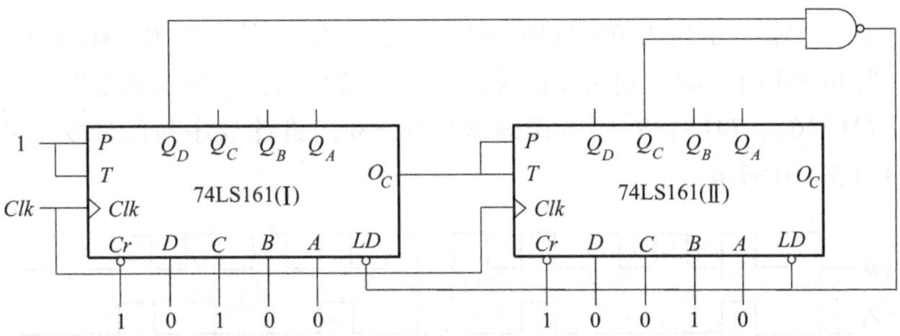

图 5-106　习题 5-19 图

5-20　如图 5-107 所示为可编程计数器。

1）求出其模值 M；若要求模值 $M=30$，计数器的预置值如何确定？

2）用该电路实现对 Clk 的分频，如果 Clk 的频率为 10MHz，要求输出频率为 500kHz，则其模值 M 为多少。计数器的预置值如何确定？指出频率输出位置。

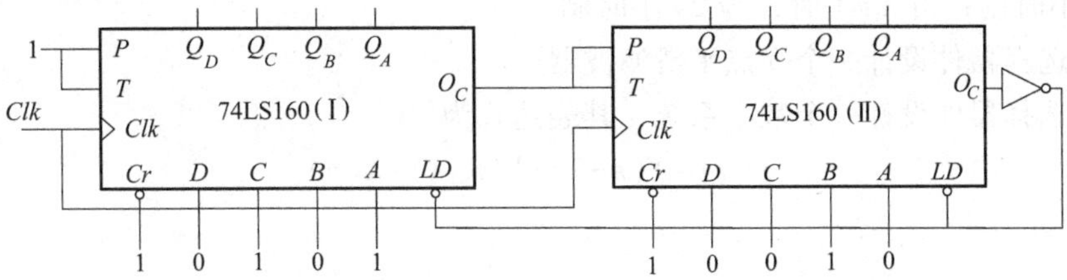

图 5-107　习题 5-20 图

5-21　试用一片 74LS194 分别构成模 6、9 移位型计数器。

5-22　由 74LS194 构成的时序逻辑电路如图 5-108 所示，分析该电路，列出状态转移表，指出电路的逻辑功能。

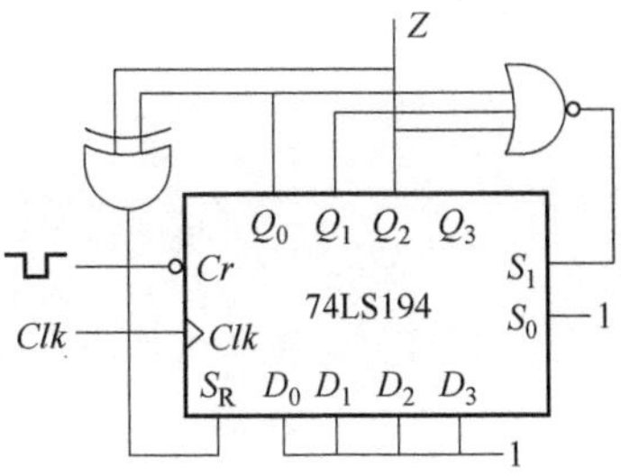

图 5-108　习题 5-22 图

5-23　设计一个序列为 10111010 的序列信号检测器。

1）试用 74LS194 和 SSI 门实现电路。

2）试用 74LS164 和 SSI 门实现电路。

5-24　序列信号检测器如图 5-109 所示，则电路检测的序列是什么？

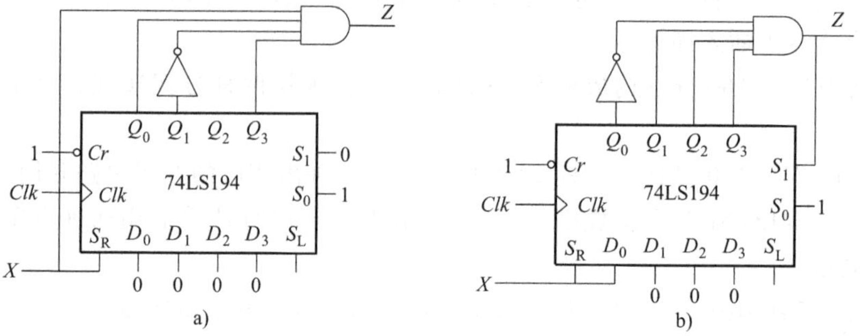

图 5-109　习题 5-24 图

5-25　设计一个输出序列为 00011101 的序列信号发生器，给出 74LS194、74LS161、8 选 1 数据选择器和 SSI 门，试分别用反馈移位型和计数型两种方案实现电路。

5-26　用 74LS161、74LS138（3-8 译码器）和 SSI 门设计双序列信号发生器电路，要求其输出波形如图 5-110 所示。

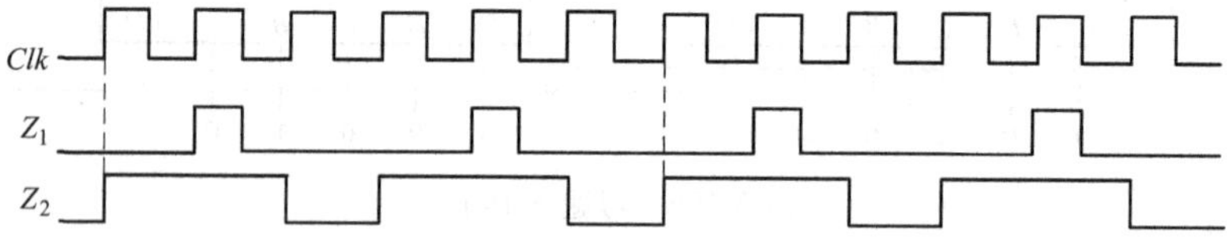

图 5-110　习题 5-26 图

5-27　用 74LS161、8 选 1 数选器和 SSI 门设计电路，实现受 X 控制的序列信号发生器，当 $X=0$ 时输出序列 Z 为 01001101，当 $X=1$ 时输出序列 Z 为 01100110。

5-28　选用 MSI 和 SSI 器件设计一个实用的小时计数器，X 为控制端。要求：当 $X=0$ 时，为 12 小时制；当 $X=1$ 时，为 24 小时制。

5-29　选择器件设计一个 3 点平滑滤波器。

5-30　选择器件设计一个数字系统，其表达式为

$$Y(n)=Y(n-2)+Y(n-1)+X(n)$$

第6章 存储器和可编程逻辑器件

许多数字系统使用存储器来存储信息。半导体存储器（Semiconductor Memory）是目前广泛使用的大规模集成电路，它具有记忆功能，可以存储大量的数字信息或数据，在计算机中被用作主存储器（工作存储器），是当今数字系统中不可缺少的组成部分。

可编程逻辑器件（PLD）是在只读存储器的基础上发展起来的一种半定制的专用集成电路芯片，用户可通过对器件进行编程来实现所需要的逻辑功能。目前广泛使用的数字可编程逻辑器件有非易失性的 CPLD 和易失性的 FPGA 两大类。

本章首先介绍几种半导体存储器的结构、工作原理和应用，然后简要介绍这些可编程逻辑器件的结构特点。

6.1 半导体存储器概述

半导体存储器是一种以存储二进制信息的大规模集成电路作为存储媒体的存储介质，常用于存储程序、常数、原始数据、中间结果和最终结果等数据，是计算机等数字系统中的重要记忆器件。现代半导体存储器的基本特点包括高密度、大容量、高速度、低功耗、低成本、类型多、功能强、用途广，并且几乎每种半导体存储器都采用金属-氧化层-半导体（MOS）结构。

按制造工艺分类，半导体存储器可以分为双极型（Bipolar）和金属-氧化物-半导体（MOS）型两类。双极型存储器由 TTL 逻辑电路构成，该类存储器的工作速度快，与 CPU 处在同一量级，但集成度低、功耗大、价格偏高，在微机系统中常用作数据或指令的高速缓冲存储器（Cache）；MOS 型存储器有多种制造工艺，如 NMOS（N 型金属-氧化物-半导体，N-Metal-Oxide-Semiconductor）、HMOS（高性能金属-氧化物-半导体，High-Performance Metal Oxide Semiconductor）、CMOS（互补金属-氧化物-半导体，Complementary Metal Oxide Semiconductor）、CHMOS 等，可用来制造多种半导体存储器件，如静态 RAM、动态 RAM、EPROM 等。该类存储器的集成度高、功耗低、价格低廉，但速度较双极型器件慢。微机系统的内存主要由 MOS 型存储器构成。

按存取方式分类，半导体存储器可分为只读存储器（Read-Only Memory，ROM）和随机存取存储器（Random Access Memory，RAM）两大类。ROM 是一种非易失性存储器，其特点是信息一旦写入（在制造时或用专门装置写入）就固定不变，掉电后信息也不会丢失。在使用过程中，ROM 只能读出，一般不能修改，常用于保存无须修改即可长期使用的程序和数据，如计算机主板上的基本输入/输出系统程序（BIOS）、打印机中的汉字库、外部设备的驱动程序等；RAM 是一种易失性存储器，其特点是在使用过程中，信息可以随机写入（存入）或读出，使用灵活，但信息不能永久保存，一旦掉电，信息就会自动丢失，常用作内存，存放正在运行的程序和数据。

半导体存储器的性能指标中，存储容量和存取速度是两个主要技术指标，另外还包括功耗、可靠性和工作寿命、集成度等。

（1）存储容量

存储容量是半导体存储器存储二值信息量大小的指标。半导体存储器的容量越大，存放程序和数据的能力就越强。

（2）存取速度

半导体存储器的存取速度是用存取时间来衡量的，它是指存储器完成一次读或写操作所需要的时间，即从存储器接收到一个有效地址到存储器取出或存入数据为止所需要的时间。

（3）存储器功耗

存储器功耗是指存储器在正常工作时所消耗的电功率。通常，半导体存储器的功耗和存取速度有关，存取速度越快，功耗就越大。因此，在保证存取速度的前提下，存储器的功耗越小越好。

（4）可靠性和工作寿命

半导体存储器的可靠性是指存储器对周围电磁场、温度和湿度等的抗干扰能力。由于半导体存储器常采用 VLSI 工艺制造，可靠性较高，寿命也较长，平均无故障时间可达数千小时。

（5）集成度

半导体存储器的集成度是指存储器在一块数平方毫米芯片上能够集成的晶体管数目，有时也可用每块芯片上集成的基本存储电路个数来表征。

6.2 只读存储器

6.2.1 ROM 的结构及其工作原理

只读存储器（ROM）是半导体存储器中结构最简单的一种，所存储的信息在断电后仍能保持，常用于存放固定的信息。ROM 主要由地址译码器、存储矩阵和输出缓冲器三部分组成，其基本结构如图 6-1 所示。

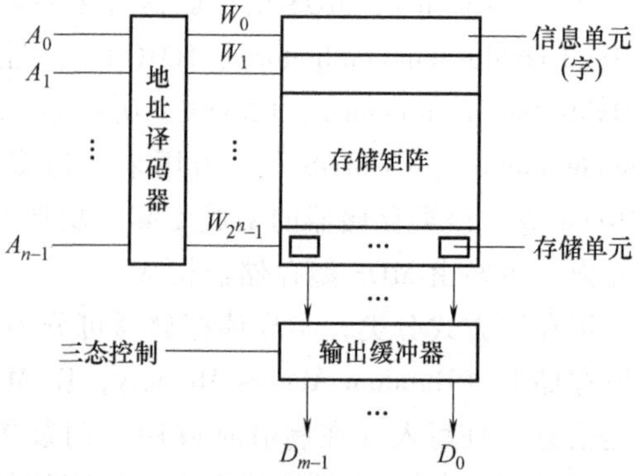

图 6-1 ROM 的基本结构

存储矩阵是存储器的主体部分，是存放信息的主体，由大量的存储单元排列组成。每个存储单元只能存放一位二进制数码 1 或 0，若干个存储单元组成一个字（也称为一个信息单元）。

地址译码器有 n 条地址输入线 $A_0 \sim A_{n-1}$ 和 2^n 条地址译码输出线 $W_0 \sim W_{2^n-1}$，每一条译码输出线 $W_i(i=0\sim 2^n-1)$ 称为字线，它与存储矩阵中的一个字相对应。因此，当给定一组输入地址（如 $A_0 \sim A_{n-1}=0\cdots0$）时，译码器只有一条输出字线 W_i（如 W_0）被选中，该字线可以在存储矩阵中找到一个相应的字。一个字由 m 位信息 $D_{m-1} \sim D_0$ 组成，被选中的字中的所有 m 位送至输出缓冲器读出。至于选择哪一条字线，则取决于输入的是哪一个地址代码。任何时刻，只能有一条字线被选中（通常被选中的字线输出为高电平，没有被选中的字线输出为低电平）。被选中的那条字线所对应的字单元中的各位数码经输出线 $D_{m-1} \sim D_0$ 传送到数据输出端。$D_{m-1} \sim D_0$ 的每条数据输出线 $D_j(j=0 \sim m-1)$ 也称为位线，每个字中信息的位数称为字长。

存储器中所存储二进制信息的总位数（即存储单元数）称为存储器的存储容量，通常以字数乘以位数（字长）来表示，即

$$存储容量=字数\times位数$$

如图 6-1 ROM 的基本结构中有 n 条地址输入线（即有 $N=2^n$ 条字线），即存储矩阵有 2^n 个字，每个字的字长为 m 位（即有 m 条位线），因此整个存储器的存储容量为 $2^n \times m$ 位。习惯用 K 来表示2^{10}，即 $1K=2^{10}=1024$，如 1K×4、2K×8 和 64K×1 的存储器其容量分别是 1024×4 位、2048×8 位和 65536×1 位。

输出缓冲器是 ROM 的数据读出电路，通常由三态门构成，它不仅可以实现对输出数据的三态控制，以便与系统总线连接，还可以提高存储器的带负载能力。

6.2.2 ROM 的分类

ROM 按照存储矩阵中的存储单元类型可分为二极管 ROM、双极晶体管 ROM 和 MOS 管 ROM。图 6-2 为具有 2 位地址输入和 4 位数据输出的 ROM 结构，其存储单元由二极管构成。$W_0 \sim W_3$ 四条字线分别选择存储矩阵中的四个字，每个字存放 4 位信息。制作芯片时，若在某个字中的某一位存入 1，则在该字的字线 W_i 与位线 D_i 之间接入二极管，反之，就不接二极管。

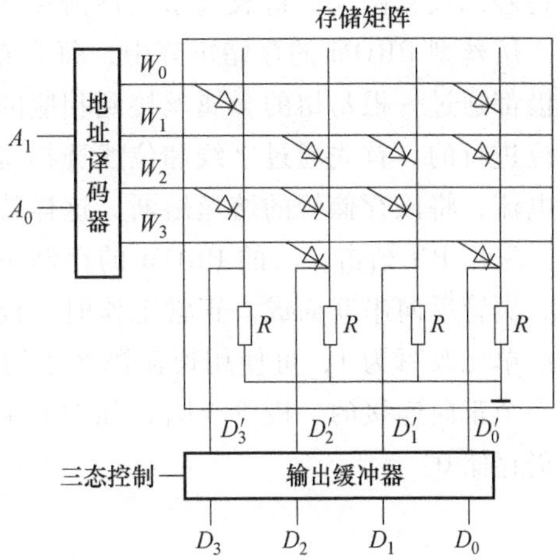

图 6-2　二极管 ROM 结构

读出数据时，首先输入地址码，并对输出缓冲器实现三态控制，然后在数据输出端 $D_3 \sim D_0$ 可以获得该地址对应字中所存储的数据。如当地址 $A_1A_0=00$ 时，译码器输出 W_0 为 1，W_1、W_2、W_3 为 0，即此时 W_0 字线选中为高电平，D_3、D_2、D_1、D_0 位线与 W_0 字线之间接有二极管的视为开关闭合，对应位线的电平也为 1，没有接二极管的位线的电平为 0，因此 W_0 对应字中的数据 $D_3D_2D_1D_0=1001$。同理，当 A_1A_0 分别为 01、10、11 时，按图 6-2 所示二极管的接法可依次读出各对应字 W_1、W_2、W_3 中的数据分别为 0111、1110、0101。所以，该 ROM 全部地址内所存储的数据可用表 6-1 表示。

表 6-1　图 6-2 ROM 全部地址内所存储的数据

地址		数据			
A_1	A_0	D_3	D_2	D_1	D_0
0	0	1	0	0	1
0	1	0	1	1	1
1	0	1	1	1	0
1	1	0	1	0	1

ROM 按照写入方式可分为固定 ROM、PROM、EPROM、E^2PROM 和 Flash Memory 五种。

1. 固定 ROM

固定 ROM 在制造过程中，将信息/数据以一特制掩模（Mask）烧录于线路中，其资料内容在写入后就不能更改，所以有时又称为掩模式只读内存（Mask ROM）。该类型 ROM 的特点是厂家装入数据，内容永不可改变，因此通常只用来存放固定数据、固定程序和函数表等。

2. PROM

PROM 是可编程只读存储器（Programmable ROM），其内部有行列式的熔丝，需要利用电流将其烧断，写入所需的信息/数据，但仅能写录一次，因此也被称为一次可编程只读存储器（One Time Programmable ROM，OTP-ROM）。PROM 在出厂时，存储的内容全为 1，用户可以根据需要将其中的某些单元写入数据 0（部分 PROM 在出厂时数据全为 0，则用户可以将其中部分单元写入 1），以实现对其编程的目的。典型 PROM 产品是双极性熔丝结构，如果想改写某些单元，则可以给这些单元通以足够大的电流，并维持一定的时间，原先的熔丝即可熔断，这样就达到了改写某些位的效果。另外一类经典的 PROM 为使用肖特基二极管的 PROM，出厂时，其中的二极管处于反向截止状态，采用大电流的方法将反相电压加在肖特基二极管两端，造成其永久性击穿即可。

熔丝型 PROM 的存储矩阵中，每个存储单元都接有一个存储管，而每个存储管的一个电极都通过一根易熔的金属丝接到相应的位线上，如图 6-3 所示。用户对 PROM 编程是逐字逐位进行的。首先通过字线和位线选择需要编程的存储单元，然后通过规定宽度和幅度的脉冲电流，将该存储管的熔丝熔断，这样就改写了该单元的内容。

采用 PN 结击穿法的 PROM 的存储单元如图 6-4a 所示，字线与位线相交处由两个肖特基二极管反向串联而成。正常工作时二极管不导通，字线和位线断开，相当于存储了 0。若将该单元改写为 1，可使用恒流源产生约 100~150mA 电流使 VD_2 击穿短路，存储单元只剩下一个正向连接的二极管 VD_1，如图 6-4b 所示，相当于该单元存储了 1；未击穿 VD_2 的单元仍存储 0。

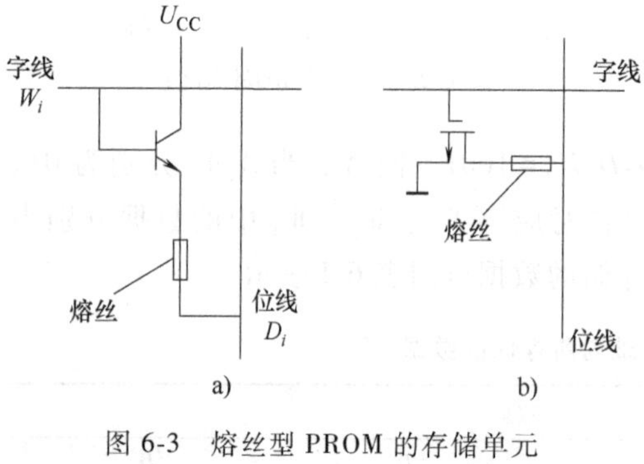

图 6-3　熔丝型 PROM 的存储单元

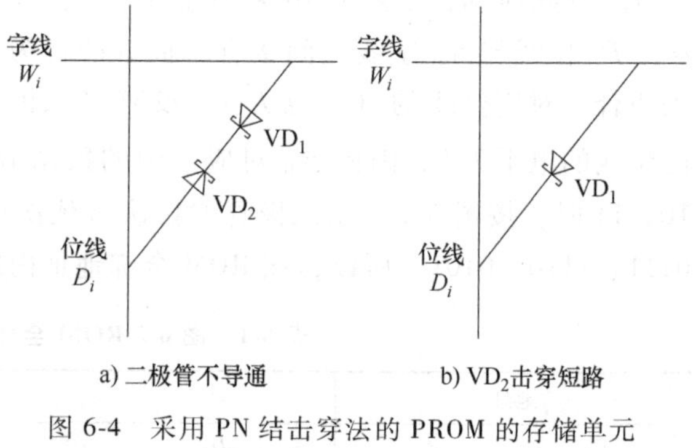

图 6-4　采用 PN 结击穿法的 PROM 的存储单元

3. EPROM

EPROM 是可擦除可编程只读存储器（Erasable Programmable ROM），具有可擦除功能，擦除后即可进行再编程。EPROM 这类芯片的封装中包含一个透明的石英玻璃窗，因此比较容易识别。EPROM 在写入前必须先把里面的内容用紫外线照射芯片上的透明视窗来清除掉，然后利用高电压将信息/数据编程写入。编程后的 EPROM 芯片通常需要使用黑色不干胶纸盖住透明的石英玻璃窗，以防止遭到阳光直射。

EPROM 的存储单元采用浮栅雪崩注入 MOS 管（Floating-Gate Avalanche-Injuction Metal-Oxide-Semiconductor，FAMOS）或叠栅注入 MOS 管（Stacked-Gate Injuction Metal-Oxide-Semiconductor，SIMOS）。图 6-5 为 SIMOS 管的结构示意图和符号，它是一个 N 沟道增强型 MOS 管，有 G_f 和 G_c 两个栅极。G_f 栅没有引出线，而是被包围在二氧化硅（SiO_2）中，称为浮栅，G_c 为控制栅，它有引出线。若在漏极 D 端加上几十伏的脉冲电压，使得沟道中的电场足够强，则会造成雪崩，产生很多高能量的电子。此时若在 G_c 上加高压正脉冲，形成方向与沟道垂直的电场，便可以使沟道中的电子穿过氧化层注入 G_f 栅，于是 G_f 栅上积累了负电荷。由于 G_f 栅周围都是绝缘的 SiO_2，泄漏电流很小，所以一旦电子注入浮栅之后，就能保存相当长的时间（通常浮栅上的电荷 10 年才损失 30%）。

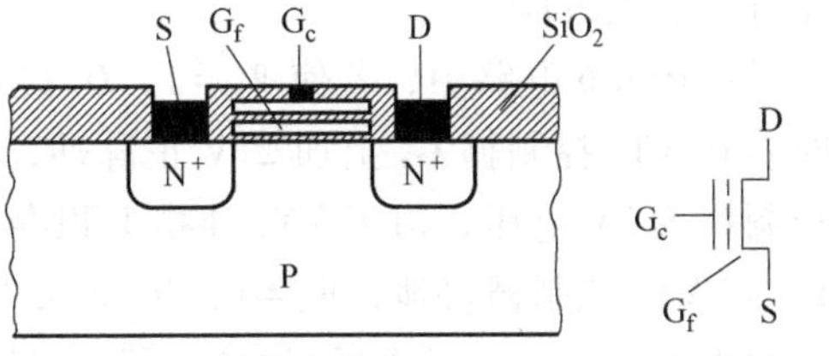

a) 结构示意图　　b) 符号

图 6-5　SIMOS 管的结构示意图和符号

如果浮栅上积累了电子，则会使该 MOS 管的开启电压变得很高。此时给控制栅（接在地址选择线上）加 5V 电压时，该 MOS 管仍不能导通，相当于存储了 0；反之，若浮栅上没有积累电子，MOS 管的开启电压较低，因而当该管的控制栅被地址选中后，该管导通，相当于存储了 1。可见，SIMOS 管是利用浮栅是否积累负电荷来表示信息的。这种 EPROM 出厂时为全 1，即浮栅上无电子积累，用户可根据需要写 0。擦除该类型 EPROM 的方法是将器件放在紫外线下照射约 20min，浮栅中的电子获得足够能量，从而穿过氧化层回到衬底中，这样可以使浮栅上的电子消失，MOS 管便回到了未编程时的状态，从而将编程信息全部擦去，相当于存储了全 1。对 EPROM 的编程是在编程器上进行的，编程器通过串口或 USB 接口与计算机相连。

4. E^2PROM

E^2PROM 是电可擦除可编程只读存储器（Electrically Erasable Programmable ROM），其原理及使用方式与 EPROM 类似，不同之处是清除内部编程数据的方式，E^2PROM 是以大约 20V 的电压来进行清除，因此不需要芯片上的透明窗。它还可以用电信号进行数据的写入。

E^2PROM 的存储单元如图 6-6 所示，图中 VT_2 是选通管，VT_1 是另一种叠栅 MOS 管，称为浮栅隧道氧化层 MOS（Floating-gate Tunnel Oxide MOS，Flotox）管，其结构如图 6-7 所

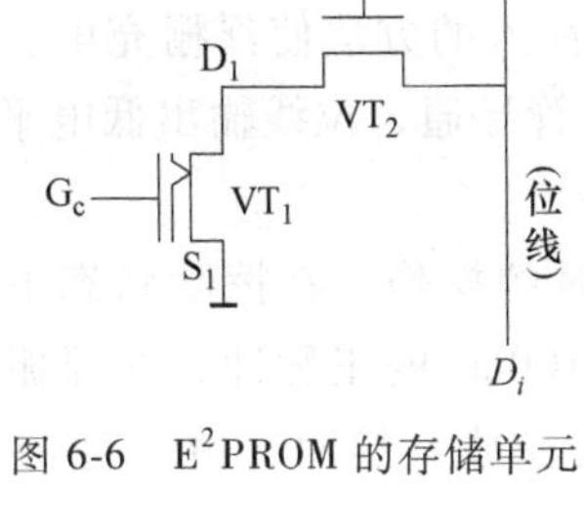

图 6-6　E^2PROM 的存储单元

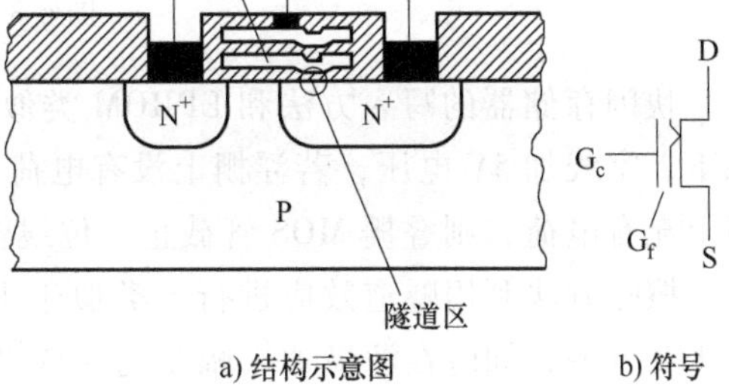

a) 结构示意图　　b) 符号

图 6-7　Flotox 管的结构示意图和符号

示。Flotox 管也是一个 N 沟道增强型 MOS 管，与 SIMOS 管相似，它也有两个栅极——控制栅 G_c 和浮栅 G_f，不同的是 Flotox 管的浮栅与漏极区（N^+）之间有一小块面积极薄的 SiO_2 绝缘层（厚度在 2×10^{-8}m 以下）区域，称为隧道区。当隧道区的电场强度大到一定程度（>107V/cm）时，漏区和浮栅之间出现导电隧道，电子可以双向通过，形成电流，这种现象称为隧道效应。

在图 6-6 电路中，若使 $W_i=1$，D_i 接地，则 VT_2 导通，VT_1 漏极（D_1）接近地电位。此时若在 VT_1 控制栅 G_c 上加 21V 正脉冲，通过隧道效应，电子由衬底注入浮栅，脉冲过后，控制栅加 3V 电压，由于 VT_1 浮栅上积存了负电荷，因此 VT_1 截止，在位线 D_i 读出高电平 1；若 VT_1 控制栅接地，$W_i=1$，D_i 上加 21V 正脉冲，使 VT_1 漏极获得约 20V 的高电压，则浮栅上的电子通过隧道返回衬底，脉冲过后，正常工作时 VT_1 导通，在位线上则读出 0。可见，Flotox 管是利用隧道效应使浮栅俘获电子的。E^2PROM 的编程和擦除都是通过在漏极和控制栅上加一定幅度和极性的电脉冲实现的，虽然已改用电压信号擦除，但 E^2PROM 仍然只能工作在它的读出状态，作为 ROM 使用。

5. Flash Memory

快闪存储器（Flash Memory）的每一个记忆胞都具有一个控制闸与浮动闸，利用高电场改变浮动闸的临限电压即可进行编程动作。快闪存储器既吸收了 EPROM 结构简单、编程可靠的优点，又保留了 E^2PROM 用隧道效应擦除快捷的特性，而且集成度可以做得很高。

图 6-8a 是快闪存储器采用的叠栅 MOS 管示意图。其结构与 EPROM 中的 SIMOS 管相似，两者的区别在于浮栅与衬底间氧化层厚度不同。在 EPROM 中氧化层的厚度一般为 30～40nm，在快闪存储器中仅为 10～15nm，而且浮栅和源区重叠的部分是源区的横向扩散形成的，面积极小，因而浮栅-源区之间的电容很小，当 G_c 和 S 之间加电压时，大部分电压将加在浮栅-源区之间的电容上。快闪存储器的存储单元就是用这样一只单管组成的，如图 6-8b 所示。

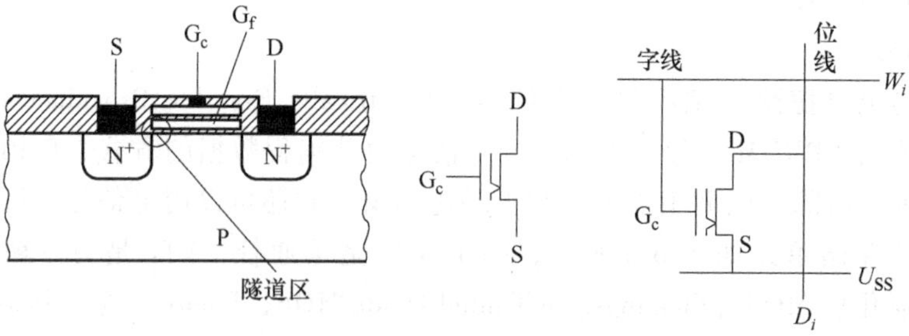

a) 叠栅MOS管　　b) 存储单元

图 6-8　快闪存储器

快闪存储器的写入方法和 EPROM 类似，即利用雪崩注入的方法使浮栅充电。在读出状态下，字线加 5V 电压，若浮栅上没有电荷，则叠栅 MOS 管导通，位线输出低电平；如果浮栅上充有电荷，则叠栅 MOS 管截止，位线输出高电平。

擦除方法利用隧道效应进行，类似于 E^2PROM 写 0 时的操作。在擦除状态下，控制栅处于 0 电平，同时在源极加入幅度为 12V 左右、宽度为 100ms 的正脉冲，在浮栅和源区间极小的重叠部分产生隧道效应，使浮栅上的电荷经隧道释放。然而，由于片内所有叠栅

MOS 管的源极连在一起，所以擦除时是将全部存储单元同时擦除，这是不同于 E^2PROM 的一个特点。

6.2.3 ROM 的应用

1. ROM 在计算机系统中的应用

ROM 在计算机系统中得到了广泛的应用，如计算机初始引导和加载程序的固化、微程序控制器的设计、字符图形发生器的设计、控制系统中用户程序的固化等。这些应用主要用于固化程序和数据，以提高系统应用的方便性、可靠性和安全性。

2. 用 ROM 实现组合逻辑电路

计算机系统是 ROM 的主要应用领域，但是 ROM 也可以用来进行组合逻辑设计。从存储器的角度看，只要将逻辑函数的真值表事先存入 ROM，便可用 ROM 实现该函数。由于 ROM 的地址译码器输出是全部输入变量的最小项，每一位数据的输出是这些最小项之和，因此任何形式的组合逻辑函数均能通过向 ROM 写入数据来实现。如在表 6-1 所示的 ROM 数据表中，如果将输入地址 A_1、A_0 看成两个输入逻辑变量，而将数据输出 D_3、D_2、D_1、D_0 看成一组输出逻辑变量，则 D_3、D_2、D_1、D_0 就是 A_1、A_0 的一组逻辑函数，表 6-1 就是这一组多输出组合逻辑函数的真值表，因此该 ROM 可以实现表 6-1 中的四个函数（D_3、D_2、D_1、D_0），其表达式为

$$\begin{cases} D_3 = \overline{A}_1\overline{A}_0 + A_1\overline{A}_0 \\ D_2 = \overline{A}_1 A_0 + A_1\overline{A}_0 + A_1 A_0 \\ D_1 = \overline{A}_1 A_0 + A_1\overline{A}_0 \\ D_0 = \overline{A}_1\overline{A}_0 + \overline{A}_1 A_0 + A_1 A_0 \end{cases} \tag{6-1}$$

从组合逻辑结构来看，ROM 中的地址译码器形成了输入变量的所有最小项，即每一条字线对应输入地址变量的一个最小项。在图 6-2 中，$W_0 = \overline{A}_1\overline{A}_0$、$W_1 = \overline{A}_1 A_0$、$W_2 = A_1\overline{A}_0$、$W_3 = A_1 A_0$，因此又可以写为

$$\begin{cases} D_3 = W_0 + W_2 \\ D_2 = W_1 + W_2 + W_3 \\ D_1 = W_1 + W_2 \\ D_0 = W_0 + W_1 + W_3 \end{cases} \tag{6-2}$$

可见，地址译码器实现了地址输入变量的与运算，ROM 存储矩阵实现了字线的或运算，即形成了各个输出逻辑函数。因此，从与-或逻辑网络的角度来看，ROM 实际上是由与阵列和或阵列构成的组合逻辑电路。与阵列相当于地址译码器，或阵列相当于存储矩阵。整个 ROM 的阵列框图如图 6-9 所示。为了便于描述，ROM 的与、或阵列通常用符号阵列图的形式来表示，图 6-10 为图 6-2 ROM 结构对应的阵列图表示形式。图中与阵列中的垂直线 W_i 代表与逻辑，交叉圆点代表与逻辑的输入变量；或阵列中的水平线 D_i 代表或逻辑，交叉圆点代表字线输入。

用 ROM 实现逻辑函数的一般步骤如下：

1）根据逻辑函数的输入、输出变量数目，确定 ROM 的容量，选择合适的 ROM。

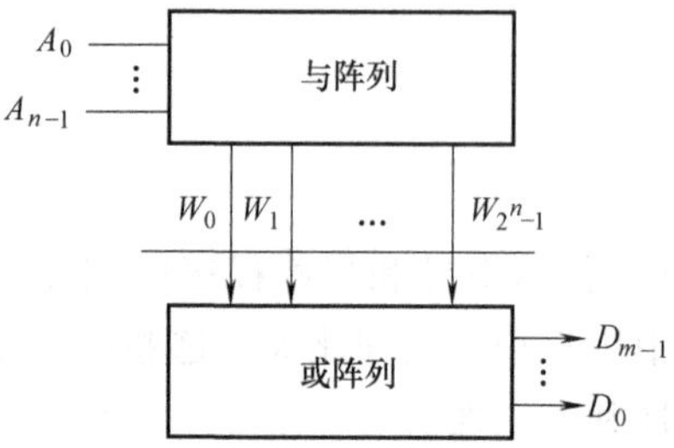

图 6-9　ROM 的阵列框图

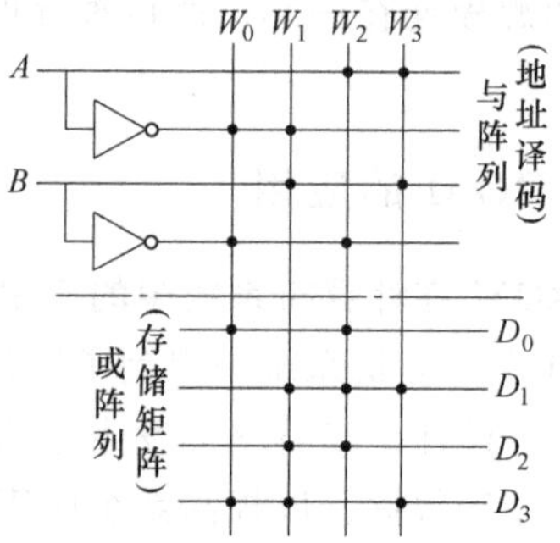

图 6-10　图 6-2 ROM 结构对应的阵列图

2）写出逻辑函数的最小项表达式，画出 ROM 的阵列图。

3）根据阵列图对 ROM 进行编程。

例 6-1　用 ROM 实现一个 4 位二进制码转换为格雷码的代码转换电路。

解：

1）假设输入的是 4 位自然二进制码 $B_3 \sim B_0$，输出是 4 位格雷码 $G_3 \sim G_0$，故选 $2^4 \times 4$ 的 ROM。

2）4 位二进制码转换为格雷码的真值表，即 ROM 的编程数据表见表 6-2。由此可写出输出函数的最小项为

$$G_3 = \sum m(8,9,10,11,12,13,14,15)$$
$$G_2 = \sum m(4,5,6,7,8,9,10,11)$$
$$G_1 = \sum m(2,3,4,5,10,11,12,13)$$
$$G_0 = \sum m(1,2,5,6,9,10,13,14)$$

表 6-2　例 6-1 ROM 的编程数据表

字	二进制码				格雷码			
	B_3	B_2	B_1	B_0	G_3	G_2	G_1	G_0
W_0	0	0	0	0	0	0	0	0
W_1	0	0	0	1	0	0	0	1
W_2	0	0	1	0	0	0	1	1
W_3	0	0	1	1	0	0	1	0
W_4	0	1	0	0	0	1	1	0
W_5	0	1	0	1	0	1	1	1
W_6	0	1	1	0	0	1	0	1
W_7	0	1	1	1	0	1	0	0
W_8	1	0	0	0	1	1	0	0
W_9	1	0	0	1	1	1	0	1
W_{10}	1	0	1	0	1	1	1	1
W_{11}	1	0	1	1	1	1	1	0
W_{12}	1	1	0	0	1	0	1	0
W_{13}	1	1	0	1	1	0	1	1
W_{14}	1	1	1	0	1	0	0	1
W_{15}	1	1	1	1	1	0	0	0

3）用 ROM 实现码组转换的阵列图及逻辑符号分别如图 6-11a、b 所示。

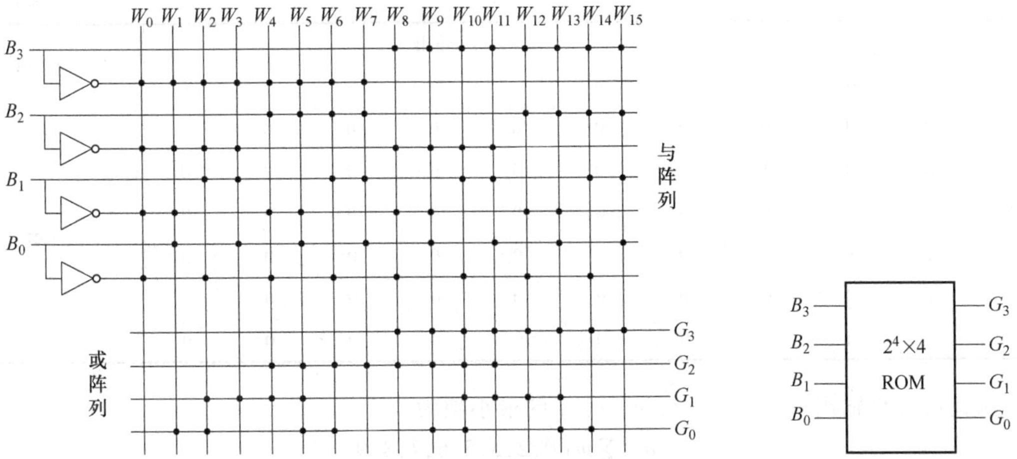

a) 二进制码转换为格雷码的阵列图　　b) 逻辑符号

图 6-11　例 6-1 阵列图和逻辑符号

例 6-2　用 ROM 实现 BCD 码到七段显示的译码电路。

解：

1）假设输入的 BCD 码为 $D_3 \sim D_0$，七段显示译码电路的输出为 a、b、c、d、e、f、g，故选择 $2^4\times7$ 的 ROM。

2）BCD 码到七段显示译码电路的真值表，即 ROM 的编程数据表见表 6-3（这里假设七段显示器是共阴极）。

表 6-3　例 6-2 ROM 的编程数据表

输入				输出							显示字形
D_3	D_2	D_1	D_0	a	b	c	d	e	f	g	
0	0	0	0	1	1	1	1	1	1	0	0
0	0	0	1	0	1	1	0	0	0	0	1
0	0	1	0	1	1	0	1	1	0	1	2
0	0	1	1	1	1	1	1	0	0	1	3
0	1	0	0	0	1	1	0	0	1	1	4
0	1	0	1	1	0	1	1	0	1	1	5
0	1	1	0	1	0	1	1	1	1	1	6
0	1	1	1	1	1	1	0	0	0	0	7
1	0	0	0	1	1	1	1	1	1	1	8
1	0	0	1	1	1	1	1	0	1	1	9

（续）

输入				输出							显示字形
D_3	D_2	D_1	D_0	a	b	c	d	e	f	g	
1	0	1	0	0	0	0	0	0	0	0	不显示
1	0	1	1	0	0	0	0	0	0	0	
1	1	0	0	0	0	0	0	0	0	0	
1	1	0	1	0	0	0	0	0	0	0	
1	1	1	0	0	0	0	0	0	0	0	
1	1	1	1	0	0	0	0	0	0	0	

由此可写出输出 a、b、c、d、e、f、g 的最小项为

$$a=\sum m(0,2,3,5,6,7,8,9)$$
$$b=\sum m(0,1,2,3,4,7,8,9)$$
$$c=\sum m(0,1,3,4,5,6,7,8,9)$$
$$d=\sum m(0,2,3,5,6,8,9)$$
$$e=\sum m(0,2,6,8)$$
$$f=\sum m(0,4,5,6,8,9)$$
$$g=\sum m(2,3,4,5,6,8,9)$$

3）用 ROM 实现该 BCD 码到七段显示的译码电路如图 6-12 所示。

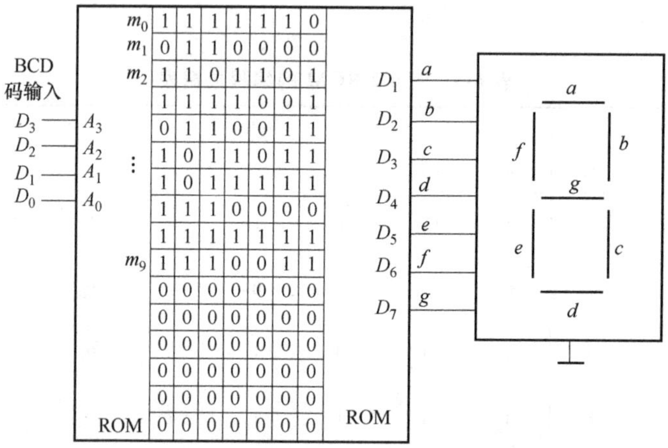

图 6-12　用 ROM 实现的 BCD 码到七段显示译码电路原理图

3. 用 ROM 实现字符发生器

实现字符发生器的基本原理是将字符的点阵预先存储在 ROM 中，然后顺序给出地址码，从存储矩阵中逐行读出字符的点阵，并送入显示器即可显示出字符。

如图 6-13 所示为 8×8 点阵 LED 模块结构。其内部等效电路如图 6-14 所示，其中图 6-14a 为共阳极点阵模块，图 6-14b 为共阴极点阵模块，只要其对应的 X（横向）行、Y（纵向）列正向偏压，即可使 LED 发光。例如，如果要使图 6-14a 中左上角 LED 发光，则 $Y_1=1$、$X_1=0$ 即可。应用时限流电阻可以加在 X 轴或 Y 轴。

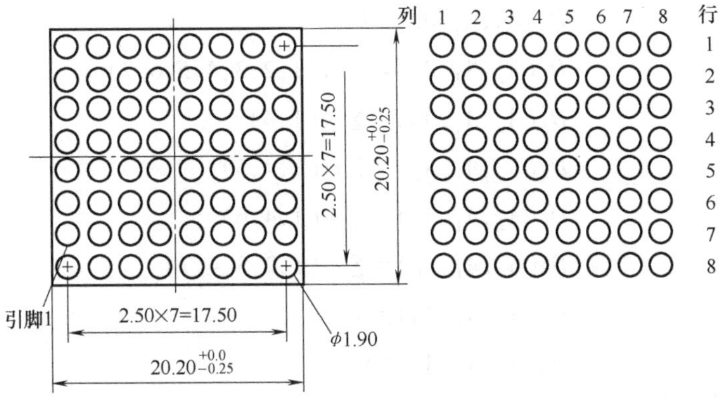

图 6-13　8×8 点阵 LED 模块结构

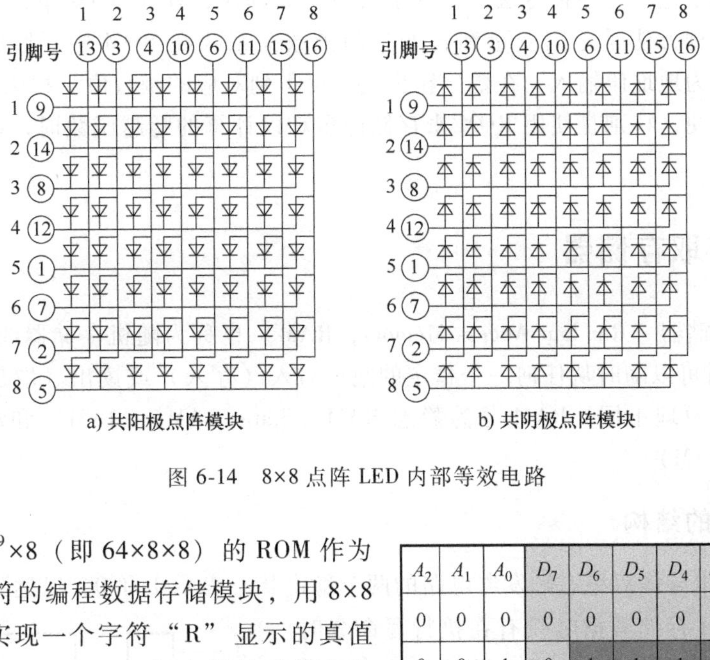

a) 共阳极点阵模块　　b) 共阴极点阵模块

图 6-14　8×8 点阵 LED 内部等效电路

如果选用 $2^9 \times 8$（即 64×8×8）的 ROM 作为可显示 64 个字符的编程数据存储模块，用 8×8 点阵 LED 模块实现一个字符“R”显示的真值表如图 6-15 所示。用户可根据字符的形状在某些存储单元中存入 1，在另外一些存储单元中存入 0。

A_2	A_1	A_0	D_7	D_6	D_5	D_4	D_3	D_2	D_1	D_0
0	0	0	0	0	0	0	0	0	0	0
0	0	1	0	1	1	1	1	1	0	0
0	1	0	0	1	0	0	0	1	0	0
0	1	1	0	1	0	0	0	1	0	0
1	0	0	0	1	1	1	1	1	0	0
1	0	1	0	1	0	1	0	0	0	0
1	1	0	0	1	0	0	1	0	0	0
1	1	1	0	1	0	0	0	1	0	0

图 6-15　8×8 点阵 LED 模块实现字符“R”显示的 ROM 编程数据

$2^9 \times 8$（即 64×8×8）的 ROM 一共有 9 位地址输入码，其中 $A_8 \sim A_3$ 这 6 位地址称为特征地址（可选择显示的字符），共有 64 个输出，每个特征码输出表示一个字符，如特征地址码 000000 是字符“R”的特征地址。$A_2 \sim A_0$ 地址码译码输出作为每个字符的字控制信号，每字存储的 8 位数据，在 $A_2 \sim A_0$ 周期性扫描输入情况下，将顺序重复地周期性输出，驱动光点显示，这样即可显示字符“R”。图 6-15 中 8×8 存储矩阵是 64 个字符矩阵中的一个字符矩阵，其输出为

$$D_7(A_2,A_1,A_0)=0$$
$$D_6(A_2,A_1,A_0)=\sum m(1,2,3,4,5,6,7)$$
$$D_5(A_2,A_1,A_0)=\sum m(1,4)$$
$$D_4(A_2,A_1,A_0)=\sum m(1,4,5)$$
$$D_3(A_2,A_1,A_0)=\sum m(1,4,6)$$
$$D_2(A_2,A_1,A_0)=\sum m(1,2,3,4,7)$$
$$D_1(A_2,A_1,A_0)=0$$
$$D_0(A_2,A_1,A_0)=0$$

4. 用 ROM 实现数学函数表

计算机中实现运算有两种方法：一种是编写运算程序，存入 ROM 中，通过计算机执行运算程序；另一种方法是把因变量和自变量的函数关系存在 ROM 中，形成函数表，使用时，把自变量作为地址码输入，在数据输出端便可得到对应的函数值。相比之下，后一种查表的方法更为简便，特别是使用 ROM 来存储许多难以计算的超越函数时，该方法更具有显著的优越性。

6.3 随机存取存储器

随机存取存储器（Random Access Memory，RAM）也称为随机存储器或随机读/写存储器。RAM 工作时可以随时从任何一个指定的地址写入（存入）或读出（取出）信息。根据存储单元的工作原理不同，RAM 分为静态 RAM（Static RAM，SRAM）和动态 RAM（Dynamic RAM，DRAM）。

6.3.1 RAM 的结构

SRAM 利用半导体双稳态触发器电路的两个稳定状态表示 1 和 0，以达到保存和记忆信息的目的。SRAM 存储数据时只有在执行写命令时才发生刷新操作。其主要特点是工作速度快、不需要刷新电路，因此使用简便，在读出信息时不会破坏原来存放的信息。

DRAM 电路简单、集成度高、功耗低、成本较低，适合作为内存储器的主体部分。DRAM 是靠 MOS 电路中栅极电容上的电荷来记忆信息，由于电容上的电荷会泄漏，为防止数据丢失，需定时补充电容上的电荷。因此 DRAM 必须在一定的时间间隔（约 2ms）内将数据读出并再写入，这一过程称为 DRAM 的刷新。

RAM 主要由存储矩阵、地址译码器和读/写控制电路三部分组成，其框图如图 6-16 所示。可以看出，存储器有三类信号线，即地址线、数据线和控制线。

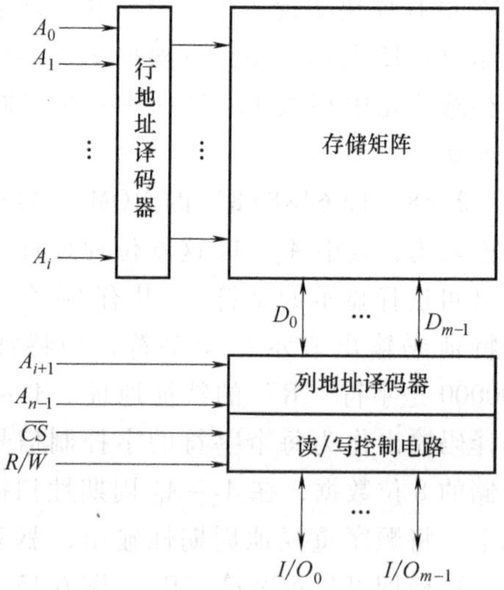

图 6-16 RAM 的结构框图

1）存储矩阵：由许多存储单元排列组成，每个存储单元能存放一位二值信息（0 或 1），在地址译码器和读/写电路的控制下，进行读/写操作，通常存储单元排列成矩阵形式。存储器以字为单位组织内部结构，一个字包含若干个存储单元。一个字中所含的位数称为字长。

2）地址译码器：通常 RAM 以字为单位进行数据的读出与写入（每次读出或写入一个字）。为区分各个不同的字，将存放同一个字的存储单元编为一组，并赋予一个号码，称为地址。不同的字单元有不同的地址，从而在进行读/写操作时，可以按照地址选择要访问的单元。字单元也称为地址单元。地址译码器即为实现地址选择的电路。在大容量存储器中，通常采用双译码结构。即将输入地址分为行地址和列地址两部分，分别由行地址译码器和列地址译码器进行译码。行地址译码器将输入地址代码的若干位 $A_0 \sim A_i$ 译成某一条字线有效，从存储矩阵中选中一行存储单元；列地址译码器将输入地址代码的其余若干位 $A_{i+1} \sim A_{n-1}$ 译成某一根输出线有效，从字线选中的一行存储单元中再选一位（或 n 位），使这些被选中的单元与读/写电路和 I/O（输入/输出）端接通，以便对这些单元进行读/写操作。

3）读/写控制电路：用于对电路的工作状态进行控制。$\overline{CS}$（Chip Select）称为片选信号，当 $\overline{CS}=0$ 时，RAM 工作，当 $\overline{CS}=1$ 时，所有 I/O 端均为高阻状态，不能对 RAM 进行读/写操作。$R/\overline{W}$ 称为读/写控制信号。当 $R/\overline{W}=1$ 时，执行读操作，将存储单元中的信息送到 I/O 端上；当 $R/\overline{W}=0$ 时，执行写操作，加到 I/O 端上的数据被写入存储单元中。

6.3.2 RAM 的存储单元电路

1. SRAM 的静态存储单元

SRAM 的存储单元如图 6-17 所示，图 6-17a 是由六个 NMOS 管（$VT_1 \sim VT_6$）组成的存储单元。VT_1、VT_2 构成的反相器与 VT_3、VT_4 构成的反相器交叉耦合组成一个 RS 触发器，可存储一位二进制信息。Q 和 $\overline{Q}$ 是 RS 触发器的互补输出。VT_5、VT_6 是行选通管，受行选线 X（相当于字线）控制，行选线 X 为高电平时 Q 和 $\overline{Q}$ 的存储信息分别送至位线 D 和位线 $\overline{D}$。VT_7、VT_8 是列选通管，受列选线 Y 控制，列选线 Y 为高电平时，位线 D 和 $\overline{D}$ 上的信息被分

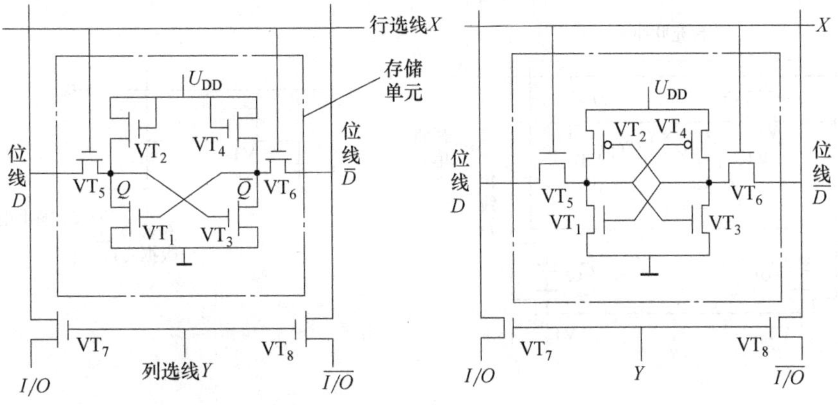

a) 六管NMOS存储单元　　b) 六管CMOS存储单元

图 6-17　SRAM 存储单元

别送至输入输出线 I/O 和 $\overline{I/O}$，从而使位线上的信息同外部数据线相通。

读出操作时，行选线 X 和列选线 Y 同时为 1，则存储信息 Q 和 $\overline{Q}$ 被读到 I/O 线和 $\overline{I/O}$ 线上。写入信息时，X、Y 线也必须都为 1，同时要将写入的信息加在 I/O 线上，经反相后 $\overline{I/O}$ 线上有其相反的信息，信息经 VT_7、VT_8 和 VT_5、VT_6 加到触发器的 Q 端和 $\overline{Q}$ 端，也就是加在 VT_3 和 VT_1 的栅极，从而使触发器触发，即信息被写入。

由于 CMOS 电路具有微功耗的特点，目前大容量 SRAM 中几乎都采用 CMOS 存储单元，其电路如图 6-17b 所示。CMOS 存储单元结构形式和工作原理与图 6-17a 相似，不同的是图 6-17b 中两个负载管 VT_2、VT_4 改用了 P 沟道增强型 MOS 管，图中用栅极上的小圆圈表示 VT_2、VT_4 为 P 沟道 MOS 管，栅极上没有小圆圈的为 N 沟道 MOS 管。

2. DRAM 的动态存储器单元

DRAM 的存储矩阵由动态 MOS 存储单元组成。动态 MOS 存储单元利用 MOS 管的栅极电容来存储信息，但由于栅极电容的容量很小，而漏电流又不可能绝对等于 0，所以电荷保存的时间有限。为了避免存储信息的丢失，必须定时给电容补充漏掉的电荷。通常把这种操作称为刷新或再生，因此 DRAM 内部要有刷新控制电路，其操作也比 SRAM 复杂。尽管如此，由于 DRAM 存储单元的结构能做得非常简单，所用元器件少，功耗低，所以目前已成为大容量 RAM 的主流产品。

动态 MOS 存储单元有四管电路、三管电路和单管电路等。四管和三管电路比单管电路复杂，但外围电路简单，一般容量在 4K 以下的 RAM 多采用四管或三管电路。图 6-18a 为四管动态 MOS 存储单元电路。VT_1 和 VT_2 为两个 N 沟道增强型 MOS 管，它们的栅极和漏极交叉相连，信息以电荷的形式存储在电容 C_1 和 C_2 上，VT_5、VT_6 是同一列中各单元公用的预充管，ϕ 是脉冲宽度为 1μs 而周期一般不大于 2ms 的预充脉冲，C_{O1}、C_{O2} 是位线上的分布电容，其容量比 C_1、C_2 大得多。

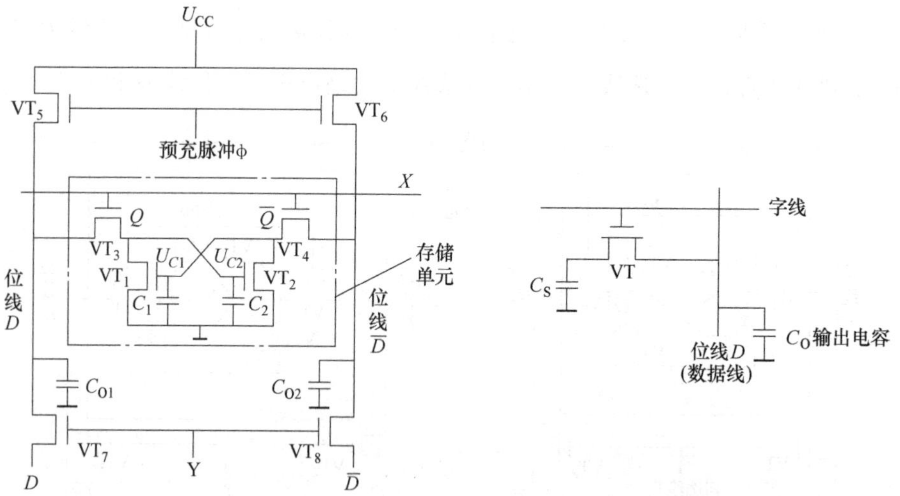

a) 四管动态MOS存储单元电路

b) 单管动态MOS存储单元电路

图 6-18　动态 MOS 存储单元电路

若 C_1 被充电到高电位，C_2 上没有电荷，则 VT_1 导通，VT_2 截止，此时 $Q=0$，$\overline{Q}=1$，这一状态称为存储单元的 0 状态；反之，若 C_2 充电到高电位，C_1 上没有电荷，则 VT_2 导通，VT_1 截止，$Q=1$，$\overline{Q}=0$，此时称为存储单元的 1 状态。当字选线 X 为低电位时，门控管 VT_3、VT_4 均截止。在 C_1 和 C_2 上电荷泄漏之前，存储单元的状态维持不变，因此存储的信息被记忆。实际上，由于 VT_3、VT_4 存在泄漏电流，电容 C_1、C_2 上存储的电荷将慢慢释放，因此每隔一定时间要对电容进行一次充电，即进行刷新。两次刷新之间的时间间隔一般不大于 20ms。

在读出信息之前，首先加预充电脉冲 ϕ，预充管 VT_5、VT_6 导通，电源 U_{CC} 向位线上的分布电容 C_{O1}、C_{O2} 充电，使 D 和 $\overline{D}$ 两条位线的电位为 U_{DD}。预充脉冲消失后，VT_5、VT_6 截止，C_{O1}、C_{O2} 上的信息保持。

要读出信息时，该单元被选中（X、Y 均为高电平），VT_3、VT_4 导通，若原来存储单元处于 0 状态（$Q=0$，$\overline{Q}=1$），即 C_1 上有电荷，VT_1 导通，C_2 上无电荷，VT_2 截止，这样 C_{O1} 经 VT_3、VT_1 放电到 0，使位线 D 为低电平，而 C_{O2} 因 VT_2 截止无放电回路，所以经 VT_4 对 C_1 充电，补充了 C_1 漏掉的电荷，结果读出数据仍为 $D=1$，$\overline{D}=0$；反之，若原存储信息为 1（$Q=1$，$\overline{Q}=0$），C_2 上有电荷，则预充电后 C_{O2} 经 VT_4、VT_2 放电到 0，而 C_{O1} 经 VT_3 对 C_2 补充充电，读出数据为 $D=0$，$\overline{D}=1$，可见位线 D、$\overline{D}$ 上读出的电位分别和 C_2、C_1 上的电位相同。同时每进行一次读操作，实际上也进行了一次补充充电即刷新。

写入信息时，首先该单元被选中，VT_3、VT_4 导通，Q 和 $\overline{Q}$ 分别与两条位线连通。若需要写 0，则在位线 $\overline{D}$ 上加高电位，D 上加低电位。这样 $\overline{D}$ 上的高电位经 VT_4 向 C_1 充电，使 $Q=1$，而 C_2 经 VT_3 向 D 放电，使 $\overline{Q}=0$，于是该单元写入了 0 状态。

图 6-18b 为单管动态 MOS 存储单元，它只有一个 NMOS 管和存储电容器 C_S，C_O 是位线上的分布电容（$C_O \gg C_S$）。显然，采用单管存储单元的 DRAM，其容量可以做得更大。写入信息时，字线为高电平，VT 导通，位线上的数据经过 VT 存入 C_S。

读出信息时也使字线为高电平，VT 导通，这时 C_S 经 VT 向 C_O 充电，使位线获得读出的信息。设位线上原来的电位 $U_O=0$，C_S 原来存有正电荷，电压 U_S 为高电平，因读出前后电荷总量相等，因此有 $U_S C_S = U_O(C_S + C_O)$，又因 $C_O \gg C_S$，所以 $U_O \ll U_S$。如读出前 $U_S=5V$，$C_S/C_O=1/50$，则位线上读出的电压将仅有 0.1V，而且读出后 C_S 上的电压也只剩下 0.1V，这是一种破坏性读出。因此每次读出后，要对该单元补充电荷进行刷新，同时还需要高灵敏度读出放大器对读出信号加以放大。

6.3.3 集成 RAM

1. 常用 SRAM 集成芯片

常用 SRAM 芯片有 Intel 的 2114（1K×4）、2142（1K×4）、6116（2K×8）、6232（4K×8）、6264（8K×8）、和 62256（32K×8）等。Intel 2114 SRAM 芯片的内部结构框图如图 6-19 所示，其最基本的存储单元就是图 6-17 的六管存储单元。

图 6-19 中，$A_0 \sim A_9$ 为 10 根地址线，可寻址 $2^{10}=1024$（1K）个存储单元。$I/O_1 \sim I/O_4$

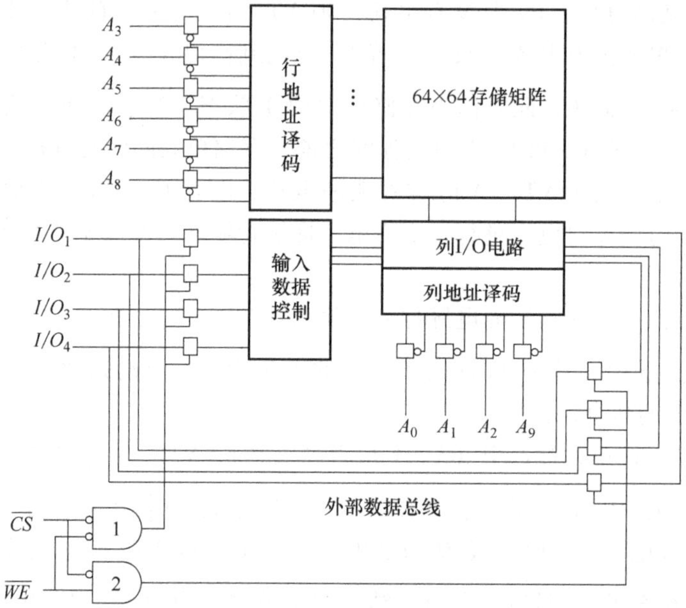

图 6-19　Intel 2114 SRAM 芯片的内部结构框图

为四根双向数据线。$\overline{WE}$ 为写允许控制信号线，$\overline{WE}=0$ 时为写入；$\overline{WE}=1$ 时为读出。$\overline{CS}$ 为芯片片选信号，$\overline{CS}=0$ 时，该芯片被选中。由于 Intel 2114 SRAM 芯片的容量为 1024×4 位，故有 4096 个基本存储电路，排成 64×64 的矩阵。用 $A_3 \sim A_8$ 六根地址线作为行译码，产生 64 根行选择线，用 $A_0 \sim A_2$ 与 A_9 四根地址线作为列译码，产生 16 根列选择线，而每根列选择线控制一组 4 位同时进行读或写操作。存储器内部有四路 I/O 电路以及四路输入/输出三态门电路，并由四根双向数据线 $I/O_1 \sim I/O_4$ 引出与外部数据总线相连。当 $\overline{CS}=0$、$\overline{WE}=0$ 时，经逻辑与门 1 输出的高电平将输入数据控制线上的四个三态门打开，使数据写入；当 $\overline{CS}=0$、$\overline{WE}=1$ 时，经逻辑与门 2 输出的高电平将输出数据控制线上的四个三态门打开，使数据读出。Intel 2114 SRAM 芯片的读/写周期时序图分别如图 6-20a、b 所示。

图 6-20a 中时序参数 T_{RC} 表示读周期时间（Read Cycle Time）；T_A 表示访问时间（Access Time）；T_{CO} 表示片选有效到输出数据有效（Chip Select-to-Output Valid）；T_{CX} 表示片选有效到输出数据激活（Chip Select-to-Output Active）；T_{OHA} 表示地址变化后有效数据输出保持时间（Output Hold After Address Change）；T_{OTD} 表示片选无效后输出变为无效时间（Output Disable After Chip Deselection）。图 6-20b 中时序参数 T_{WC} 表示写周期时间（Write Cycle Time）；T_W 表示写脉冲宽度（Write Pulse Width）；T_{WR} 表示写恢复时间（Write Recovery Time）；T_{DW} 表示数据建立时间（Data Setup Time）；T_{DH} 表示数据保持时间（Data Hold Time）；T_{OTW} 表示从写或芯片使能后输出变为无效的时间（Output Disable From Write or Chip Enable Time）。在实际应用中，这些时序参数的具体取值范围需要参考 Intel 2114 SRAM 芯片手册。

2. 常用 DRAM 集成芯片

常用的 DRAM 芯片有 Intel 2164A、21256、21464 等，其中 Intel 2164A 是一种 64K×1 的

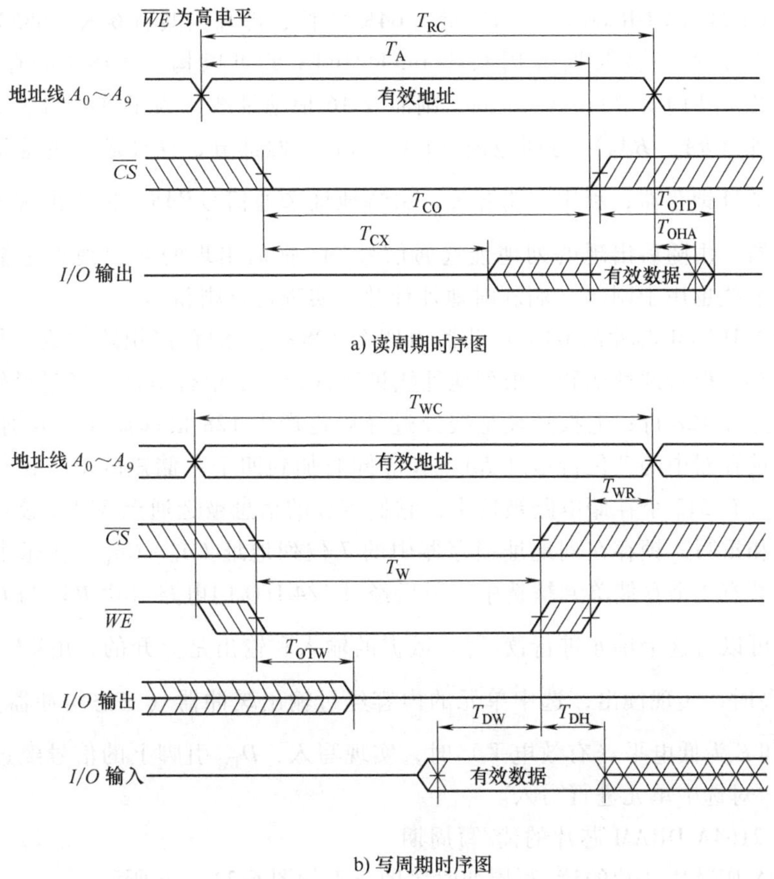

a) 读周期时序图

b) 写周期时序图

图 6-20 Intel 2114 SRAM 芯片的读/写周期时序图

动态 RAM 存储器芯片，它的基本存储单元采用的是图 6-18b 的单管存储单元。Intel 2164A DRAM 芯片的内部结构框图如图 6-21 所示。

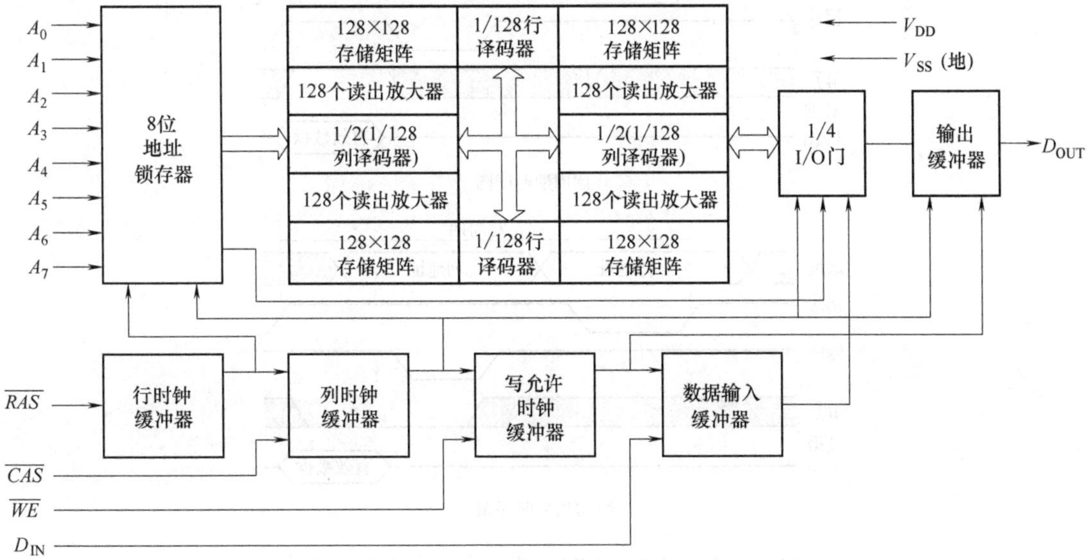

图 6-21 Intel 2164A DRAM 芯片的内部结构框图

每一片 Intel 2164A DRAM 芯片的容量为 64K×1 位，即片内共有 64K（65536）个地址单元，每个地址单元有一位数据（用八片 Intel 2164A 就可以构成 64KB 的存储器）。Intel 2164A DRAM 芯片片内要寻址 64K 空间，则需要 16 根地址线，为了减少封装的引脚数，地址线分为行地址（$RA_7 \sim RA_0$）与列地址（$CA_7 \sim CA_0$）两部分，这样芯片的地址引线只要八根，内部设有地址锁存器，利用多路开关，由行地址选通信号 $\overline{RAS}$，把先出现的 8 位地址送至行地址锁存器；由随后出现的列地址选通信号 $\overline{CAS}$ 把后出现的 8 位地址送至列地址锁存器。这八根地址线也用于刷新（刷新时地址计数，实现逐行刷新）。

Intel 2164A DRAM 芯片的 64K 存储器由四个 128×128 的存储矩阵构成。每个 128×128 的存储矩阵，有七根行地址线和七根列地址线进行选择。七根行地址线经过译码产生 128 根选择线，分别选择 128 行；七根列地址线经过译码也产生 128 根选择线，分别选择 128 列。锁存在行地址锁存器中的 7 位行地址 $RA_6 \sim RA_0$ 同时加到四个存储矩阵上，在每个矩阵中都选中一行，则共有 512 个存储电路被选中，它们存放的信息被选通至 512 个读出放大器，进行鉴别、锁存和重写。锁存在列地址锁存器中的 7 位列地址 $CA_6 \sim CA_0$，在每个存储矩阵中选中一列，则共有 4 个存储单元被选中。最后经过 1/4 I/O 门电路（由 RA_7 与 CA_7 控制）选中一个单元，可以对这个单元进行读/写。数据的输入和输出是分开的，由 $\overline{WE}$ 信号控制读/写。当 $\overline{WE}$ 为高时，实现读出，选中单元的内容经过输出缓冲器（三态缓冲器）在 D_{OUT} 引脚上读出。当 $\overline{WE}$ 为低电平（有效电平）时，实现写入，D_{IN} 引脚上的信号经过输入缓冲器（三态缓冲器）对选中单元进行写入。

（1）Intel 2164A DRAM 芯片的读/写周期

Intel 2164A DRAM 芯片的读/写周期时序图分别如图 6-22a、b 所示。

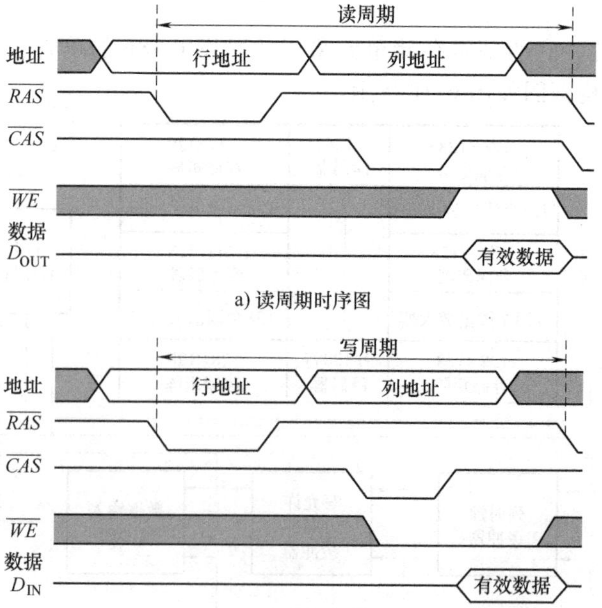

a) 读周期时序图

b) 写周期时序图

图 6-22 Intel 2164A DRAM 芯片的读/写周期时序图

读周期是由行地址选通信号$\overline{RAS}$变低（有效电平）时开始的。为了能使行地址可靠锁存，通常希望行地址能先于$\overline{RAS}$信号有效。同样，为了保证列地址的可靠锁存，列地址应先于$\overline{CAS}$信号有效。要从指定单元读出信息，必须在$\overline{RAS}$有效后，$\overline{CAS}$也有效。另外需要注意的是，信息的读/写，取决于读/写控制信号$\overline{WE}$。为实现信息的读出，$\overline{WE}$信号必须在$\overline{CAS}$有效前一定时间（参考芯片手册）变为高电平。

在信息的写周期中，要选定写入的单元，$\overline{RAS}$和$\overline{CAS}$必须都有效，而且行地址必须领先$\overline{RAS}$有效，列地址必须领先$\overline{CAS}$有效。同样，由读/写控制信号$\overline{WE}$有效（低电平）实现写入，$\overline{WE}$信号必须领先$\overline{CAS}$有效。要写入的信息，必须在有效前已经送至数据输入线 D_{IN}，且在$\overline{CAS}$有效后保持一定时间。

（2）Intel 2164A DRAM 芯片的刷新过程

在 Intel 2164A DRAM 芯片中有 512（=4×128）个读出放大器，在进行刷新操作时，芯片只接收从地址总线上发来的行地址（其中 RA_7 不起作用），由 $RA_0 \sim RA_6$ 共七根行地址线在四个存储矩阵中各选中一行，共 4×128 个单元，分别将其中所保存的信息输出到 4×128 个读出放大器中，经放大后，再写回到原单元，即可实现 512 个单元的刷新操作。这样，经过 128 个刷新周期就可完成整个存储器的刷新。由$\overline{RAS}$有效把刷新地址锁存入行地址锁存器，选中的 512 个单元都读出和重写。由于$\overline{CAS}$在刷新过程中时钟无效，故数据不会读出至 D_{OUT} 线上。

DRAM 的刷新周期（或刷新间隔）是指从上一次对整个存储器刷新结束到下一次对整个存储器全部刷新一遍为止所花的时间。一般标准是要求 DRAM 每隔 2~16ms 必须刷新一次，而某些器件的刷新周期可以大于 100ms。

DRAM 常用的刷新方式有两种：集中式和分散式。

1）集中式刷新。集中式刷新是指在整个刷新间隔内，前一段时间重复进行读/写周期或维持周期，等到需要进行刷新操作时，便暂停读/写或维持周期，而逐行刷新整个存储器。它适用于高速存储器。

如对 1024 行×4096 列存储矩阵的 DRAM 存储器进行刷新，刷新周期为 8ms。其时间分配如图 6-23 所示。

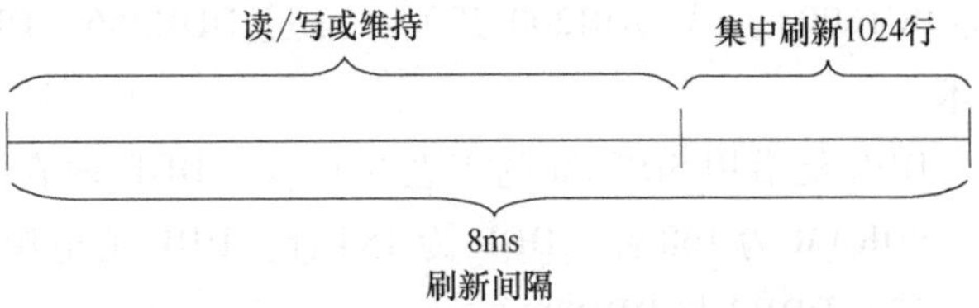

图 6-23　DRAM 集中式刷新时间分配示意图

2）分散式刷新。分散式刷新是指在一个刷新周期内均匀分散地把 DRAM 的所有行刷新一遍。

如对 1024 行×4096 列存储矩阵的 DRAM 存储器进行刷新，刷新周期为 8ms，则每隔 8ms/1024 行（≈7.8μs）刷新一行（实际刷新时间与读/写周期有关）。

DRAM 器件内部具有刷新地址计数器，故不需要外加刷新地址计数器，但仍需 DRAM 控制器（DRAMC）来产生$\overline{RAS}$和$\overline{CAS}$、$\overline{WE}$、$\overline{OE}$信号，以及将访问地址分为行地址和列地址分时发出等。

3. 新型 DRAM 存储器

（1）SDRAM

SDRAM（Synchronous DRAM）即同步型动态存储器，曾经是 PC 上最为广泛应用的一种内存类型，即便在今天 SDRAM 仍旧在市场占有一席之地，可以与 CPU 同步工作，无等待周期，减少数据传输延迟。

SDRAM 的操作要求与系统时钟同步，这种同步操作使得 SDRAM 的结构与其他非同步型 DRAM 不同。SDRAM 与系统时钟同步，采用流水线处理方式，当指定一个特定地址后，SDRAM 就可读/写多个数据，即实现猝发式传送。以读为例，第一步，指定地址；第二步，把数据读出送到输出电路；第三步，输出数据到 CPU。这三步操作是分别独立进行的，且与 CPU 同步，这就是 SDRAM 高速的关键所在。而在非同步型 DRAM 中，CPU 必须从头到尾执行完这三步，然后才能开始下一个地址的读/写操作，因此速度慢。图 6-24 为 SDRAM 的读时序图。

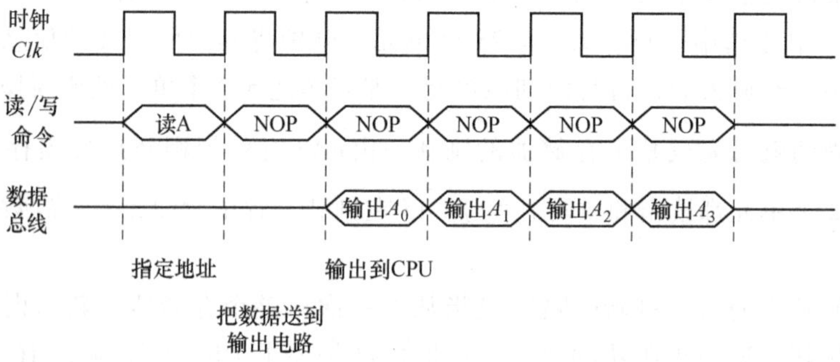

图 6-24　SDRAM 的读时序图

（2）DDR SDRAM

DDR（Double Data Rate）SDRAM 是双数据传输速率的 SDRAM，一般称之为 DDR，与 SDRAM 不同的是时钟的上边沿和下边沿都能读出数据（读出时预取 2 位），当存储器芯片内部工作频率为 100MHz（DDR200）时，由它组成的内存条的数据传输率可达 1.6GB/s（即 PC1600）。从 DDR200 开始，经过 DDR266、DDR333，目前已发展到双通道 DDR400 技术。

DDR 能沿用 SDRAM 的工艺生产线，DDR 内存条的尺寸与 SDRAM 相同，但引脚数不同，SDRAM 为 168 针，DDR 为 184 针。DDR 的电源电压为 2.5V。

（3）DDR2 与 DDR3

DDR2 与 DDR 内存技术最大的区别在于虽然都采用在时钟的上边/下边沿进行数据传送的基本方式，但 DDR2 却拥有 4 位数据预取能力。DDR2 内存每个时钟能以 4 倍外部总线的速度读/写数据。DDR2 的电压为 1.8V，降低了能耗，延长了笔记本计算机电池的寿命。当芯片内部频率为 100MHz 时，等效的传输速率为 400MHz（DDR2-400），数据传输率为 3.2GB/s。内存条的引脚为 240 针。

DDR3 将数据预取的能力提升到 8 位，其芯片内部的工作频率只有外部频率的 1/8，即 DDR3-800 的内部工作频率只有 100MHz，工作电压为 1.5V，已开始运行于游戏机的显卡中。

（4）CDRAM

CDRAM（Cache DRAM）为带 Cache 的动态存储器，它通过在 DRAM 芯片内集成一个小容量的 SRAM 来实现高速缓存，从而使 DRAM 芯片的性能得到显著改进。

采用 CDRAM 结构除了可以改进存储器的性能外，还有另外两个优点：一是在 SRAM 读出期间可以同时对 DRAM 进行刷新；二是芯片内的数据输出路径与数据输入路径是分开的，允许在写操作完成的同时来启动同一行的读操作。

6.3.4 存储器容量的扩展

存储器容量与实际中存储器的容量要求多有不符，因此需要根据要求进行位或字扩展（多个芯片连接），组成所需容量的存储器组。

1. 位扩展

存储器芯片的字长多数为 1 位、4 位、8 位等。当实际存储系统的字长超过存储器芯片的字长时，需要进行位扩展。

位扩展可以利用芯片的并联方式实现，图 6-25 是用八片 1024×1 位的 RAM 扩展为 1024×8 位 RAM 的存储系统框图。图中八片 RAM 的所有地址线、$R/\overline{W}$、$\overline{CS}$ 分别对应并接在一起，而每一片的 I/O 端作为整个 RAM 的 I/O 端的一位。

ROM 芯片上没有读/写控制端 $R/\overline{W}$，位扩展时其余引出端的连接方法与 RAM 相同。

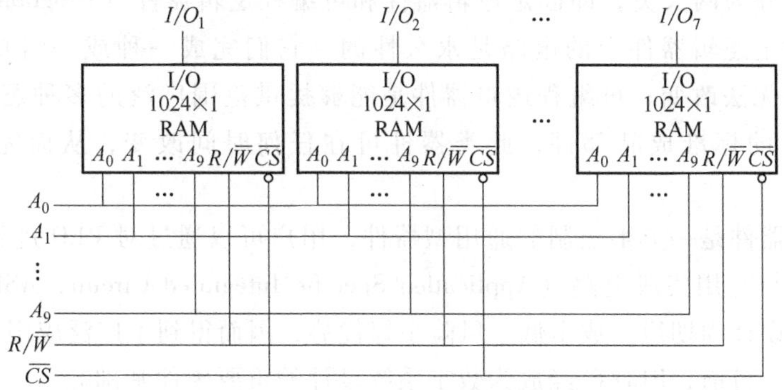

图 6-25 RAM 的位扩展连接

2. 字扩展

字扩展可以利用外加译码器控制芯片的片选输入端来实现。图 6-26 为用字扩展方式将四片 256×8 位的 RAM 扩展为 1024×8 位 RAM 的存储系统框图。图中译码器的输入是系统的高位地址 A_9、A_8，其输出是各片 RAM 的片选信号。若 $A_9A_8=01$，则 RAM（2）的$\overline{CS}=0$，其余各片 RAM 的$\overline{CS}$ 均为 1，故选中第二片。只有该片的信息可以读出，送到位线上，读出的内容则由低位地址 $A_7 \sim A_0$ 决定。显然，四片 RAM 轮流工作，任何时候只有一片 RAM 处于工作状态，整个系统的字扩大了四倍，而字长仍为 8 位。

ROM 的字扩展方法与 RAM 相同。

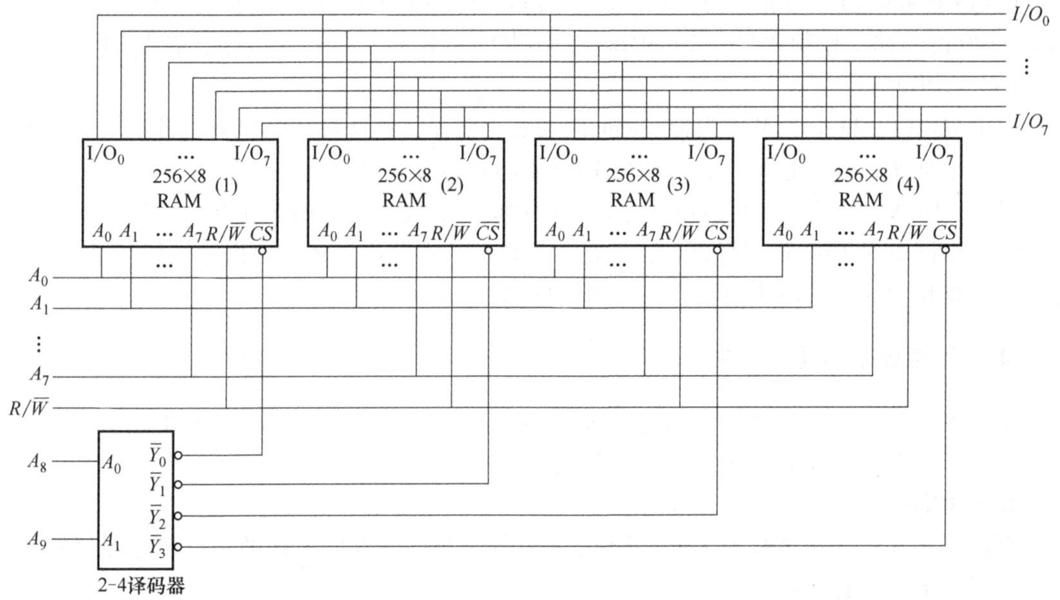

图 6-26　RAM 的字扩展连接

6.4　可编程逻辑器件

逻辑器件可分为两大类，即固定逻辑器件和可编程逻辑器件（Programmable Logic Device，PLD）。固定逻辑器件中的电路是永久性的，它们完成一种或一组功能，一旦制造完成，其功能将无法改变；可编程逻辑器件是能够提供范围广泛的多种逻辑能力、特性、速度和电压特性的标准成品部件，此类器件可在任何时间改变，从而完成多种不同的功能。

可编程逻辑器件是一类半定制的通用型器件，用户可以通过对 PLD 进行编程来实现所需的逻辑功能。与专用集成电路（Application Specific Integrated Circuit，ASIC）相比，PLD 具有灵活性高、设计周期短、成本低、风险小等优势，因而得到了广泛应用，各项相关技术也迅速发展起来。目前，PLD 已经成为数字系统设计的重要硬件基础。

典型的 PLD 由与门阵列（称为与阵列）和或门阵列（称为或阵列）组成，而任意一个组合逻辑都可以用与-或表达式的形式来表示，所以，PLD 能以乘积和的形式完成大量的组合逻辑功能。广义上讲，PLD 是一切能够通过软件手段更改、配置器件内部连接结构和逻辑单元，完成既定设计功能的数字集成电路。早期的 PLD 只有 PROM、EPROM 和 E^2PROM 等。由于结构的限制，它们只能完成简单的数字逻辑功能。

自 20 世纪 80 年代以来，PLD 及其应用得到了快速发展。从最初的现场可编程逻辑阵列（Field Programmable Logic Array，FPLA）到可编程阵列逻辑（Programmable Array Logic，PAL），从通用阵列逻辑（Generic Array Logic，GAL）到复杂可编程逻辑器件（Complex PLD，CPLD）、现场可编程门阵列（Field Programmable Gate Array，FPGA），可编程器件的集成度越来越高，结构也越来越复杂。因此，通常可将 PLD 按集成密度分类，一类为低密度 PLD（Low Density PLD，LDPLD），如 PROM、FPLA、PAL 和 GAL 等；另一类为高密度 PLD（High Density PLD，HDPLD），如 CPLD 和 FPGA。随着数字系统规模和复杂度的增长，许多低密度 PLD 产品已经逐渐退出市场。

6.4.1 低密度 PLD

低密度 PLD 的集成密度约为每片 700 个等效门以下，它主要包括 PROM、FPLA、PAL 和 GAL 四种器件。

1. PLD 电路的基本结构

（1）PLD 电路的表示方法

由于 PLD 内部电路的连接十分庞大，所以对其进行描述时采用了一种与传统方法不相同的简化方法。PLD 的输入、输出缓冲器都采用互补输出结构，其表示法如图 6-27 所示。

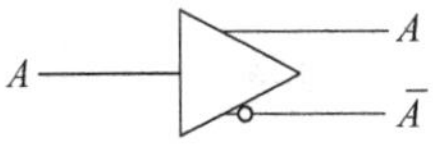

图 6-27 PLD 缓冲器表示法

PLD 中的与门表示法如图 6-28 所示。图中与门的输入线通常画成行（横）线，与门的所有输入变量都称为输入项，并画成与行线垂直的列线以表示与门的输入。列线与行线相交的交叉处若为“·”，表示有一个耦合元件固定连接；若为“×”表示编程连接；交叉处若无标记则表示未连接（被擦除）。与门的输出称为乘积项 P，图中与门的输出 $P=\mathrm{ABD}$。

或门可以用类似的方法表示，也可以用传统的方法表示，如图 6-29 所示。

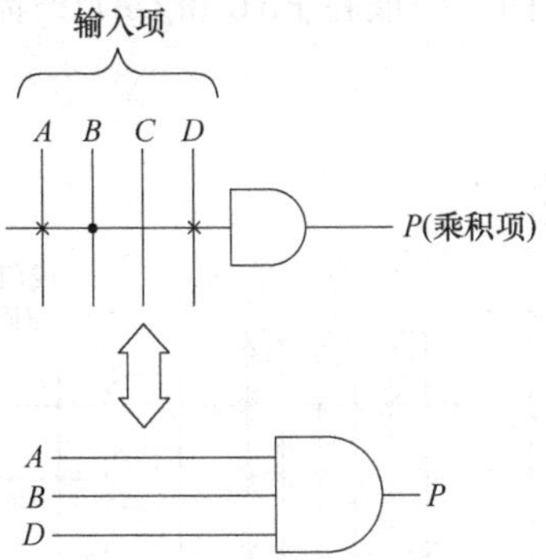

图 6-28 PLD 中与门的表示法

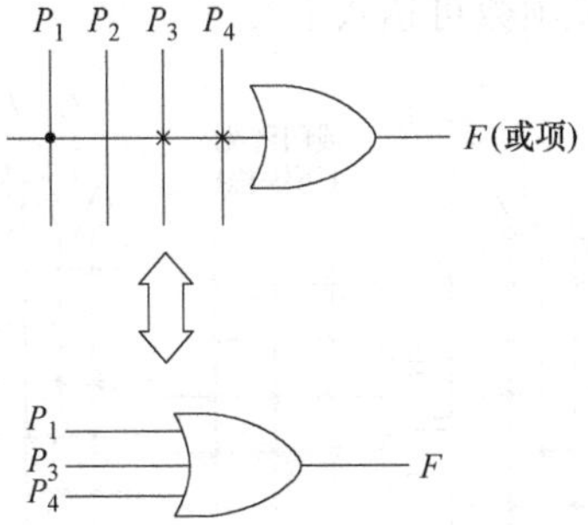

图 6-29 PLD 中或门的表示法

图 6-30 为 PLD 中与门的简略表示法。图中与门 P_1 的全部输入项接通，因此 $P_1=A\bar{A}B\bar{B}=0$，这种状态称为与门的缺省（Default）状态。为简便起见，对于这种全部输入项都接通的缺省状态，可以用带有“×”的与门符号表示，如图中的 $P_2=P_1=0$ 表示缺省状态。P_3 中任何输入项都不接通，即所有输入都悬空，因此 $P_3=1$，也称为悬浮 1 状态。

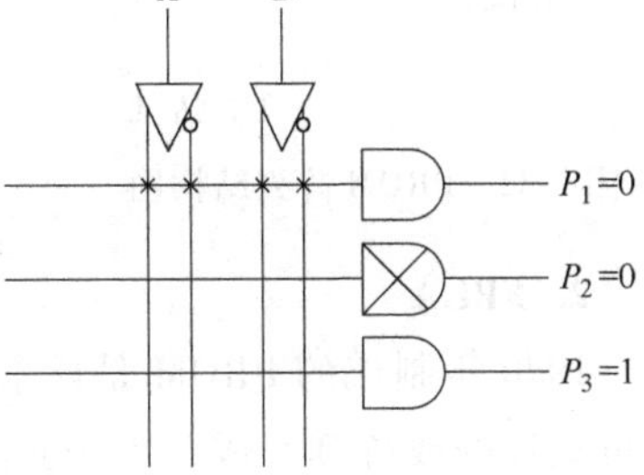

图 6-30 PLD 中与门的简略表示法

（2）PLD 的基本结构

PLD 的基本结构框图如图 6-31 所示。电路的主体是由逻辑门构成的与阵列和或阵列，可以用来实现组合逻辑函数。输入电路由缓冲器组成，可以使输入信号具有足够的驱动能力，并产生互补输入信号。输出电路可以提供不同的输出结构，如直接输出（组合方式）或通过寄存器输出（时序方式）。此外，输出端口通常有三态门，可通过三态门控制数据直接输出或反馈到输入端。通常 PLD 电路中只有部分电路可以编程或组态，PROM、FPLA、PAL 和 GAL 这四种 PLD 由于编程情况和输出结构不同，其电路结构也不相同。表 6-4 列出了四种 PLD 的结构特点。

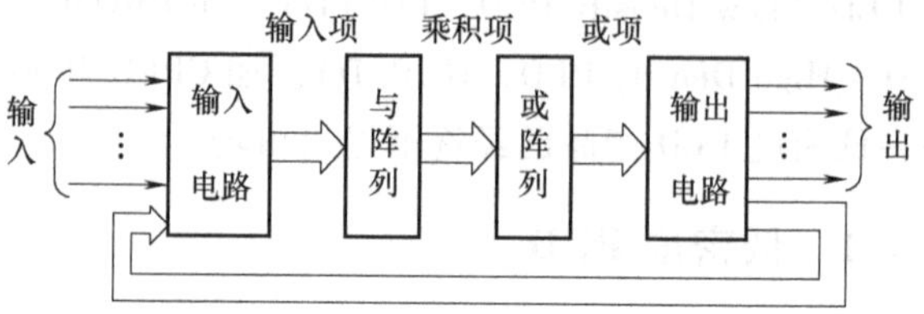

图 6-31　PLD 的基本结构框图

表 6-4　四种低密度 PLD 的结构特点

类型	阵列		输出方式
	与	或	
PROM	固定	可编程	TS、OC
FPLA	可编程	可编程	TS、OC、H、L
PAL	可编程	固定	TS、I/O、寄存器
GAL	可编程	固定	用户定义

图 6-32～图 6-34 分别为 PROM、FPLA、PAL（GAL）的阵列结构图。图 6-34 中，PAL 和 GAL 的基本阵列结构相同，均为与阵列可编程，或阵列固定连接。也就是说，每个或门的输出是若干个乘积项之和，其中乘积项的数目是固定的。一般在 PAL 和 GAL 产品中，最多的乘积项数可达八个。

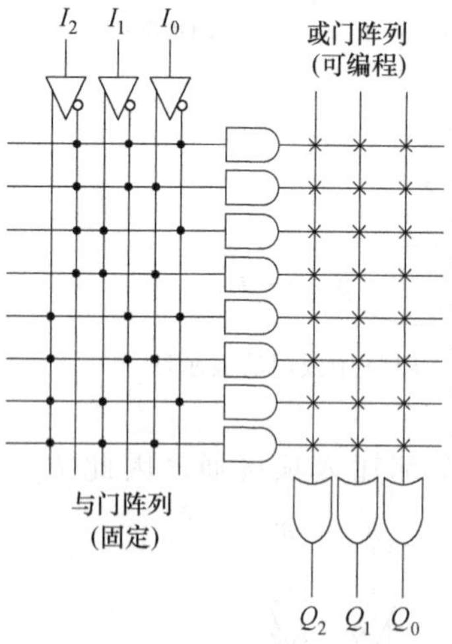

图 6-32　PROM 阵列结构图

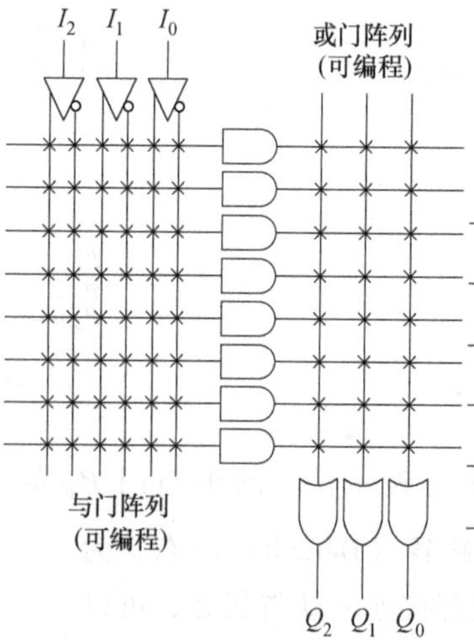

图 6-33　FPLA 阵列结构图

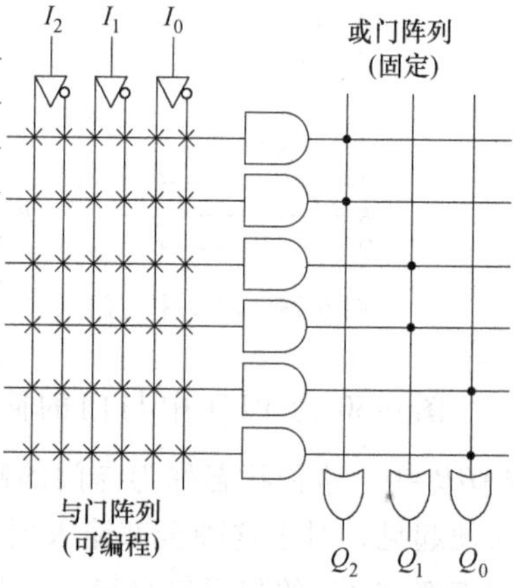

图 6-34　PAL 和 GAL 阵列结构图

2. FPLA

1970 年制成的 PROM 是最早出现的 PLD。由前面分析可知，PROM 由全译码的与阵列和可编程的或阵列组成，由于其阵列规模大、速度低，因而它的基本用途是用作存储器，如软件固化、显示查寻等。

FPLA 是 20 世纪 70 年代中期在 PROM 基础上发展起来的 PLD，它的与阵列和或阵列均可编程。采用 FPLA 实现逻辑函数时只需要运用化简后的与或式，由与阵列产生与项，再由或阵列完成与项相或的运算后便得到输出函数。

例 6-3 试用 FPLA 实现例 6-1 要求的 4 位二进制码转换为格雷码的代码转换电路。

解：根据表 6-2 码组转换真值表，将多输出函数化简后得出最简输出表达式为

$$G_3=B_3$$

$$G_2=B_3\overline{B}_2+\overline{B}_3B_2$$

$$G_1=B_2\overline{B}_1+\overline{B}_2B_1$$

$$G_0=B_1\overline{B}_0+\overline{B}_1B_0$$

化简后的多输出函数有七个不同的与项和四个输出，因此编程后的阵列结构图如图 6-35 所示。

比较图 6-35 和图 6-11 可以看出，ROM 的与阵列是固定的，它是 n 个输入的地址译码器，不管所实现的函数是否需要，译码结果都将产生 2^n 个最小项，而 FPLA 的与阵列是可编程的，它所产生的与项数$<2^n$，因此其阵列规模大为减少，从而有效地提高了芯片的利用率。

FPLA 中的与阵列和或阵列只能构成组合逻辑电路，若在 FPLA 中加入触发器便可构成时序型 FPLA，其结构如图 6-36 所示。此时与阵列的输入包括两部分：外输入 X_1，…，X_n 和由触发器反馈回来的内部状态 Q_1，…，Q_k。或阵列则产生两组输出：外输出 Z_1，…，Z_m 和触发器的激励 W_1，…，W_l。因此它是一个完整的同步时序系统。

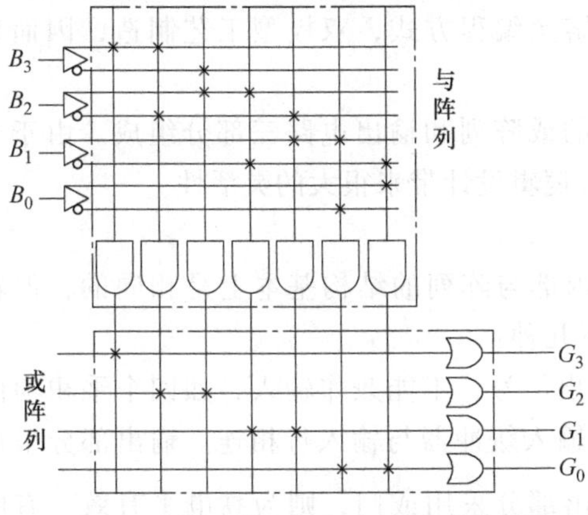

图 6-35　例 6-3 的 FPLA 实现阵列结构图

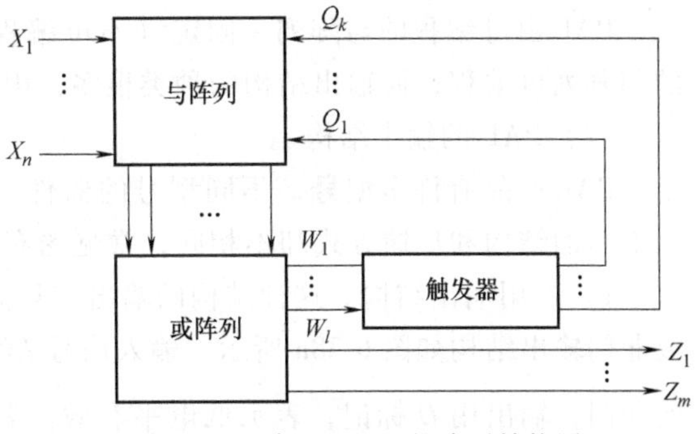

图 6-36　时序型 FPLA 的阵列结构图

例 6-4 试用 FPLA 和 JK 触发器实现计数模值为 4 的可逆计数器。当外部输入 $X=0$ 时进行加法计数；$X=1$ 时进行减法计数。

解：由给定的功能可画出模 4 可逆计数器的状态图如图 6-37a 所示。

根据状态图可求得时序电路的激励方程和输出方程为

$$J_1=K_1=1$$

$$J_2=K_2=X\overline{Q}_1+\overline{X}Q_1$$

$$Z=X\overline{Q}_2\overline{Q}_1+\overline{X}Q_2Q_1$$

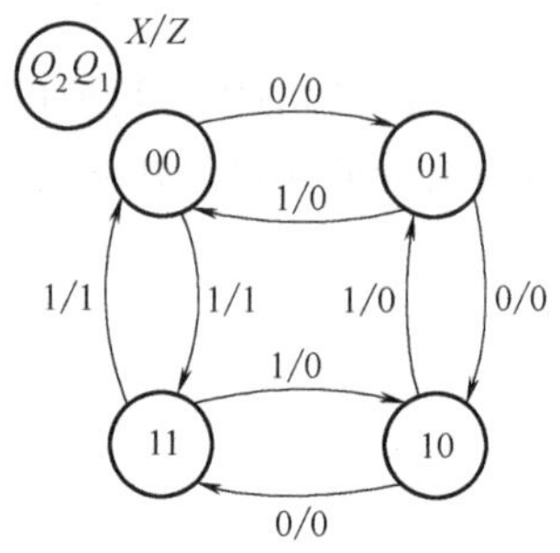

a) 状态图

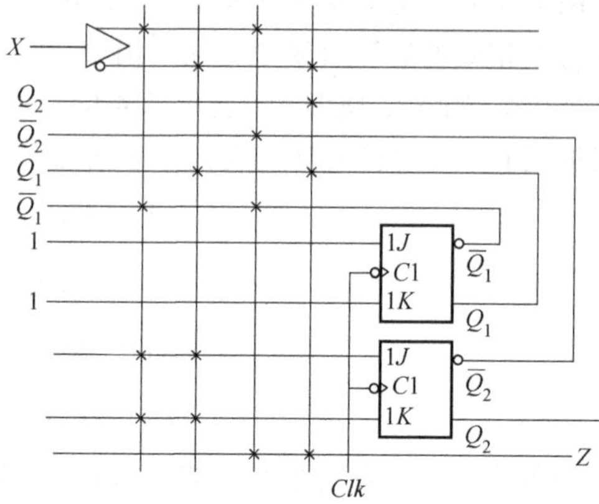

b) 阵列结构图

图 6-37　例 6-4 模 4 可逆计数器

根据上述表达式，画出时序型 FPLA 的阵列结构图如图 6-37b 所示。

由于 FPLA 的两个阵列均可编程，使设计工作变得容易得多，当输入函数很相似，可以充分利用共享的乘积项时，采用 FPLA 结构十分有利。但 FPLA 存在两个缺点：一是可编程的阵列为两个，编程较复杂；二是支持 FPLA 的软件的开发有一定难度，因而它没有像 PAL 和 GAL 那样得到广泛的应用。

3. PAL

PAL 也是在 PROM 基础上发展起来的一种可编程逻辑器件，于 20 世纪 70 年代末由美国单片存储器公司（MMI）首先推出。PAL 采用熔丝编程方式，双极型工艺制造，因而器件的工作速度较高（可达十几纳秒）。

PAL 由可编程的与阵列、固定（不可编程）的或阵列和输出电路三部分组成。由于它的与阵列可编程，而输出结构的种类很多，因而给逻辑设计带来很大的灵活性。

（1）PAL 的输出结构

PAL 产品有许多型号，不同型号的器件，其内部与阵列的结构基本上是相同的，但输出电路的结构和反馈方式却不相同，常见的有以下几种：

1）专用输出结构。这种结构的输出端只能输出信号，不能兼作输入，如四个乘积项的或非门输出结构如图 6-38a 所示。输入信号 I 经过输入缓冲器与输入行相连。输出部分采用或非门，输出用 $\overline{O}$ 标记，表示低电平有效。若输出部分采用或门，则为高电平有效。有的器件还用互补输出的或门，则称为互补型输出。这种输出结构只适用于实现组合逻辑函数。目前常用的产品有 PAL10H8（10 输入，8 输出，高电平有效）、PAL10L8、PAL16C1（16 输入，1 输出，互补型）等。

2）可编程 I/O 结构。可编程 I/O 结构如图 6-38b 所示。或门经三态缓冲器由 I/O 端引出，三态门受最上面一个与门所对应的乘积项控制，I/O 端的信号也可经过缓冲器反馈到与阵列的输入。

当与门输出为 0 时，三态门禁止，输出呈高阻状态，I/O 引脚作输入使用；当与门输出为 1 时，三态门被选通，I/O 引脚作输出使用。这种结构的产品有 PAL16L8、PAL20L10 等。

3）寄存器输出结构。寄存器输出结构如图 6-38c 所示。这种结构的输出端有一个 D 触

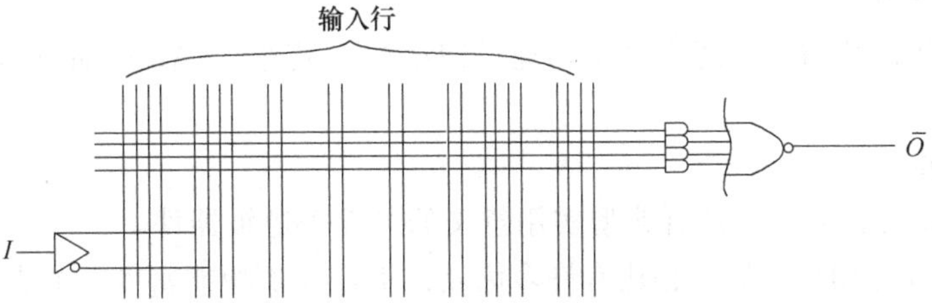

a) 专用输出结构

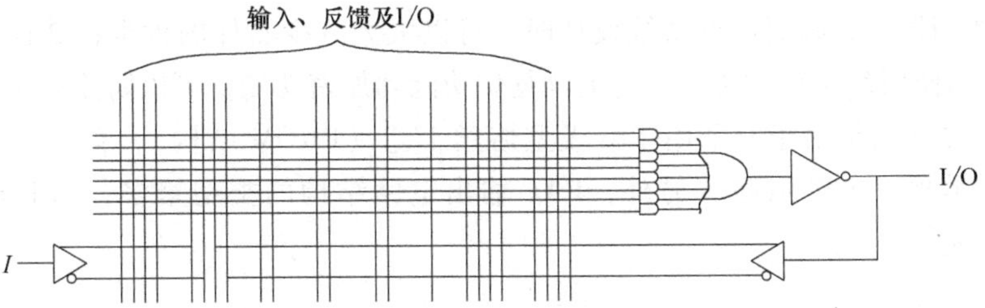

b) 可编程I/O结构

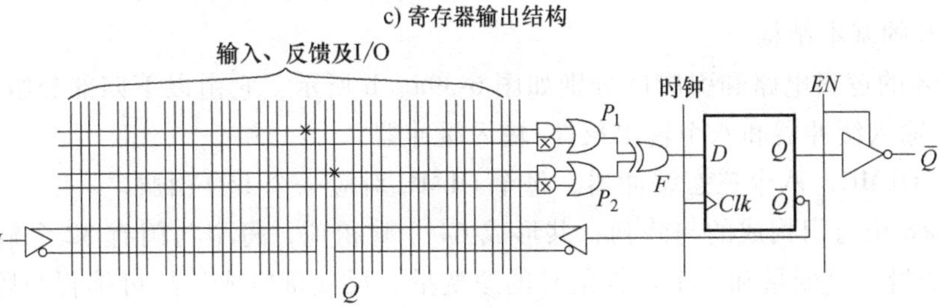

c) 寄存器输出结构

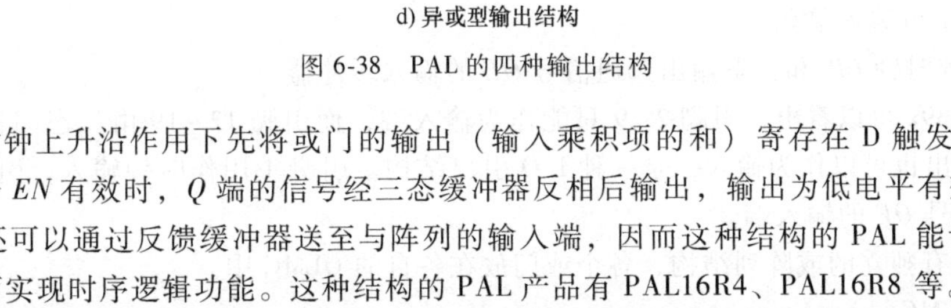

d) 异或型输出结构

图 6-38　PAL 的四种输出结构

发器，在时钟上升沿作用下先将或门的输出（输入乘积项的和）寄存在 D 触发器的 Q 端，当使能信号 EN 有效时，Q 端的信号经三态缓冲器反相后输出，输出为低电平有效。触发器的 Q 输出还可以通过反馈缓冲器送至与阵列的输入端，因而这种结构的 PAL 能记忆原来的状态，从而实现时序逻辑功能。这种结构的 PAL 产品有 PAL16R4、PAL16R8 等。

4）异或型输出结构。异或型输出结构如图 6-38d 所示。其输出部分有两个或门，它们的输出经异或门进行异或运算后再经 D 触发器和三态缓冲器输出。这种结构不仅便于对与-或逻辑阵列输出的函数求反，还可以实现对寄存器状态进行保持操作。如图 6-38d 中，$P_1=I$，$P_2=Q$，$F=P_1\oplus P_2$。当 $I=0$ 时，$D=F=0\oplus Q=Q$，所以 $Q_{n+1}=Q$，即时钟到来时触发器状态保持不变；当 $I=1$ 时，$D=F=1\oplus Q=\overline{Q}$，所以 $Q_{n+1}=\overline{Q}$。这种结构的 PAL 产品有

PAL20X4、PAL20X8 等。

PAL 除了以上几种结构外，还有算术选通反馈结构。另外，PAL 产品有 20 多种不同的型号可供用户选用。

（2）PAL 的特点

PAL 是在 FPAL 之后第一个具有典型实用意义的可编程逻辑器件。

PAL 与 SSI、MSI 通用标准器件相比有许多优点：①提高了功能密度，节省了空间。通常一片 PAL 可以代替 4~12 片 SSI 或 2~4 片 MSI。虽然 PAL 只有 20 多种型号，但可以代替 90% 的 SSI、MSI 通用器件，因而进行系统设计时，可以大大减少器件的种类；②提高了设计的灵活性，且编程和使用都比较方便；③有上电复位功能和加密功能，可以防止非法复制。

PAL 的主要缺点是由于它采用了双极型熔丝工艺（PROM 结构），只能一次性编程，因而使用者仍要承担一定的风险。另外，PAL 输出电路结构的类型繁多，因此也给设计和使用带来一些不便。

4. GAL

GAL 是美国莱迪思（Lattice）公司于 1985 年首先推出的新型可编程逻辑器件。它采用了电擦除、电可编程的 E^2CMOS 工艺制作，可以用电信号擦除并反复编程上百次。GAL 的输出端设置了可编程的输出逻辑宏单元（Output Logic Macro Cell，OLMC），通过编程可以将 OLMC 设置成不同的输出方式。这样同一型号的 GAL 可以实现 PAL 所有的各种输出电路工作模式，即取代了大部分 PAL，因此称为通用可编程逻辑器件。

GAL 分为两大类：一类为普通型 GAL，其与或阵列结构与 PAL 相似，如 GAL16V8、ispGAL16Z8、GAL20V8 都属于这一类；另一类为新型 GAL，其与或阵列均可编程，与 FPLA 结构相似，主要有 GAL39V8。下面以普通型 GAL16V8 为例，简要介绍 GAL 的基本特点。

（1）GAL 的基本结构

GAL16V8 的逻辑电路和引脚图分别如图 6-39a、b 所示，它由以下四部分组成：

1）八个输入缓冲器和八个输出反馈/输入缓冲器。

2）八个 OLMC，八个三态缓冲器，每个 OLMC 对应一个 I/O 引脚。

3）由 8×8 个与门构成的与阵列，共形成 64 个乘积项，每个与门有 32 个输入项，由八个输入的原变量、反变量和八个反馈信号的原变量、反变量组成，故可编程与阵列共有 32×8×8=2048 个可编程单元。

4）系统时钟 Clk 和三态输出选通信号 OE 的输入缓冲器。

由图 6-39a 可以看出，引脚 2~9 只能作为输入端，而引脚 12~19 由三态门控制，因此可以作为输出也可以作为输入，是一种 I/O 引出结构。引脚 1 用作时钟输入，引脚 11 是输出的使能信号 OE 的输入端。

GAL 没有独立的或阵列结构，各个或门放在各自的 OLMC 中。

（2）OLMC

1）OLMC 的结构。OLMC 由或门、异或门、D 触发器和四个多路选择器（MUX）组成，其内部结构如图 6-40 点画线框中所示。

每个 OLMC 包含或门阵列中的一个或门。一个或门有八个输入端，和来自与阵列的八个乘积项（PT）相对应。其中七个直接相连，第一个乘积项（图中最上边的一项）经 PTMUX 相连，或门输出为有关乘积项之和。

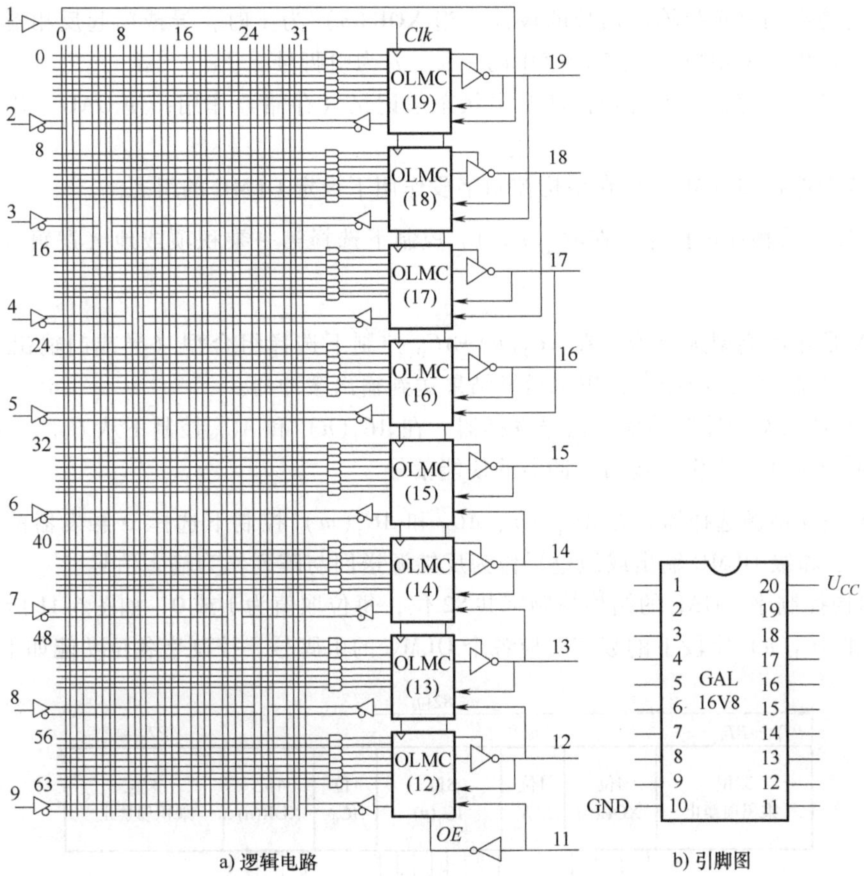

a) 逻辑电路　　b) 引脚图

图 6-39　GAL16V8 逻辑电路及引脚图

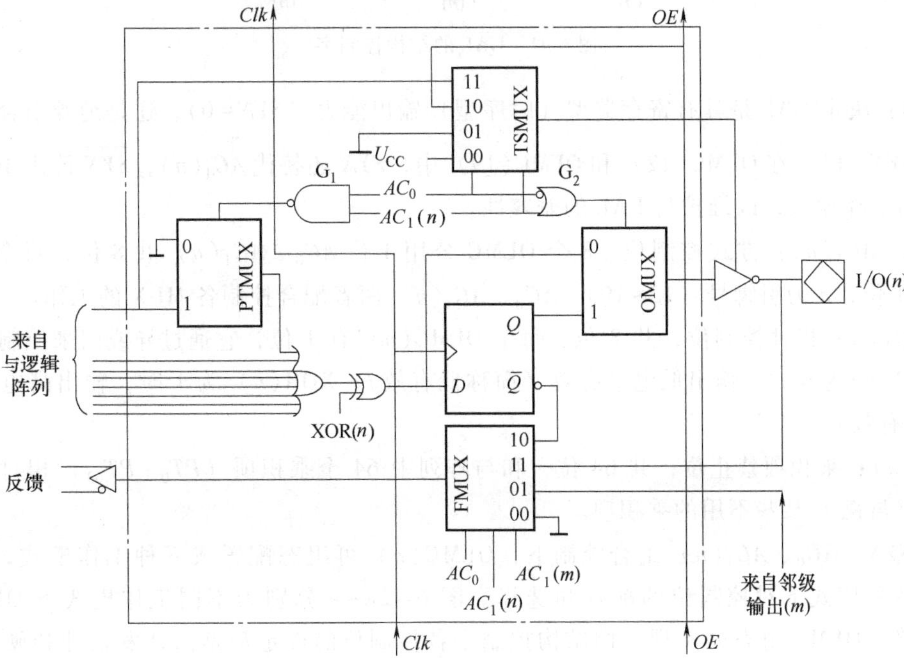

图 6-40　OLMC 的内部结构

异或门的作用是选择输出信号的极性。当 XOR(n) 为 1 时，异或门起反相器作用，否则起同相器作用。XOR(n) 是控制字中的一位，n 为引脚号。

D 触发器（寄存器）对异或门的输出状态起记忆（存储）作用，使 GAL 适用于时序逻辑电路。

四个数据选择器（MUX）在结构控制字段作用下设定 OLMC 的组态。

PTMUX 是乘积项选择器，在$\overline{AC_1(n)AC_0}$ 控制下选择第一乘积项或地（逻辑 0）送至或门输入端。

OMUX 是输出类型选择器，在 $\overline{AC_1(n)+\overline{AC_0}}$ 控制下选择组合型（异或门输出）或寄存型（经 D 触发器存储后输出），逻辑运算结果送到输出缓冲器。

TSMUX 是三态缓冲器的使能信号选择器，在 $AC_1(n)$ 和 AC_0 控制下从 U_{CC}、地、OE 或第一乘积项中选择一个作为输出缓冲器的使能信号。

FMUX 是反馈源选择器。在 $AC_1(n)$、AC_0 和 $AC_1(m)$ 控制下选择 D 触发器的 $\overline{Q}$、本级 OLMC 输出、邻级 OLMC 输出或地电平作为反馈源送回与阵列作为输入信号。

2）结构控制字。GAL 的结构控制字共 82 位，每位取值为 1 或 0，如图 6-41 所示。图中 XOR(n) 和 $AC_1(n)$ 字段下的数字对应各个 OLMC 的引脚号。控制字各位功能如下：

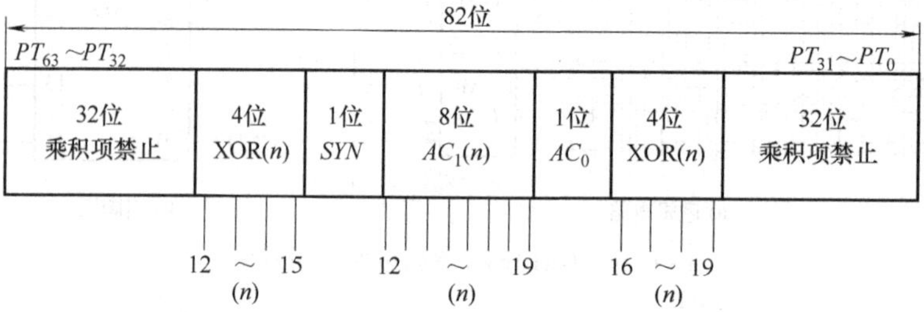

图 6-41　GAL 的结构控制字

SYN：决定 GAL 是具有寄存器型（时序型）输出能力（$SYN=0$），还是纯粹组合型输出能力（$SYN=1$）。在 OLMC(12) 和 OLMC(19) 中，SYN 还替代 $AC_1(n)$，$\overline{SYN}$ 替代 AC_0 作为 FMUX 的选择输入，以维护与 PAL 的兼容性。

AC_0、$AC_1(n)$：方式控制位。8 个 OLMC 公用 1 位 AC_0。$AC_1(n)$ 共 8 位，每个 OLMC(n) 有 1 位，n 为引脚号（12~19）。AC_0、$AC_1(n)$ 两者配合控制各 MUX 的工作。

XOR(n)：极性控制位，共 8 位，每个 OLMC(n) 有 1 位，它通过异或门来控制输出极性。XOR(n)为 0 时，输出低电平有效（简称低有效）；XOR(n) 为 1 时，输出高电平有效（简称高有效）。

$PT(n)$：乘积项禁止位，共 64 位，和与阵列中 64 个乘积项（PT_0 ~ PT_{63}）相对应，用以禁止（屏蔽）某些不用的乘积项。

在 SYN、AC_0、$AC_1(n)$ 组合控制下，OLMC(n) 可组态配置成五种工作模式，表 6-5 列出了各种模式下对控制位的配置和选择。图 6-42a ~ e 分别为不同工作模式下 OLMC 的等效电路。OLMC 组态的实现，即结构控制字各控制位的设定都是由开发软件和硬件自动完成的。

表 6-5　OLMC 工作模式的配置选择

序号	*SYN*	AC_0	$AC_1(n)$	XOR(*n*)	配置功能	输出极性	备注
1	1	0	1		专用输入		引脚 1 和 11 为数据输入，被组态的三态门不通，输出端作为输入使用
2	1 1	0 0	0 0	0 1	专用组合输出	低有效 高有效	引脚 1 和 11 为数据输入，三态门总是选通
3	1 1	1 1	1 1	0 1	反馈组合输出	低有效 高有效	引脚 1 和 11 为数据输入，三态门的选通信号是第一乘积项，反馈信号取自 I/O
4	0 0	1 1	1 1	0 1	时序电路中的组合输出	低有效 高有效	引脚 1 为 *Clk*，引脚 11 为 $\overline{OE}$，其余 OLMC 至少有一个是寄存型（时序型）
5	0 0	1 1	0 0	0 1	寄存器输出	低有效 高有效	引脚 1 为 *Clk*，引脚 11 为 $\overline{OE}$

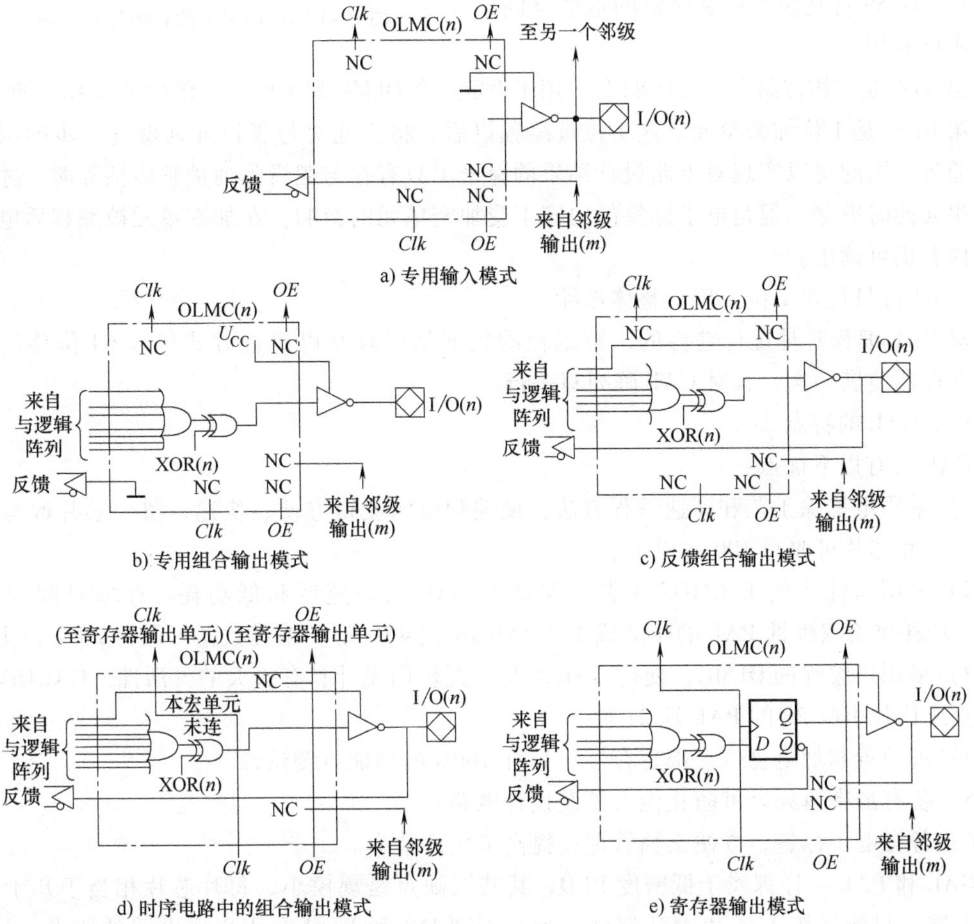

图 6-42　OLMC 五种工作模式的等效电路

从以上分析可以看出，GAL 由于采用了 OLMC，所以使用更加灵活，只要写入不同的结构控制字，就可以得到不同类型的输出电路结构。这些电路结构完全可以取代 PAL 的各种输出电路结构。

(3) 行地址映射

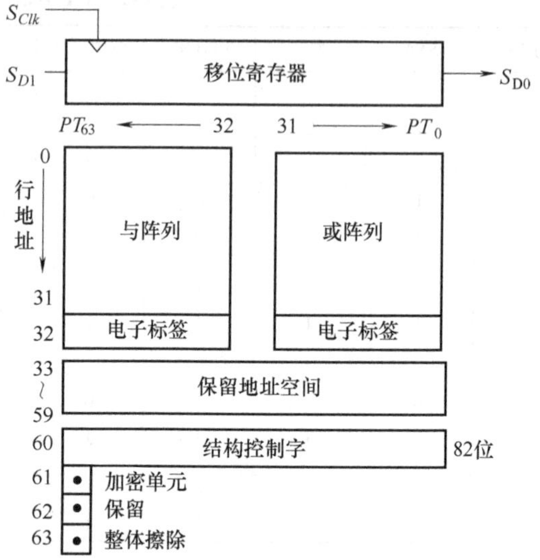

图 6-43 GAL16V8 的行地址映射图

GAL 的逻辑功能、工作模式都是靠编程来实现的。编程时写入的数据按行安排，GAL16V8 共分 64 行，供用户使用的有 36 行。图 6-43 为 GAL16V8 编程单元的地址分配和功能划分情况，因为它并不是实际的空间布局图，所以称为行地址映射图。

第 0~31 行对应与逻辑阵列的编程单元，编程后可产生 0~63 共 64 个乘积项。

第 32 行是电子标签（ES），供用户存放各种备查的信息。如器件的编号、电路的名称、编程日期、编程次数等。

第 33~59 行是制造厂家保留的地址空间，用户不能利用。

第 60 行是结构控制字，共有 82 位，用于设定八个 OLMC 的工作模式和 64 个乘积项的禁止。

第 61 行是 1 位加密单元。这 1 位被编程以后，将不能对与逻辑阵列做进一步的编程或读出验证，因此可以实现对电路设计结果的保密。只有在与逻辑阵列被整体擦除时，才能将加密单元同时擦除。但是电子标签的内容不受加密单元的影响，在加密单元被编程后电子标签的内容仍可读出。

第 63 行只包含 1 位，用于整体擦除。

对 GAL 编程时是逐行进行的，被编程的数据从引脚 9 以串行方式送入 64 位移位寄存器，寄存器装满一次，就对 GAL 阵列写一行。

(4) GAL 的特点

GAL 具有以下优点：

1）采用电擦除工艺和高速编程方法，使编程改写变得方便、快速，整个芯片改写只需数秒，一片芯片可改写 100 次以上。

2）采用高性能的 E^2CMOS 工艺，保证了 GAL 的高速度和低功耗。存取时间为 12~40ns，功耗仅为双极性 PAL 的 1/2 或 1/4（90mA 或 45mA），编程数据可保存 20 年以上。

3）采用可编程的 OLMC，使得 GAL 对复杂逻辑门设计具有极大的灵活性。GAL16V8 可以仿真或代替引脚 20 的 PAL 约 21 种。

4）可预置和加电复位全部寄存器，具有 100%的功能可测试性。

5）备有加密单元，可防止他人抄袭设计电路。

6）备有电子标签，方便文档管理，提高了生产效率。

GAL 和 PAL 一样都属于低密度 PLD，其共同缺点是规模小，每片芯片相当于几十个等效门电路，只能代替 2~4 片 MSI 器件，远达不到 LSI 和 VLSI 专用集成电路的要求。另外，GAL 在使用中还有许多局限性，如一般 GAL 只能用于同步时序电路，各 OLMC 中的触发器只能同时置位或清 0，每个 OLMC 中的触发器和或门还不能充分发挥其作用，且应用灵活性差等。这些不足之处，都在高密度 PLD 中得到了较好的解决。

6.4.2 CPLD

CPLD 即复杂可编程逻辑器件，是从 PAL 和 GAL 发展而来的器件，相对而言规模大、结构复杂，属于高密度 PLD 范围。CPLD 主要由可编程逻辑宏单元（Macro Cell，MC）围绕中心的可编程互连矩阵单元组成。其中 MC 结构较复杂，并具有复杂的 I/O 单元互连结构，可由用户根据需要生成特定的电路结构，完成一定的功能。由于 CPLD 内部采用固定长度的金属线进行各逻辑块的互连，所以设计的逻辑电路具有时间可预测性，避免了分段式互连结构时序不完全预测的缺点。几乎所有能应用中小规模通用数字集成电路的场合均可应用 CPLD。CPLD 已成为电子产品不可缺少的组成部分，它的设计和应用已成为电子工程师必备的一种技能。

经过几十年的发展，许多公司都开发出了 CPLD。比较典型的有美国阿尔特拉（Altera）公司、美国莱迪思（Lattice）半导体公司、美国赛灵思（Xilinx）公司生产的 CPLD 产品，各公司生产的 CPLD 产品都有各自的特点，但总体结构大致相同，它们都至少包含了三种结构，即可编程逻辑宏单元、可编程 I/O 单元和可编程连线阵列。

1. 可编程逻辑宏单元

逻辑宏单元内部主要包括与阵列、或阵列、可编程触发器和多路选择器等电路，能独立地配置为时序或组合工作方式。CPLD 与 GAL 相似，其逻辑宏单元和 I/O 做在一起，这些宏单元除了其密度比 PAL、GAL 高以外，还具有以下优点。

（1）多触发器结构和隐埋触发器结构

GAL 的每个 OLMC 中只有一个触发器，而 CPLD 的宏单元内通常含两个或两个以上触发器，其中一个触发器与输出端相连，其余触发器的输出不和输出相连，但可以通过相应的缓冲电路反馈到与阵列，从而与其他触发器构成较复杂的时序电路。这些不与输出端相连的触发器称为隐埋触发器。图 6-44 为 ATV750 芯片（也称为 Erasable Programmable Logic Device,

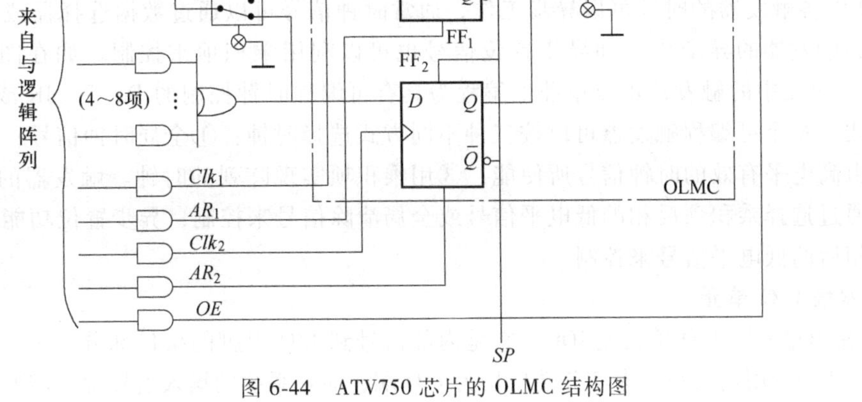

图 6-44 ATV750 芯片的 OLMC 结构图

EPLD）的 OLMC 结构，它有两个触发器都可直接反馈到与阵列。这种隐埋触发器结构对于引脚数有限的 PLD 来说，可以增加触发器数目，即增加了内部资源。图中⊗为未编程状态，表示一个 E^2CMOS 单元。

（2）乘积项共享结构

在 PAL 和 GAL 的与阵列中，每个或门的输入乘积项最多为七个或八个，当要实现多于八个乘积项的与-或逻辑函数时，必须将与-或函数表达式进行逻辑变换。在 CPLD 的宏单元中，如果输出表达式的与项较多，而对应的或门输入端不够用时，可以借助可编程开关将同一单元（或其他单元）中的其他或门与之联合起来使用，或者在每个宏单元中提供未使用的乘积项供其他宏单元使用和共享。

图 6-45 给出了美国阿尔特拉（Altera）公司 CPLD MAX7128 芯片的宏单元结构图。图中每个单元可提供一个未使用的乘积项，并将它反相后反馈到与阵列，便于集中使用，每个共享扩展乘积项可被其他宏单元使用和共享，以实现复杂的函数。图 6-46a 表示了共享扩展项如何馈送到多个宏单元，图 6-46b 表示了一些宏单元中没有使用的乘积项（称并联扩展项）通过或门如何分配到邻近的宏单元中去。可见乘积项共享结构提高了资源利用率，可以实现快速复杂的逻辑函数。

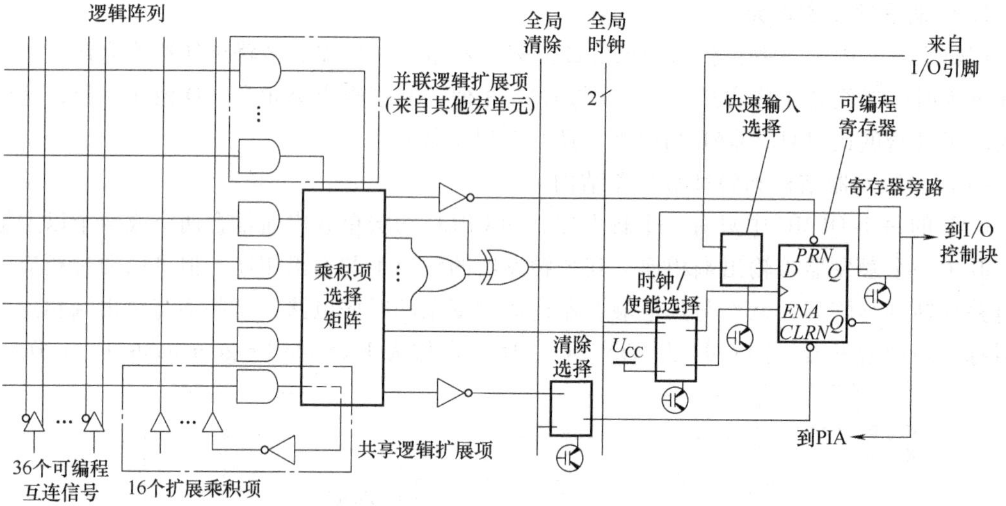

图 6-45 MAX7128 芯片的宏单元结构图

（3）异步时钟和时钟选择

CPLD 中各触发器的时钟可以异步工作，通常时钟信号可以通过数据选择器或时钟网络进行选择，触发器的异步清 0 和异步置位信号也可以利用乘积项来控制。如在图 6-45 中，MAX7128 宏单元中的触发器可以单独地编程为具有可编程时钟控制的 D、T、JK 或 RS 触发器工作方式，每个可编程触发器可以按三种不同方式选择时钟：①全局时钟信号；②全局时钟，同时由高电平有效的时钟信号所使能；③用乘积项实现阵列的时钟。触发器的异步清 0 功能可以通过选择乘积项反相的低电平信号或全局清除信号来控制；异步置位功能也可通过乘积项反相后的低电平信号来控制。

2. 可编程 I/O 单元

输入/输出单元即 I/O 单元或 IOC，它是内部信号到 I/O 引脚的接口部分。由于 CPLD 通常只有少数几个专用输入端，大部分端口均为 I/O 端，而且系统的输入信号常常需要锁存，因

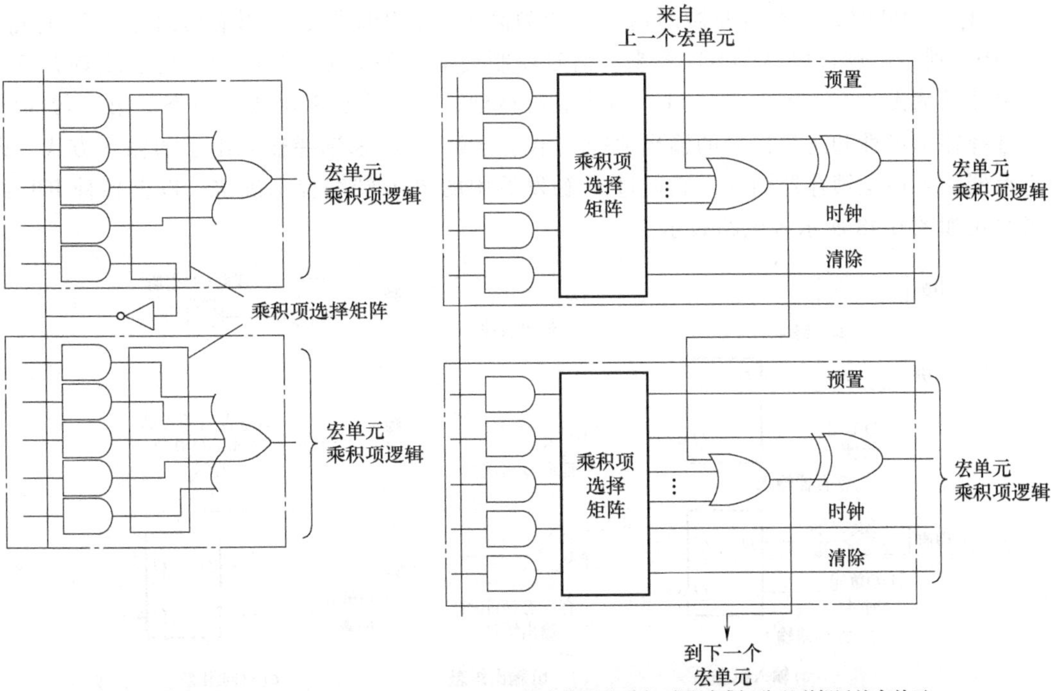

a) 共享扩展项馈送到多个宏单元　　b) 没有使用的乘积项通过或门分配到邻近的宏单元

图 6-46　MAX7128 芯片的乘积项共享结构图

此 I/O 常作为一个独立单元来处理。通过编程可以使每个 I/O 引脚单独地配置为输入、输出和双向工作、寄存器输入等各种不同的工作方式，因而使 I/O 端的使用更为方便、灵活。图 6-47 为美国莱迪思（Lattice）公司 ispLSI 1016 的 IOC 结构图。该单元有输入、输出和双向 I/O 三类组态，通过控制输出三态门使能的 MUX 来选择。MUX 有两个可编程地址输入 A_1A_0。

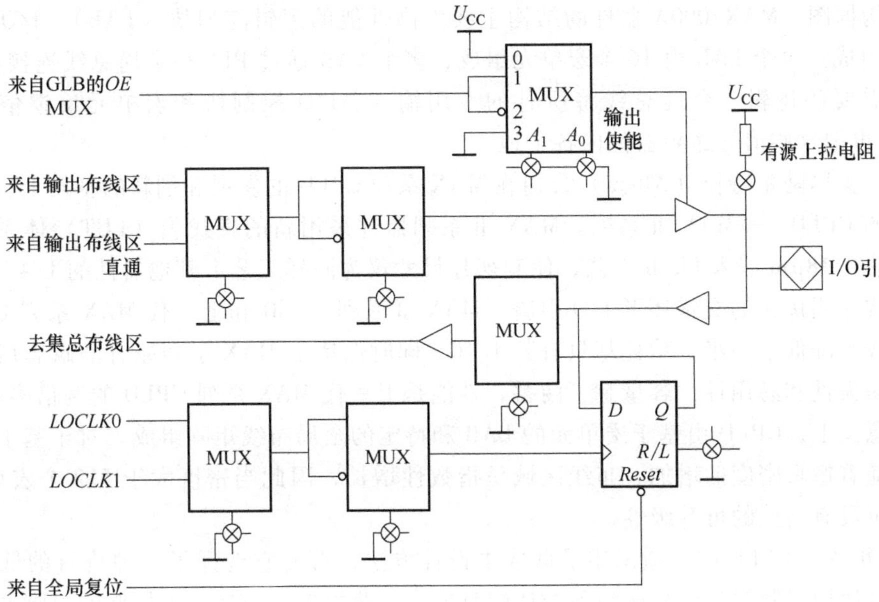

图 6-47　ispLSI 1016 的 IOC 结构图

当 $A_1A_0=00$ 时，三态缓冲器的输出使能为高电平，IOC 处于专用输出组态；若 $A_1A_0=01$ 或 10，则将由逻辑块（GLB）送来的信号控制使能，IOC 处于双向 I/O 组态或具有三态缓冲电路的输出组态；若 $A_1A_0=11$，则使能端接地，IOC 处于专用输入组态。第二行 MUX 用来选择输出极性和选择信号的输出途径。第三行 MUX 用来选择输入组态的输入方式，即为寄存器输入还是锁存器输入，它通过 D 触发器中的 R/L 端编程来确定。以上各种 IOC 组态可以用如图 6-48 所示各电路表示。

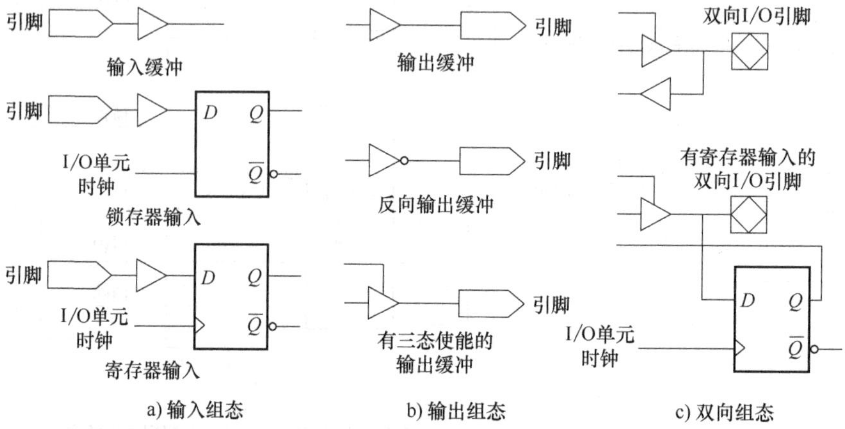

图 6-48　各种 IOC 的组态

3. 可编程连线阵列

可编程连线阵列（PIA）的作用是在各逻辑宏单元之间以及各逻辑宏单元和 I/O 单元之间提供互连网络。各逻辑宏单元通过可编程连线阵列接收来自专用输入或输入端的信号，并将宏单元的信号反馈到其需要到达的目的地。这种互连机制有很大的灵活性，它允许在不影响引脚分配的情况下改变内部的设计。图 6-49 为美国阿尔特拉（Altera）公司 MAX7000A 器件的结构框图。MAX7000A 器件的结构主要由高性能的逻辑阵列块（LAB）、I/O 控制块以及 PIA 组成。每个 LAB 由 16 个宏单元组成，多个 LAB 通过 PIA 和全局总线连接在一起，并构成所需要的逻辑。全局总线将所有的专用输入、I/O 控制块和宏单元反馈信号送至 PIA，PIA 再把这些信号送到器件内各个地方。

随后，美国阿尔特拉（Altera）公司在 MAX 系列 CPLD 的发展和创新的基础上，又推出了低成本的 CPLD——MAX Ⅱ系列。MAX Ⅱ系列器件采用新的查找表（LUT）体系，并采用 TSMC 的 0.18μm 嵌入 Flash 工艺，使其裸片尺寸仅为同样工艺下其他器件的 1/4，而且新的体系结构采用优化的交错环形 I/O 引脚。MAX Ⅱ系列 CPLD 和上一代 MAX 系列 CPLD 产品相比，成本降低了一半，功耗却只有其 1/10，同时保持了 MAX 系列原有的瞬态启动、单芯片、非易失性和易用性，容量翻了两番，性能是上一代 MAX 系列 CPLD 的两倍多。

传统意义上，CPLD 由基于宏单元的 LAB 和特定的全局布线矩阵组成。对于基于宏单元的结构，随着逻辑密度的增加，布线区域呈指数性增长，因此当密度大于 512 个宏单元时，该结构不再具有高效的可升级性。

MAX Ⅱ系列 CPLD 的构造采用了低成本设计方法，首先它选择了一种流行的低成本的封装。通过使用限制焊盘面积的错列 I/O 焊盘方案，获得单个 I/O 成本最低的引脚方案，从而实现最小的裸片尺寸。其次，该器件在 I/O 引脚所包围的环内组装了最大数量的逻辑元件

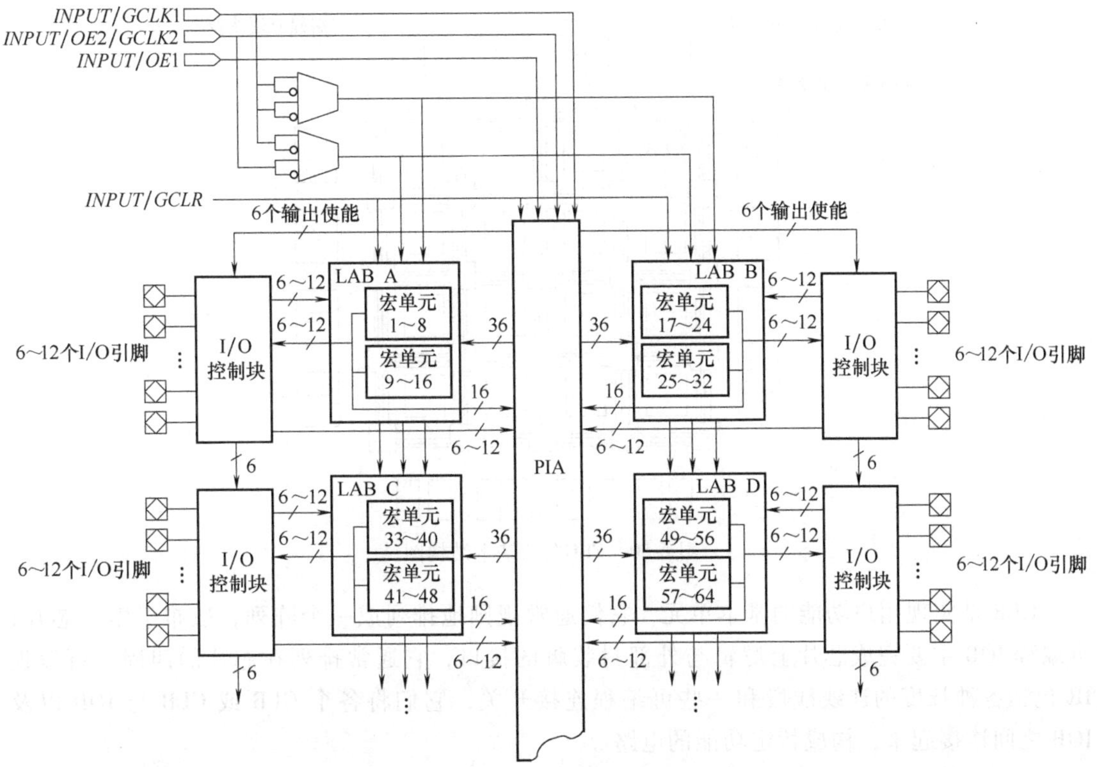

图 6-49　MAX7000A 器件的结构框图

（LE）。这种基于 LUT 的结构在 I/O 约束的最小空间内获得了最大可能的逻辑容量。新型 MAX Ⅱ系列 CPLD 结构包括基于 LUT 的 LAB 阵列、非易失性 Flash 存储器块和 JTAG 控制电路。多轨道连线设计采用了最有效的直接将逻辑输入连接到输出的连线，从而获得了最高的性能和最低的功耗。

6.4.3　FPGA

FPGA 是在 PAL、GAL、CPLD 等可编程器件的基础上进一步发展的产物。它是作为专用集成电路（ASIC）领域中的一种半定制电路而出现的，既解决了定制电路的不足，又克服了原有可编程器件门电路数有限的缺点。

FPGA 采用了逻辑单元阵列（Logic Cell Array，LCA）的概念，内部包括可配置逻辑模块（Configurable Logic Block，CLB）、可编程输入/输出模块（Input Output Block，IOB）和可编程互连资源（Interconnect Resource，IR）三部分，如图 6-50 所示为 FPGA 的基本结构图。与传统逻辑电路和门阵列（如 PAL，GAL 及 CPLD）相比，FPGA 具有不同的结构，其利用小型查找表（如 16×1 的 RAM）来实现组合逻辑，每个查找表连接到一个 D 触发器的输入端，触发器再来驱动其他逻辑电路或 I/O 模块，由此构成了既可实现组合逻辑功能又可实现时序逻辑功能的基本逻辑单元模块，这些模块间利用金属连线互相连接或连接到 I/O 模块。FPGA 的逻辑是通过向内部静态存储单元加载编程数据来实现的，存储在存储器单元中的值决定了逻辑单元的逻辑功能以及各模块之间或与 I/O 模块间的连接方式，并最终决定了 FPGA 所能实现的功能。FPGA 允许无限次的编程。

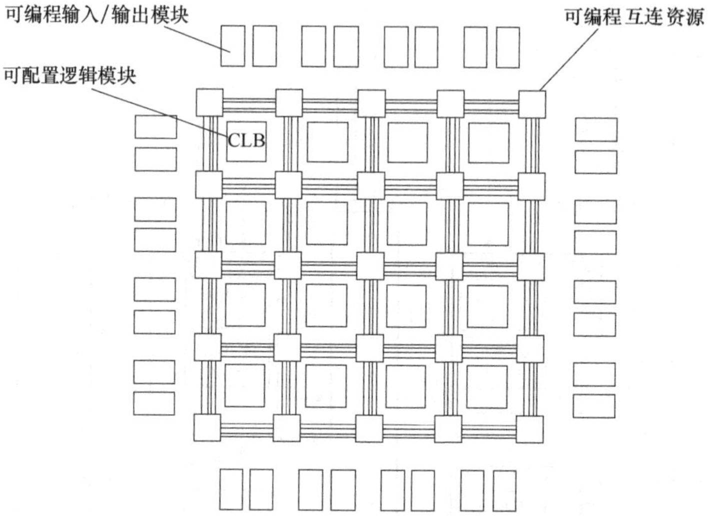

图 6-50　FPGA 的基本结构图

CLB 是实现用户功能的基本单元，它们通常规则地排列成一个阵列，散布于整个芯片；可编程 IOB 主要完成芯片上逻辑与外部封装脚的接口，它通常排列在芯片的四周；可编程 IR 包括各种长度的连线线段和一些可编程连接开关，它们将各个 CLB 或 CLB 与 IOB 以及 IOB 之间连接起来，构成特定功能的电路。

FPGA 的功能由逻辑结构的配置数据决定，工作时，这些配置数据存放在片内的 SRAM 或熔丝图上。基于 SRAM 的 FPGA 在工作前需要从芯片外部加载配置数据，配置数据可以存储在片外的 EPROM、E^2PROM 或计算机软、硬盘中。用户可以控制加载过程，在现场修改器件的逻辑功能，即所谓现场编程。

CLB 一般有三种结构形式：①查找表结构；②多路开关结构；③多级与非门结构。不同厂家生产的 FPGA，其 CLB、IOB 等结构都存在较大的差异，下面以美国赛灵思（Xilinx）公司的产品为例，简要介绍 CLB、IOB 及 IR 的基本特点。

1. CLB

CLB 是 FPGA 内的基本逻辑单元。CLB 的实际数量和特性会依器件的不同而不同，但是每个 CLB 都包含一个可配置开关矩阵，此矩阵由四或六个输入、多路复用器和触发器等组成。开关矩阵高度灵活，可以对其进行配置以便处理组合逻辑、移位寄存器或 RAM。如图 6-51 所示为美国赛灵思（Xilinx）公司的 XC4000 系列 CLB 的结构图，它主要由逻辑函数发生器、触发器、数据选择器和信号变换四部分电路组成。CLB 的三个逻辑函数发生器分别是 G、F 和 H，相应的输出为 G、F' 和 H'，它们均为查找表结构，其工作原理类似于用 ROM 实现组合逻辑函数。G 有四个输入变量 G_4、G_3、G_2 和 G_1；F 也有四个输入变量 F_4、F_3、F_2 和 F_1。这两个逻辑函数发生器是完全独立的，均可实现四输入变量的任意组合逻辑函数。逻辑函数发生器 H 有三个输入信号：前两个输入为函数发生器的输出 G' 和 F'，另一个输入信号是来自信号变换电路的输出 H_1，这个函数发生器能实现三输入变量的各种组合函数。这三个函数发生器结合起来，可实现四输入、五输入，最多可达九输入的逻辑函数。CLB 输入变量的组合逻辑函数如图 6-52 所示。这为单片 FPGA 甚至单个 CLB 实现较复杂电

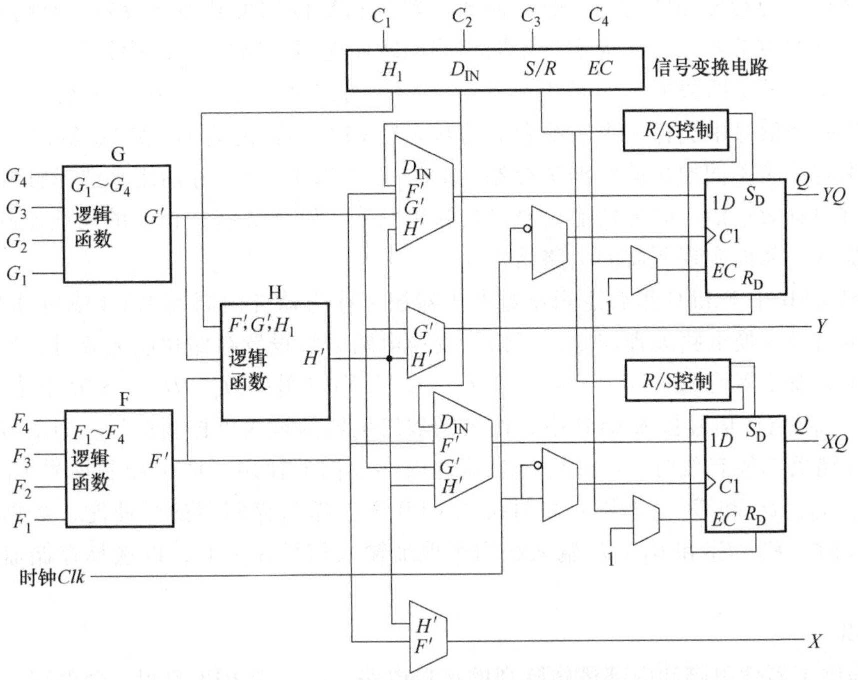

图 6-51　XC4000 系列的 CLB 结构图

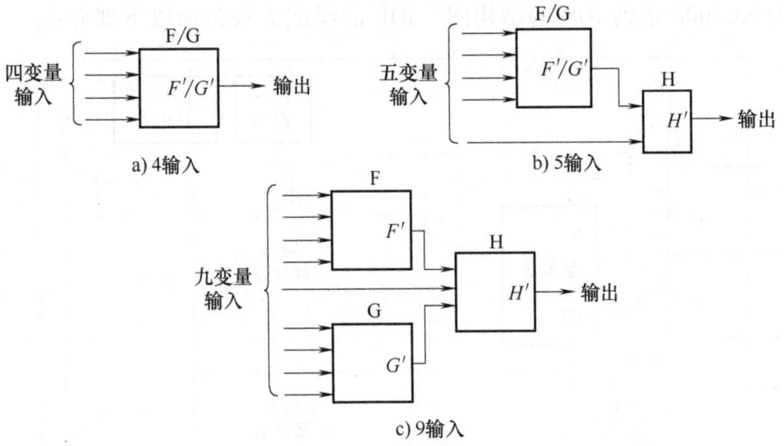

图 6-52　CLB 输入变量的组合逻辑函数

路提供了条件。

通过对 CLB 内部的数据选择器编程，逻辑函数发生器 G、F 和 H 的输出可以连接到 CLB 内部的触发器，或者直接连接到 CLB 的输出端 X 或 Y。

CLB 中有两个边沿触发的 D 触发器，它们和逻辑函数发生器一起，可以实现各种时序逻辑电路。

CLB 中的两个 D 触发器具有以下特点：每个触发器均可通过编程确定为时钟上升沿触发或下降沿触发；每个触发器均有时钟使能信号 EC，它可通过信号变换电路受外部信号控制或固定逻辑 1 电平；通过对 R/S 控制逻辑的编程，每个 D 触发器均可经信号变换电路分别进行异步置位或异步清 0 操作，也可对一个触发器异步置位而对另一个异步清 0。CLB 的这种特殊结构，使触发器的时钟、时钟使能、置位和复位均可被独立设置，且可独立工作，彼此之间没有约束关系，从而为实现不同功能的时序逻辑电路提供了可能性。

D 触发器激励端的数据来源是由编程确定的，可以从 G'、F'、H'或者信号变换电路送来的 D_{IN} 这四个信号中选择一个。触发器的状态经 CLB 的输出端 YQ 和 XQ 输出。

CLB 中有许多不同规格的数据选择器（4 选 1、2 选 1 等），分别用来选择触发器激励输入信号、时钟有效边沿、时钟使能信号以及输出信号。这些数据选择器的地址控制信号均由编程信息提供，从而实现所需的电路结构。

图 6-51 CLB 中 F 和 G 组合逻辑函数发生器还可作为器件内高速 RAM 或可读/写存储器使用，它由信号变换电路编程控制，当信号变换电路编程设置存储功能无效时，F 和 G 作为组合逻辑函数发生器使用，四个控制信号 $C_1 \sim C_4$ 分别将图中 H_1、D_{IN}、S/R（异步置位/复位）和 EC（使能）信号接入 CLB 中，作为函数发生器的输入可控制信号。当信号变换电路编程设置存储器功能有效时，F 和 G 作为器件内部存储器使用，四个控制信号 $C_1 \sim C_4$ 分别将 WE、D_1/A_4、D_0 和 EC（不用）信号接入 CLB 中，作为存储器的写使能、数据信号或地址信号。此时，$F_1 \sim F_4$ 和 $G_1 \sim G_4$ 输入相当于地址输入信号 $A_0 \sim A_3$，以选择存储器中的特定存储单元。

2. IOB

IOB 提供了器件引脚和内部逻辑阵列的接口电路。每一个 IOB 控制一个引脚（除电源线和地线引脚外），可将它们配置为输入、输出或者双向传输信号端。

图 6-53 为 XC4000 系列 IOB 的结构图。IOB 的组成大致包括以下部分：

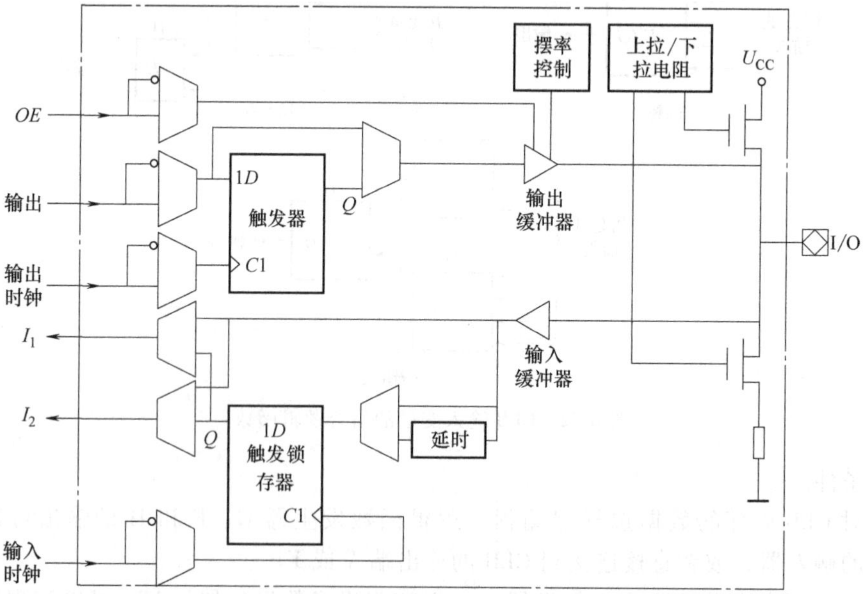

图 6-53　XC4000 系列 IOB 的结构图

（1）输入通路

当 IOB 控制的引脚被定义为输入时，通过该引脚的输入信号先送至输入缓冲器。缓冲器的输出分成两路：一路可以直接送到 MUX；另一路经延迟几纳秒（或者不延迟），送到输入通路 D 触发器，再送到数据选择器。通过编程给数据选择器不同的控制信号，确定送至

CLB 阵列的 I_1 和 I_2 是来自输入缓冲器，还是来自触发器。D 触发器可通过编程来确定是边沿触发还是电平触发，且配有独立的时钟。与上述 CLB 中的触发器一样，也可任选上升沿或者下降沿作为有效作用沿。

（2）输出通路

当 IOB 控制的引脚被定义为输出时，CLB 阵列的输出信号 OUT（或 $\overline{OUT}$）同样可以有两条传输途径：一是直接经 MUX 送至输出缓冲器；二是先存入输出通路 D 触发器，再送至输出缓冲器。输出通路 D 触发器也有独立的时钟，且可任选触发边沿。输出缓冲器既受 CLB 阵列送来的 OE（或 $\overline{OE}$）信号控制，使输出引脚有高阻状态，还受转换速率控制电路的控制，使它可高速或低速运行，后者有抑制噪声的作用。

（3）输出专用推拉电路

IOB 的 B 输出端配有两只 MOS 管，它们的栅极均可编程，使 MOS 管导通或截止，分别经上拉电阻/下拉电阻接通 U_{CC}、地线或者不接通，用以改善输出波形和负载能力。

3. IR

FPGA 芯片内部单个 CLB 输入/输出之间、各个 CLB 之间、CLB 和 IOB 之间的连线由许多金属线段构成，这些金属线段带有可编程开关，通过自动布线实现所需功能的电路连接。连线通路的数量与器件内部阵列的规模有关，阵列规模越大，连线数量越多。

互连线按相对长度分为单线、双线和长线三种。

单线和长线主要用于 CLB 之间的连接。在这种结构中，任意两点间的连接都要通过开关矩阵。它提供了相邻 CLB 之间的快速互连和复杂互连的灵活性，但传输信号每通过一个可编程开关矩阵，就增加一次时延。因此，FPGA 的内部时延与器件结构和逻辑布线等有关，它的信号传输时延不可确定。

如图 6-54a 所示为通用单长线连接结构。它包括夹在 CLB 之间的八条垂直和水平金属线段，在这些金属线段的交叉点处是可编程开关矩阵。CLB 的输入和输出分别接至相邻的通用单长线，进而可与开关矩阵相连。通过编程，可控制开关矩阵将某个 CLB 与其他 CLB 或 IOB 连在一起。

如图 6-54b 所示为通用双长线连接结构。它包括夹在 CLB 之间的四条垂直和水平金属线段。双长线金属线段长度是单长线金属线段的两倍，要穿过两个 CLB 之后，这些金属线段才与可编程开关矩阵相连。因此，通用双长线可使两个相隔（非相邻）的 CLB 连接起来。

如图 6-54c 所示为可编程开关矩阵的结构。每个开关矩阵的连线点上有六个选通晶体管。进入开关矩阵的信号，可与任何方向的单或双长线互连。

如图 6-54d 所示为长线连接结构。在通用单/双长线的旁边还有三条从阵列的一头连到另一头的线段，称之为水平长线和垂直长线。这些长线不经过可编程开关矩阵，信号延迟时间小。长线主要用于长距离或多分支信号的传送。

6.4.4 PLD 的开发过程

在基于 EDA 技术的数字系统设计中，通常有两种设计思路，一种是自顶向下的设计，另一种是自底向上的设计。在传统的设计方法中，多采用第二种设计思路；而基于 PLD 的数字电路设计多采用第一种设计方法，这种方法更符合人们的逻辑思维习惯，也容易使设计

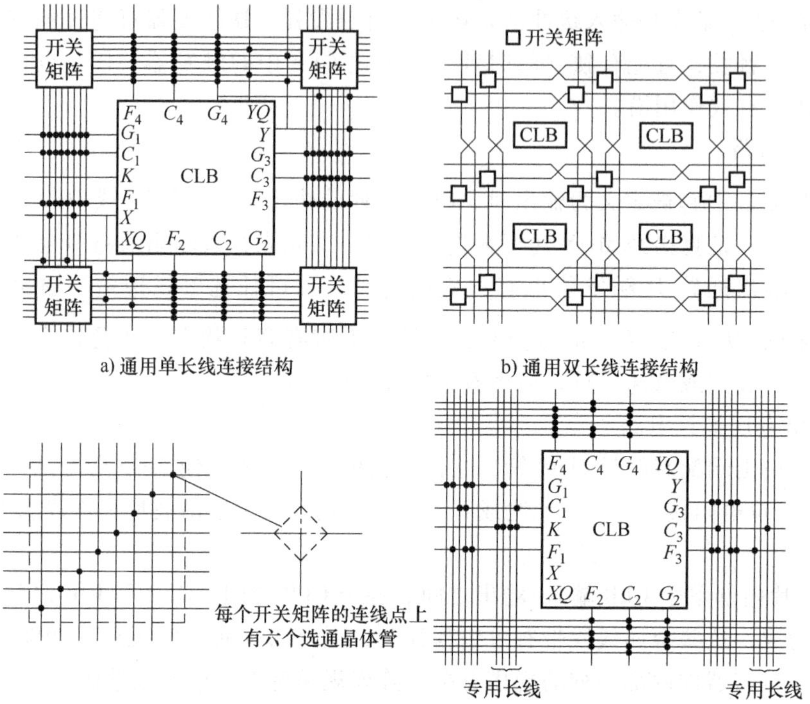

a) 通用单长线连接结构　b) 通用双长线连接结构

c) 可编程开关矩阵的结构　d) 长线连接结构

图 6-54　IR 结构图

者对复杂的系统进行合理的划分与不断的优化。

一般来说，完整的 PLD 设计流程包括设计准备、设计输入、设计处理和器件编程四个主要步骤，同时包括相应的功能仿真、时序仿真和器件测试三个设计验证过程。PLD 的基本开发流程如图 6-55 所示。

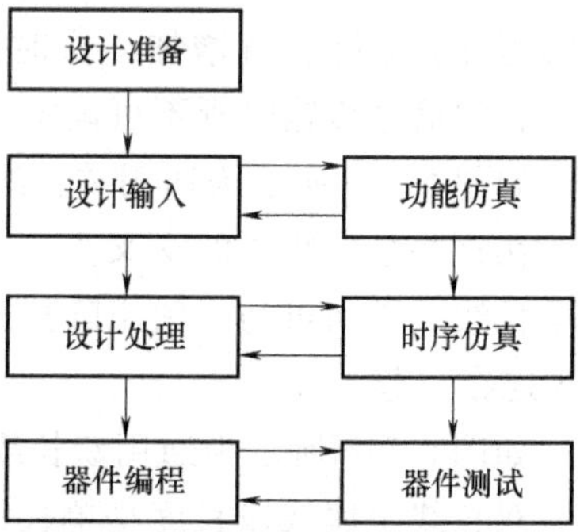

图 6-55　PLD 的基本开发流程

1. 设计准备

采用有效的设计方案是 PLD 设计成功的关键，因此在设计输入之前首先要考虑两个问题：

1）选择系统方案，进行抽象的逻辑设计。

2）选择合适的器件，满足设计的要求。

对于低密度 PLD，一般可以进行书面逻辑设计，将电路的逻辑功能直接用逻辑方程、真值表、状态图或原理图等方式进行描述，然后根据整个电路输入/输出端数以及所需要的资源（逻辑门、触发器数目）选择能满足设计要求的器件系列和型号。器件的选择除了应考虑器件的引脚数、资源外，还要考虑其速度、功耗以及结构等特点。

对于高密度 PLD，系统方案的选择通常采用自顶向下的设计方法。首先在顶层进行功能框图的划分和结构设计，然后再逐级设计底层的结构。一般描述系统总功能的模块放在最上层，称为顶层设计；描述系统某一部分功能的模块放在下层，称为底层设计。底层模块还可以再向下分层。这种自顶向下和分层次的设计方法使整个系统设计变得简洁和方便，并且有利于提高设计的成功率。目前系统方案的设计工作和器件的选择都可以在计算机上完成，设计者可以采用国际标准的两种硬件描述语言 VHDL 或 Verilog 对系统级进行功能描述，并选用各种不同的芯片进行平衡、比较，选择最佳结果。

2. 设计输入

设计者将所设计的系统或电路以开发软件要求的某种形式表示出来，并送入计算机EDA工具的过程称为设计输入。它通常有原理图输入、硬件描述语言输入、状态机输入以及波形输入等多种方式。

原理图输入是一种最直接的输入方式，是图形化的表达方式，使用元器件符号和连线来描述设计。其特点是适合描述连接关系和接口关系，而描述逻辑功能时则比较烦琐。

硬件描述语言（HDL）是用文本方式描述设计，设计者可利用HDL来描述自己的设计，然后采用EDA工具进行综合和仿真，最后变为目标文件，用PLD来具体实现。

3. 设计处理

从设计输入完成后到编程文件产生的整个编译、适配过程通常称为设计处理或设计实现。它是器件设计中的核心环节，是由计算机EDA软件自动完成的，设计者只能通过设置参数来控制其处理过程。在编译过程中，编译软件对设计输入文件进行逻辑化简、综合和优化，并适当地选用一个或多个器件自动进行适配和布局、布线，最后产生编程用的编程文件。

编程文件是可供器件编程使用的数据文件。对于阵列型PLD来说，是产生熔丝图文件，即JEDEC（简称JED）文件，它是电子器件工程联合会制定的标准格式；对于FPGA等高密度可编程器件来说，是生成位流数据文件（Bitstream）。

4. 设计校验

设计校验过程包括功能仿真和时序仿真，这两项工作是在设计输入和设计处理过程中同时进行的。

功能仿真是在设计输入完成以后进行的逻辑功能检证，它没有延时信息，对于初步功能的检测非常方便。时序仿真是在选择好器件并完成布局、布线之后进行，可以用来分析系统中各部分的时序关系以及仿真设计性能。

（1）功能仿真

电路设计完成后，要用专用的仿真工具对设计进行功能仿真，验证电路功能是否符合设计要求，功能仿真有时也称为前仿真。通过功能仿真能及时发现设计中的错误，在系统设计前期即可修改完成，提高设计的可靠性。

（2）时序仿真

将布局布线的延时信息反标注到设计网表中后进行的仿真称为时序仿真或布局布线后仿真，简称后仿真。布局布线之后生成的仿真延时文件包含的延时信息最全，不仅包含门延时，还包含实际布线延时，所以布局布线后仿真的准确性较高，能较好地反映芯片的实际工作情况。一般来说，布局布线后仿真步骤必须进行，通过布局布线后仿真能检查设计时序与PLD实际运行情况是否一致，确保设计的可靠性和稳定性。布局布线后仿真的主要目的在于发现时序违规，以及不满足时序约束条件或者器件固有时序规则的情况。

5. 器件编程与调试

设计开发的最后步骤就是在线调试或者将生成的配置文件写入PLD芯片中（称为器件编程）并进行测试。示波器和逻辑分析仪是逻辑设计的主要调试工具。传统的逻辑功能板级验证方式是使用逻辑分析仪分析信号，设计时要求FPGA和PCB设计人员保留一定数量

FPGA 引脚作为测试引脚，编写 FPGA 代码时将需要观察的信号作为模块的输出信号，在综合实现时再把这些输出信号锁定到测试引脚上，然后连接逻辑分析仪的探头到这些测试引脚，设定触发条件，从而可以进行观测。现在很多 FPGA 厂商的 EDA 软件都可以在系统工程中加入嵌入式逻辑分析仪，如美国阿尔特拉（Altera）公司的 EDA 软件的嵌入式逻辑分析仪为 SignalTap Ⅱ，可以通过该嵌入式逻辑分析仪实时获取 FPGA 内部实际工作的时序波形进行调试。

本章小结

本章首先介绍了各种半导体存储器的工作原理和使用方法，然后介绍了各种可编程逻辑器件的主要特点。

1）半导体存储器是一种以存储二进制信息的大规模集成电路作为存储媒体的存储器，常用于存储程序、常数、原始数据、中间结果和最终结果等数据，是微型计算机等数字系统中的重要记忆元件。

2）ROM 和 RAM 在实际应用中各有特点，随着存储芯片技术的发展，新型存储器越来越受到人们的青睐。

3）PLD 是一类半定制的通用性器件，用户可以通过对 PLD 进行编程来实现所需的逻辑功能。与专用集成电路相比，PLD 具有灵活性高、设计周期短、成本低、风险小等优势，因而得到了广泛应用，已经成为数字系统设计的重要硬件基础。

习题

6-1　如图 6-56 所示是一个已编程的 $2^4\times4$ 位的 ROM，试写出各数据输出端 D_3、D_2、D_1、D_0 的逻辑函数表达式。

6-2　试问一个 256 字×4 位的 ROM 应有地址线、数据线、字线和位线各多少根？

6-3　用一个 2-4 译码器和四片 1024×8 位的 ROM 线组成一个容量为 4096×8 位的 ROM，画出连接图（ROM 芯片的逻辑符号如图 6-57 所示，$\overline{CS}$ 为片选信号）。

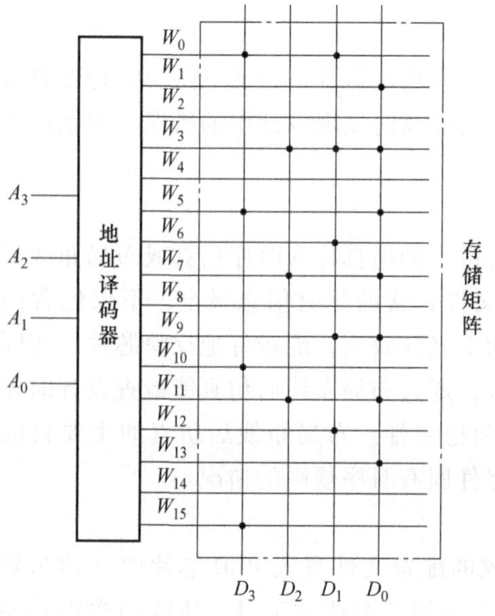

图 6-56　习题 6-1 图

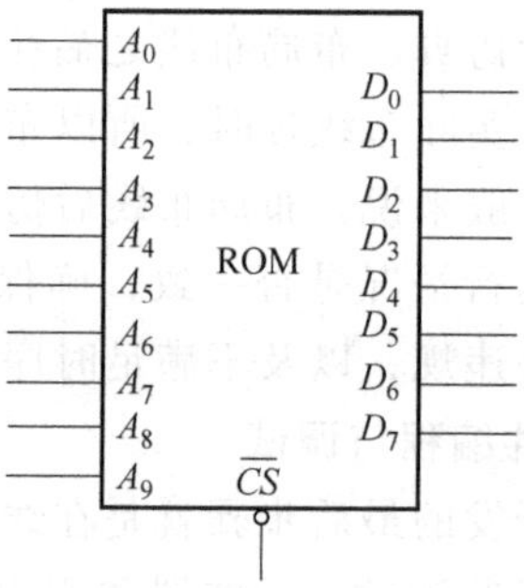

图 6-57　习题 6-3 图

6-4 确定用 ROM 实现下列逻辑函数所需的容量：

1）比较两个 4 位二进制数的大小，并判断是否相等。

2）两个 3 位二进制数相乘的乘法器。

3）将 8 位二进制数转换成十进制数（用 BCD 码表示）的转换电路。

6-5 如图 6-58 所示为 256×4 位 RAM 芯片的逻辑符号，试用位扩展的方法组成 256×8 位 RAM，并画出逻辑符号。

6-6 已知 4×4 位 RAM 如图 6-59 所示。如果把它扩展成 8×8 位 RAM：

1）需要几片 4×4 位 RAM？

2）画出扩展电路图（可用少量与非门）。

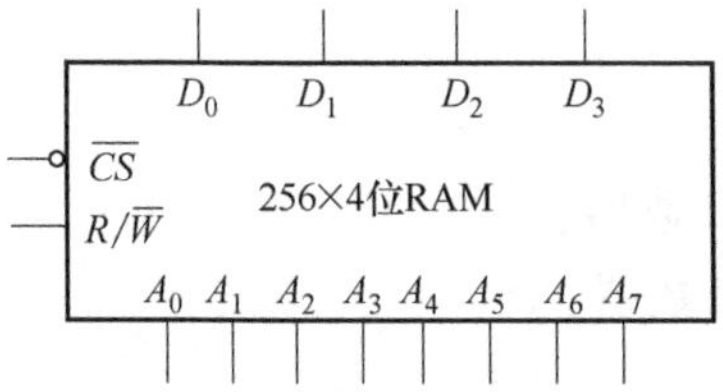

图 6-58 习题 6-5 图

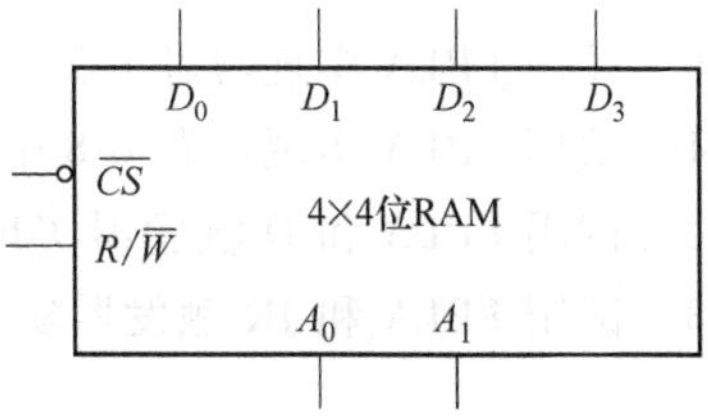

图 6-59 习题 6-6 图

6-7 试用 ROM 实现下列多输出函数：

$$F_1=\overline{A}\ \overline{B}+A\overline{B}+BC$$

$$F_2=\sum m(3,4,5,6)$$

$$F_3=\overline{A}\,\overline{B}\ \overline{C}+\overline{A}\ \overline{B}C+\overline{A}BC+ABC$$

6-8 试用 ROM 实现 6421BCD 码到余 3 码的转换器。

6-9 如图 6-60 为用 16×4 位 ROM 和同步十六进制加法计数器 74LS161 组成的脉冲分频电路，ROM 的数据表见表 6-6。试画出在 *Clk* 信号连续作用下 D_3、D_2、D_1、D_0 输出的电压波形，并说明它们和 *Clk* 信号频率之比。

图 6-60 习题 6-9 图

表 6-6 习题 6-9 表

地址输入				数据输出				地址输入				数据输出			
A_3	A_2	A_1	A_0	D_3	D_2	D_1	D_0	A_3	A_2	A_1	A_0	D_3	D_2	D_1	D_0
0	0	0	0	1	1	1	1	1	0	0	0	1	1	1	1
0	0	0	1	0	0	0	0	1	0	0	1	1	1	0	0

（续）

地址输入				数据输出				地址输入				数据输出			
A_3	A_2	A_1	A_0	D_3	D_2	D_1	D_0	A_3	A_2	A_1	A_0	D_3	D_2	D_1	D_0
0	0	1	0	0	0	1	1	1	0	1	0	0	0	0	1
0	0	1	1	0	1	0	0	1	0	1	1	0	0	1	0
0	1	0	0	0	1	0	1	1	1	0	0	0	0	0	1
0	1	0	1	1	0	1	0	1	1	0	1	0	1	0	0
0	1	1	0	1	0	0	1	1	1	1	0	0	1	1	1
0	1	1	1	1	0	0	0	1	1	1	1	0	0	0	0

6-10 试用 FPLA 实现习题 6-7 中的多输出函数。

6-11 试用 FPLA 实现习题 6-8 中的码组转换电路。

6-12 试用 FPLA 和 D 触发器实现一个模 8 加/减计数器。

6-13 试用 FPLA 和 JK 触发器实现一个模 9 加法计数器。

第7章　数-模和模-数转换器

本章介绍了把数字量转换成相应模拟量的数-模转换器和把模拟量转换成相应数字量的模-数转换器的基本原理和典型电路，并介绍了 D-A 转换器和 A-D 转换器常见的典型应用。

7.1　概述

为了能把模拟信号输入计算机或微处理器进行数据处理，首先要把模拟信号转换成数字信号。通常，把模拟信号转换成数字信号的过程称为模-数转换，或 A-D（Analog to Digital）转换，把实现 A-D 转换的器件称为 A-D 转换器（Analog-Digital Converter，ADC）。另外，作为电子系统最后的输出，也需要把数字信号转换成模拟信号，把数字信号转换成模拟信号的过程称为数-模转换，或 D-A（Digital to Analog）转换，把实现 D-A 转换的器件称为 D-A 转换器（Digital-Analog Converter，DAC）。A-D 和 D-A 转换器在各个领域的应用非常广泛。

以一个简单的水温测量与控制系统为例，来说明 A-D 和 D-A 转换器的应用。如图 7-1 所示为一个水温测量、显示与控制系统原理框图。首先，温度传感器把温度信号转换成模拟电信号。然后，模拟电信号经过模拟调理电路被放大到 A-D 转换器的输入电压范围。最后，经过 A-D 转换后的 8 位温度数字信号送入微处理器进行存储、处理和温度变化曲线的液晶显示等。为了实现温度的反馈调节，可以根据测量得到的温度，利用 D-A 转换器，再把设定的 8 位数字信号转换成模拟信号，模拟信号通过功率放大电路输出，实现水的加热或降温控制。

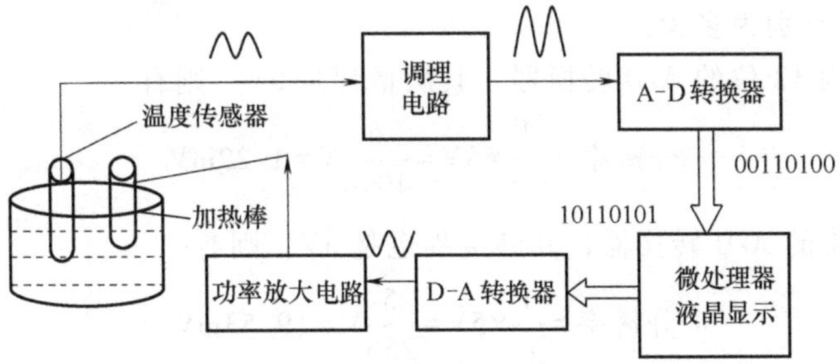

图 7-1　水温测量、显示与控制系统原理框图

目前，A-D 转换器的类型很多。按转换形式来分，A-D 转换器可以分为直接 A-D 转换器和间接 A-D 转换器两大类。在直接 A-D 转换器中，输入的模拟信号直接被转换成相应的数字信号；而在间接 A-D 转换器中，输入的模拟信号先被转换成某种中间变量（如时间、频率等），然后再将中间变量转换为最后的数字量。按输出数字信号的形式来分，A-D 转换器有并行输出和串行输出两种类型。A-D 转换器的输入与输出关系可以表示为

$$y=\frac{2^n}{V_{\text{REF}}}x \tag{7-1}$$

式中，x 为模拟输入信号；n 为 A-D 转换器的位数；y 为数字输出（用 n 位二进制数表示）；V_{REF} 为基准电压。

D-A 转换器的类型有权电阻网络 D-A 转换器、倒 T 形电阻网络 D-A 转换器等。此外，根据输入数字信号的方式不同，D-A 转换器有并行输入和串行输入两种类型。D-A 转换器的输入与输出关系可以表示为

$$y = G\frac{V_{REF}}{2^n - 1}x \tag{7-2}$$

式中，x 为数字输入（n 位二进制表示的十进制值）；n 为 D-A 转换器的位数；y 为模拟输出信号；V_{REF} 为基准电压；G 为增益。

性能指标是选择 A-D 转换器和 D-A 转换器的重要依据。在性能指标中，A-D 和 D-A 转换器的转换分辨率（或位数）和转换时间（或转换速率）是最重要的两个参数。下面将分别介绍 A-D 和 D-A 转换器的主要技术指标（即性能指标）。

7.1.1 A-D 转换器的主要技术指标

A-D 转换器的技术指标有分辨率、转换时间、采样速率、信噪比（SNR）、失真系数、温度系数、量化误差、参考电压、输入动态范围、功耗等。下面详细介绍几个主要的技术指标。

1. 分辨率

分辨率是指 A-D 转换器在转换过程中能分辨输入模拟信号的最小量，它与 A-D 转换器的位数有关。一个输出为 n 位二进制数的 A-D 转换器，能区分输入模拟信号 2^n 个不同量级。如果输入信号是电压，则能区分输入模拟电压的最小分辨率为$\frac{V_{REF}}{2^n}$。

例 7-1 两个 A-D 转换器的输出分别为 12 位和 8 位，允许输入模拟信号的电压范围都为 0~5V，则其分辨率分别为多少？

解： 对于输出为 12 位的 A-D 转换器，其满量程是 5V，则有

$$分辨率 = \frac{1}{2^{12}} \times 5\text{V} = \frac{5}{4096}\text{V} = 1.22\text{mV}$$

对于输出为 8 位的 A-D 转换器，其满量程也是 5V，则有

$$分辨率 = \frac{1}{2^{8}} \times 5\text{V} = \frac{5}{256}\text{V} = 19.53\text{mV}$$

2. 转换时间

转换时间表征一个 A-D 转换器的转换速率。转换时间是指从接到转换启动信号开始，到输出端获得稳定的数字信号所完成一次转换的时间。图 7-2 为 A-D 转换器 ADC0809 的转换时序波形图。在启动信号 *START* 的下降沿开始转换，转换期间 *EOC* 为低电平，转换结束后 *OE* 为高电平，在 *OE*

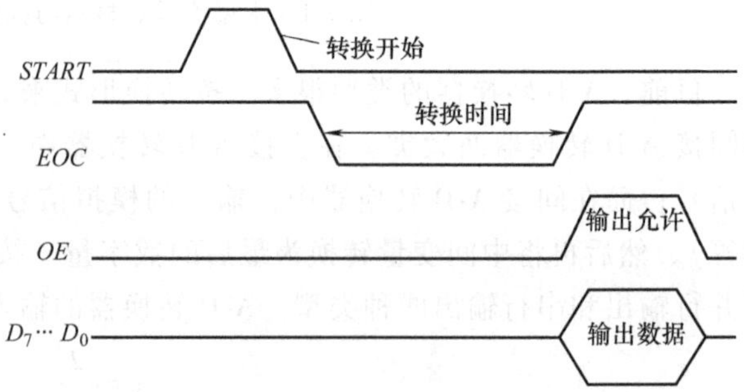

图 7-2 ADC0809 的转换时序波形图

为高电平期间从输出端可以得到有效的数据。

3. 采样速率

采样速率是采样时间的倒数。采样时间是指两次转换的间隔，采样时间必须大于或等于转换时间。习惯上将转换速率在数值上等同于采样速率，常用单位为 ks/s 和 Ms/s，分别表示每秒采样千次和百万次。

4. 量化误差

在理想情况下，输入模拟信号所有转换点应当在一条直线上，但实际的特性不能做到输入模拟信号所有转换点在一条直线上。量化误差是指实际的转换点偏离理想特性的误差，一般用最低有效位（LSB）来表示。如量化误差$\leqslant \pm\frac{1}{2}$LSB。

5. 输入动态范围

输入动态范围是指 A-D 转换器所能分辨的最大信号与最小信号的比值，用 D 表示。对于 n 位的 A-D 转换器，其输入动态范围为

$$D=20\log(2^n-1)$$

7.1.2 D-A 转换器的主要技术指标

1. 分辨率

D-A 转换器的分辨率是指输入数字量从全 0 变化到最低有效位为 1 时，对应输出可分辨的电压变化量 ΔV 与最大输出电压 V_m 之比，即

$$\text{分辨率}=\frac{\Delta V}{V_m}=\frac{1}{2^n-1}$$

分辨率越高，转换时对输入量的微小变化的反应越灵敏。当电路的稳定性和精度能保证时，分辨率与输入数字量的位数 n 有关，n 越大，分辨率越高。

2. 转换速率

D-A 转换器的转换速率是建立时间的倒数。建立时间是指从数字信号输入起，到输出电压（或电流）达到稳定值所需的时间。转换速率的常用单位为 ks/s 和 Ms/s。

3. 转换精度

转换精度是指实际输出值与理论计算值之差，这种差值由转换过程中的各种误差引起。转换精度主要指静态误差，它包括非线性误差、比例系数误差和漂移误差。非线性误差是由电子开关导通的电压降和电阻网络电阻值偏差产生的，常用满刻度的百分数来表示；比例系数误差是由参考电压 V_{REF} 的偏离而引起的误差；漂移误差是由运算放大器零点漂移而产生的误差。当输入数字量为 0 时，由于运算放大器的零点漂移，输出模拟电压并不为 0，这使得输出电压特性与理想电压特性之间产生一个相对位移。

7.2 数-模转换器的工作原理及其应用

7.2.1 D-A 转换器的基本工作原理

D-A 转换器将输入的二进制数字信号转换成模拟信号，以电压或电流的形式输出。

1. 电阻分压型 D-A 转换器原理

电阻分压型 D-A 转换器一般由电阻分压器、模拟开关和开关控制电路等构成。3 位数字输入-模拟电压输出转换电路原理如图 7-3 所示，3 位数字输入通过 3-8 译码器开关控制电路控制开关，输出通过开关连接到电阻分压器的各个抽头上，从而获得不同的模拟电压。

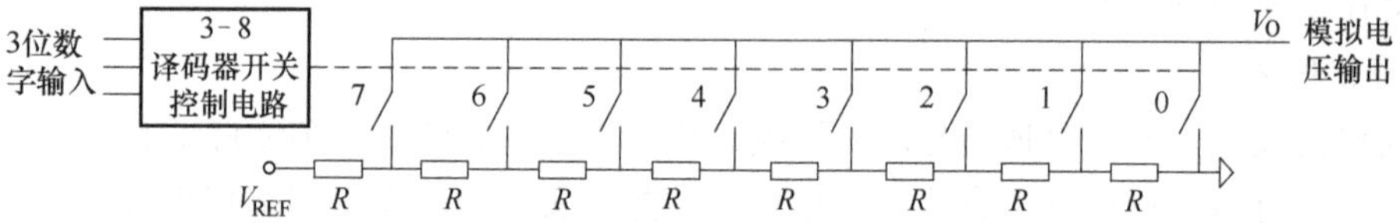

图 7-3　3 位数字输入-模拟电压输出转换电路原理

例如，当输入为 000 时开关 0 合上，其余开关打开，模拟输出电压为 0V。当输入为 100 时开关 4 合上，模拟输出电压为

$$V_O=\frac{4R}{8R}V_{REF}=\frac{4}{2^3}V_{REF}=0.5V_{REF}$$

当输入为 111 时开关 7 合上，模拟输出电压为

$$V_O=\frac{7R}{8R}V_{REF}=\frac{2^3-1}{2^3}V_{REF}$$

由此可见，3 位数字输入-模拟电压输出的电压范围为 $0\sim\frac{2^3-1}{2^3}V_{REF}$。

2. 全解码型 D-A 转换器原理

全解码型 D-A 转换器是一种电流型 D-A 转换器。图 7-4 为 3 位数字输入-模拟电流输出转换电路（即电流型 D-A 转换器）原理。3 位数字输入通过 3-7 译码器开关控制电路控制开关连接到不同的电阻 R 上，从而获得不同的模拟电流输出。

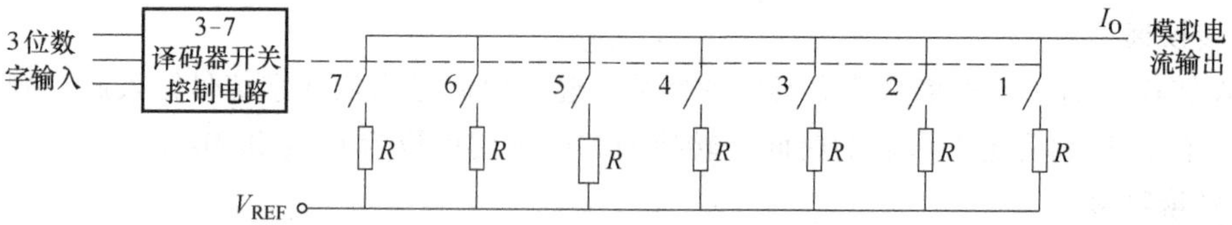

图 7-4　3 位数字输入-模拟电流输出转换电路原理

图 7-4 电流型 D-A 转换器的输出不能直接驱动电阻型负载，需要通过运算放大器缓冲后驱动负载电阻，并实现电流到电压的转换。

3. 倒 T 形电阻网络 D-A 转换器

倒 T 形电阻网络 D-A 转换器电路原理如图 7-5 所示，两种电阻 R 和 $2R$ 构成倒 T 形网络。开关 $S_{n-1}\sim S_0$ 在运算放大器反相端求和点（虚地）和同相端（地）之间转换，因此，无论开关在什么位置，电阻 $2R$ 总是和地相接，因而流过 $2R$ 电阻上的电流不随开关位置变化而变化，是恒流，并且开关速度较高。

从图 7-5 可以看出，由 V_{REF} 看向地的等效电阻为 R，数码 D_i 无论是 0 还是 1，开关 S_i 都相当于接地。因此，由 V_{REF} 流出的总电流为 $I=\frac{V_{REF}}{R}$。而流入 $2R$ 电阻支路的电流按 2 的

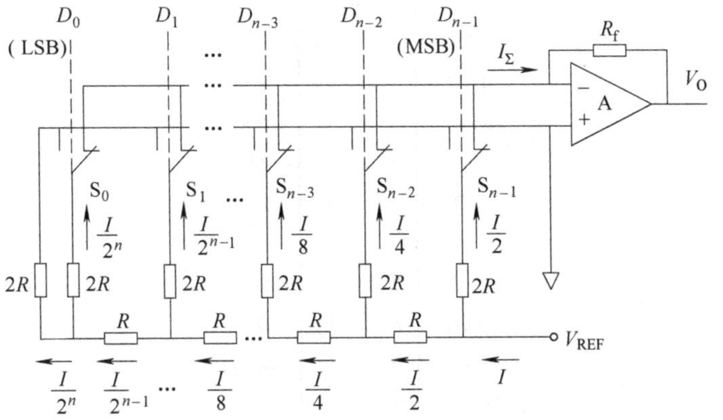

图 7-5　倒 T 形电阻网络 D-A 转换器电路原理

倍数递减，流入运算放大器反相端的总电流为

$$I_{\Sigma}=D_{n-1}\frac{I}{2^1}+D_{n-2}\frac{I}{2^2}+\cdots+D_1\frac{I}{2^{n-1}}+D_0\frac{I}{2^n}$$

$$=\frac{I}{2^n}(D_{n-1}2^{n-1}+D_{n-2}2^{n-2}+\cdots+D_1 2^1+D_0 2^0)$$

$$=\frac{I}{2^n}\sum_{i=0}^{n-1}D_i 2^i \tag{7-3}$$

运算放大器的输出电压为

$$V_O=-I_{\Sigma}R_f=-\frac{IR_f}{2^n}\sum_{i=0}^{n-1}D_i 2^i \tag{7-4}$$

若 $R_f=R$，并将 $I=\frac{V_{REF}}{R}$代入式（7-4），则有

$$V_O=-\frac{V_{REF}}{2^n}\sum_{i=0}^{n-1}D_i 2^i \tag{7-5}$$

由式（7-5）可见，输出模拟电压正比于输入的数字量。

倒 T 形电阻网络 D-A 转换器的特点是电阻种类少，只有 R 和 $2R$ 两种；因此可以提高制作精度；而且在动态转换过程中对输出不易产生尖峰脉冲干扰，有效地减小了动态误差，提高了转换速率。倒 T 形电阻网络 D-A 转换器是目前转换速率较高且使用较多的一种 D-A 转换器。

7.2.2　并行输入 8 位 DAC0832

DAC0832 是 8 位分辨率 D-A 转换集成芯片，与微处理器完全兼容，因其具有价格低廉、接口简单、转换控制容易等优点，在单片机应用系统中得到了广泛的应用。

DAC0832 的引脚图如图 7-6 所示。DAC0832 采用倒 T 形 R-$2R$ 电阻网络。由于它有两个可以分别控制的数据输入寄存器和 DAC 寄存器，所以使用时有较大的灵活性，可根据需要接成不同的工作方式。各引脚的功能见表 7-1。

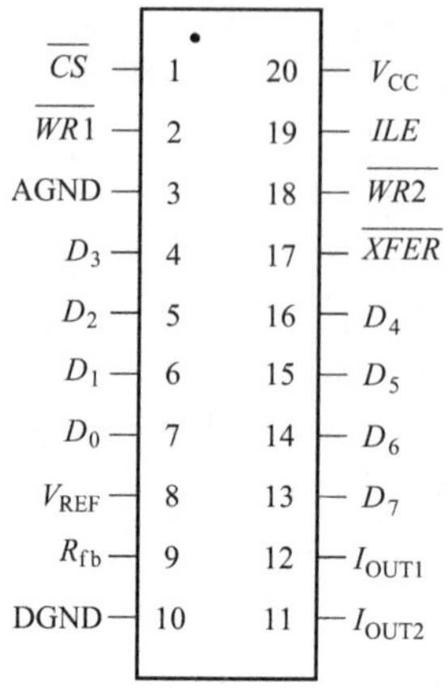

图 7-6　DAC0832 引脚图

表 7-1　DAC0832 引脚的功能

引脚	功能	引脚	功能
$D_7 \sim D_0$	8 位数据输入	I_{OUT1}	电流输出线。当输入全为 1 时 I_{OUT1} 最大
ILE	数据锁存允许控制信号,输入高电平有效	I_{OUT2}	电流输出线。其值与 I_{OUT1} 之和为一常数
$\overline{CS}$	片选信号,输入低电平有效	V_{CC}	电源(5~15V)
$\overline{WR1}$	输入数据寄存器写选通,输入低电平有效	V_{REF}	基准电压(-10~10V)
$\overline{WR2}$	DAC 寄存器写选通,输入低电平有效	AGND	模拟地,模拟信号和基准电源的参考地
$\overline{XFER}$	数据传送控制信号,输入低电平有效	DGND	数字地,两种地线在基准电源处共地比较好
R_{fb}	反馈信号输入,芯片内部有反馈电阻		

DAC0832 的主要技术指标：分辨率 8 位，建立时间 1μs，电源电压 5~15V，输入并行数字，输出电流型，功耗 200mW。

DAC0832 为电流输出，使用时必须外接运算放大器。只要将引脚 9 接到运算放大器的输出端即可。若运算放大器的增益不够，还需外加反馈电阻。

DAC0832 的控制过程：当 $ILE=1$、$\overline{CS}=0$ 和 $\overline{WR1}=0$ 同时有效时，输入数据 $D_7 \sim D_0$ 进入输入寄存器。当 $\overline{WR2}=0$ 和 $\overline{XFER}=0$ 同时有效时，输入寄存器的数据进入 DAC 寄存器。8 位 D-A 转换电路随时将 DAC 寄存器的数据转换为模拟信号（$I_{OUT1}+I_{OUT2}$）输出。

DAC0832 使用时可以接成双缓冲器型、单缓冲器型和直通型三种工作方式。

由于 DAC0832 芯片中有两个数据寄存器，通过两个选通信号的控制，可以将数据先锁存到输入寄存器中，当需要 D-A 转换时，再将此数据送入 DAC 寄存器中进行转换，从而实现双缓冲器型的工作方式，如图 7-7a 所示。

如果使两个寄存器其中之一处于常通状态，只控制另一个寄存器的锁存，则可以使两个寄存器同时选通及锁存，即单缓冲器型工作方式，如图 7-7b 所示。

如果使两个寄存器都处于常通状态，这时两个寄存器的输出跟随数字输入而变化，D-A 转换器的输出也同时跟着变化。这种情况是将 DAC0832 直接应用于连续反馈控制系统中作为数字增量控制器使用，这就是直通型工作方式，如图 7-7c 所示。图中电位器用于满量程

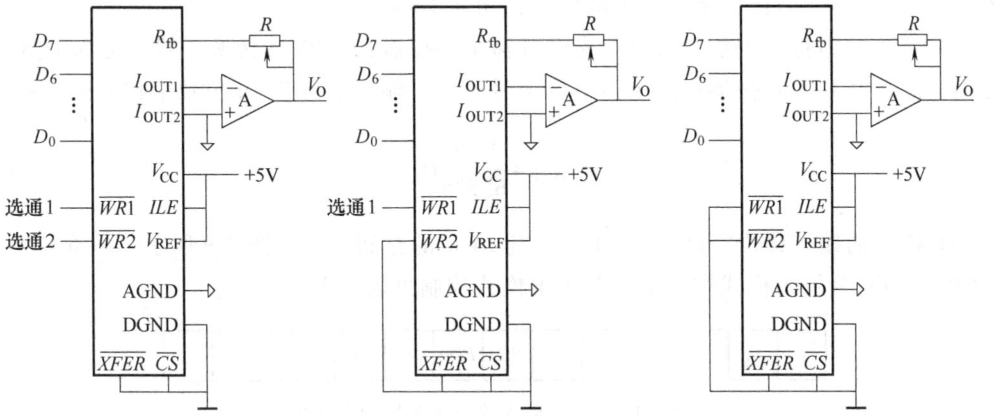

a) 双缓冲器型　b) 单缓冲器型　c) 直通型

图 7-7　DAC0832 的三种工作方式

调整。

实际使用时，应根据控制系统的要求来选择工作方式。

7.2.3　串行输入 16 位 DAC8551

DAC8551 是串行数字输入、低功耗、16 位电压型数-模转换器，尺寸小，可用于过程控制、计算机外设、闭环伺服系统控制和便携式仪器等。

DAC8551 的引脚图和原理框图如图 7-8 所示，各引脚功能见表 7-2。

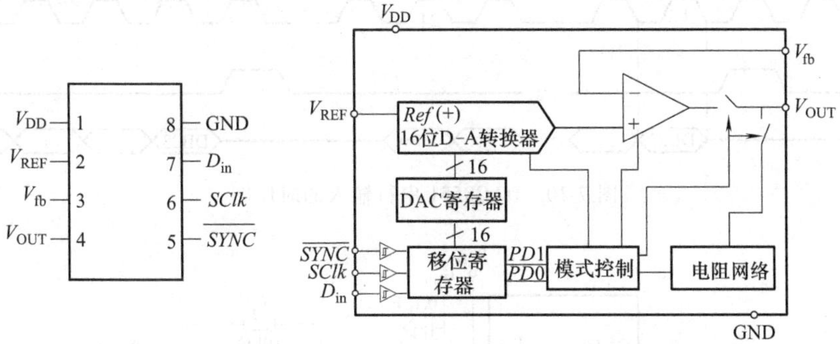

a) 引脚图　b) 原理框图

图 7-8　DAC8551 引脚图和原理框图

表 7-2　DAC8551 引脚的功能

引脚	功能	引脚	功能
V_{DD}	电源(2.7~5.5V)	$\overline{SYNC}$	帧同步信号,输入低电平有效
V_{REF}	基准电压	$SClk$	串行时钟输入
V_{fb}	输出放大器的反馈连接端	D_{in}	串行数据输入
V_{OUT}	模拟电压输出线	GND	地

DAC8551 的主要技术指标：分辨率 16 位；建立时间 10μs，更新速率 100ks/s，电源电

压 2.7~5.5V，输入串行数字，输出电压型，功耗 1mW。

DAC8551 的串行输入数字信号首先经过移位寄存器实现串-并转换，然后送入 DAC 寄存器寄存，最后由 D-A 转换器得到模拟电压信号输出。输出电压与 16 位数字输入的关系为

$$V_{\mathrm{OUT}}=\frac{V_{\mathrm{REF}}}{65535}D_{\mathrm{in}} \tag{7-6}$$

DAC8551 的输入移位寄存器为 24 位，其 24 位的存储内容如图 7-9 所示。前 6 位为无关位，$PD1$、$PD0$ 为输出模式控制位，其输出模式控制见表 7-3。

×	×	×	×	×	×	$PD1$	$PD0$	D_{15}	D_{14}	…	

图 7-9　DAC8551 输入移位寄存器的存储内容

表 7-3　DAC8551 的输出模式控制

$PD1$	$PD0$	输出模式
0	0	正常输出;低功耗输出模式
0	1	输出端为 1kΩ 电阻到地
1	0	输出端为 100kΩ 电阻到地
1	1	输出端为高阻

DAC8551 串行输入的时序图如图 7-10 所示。用 DAC8551 实现双极性电压输出的应用实例如图 7-11 所示。

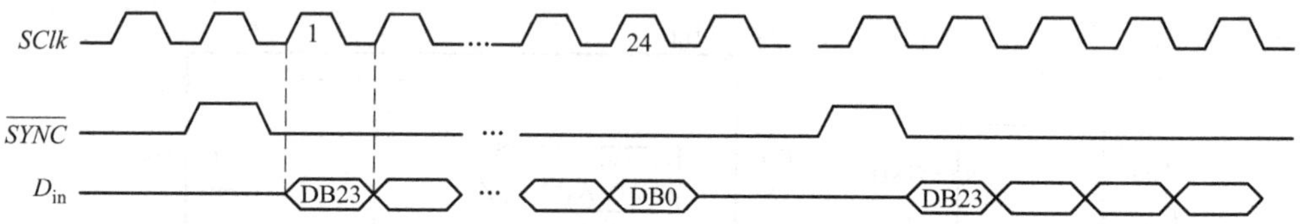

图 7-10　DAC8551 串行输入的时序图

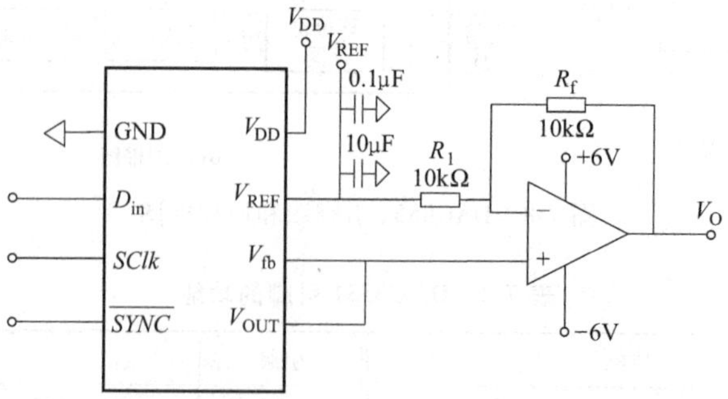

图 7-11　DAC8551 双极性电压输出实现电路

图 7-11 电路的输出电压表达式为

$$V_{\mathrm{O}}=\left(1+\frac{R_{\mathrm{f}}}{R_1}\right)\frac{V_{\mathrm{REF}}}{65535}D_{\mathrm{in}}-\frac{R_{\mathrm{f}}}{R_1}V_{\mathrm{REF}} \tag{7-7}$$

7.3 模-数转换器的工作原理及其应用

7.3.1 A-D 转换器的基本工作原理

A-D 转换器的类型主要有逐次逼近型、并行比较型/串并行比较型、积分型、流水线型和 Δ-Σ 型等。A-D 转换的一般过程包括采样、保持、量化和编码四个步骤。

1. 逐次逼近型 A-D 转换器

逐次逼近型 ADC 的原理框图如图 7-12 所示，它由采样/保持电路、电压比较器、D-A 转换器、逐次逼近寄存器与控制逻辑等部分构成。

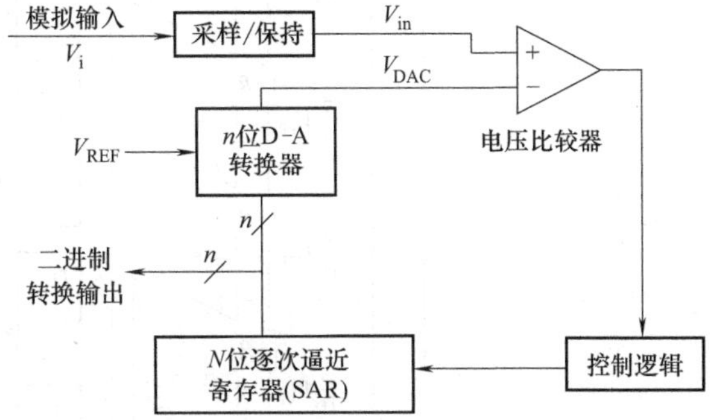

图 7-12 逐次逼近型 ADC 的原理框图

图 7-12 中，模拟输入电压 V_i 经采样/保持电路输出电压 V_{in} 与 D-A 转换器输出电压 V_{DAC} 进行比较。比较是从寄存器的高位到低位逐位进行，并依次确定各位数码是 1 还是 0。转换开始前，先将逐次逼近寄存器（SAR）清 0，开始转换后，控制逻辑将逐次逼近寄存器的最高位置 1，即 100…000，这时 D-A 转换器的输出电压 $V_{DAC}=\frac{1}{2}V_{REF}$。将 V_{DAC} 与输入 V_{in} 比较，若 $V_{in}>V_{DAC}$，比较器输出为高电平（即逻辑 1），则寄存器的最高位保持为 1；若 $V_{in}\leqslant V_{DAC}$，比较器输出为低电平（即逻辑 0），则寄存器的最高位清 0。然后，设置次高位为 1，再按同样的方法进行比较，确定次高位的 1 是去掉还是保留，依次逐位比较下去，一直到最低位为止。比较完毕后，寄存器中的状态就是转化后的二进制输出结果，并通过并行或串行输出，这样就完成了一次 A-D 转换。

逐次逼近型 ADC 的数码位数越多，转换结果越精确，但转换时间越长。

2. 并行比较型 A-D 转换器

并行比较型 A-D 转换器采用多个电压比较器，仅做一次比较就可以得到输出结果，又称 Flash（闪速）型。并行比较型 A-D 转换器的原理电路如图 7-13 所示。它由电压比较器、寄存器和编码器构成。

并行比较型 A-D 转换器的工作过程：电阻分压器把参考电压 V_{ref} 分压，得到 $\left(\frac{1}{16}\sim\frac{13}{16}\right)V_{ref}$ 之间的七个量化电平，量化单位为 $\Delta=\frac{1}{8}V_{ref}$；然后，把这七个量化电平分别接到七个电压比较器的反相输入端，作为比较基准；同时，将模拟输入 V_{in} 接到七个电压比较器的同相输入端，与这七个量化电平进行比较。若 V_{in} 大于比较器的参考电平，则比较器的输出 $C_i=1$，否则 $C_i=0$。

寄存器由七个 D 触发器 $FF_0\sim FF_6$ 构成，七个 D 触发器的输出分别为 $Q_0\sim Q_6$。在时钟脉冲 *Clk* 的作用下，将比较结果暂时寄存供编码使用。

编码器由六个与非门构成。将比较器送来的 7 位二进制码转换成 3 位二进制码 D_2、D_1、

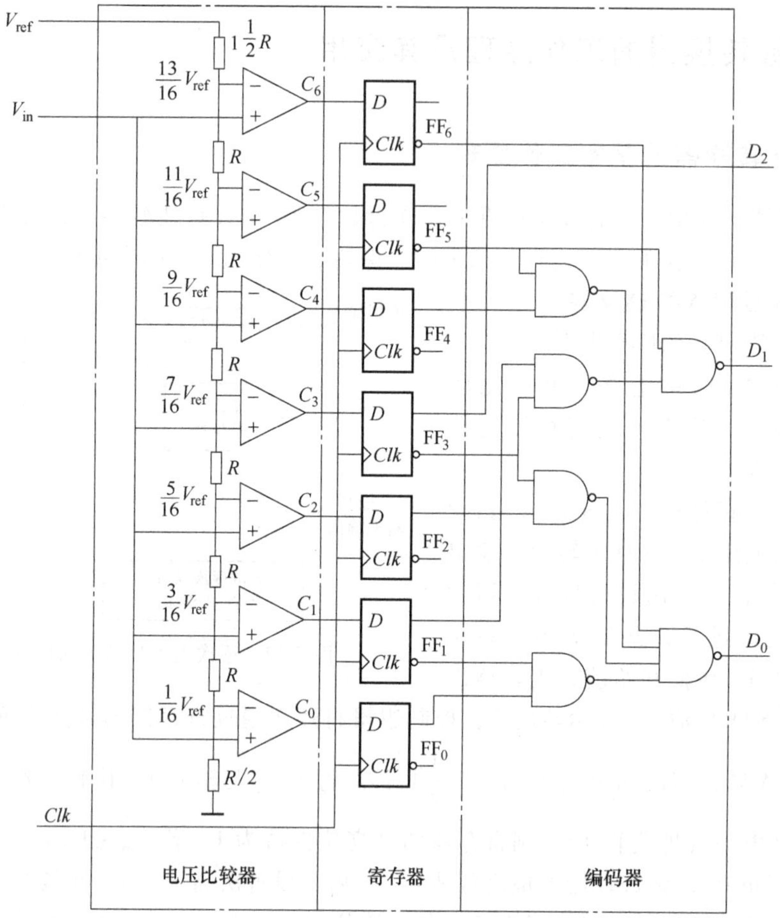

图 7-13　并行比较型 A-D 转换器的原理电路

D_0。编码网络的逻辑关系为

$$D_2 = Q_3$$

$$D_1 = Q_5 + \overline{Q}_3 Q_1$$

$$D_0 = Q_6 + \overline{Q}_5 Q_4 + \overline{Q}_3 Q_2 + \overline{Q}_1 Q_0$$

该并行比较型 A-D 转换器在模拟输入 V_{in} 取不同值时，各比较器的输出（即为寄存器的输出）和最终数码（D_2、D_1、D_0）输出的关系见表 7-4。

表 7-4　并行比较型 A-D 转换器的转换关系

模拟输入 V_{in}	C_6	C_5	C_4	C_3	C_2	C_1	C_0	D_2	D_1	D_0
$0 \leqslant V_{in} < \frac{1}{16}V_{ref}$	0	0	0	0	0	0	0	0	0	0
$\frac{1}{16}V_{ref} \leqslant V_{in} < \frac{3}{16}V_{ref}$	0	0	0	0	0	0	1	0	0	1
$\frac{3}{16}V_{ref} \leqslant V_{in} < \frac{5}{16}V_{ref}$	0	0	0	0	0	1	1	0	1	0

（续）

模拟输入 V_{in}	C_6	C_5	C_4	C_3	C_2	C_1	C_0	D_2	D_1	D_0
$\frac{5}{16}V_{ref} \leqslant V_{in} < \frac{7}{16}V_{ref}$	0	0	0	0	1	1	1	0	1	1
$\frac{7}{16}V_{ref} \leqslant V_{in} < \frac{9}{16}V_{ref}$	0	0	0	1	1	1	1	1	0	0
$\frac{9}{16}V_{ref} \leqslant V_{in} < \frac{11}{16}V_{ref}$	0	0	1	1	1	1	1	1	0	1
$\frac{11}{16}V_{ref} \leqslant V_{in} < \frac{13}{16}V_{ref}$	0	1	1	1	1	1	1	1	1	0
$\frac{13}{16}V_{ref} \leqslant V_{in} < V_{ref}$	1	1	1	1	1	1	1	1	1	1

例如，假设参考电压 $V_{ref}=8V$，当模拟输入 $V_{in}=2.5V$ 加到各级比较器时，由于$\frac{5}{16}V_{ref}=2.5V$，$\frac{7}{16}V_{ref}=3.5V$，因此，比较器的输出 $C_6 \sim C_0$ 为 0000111。在时钟脉冲作用下，比较器的输出存入寄存器，经编码网络输出 A-D 转换结果为：$D_2D_1D_0=011$。

并行比较型 A-D 转换器的转换速率很快，其转换速率实际上取决于器件的速率和时钟脉冲的宽度。但其电路复杂，对于一个 n 位二进制输出的并型 A-D 转换器，需 2^n-1 个电压比较器和 2^n-1 个触发器，编码电路也随 n 的增大而变得相当复杂，其转换精度将受分压网络和电压比较器灵敏度的限制。因此，这种转换器适用于高速且精度较低的场合。

3. 流水线型 A-D 转换器

流水线型 A-D 转换器能够提供优异的动态特性，可对输入信号高速、高精度采样，并且具有低功耗、小尺寸和低价格的优点，满足现代数字无线系统、通信、高精度成像系统、高速数据采集系统等对于高速、高精度的要求。下面简要介绍其工作原理和应用特点。

12 位流水线型（或称为子区式）A-D 转换器的结构框图如图 7-14 所示。这种结构的 A-D 转换器分为 4 级，每一级由采样/保持电路（S/H）对输入的模拟信号进行保存，并经过一个 3 位闪速型 A-D 转换器量化得到一个 3 位的数字输出（其中高 2 位作为整个 ADC 的输

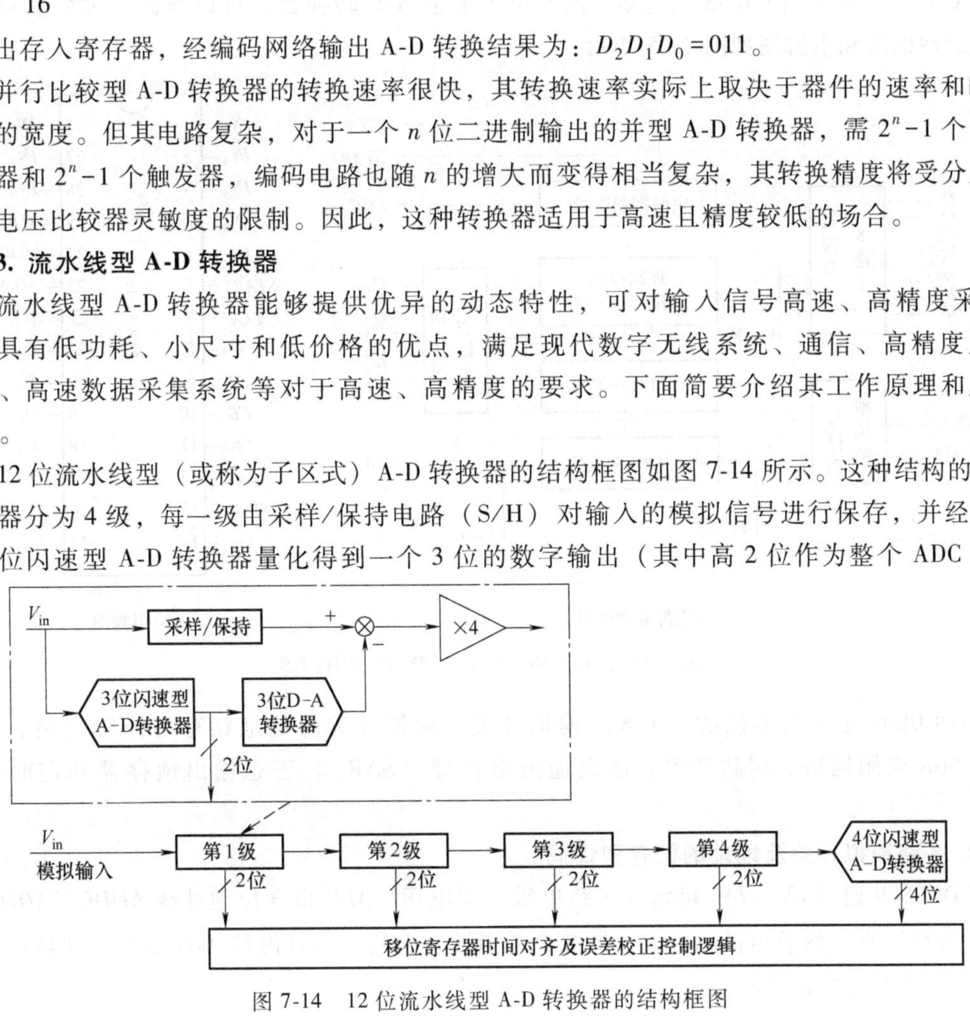

图 7-14　12 位流水线型 A-D 转换器的结构框图

出），同时 3 位输出再送入一个 3 位 D-A 转换器，其模拟输出与采样/保持电路的输出信号经过一个求和电路完成相减，其“差值”乘以 4 作为下一级的输入，如此经过 4 级之后，送入一个 4 位闪速型 A-D 转换器，完成最后 4 位的 A-D 转换。不同时间的转换结果经过移位寄存器的时间对齐及误差校正，作为一次 A-D 转换器的输出，这样就构成了一个 12 位的 A-D 转换器。

一个 n 位分辨率的流水线型 A-D 转换器完成一次转换的过程如下：首级的采样/保持电路对输入信号取样后，先由一个 M 位分辨率的粗 A-D 转换器对输入进行量化。接着用一个至少 M 位精度的 D-A 转换器产生一个对应于量化结果的模拟电平送至求和电路。求和电路从输入信号中扣除此模拟电平，并将差值精确放大某一固定增益后送入下一级电路处理。经过 L 级这样的处理后，最后由一个较高精度的 K 位细 A-D 转换器对残余信号进行转换。将上述各级粗、细 A-D 转换器的输出组合起来即构成高精度的 N 位输出。为了便于纠正重叠误差，流水线各级电路都留有冗余位，即满足：$LM+K>N$。

7.3.2 并行输出 8 位 A-D 转换器 ADC0809

ADC0809 是采用 CMOS 工艺制成的 8 位 8 通道 A-D 转换器，可以与微处理器兼容。其内部原理框图和引脚图如图 7-15 所示。

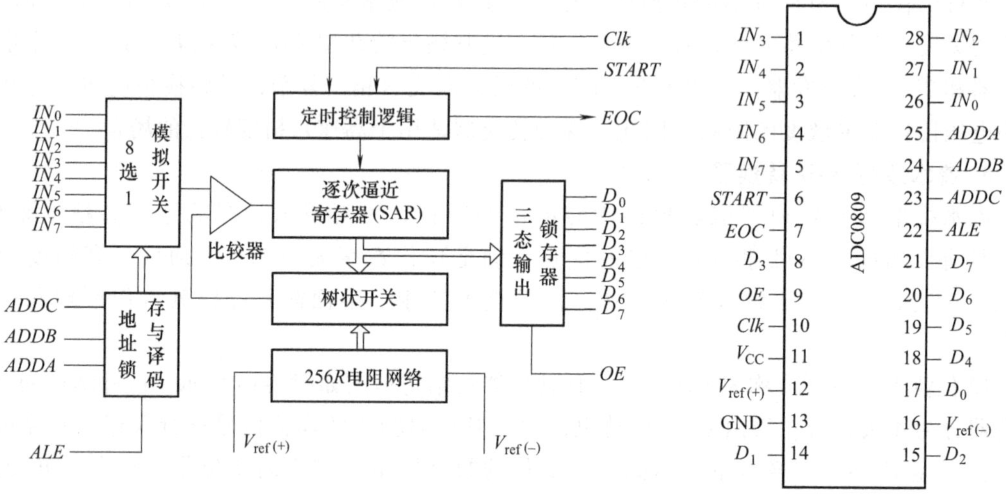

a) 内部原理框图　　　　b) 引脚图

图 7-15　ADC0809 内部原理框图和引脚图

ADC0809 芯片内部包括一个 8 路模拟开关、模拟开关的地址锁存与译码电路、比较器、256R 电阻网络、树状开关、逐次逼近寄存器（SAR）、三态输出锁存器和定时控制逻辑。

1. 8 路模拟开关及地址的锁存和译码

ADC0809 通过 IN_0~IN_7 可输入 8 路单端模拟电压。*ALE* 将 3 位地址线 *ADDC*、*ADDB* 和 *ADDA* 进行锁存，然后由译码电路选通 8 路模拟输入中的某一路进行 A-D 转换，地址译码与选通输入的关系见表 7-5。

表 7-5 地址译码与选通输入的关系

通道号		0	1	2	3	4	5	6	7
地址	*ADDC*	0	0	0	0	1	1	1	1
	ADDB	0	0	1	1	0	0	1	1
	ADDA	0	1	0	1	0	1	0	1

2. 内部 8 位 D-A 转换器

ADC0809 内部由树状开关和 256R 电阻网络构成 8 位 D-A 转换器，其输入为逐次逼近寄存器的 8 位二进制数据，变换器的参考电压为 $V_{ref(+)}$ 和 $V_{ref(-)}$。SAR 在比较前为全 0，变换开始后，先使 SAR 的最高位为 1，其余位仍为 0，数字控制树状开关输出和模拟输入送比较器进行比较。若树状开关输出>模拟输入，则比较器输出逻辑 0，SAR 的最高位由 1 变为 0；若树状开关输出≤模拟输入，则比较器输出逻辑 1，SAR 的最高位保持 1。此后，SAR 的次高位置 1，其余较低位仍为 0，而以前比较过的高位保持原来值。重复上述类似过程，直到最低位比较完为止。

3. 引脚功能

$IN_0 \sim IN_7$：模拟输入。

$V_{ref(+)}$ 和 $V_{ref(-)}$：基准电压的正端和负端。由此施加基准电压，基准电压的中心点应在 $V_{CC}/2$ 附近，其偏差不应超过±0.1V。

ADDC、*ADDB*、*ADDA*：模拟输入端选通地址输入。

ALE：地址锁存允许信号输入，高电平有效。

$D_7 \sim D_0$：并行数据输出。

OE：输出允许信号，高电平有效。即当 *OE*=1 时，打开输出锁存器的三态门，将数据送出。

Clk：时钟脉冲输入端。一般在此端加 500kHz 的时钟信号。

START：启动信号。为了启动 A-D 转换过程，应在此引脚加一个正脉冲，脉冲的上升沿将内部寄存器全部清 0，在其下降沿开始 A-D 转换过程。

EOC：转换结束输出信号。在 *START* 信号上升沿之后 1~8 个时钟周期内，*EOC* 信号变为低电平。当转换结束，转换后的数据可以读出时，*EOC* 变为高电平。

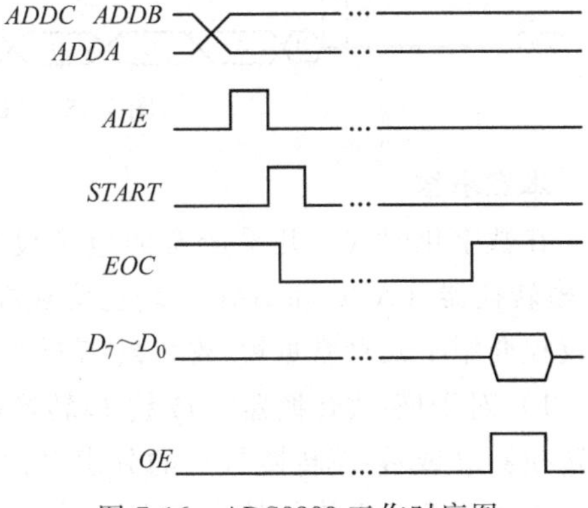

图 7-16 ADC0809 工作时序图

4. 主要技术指标及工作时序

ADC0809 的主要指标：分辨率 8 位，转换时间 100ms，功耗 15mW，电源电压 5V。ADC0809 工作时序图如图 7-16 所示。

7.3.3 串行输出 12 位 A-D 转换器 ADS7886

ADS7886 是 12 位 A-D 转换器，转换结果以串行方式输出。其主要应用于高速数据采集系统、无线广播通信基带变换、光纤传感器和医疗设备等方面。ADS7886 的原理框图及引脚图如图 7-17 所示。

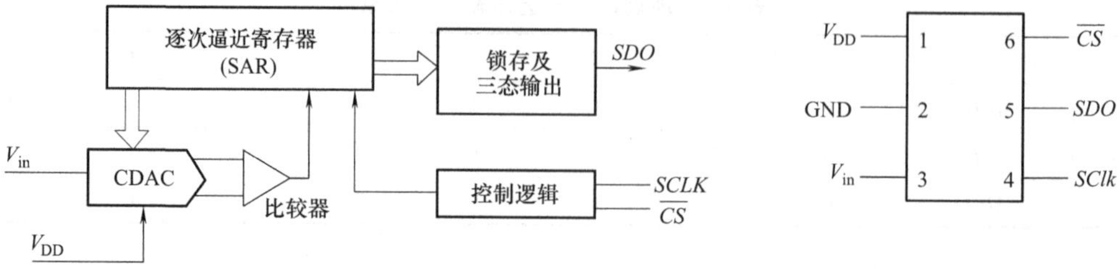

a) 原理框图　　b) 引脚图

图 7-17　ADS7886 原理框图及引脚图

ADS7886 的主要技术指标：分辨率 12 位，采样速率 1MHz，电源电压 2.35~5.25V、功耗 3.9mW（3V 电源）和 7.5mW（5V 电源）。

ADS7886 的工作原理：模拟输入信号经采样/保持电路后，通过 CDAC 和 SAR 得到转换结果，并以串行方式输出。ADS7886 的引脚功能见表 7-6，其串行输出时序图如图 7-18 所示。

表 7-6　ADS7886 的引脚功能

引脚	功能	引脚	功能
V_{DD}	电源(2.35~5.35V)	*SClk*	串行时钟输入
GND	地	*SDO*	串行数据输出
V_{in}	模拟电压输入	$\overline{CS}$	片选信号,低电平有效

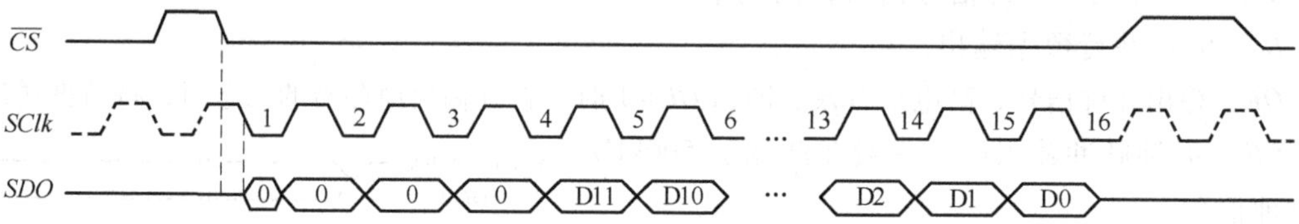

图 7-18　ADS7886 的串行输出时序图

本章小结

在数字化时代，几乎所有的电子设备都会涉及模-数和数-模转换技术。目前，模-数和数-模转换器（ADC 和 DAC）均已集成在单个芯片中，有大量不同性能的芯片可供选用。本章仅仅介绍了几种常见模-数和数-模转换器的基本原理。

1）对于模-数转换器（或数-模转换器）的技术指标，一般技术人员需注意两点：①模-数转换器（或数-模转换器）的分辨率，即 ADC（或 DAC）的位数；②转换速率。这两个指标取决于所设计系统的技术要求，再根据这两个指标在已有的产品中进行选择。

2）介绍了电阻分压型 D-A 转换器、全解码型 D-A 转换器和倒 T 形电阻网络 D-A 转换器，并介绍了集成并行输入 8 位数-模转换器 DAC0832 和串行输入 16 位 DAC8551 的工作原理及其应用。

3）ADC 的转换过程一般包括采样、保持、量化和编码四个步骤。介绍了逐次逼近型、并行比较型和流水线型 A-D 转换器。模-数转换相对比较复杂，电路的形式和工作原理有较大差异。并行比较型 A-D 转换器速度快，但精度低；逐次逼近型 A-D 转换器速度的精度适中；流水线型 A-D 转换器满足高速、高精度的要求。最后介绍了并行输出 8 位 A-D 转换器

ADC0809 和串行输出 12 位 A-D 转换器 ADS7886 的工作原理及其应用。

习题

7-1　图 7-5 DAC 电路中，如果 $V_{REF}=-10V$，$R_f=\frac{1}{2}R$，$n=6$，试求：

1）当 LSB 由 0 变为 1 时，输出电压的变化值。

2）当 $D=110101$ 时，输出电压的值。

3）最大输入数字量的输出电压 U_m。

7-2　已知某 DAC 电路，最小分辨率电压 $U_{LSB}=5mV$，最大满量程电压 $U_m=10V$，试求该电路输入数字量的位数及基准电压 V_{REF}。

7-3　某 8 位 ADC 电路输入模拟电压满量程为 10V，当输入电压分别为 59.7mV、3.46V、7.08V 时，转换成对应的数字量分别为多大?

7-4　一个 12 位 ADC 电路，其输入模拟电压满量程是 $U_m=10V$，试计算其分辨率。

7-5　输入模拟电压满量程为 10V 的 A-D 转换器，要达到 1mV 的分辨率，其位数应是多少? 当模拟输入电压为 6.5V 时，输出数字量是多少?

7-6　对于一个 10 位逐次逼近型 ADC 电路，当时钟为 1MHz 时，其转换时间是多少? 如果要求完成一次转换时间小于 10μs，试问时钟频率应选多大?

7-7　逐次逼近型 A-D 转换器的输入 U_i 和 D-A 转换器的输出波形 U_O 近似如习题 7-8 如图 7-19a、b 所示波形，试说明 A-D 转换结束后，电路输出的二进制码是多少? 如果 A-D 转换器的分辨率是 1mV，则 U_i 又是多少?

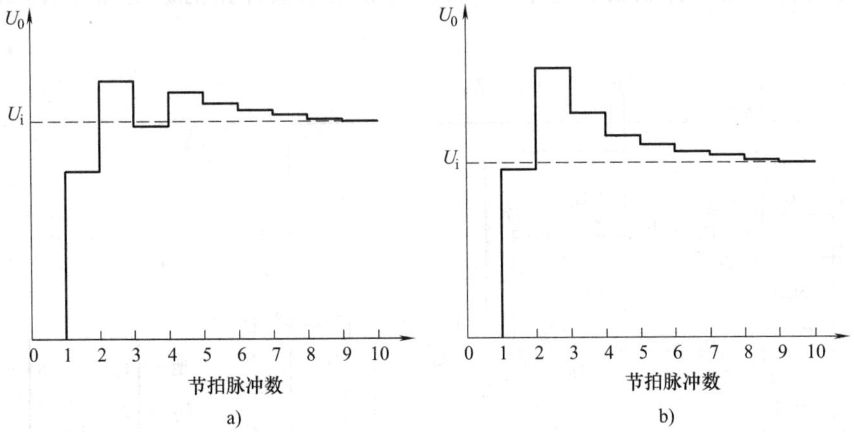

图 7-19　习题 7-8 图

第 8 章　脉冲波形的产生与整形

本章主要介绍数字系统中常用的时钟信号、定时信号和延迟信号的产生以及不规则波形的整形。首先介绍数模混合集成 555 定时器的基本工作原理及其典型应用，然后介绍集成单稳触发器的基本功能和特点，最后介绍由逻辑门构成的晶体振荡电路和集成晶体振荡器产品的特点及应用。

8.1　555 定时器及其应用

555 定时器是由模拟电路和数字电路混合构成的具有记忆功能的集成器件。利用它可以很方便地构成施密特触发器、单稳态触发器和多谐振荡器。由于 555 定时器价格低廉，外围电路构造灵活、方便，因此在波形的产生与变换、测量与工业控制、微型计算机、仪器仪表、电子检测、电子定时延时、汽车和家用电器等许多领域都得到了应用。

8.1.1　555 定时器的基本工作原理与功能

555 定时器基本工作原理图及引脚图如图 8-1a、b 所示。从图 8-1a 可以看出，555 定时器由电阻分压器、电压比较器、基本 RS 触发器和集电极开路的放电晶体管四部分电路组成。

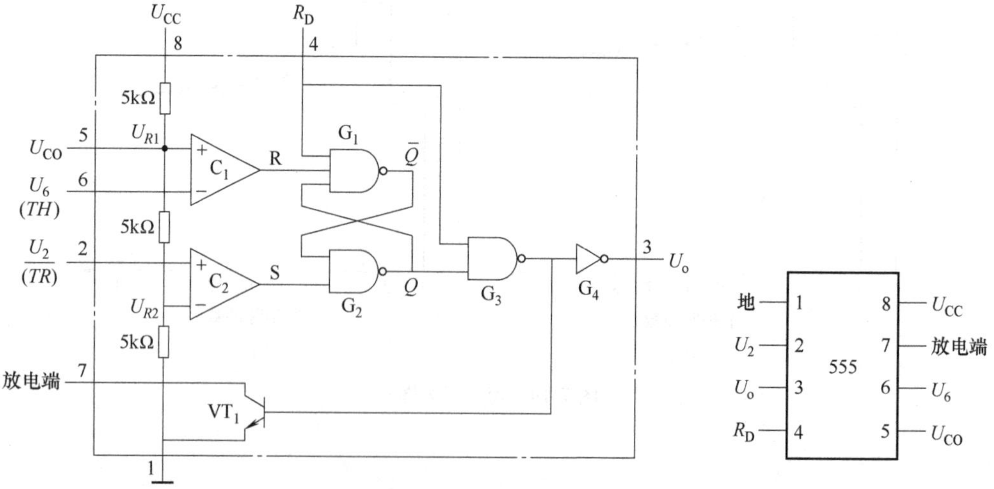

a) 内部工作原理图　　　　b) 引脚图

图 8-1　555 定时器基本工作原理图及引脚图

电阻分压器由三个 5kΩ 的电阻构成，为两个比较器 C_1 和 C_2 提供参考电压 U_{R1} 和 U_{R2}。U_{R1} 和 U_{R2} 由电源端（引脚 8）U_{CC} 经三个 5kΩ 的电阻分压得到。当控制电压输入端（引脚 5）U_{CO} 悬空时，$U_{R1}=\frac{2}{3}U_{CC}$，$U_{R2}=\frac{1}{3}U_{CC}$；若 U_{CO} 外接固定电压，则 $U_{R1}=U_{CO}$，$U_{R2}=$

$\frac{1}{2}U_{CO}$。

比较器 C_1 的输入端 U_6（引脚 6）称为高电平触发输入端。当输入端 $U_6>U_{R1}$ 时，R=0，基本 RS 触发器的清 0 有效，输入端 U_6 标记为 TH。

比较器 C_2 的输入端 U_2（引脚 2）称为低电平触发输入端。当输入端 $U_2<E_{r2}$ 时，S=0，基本 RS 触发器的置 1 有效，输入端 U_2 标记为 $\overline{TR}$。

放电晶体管 VT_1 的工作过程：当输出端（引脚 3）$U_o=0$ 时，VT_1 的基极为高电平，VT_1 饱和，集电极与发射极导通，放电端（引脚 7）的电流通过地端（引脚 1）放电。当 $U_o=1$ 时，VT_1 的基极为高电平，VT_1 截止，集电极与发射极不导通。

R_D（引脚 4）为异步输出置 0 端，当 R_D 端为低电平时，输出被置 0，不置 0 时 R_D 必须为高电平。

555 定时器的主要功能取决于两个比较器的输出对 RS 触发器和放电晶体管 VT_1，状态的控制。控制电压输入端 U_{CO} 悬空时，555 定时器的功能如下：

当 $U_6<\frac{2}{3}U_{CC}$、$U_2<\frac{1}{3}U_{CC}$ 时，C_1 输出为 1，C_2 输出为 0，即 RS=10，基本 RS 触发器被置 1，VT_1 截止，输出为高电平 $U_o=1$。

当 $U_6<\frac{2}{3}U_{CC}$、$U_2>\frac{1}{3}U_{CC}$ 时，C_1 和 C_2 输出均为 1，即 RS=11，则基本 RS 触发器的状态保持不变，因而 VT_1 和 U_o 输出状态也维持不变。

当 $U_6>\frac{2}{3}U_{CC}$、$U_2>\frac{1}{3}U_{CC}$ 时，比较器 C_1 输出为 0，比较器 C_2 输出为 1，即 RS=01，基本 RS 触发器被清 0，VT_1 导通，输出为低电平 $U_o=0$。

当 $U_6>\frac{2}{3}U_{CC}$、$U_2<\frac{1}{3}U_{CC}$ 时，比较器 C_1 输出为 0，比较器 C_2 输出也为 0，即 RS=00，该输入不允许出现，可通过外电路连接来保证。

根据以上分析得到 555 定时器功能表见表 8-1。

表 8-1　555 定时器功能表

R_D	$U_6(TH)$	$U_2(\overline{TR})$	U_o	VT_1
0	×	×	0	导通
1	$U_6<\frac{2}{3}U_{CC}$	$U_2<\frac{1}{3}U_{CC}$	1	截止
1	$U_6<\frac{2}{3}U_{CC}$	$U_2>\frac{1}{3}U_{CC}$	不变	不变
1	$U_6>\frac{2}{3}U_{CC}$	$U_2>\frac{1}{3}U_{CC}$	0	导通
1	$U_6>\frac{2}{3}U_{CC}$	$U_2<\frac{1}{3}U_{CC}$	不允许	

8.1.2　555 定时器的典型应用

555 定时器的应用非常广泛，它除了构成单稳、双稳、多谐振荡器和施密特触发器外，还可以构成各种定时电路、延时电路、脉宽调制电路、V-F（电压-频率）变换电路和信号发生器等。本节主要介绍555定时器构成的施密特触发器、单稳态触发器、多谐振荡器的基本原理及应用。

1. 施密特触发器

（1）施密特触发器的工作原理

施密特触发器（也称迟滞比较器）可以把不规则的信号整形成比较规则的数字脉冲信号。用555定时器构成的施密特触发器如图8-2a所示电路，图中 $U_6(TH)$ 和 $U_2(\overline{TR})$ 直接连接在一起作为触发电平输入端，0.01μF滤波电容接地滤除参考电压上的高频干扰。若在输入端 U_i 加三角波，则可在输出端得到矩形脉冲，如图8-2b所示。

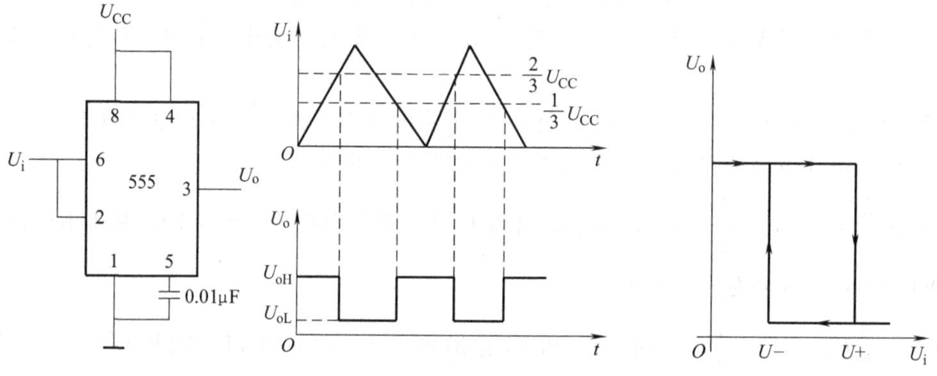

图8-2　555定时器构成的施密特触发器

三角波上升阶段的工作过程：

当 U_i 从0开始升高，$U_i<\frac{1}{3}U_{CC}$ 时，RS=10，RS触发器置1，故 $U_o=1(U_{oH})$。

当 $\frac{1}{3}U_{CC}\leqslant U_i<\frac{2}{3}U_{CC}$ 时，RS=11，RS触发器保持不变，故 $U_o=1$。

当 $U_i\geqslant\frac{2}{3}U_{CC}$ 时，RS=01，RS触发器清0，$U_o=0(U_{oL})$，电路发生翻转，U_o 从1变为0，此时相应的 $U_i=\frac{2}{3}U_{CC}$，幅值称为上触发电平 U_+。

三角波下降阶段的工作过程：

当 U_i 开始下降，但 $U_i>\frac{2}{3}U_{CC}$ 时，RS=01，RS触发器仍然清0，$U_o=0$。

当 U_i 继续下降到 $\frac{1}{3}U_{CC}\leqslant U_i<\frac{2}{3}U_{CC}$ 时，由于RS=11，故RS触发器保持，$U_o=0$ 不变。

当 U_i 下降到 $U_i\leqslant\frac{1}{3}U_{CC}$ 时，RS=10，RS触发器置1，$U_o=1$，电路发生翻转，U_o 从0变为1，此时相应的 $U_i=\frac{1}{3}U_{CC}$，幅值称为下触发电平 U_-。

从以上分析可以看出，电路 U_i 在上升和下降时，输出端电压 U_o 翻转时所对应的输入电压值不同，一个为 U_+，另一个为 U_-。这是施密特电路所具有的迟滞特性，用回差电压表示，回差电压 $\Delta U=U_+-U_-=\frac{1}{3}U_{CC}$。该电路的电压传输特性如图 8-2c 所示。

当电压控制端（引脚 5）外加电压 U_{CO} 时，调节外加电压 U_{CO} 的值便可改变回差电压，一般 U_{CO} 越高，ΔU 越大，抗干扰能力越强，但相应的灵敏度也会降低。

（2）施密特触发器的应用

1）波形整形。从图 8-2b 波形可见，施密特触发器可以将边沿变化缓慢的信号或不规则的模拟电压波形变换成数字脉冲波形。

2）检测应用。从图 8-2b 所示波形可见，当加到施密特触发器输入端信号的幅值大于上触发电平 U_+时，输出端产生低电平信号。因此，通过这一方法可以检测幅度大于 U_+的信号，以便出现时进行检测报警或控制等。同理，通过这一方法也可以检测幅值小于 U_-的信号，以便出现时进行检测报警或控制。

3）波动检测与抗干扰。如图 8-3 所示 U_i 为顶部有波动的输入信号，当回差电压 $\Delta U=U_+-U_-$ 小于波动的幅值时，可以获得图 8-3 中 U_o 的脉冲波形，正脉冲的个数即表示波动的次数。若把图 8-3 中 U_i 顶部的波动信号视为干扰，则当回差电压 $\Delta U=U_+-U'_-$大于顶部波动的幅值时，输出波形如图 8-3 所示 U'_o。由此可见，增大回差电压，可以消除电路的干扰。

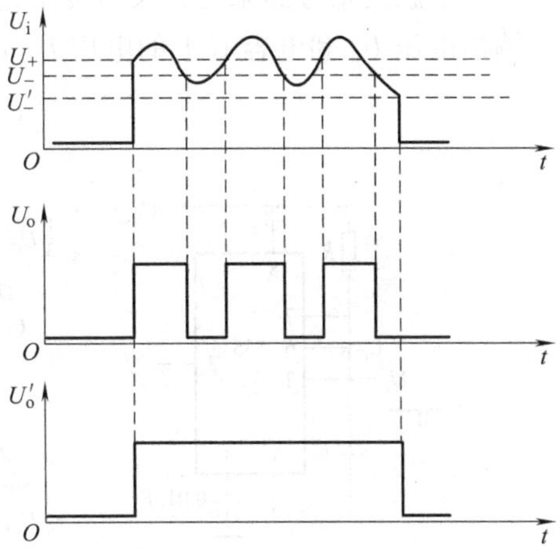

图 8-3　波形整形

2. 单稳态触发器

单稳态触发器只有一个稳定状态，而另一个状态则是暂时稳定的状态。从稳定状态转换到暂时稳定状态（简称暂稳态）时必须由外加触发信号触发，从暂稳态转换到稳态则是由电路自身完成，暂稳态的持续时间取决于电路的参数设置。单稳态触发器与前面介绍的双稳态触发器（如 D 触发器、JK 触发器、T 触发器以及施密特触发器）不同，双稳态触发器具有两个稳定状态，两个稳定状态的转换都需要在外加触发信号的作用下才能完成。

555 定时器与外接定时元件 R、C 组成的单稳态触发器如图 8-4a 所示。触发信号 U_i 加在低电平触发端（引脚 2），为负脉冲触发方式。U_{CO} 控制端（引脚 5）无外加电压，0.01μF 滤波电容接地，滤除参考电压上的高频干扰。

（1）工作原理

1）稳定状态。没有触发信号到来，$U_2>\frac{1}{3}U_{CC}$ 为高电平。电源刚接通时，电路有一个暂稳态过程，即电源通过电阻 R 向电容 C 充电，当 U_C 上升到$\frac{2}{3}U_{CC}$ 时，RS=01，触发器清0，$U_o=0$，VT_1 导通，因此电容 C 又通过放电晶体管 VT_1 迅速放电，直到 $U_C=0$、$U_6<\frac{2}{3}U_{CC}$，RS=11，电路进入稳态。这时如果 U_i 一直没有触发信号到来，电路就一直处于 $U_o=0$ 的稳

定状态。

2）暂稳态。外加触发器信号 U_i 的下降沿到来时，由于 $U_2<\frac{1}{3}U_{CC}$、$U_6(U_C)<\frac{2}{3}U_{CC}$，RS=10，触发器置1，因此 $U_o=1$，VT_1 截止，U_{CC} 开始通过电阻 R 向电容充电。随着电容 C 充电的进行，U_C 不断上升，趋向值 $U_C(\infty)=U_{CC}$。

U_i 的触发负脉冲消失后，U_2 回到高电平，在 $U_2>\frac{1}{3}U_{CC}$、$U_6(U_C)<\frac{2}{3}U_{CC}$ 期间，RS=11，触发器状态保持不变，因此，U_o 一直保持高电平不变，电路维持在暂稳态。但当电容 C 上的电压上升到 $U_6(U_C)\geqslant\frac{2}{3}U_{CC}$ 时，RS=01，触发器清0，电路输出 $U_o=0$，VT_1 导通，此时暂稳态结束，电路进入到恢复期。

3）恢复期。VT_1 导通后，电容 C 通过 VT_1 迅速放电，使 $U_6(U_C)\approx 0$，电路又恢复到稳态。第二个触发信号到来时，又重复上述过程。

输出电压 U_o 和电容 C 上的电压 U_C 的工作波形如图 8-4b 所示。

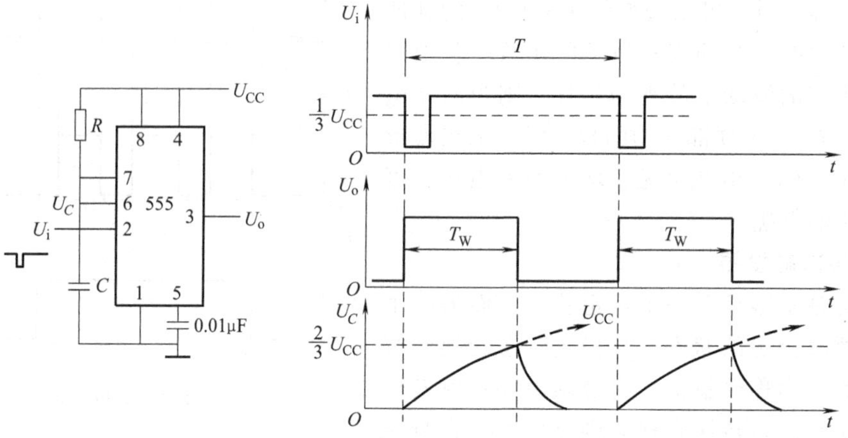

a) 电路　　b) 波形图

图 8-4　555 定时器构成的单稳态触发器

（2）输出脉冲宽度 T_W

输出脉冲宽度 T_W 是指暂稳态的停留时间，根据一阶全响应电路电容 C 充放电过程的三要素公式，可以得到电压随时间变化的方程为

$$U_C(t)=U_C(\infty)+[U_C(0^+)-U_C(\infty)]e^{-t/\tau} \tag{8-1}$$

根据电容 C 的充电过程可知，$U_C(0^+)=0$，$U_C(\infty)=U_{CC}$，$U_C(T_W)=\frac{2}{3}U_{CC}$，$\tau=RC$，代入式（8-1）可得

$$T_W=RC\ln\frac{U_C(\infty)-U_C(0^+)}{U_C(\infty)-U_C(T_W)}=RC\ln 3\approx 1.1RC \tag{8-2}$$

式（8-2）表明，调节电阻或电容可以改变单稳态电路的输出脉冲宽度 T_W，一般情况下调节电阻比较简单。

注意：图 8-4a 电路对输入触发脉冲低电平的宽度要求必须小于 T_W。

（3）单稳态触发电路的应用

1）定时灯开关电路。图 8-5 是 555 定时器接成单稳态触发电路构成的一个定时灯开关电路。图中 P 是金属触摸片，人体感应的杂波信号电压经 C_2 加到 555 定时器的引脚 2，该信号的负脉冲将会触发 555 定时器输出高电平，使 LED 灯点亮。当 P 端无感应电压时，引脚 2 为高电平，C_1 通过 555 的引脚 7 放电后电压为 0，555 定时器处于稳态，输出低电平，灯不亮。

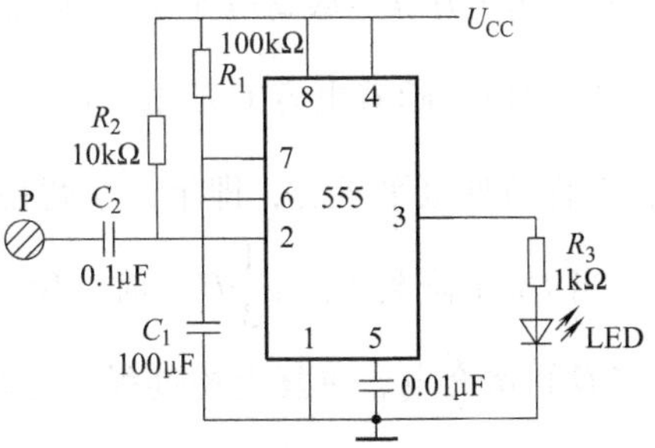

图 8-5　定时灯开关电路

根据式（8-2）可得，定时灯点亮的时间为 $T_W \approx 1.1RC = 10s$。

2）延时应用。从图 8-4b 波形可见，单稳态延时应用时，可实现将输入信号 U_i 的下降沿延迟 T_W 时间后输出。

3. 多谐振荡器

多谐振荡器是自激振荡产生脉冲波形的电路，它的两个状态都是暂稳态。两个状态之间的转换不需要外加触发信号触发，而完全由电路自身完成。多谐振荡器输出脉冲波形的频率和脉冲宽度由电路的参数决定，其输出可以作为时钟脉冲信号。

在 555 定时器的外围加入定时元件 R_1、R_2 和 C 构成的多谐振荡器如图 8-6a 所示。图中 0.01μF 滤波电容接地。该电路不需要外加触发信号，加电后就能自激振荡产生周期性的矩形脉冲波。

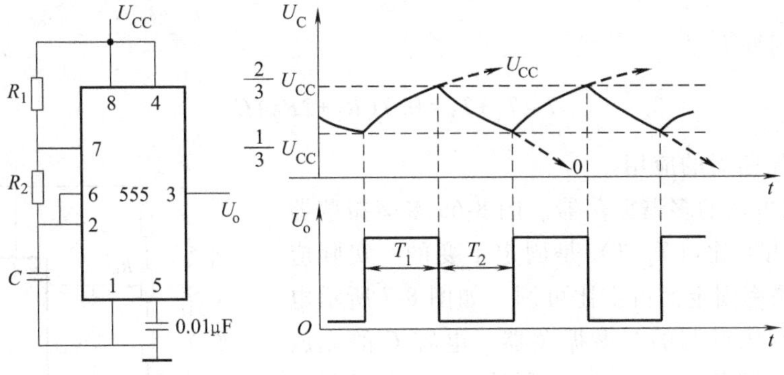

图 8-6　用 555 定时器构成的多谐振荡器

（1）工作原理

多谐振荡器只有两个暂稳态。假设当电源刚接通时，电路处于某一暂稳态，电容 C 上的电压 $U_C = U_6 = U_2 < \frac{1}{3}U_{CC}$，RS = 10，触发器置 1，输出为高电平 $U_o = 1$，VT_1 截止，电源 U_{CC} 通过 R_1、R_2 给电容 C 充电。U_C 随着充电的进行逐渐增高到 $U_C \geqslant \frac{1}{3}U_{CC}$ 时，RS = 11，$\frac{1}{3}U_{CC} < U_C < \frac{2}{3}U_{CC}$，则输出电压 $U_o = 1$ 保持不变，即第一个暂稳态为电容 C 的充电过程。

当电容 C 上的电压 U_C 刚超过 $\frac{2}{3}U_{CC}$ 时（即 $U_C = U_6 = U_2 > \frac{2}{3}U_{CC}$ 时），RS = 01，触发器清

0，使输出电压 U_o 从高电平翻转到低电平，即 $U_o=0$，VT_1 导通饱和，此时电容 C 通过 R_2 和 VT_1 放电。随着电容 C 放电，U_C 下降到 $U_C\leqslant\frac{2}{3}U_{CC}$ 时，RS=11，$\frac{1}{3}U_{CC}<U_C<\frac{2}{3}U_{CC}$，则 $U_o=0$ 保持低电平不变，即第二个暂稳态为电容 C 的放电过程。

当 U_C 下降到 $U_C\leqslant\frac{1}{3}U_{CC}$ 时，RS=10，触发器置 1，电路输出又变为 $U_o=1$，VT_1 截止，电容 C 再次充电，重复上述过程。电路输出的脉冲波形及电容 C 上的电压 U_C 波形如图 8-6b 所示。

（2）振荡周期 T 的计算

多谐振荡的振荡周期为两个暂稳态的持续时间，$T=T_1+T_2$。由图 8-6b U_C 波形可求得电容 C 的充电时间 T_1 和放电时间 T_2 分别为

$$T_1=(R_1+R_2)C\ln\frac{U_{CC}-\frac{1}{3}U_{CC}}{U_{CC}-\frac{2}{3}U_{CC}}=(R_1+R_2)C\ln2\approx0.7(R_1+R_2)C \tag{8-3}$$

$$T_2=R_2C\ln\frac{0-\frac{2}{3}U_{CC}}{0-\frac{1}{3}U_{CC}}=R_2C\ln2\approx0.7R_2C \tag{8-4}$$

因而振荡周期为

$$T=T_1+T_2=0.7(R_1+2R_2)C \tag{8-5}$$

（3）多谐振荡器的应用

1）占空比可调的多谐振荡器。图 8-6a 多谐振荡器中 $T_1\neq T_2$，而占空比（T_1/T）是固定不变的。实际应用中常常要求频率固定而占空比可调，如图 8-7 所示电路就是一个占空比可调的多谐振荡器。电容 C 的充放电通路分别用二极管 VD_1 和 VD_2 隔离。R_P 为可调电位器。

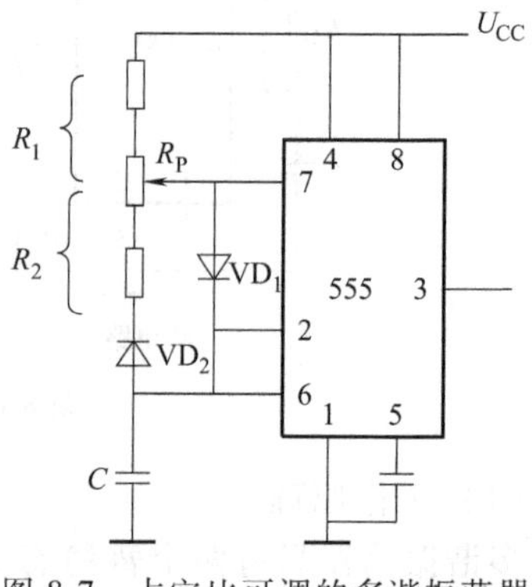

图 8-7　占空比可调的多谐振荡器

电容 C 的充电路径为 $U_{CC}\rightarrow R_1\rightarrow VD_1\rightarrow C\rightarrow$地，因而 $T_1=0.7R_1C$。

电容 C 的放电路径为 $C\rightarrow VD_2\rightarrow R_2\rightarrow VD_1\rightarrow$地，因而 $T_2=0.7R_2C$。

振荡周期为

$$T=T_1+T_2=0.7(R_1+R_2)$$

占空比为

$$D=\frac{T_1}{T_2}=\frac{R_1}{R_1+R_2}$$

2）液位监控报警器。电路如图 8-8 所示，555 定时器接成多谐振荡器工作模式。液位处于正常水平时，探测电极被浸泡而导通，定时电容 C 被短路，使 555 定时器的引脚 2、6 处于低电平，其输出端引脚 3 一直保持高电平，扬声器不发声。当液位下降而使探测电极开路时，定时电容开始起作用，555 定时器起振，扬声器发出蜂鸣声，提醒液位已下降到预定的最低水位。

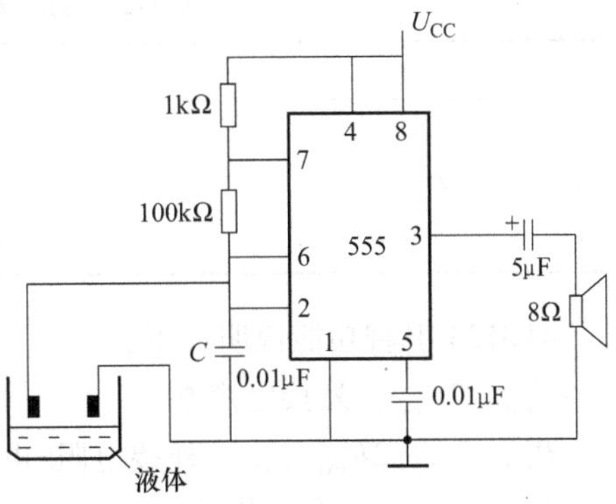

图 8-8　液位监控报警器

3）模拟声响发生器。用两个多谐振荡器可以组成如图 8-9a 所示模拟声响电路。适当选择定时元件，使振荡器 A 的振荡频率 $f_A = 1\text{Hz}$，振荡器 B 的振荡频率 $f_B = 1\text{kHz}$。由于低频振荡器 A 的输出接至高频振荡器 B 的复位端（引脚 4），当 U_{o1} 输出为高电平时，振荡器 B 才能振荡；U_{o1} 输出低电平时，振荡器 B 被复位，停止振荡，因此使扬声器发出 1kHz 的间歇声响。其工作波形如图 8-9b 所示。

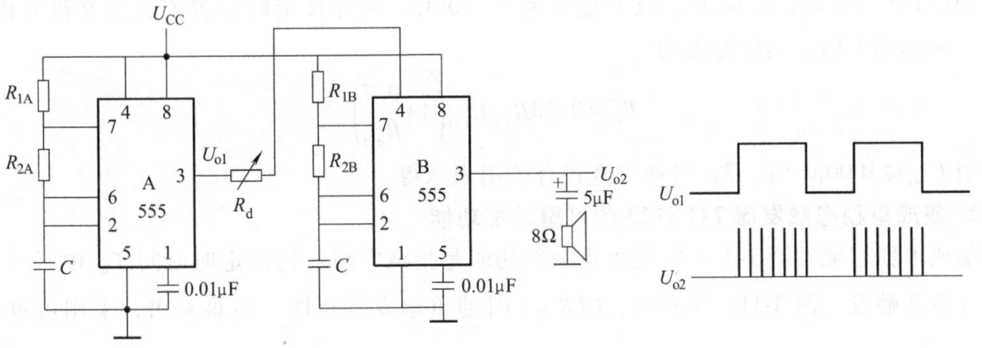

a) 电路　　　　b) 波形图

图 8-9　模拟声响发生器

8.2　集成单稳态触发器

在数字电路集成芯片中包含有集成单稳态触发器。使用这种集成单稳态触发器时，只需要外接电阻和定时电容。它具有定时范围宽、稳定性好、使用方便等优点，因此得到了广泛应用。集成单稳态触发器有不可重复触发单稳态触发器（如 74LS121）和可重触发单稳态触发器（如 74LS123）。本节主要介绍常用的可重触发单稳态触发器 74LS123。

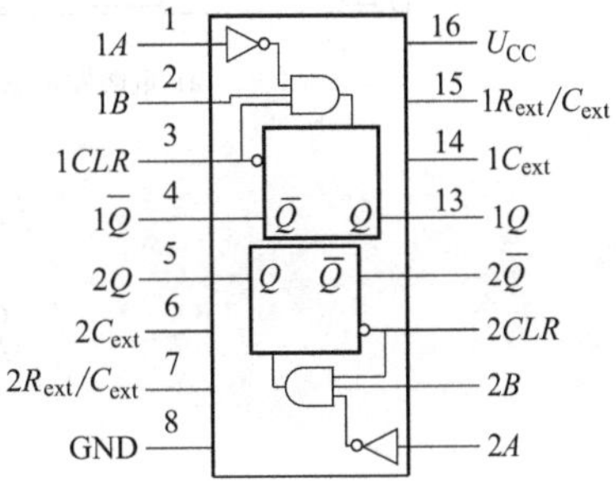

图 8-10　集成单稳态触发器 74LS123 引脚图和逻辑符号

1. 集成单稳态触发器 74LS123 的功能

74LS123 集成了两个可重触发的单稳态触发器，具有清 0 端。其引脚图和逻辑符号如图 8-10 所示，功能表见表 8-2。

表 8-2　集成单稳态触发器 74LS123 功能表

$\overline{CLR}$	A	B	Q	$\overline{Q}$	$\overline{CLR}$	A	B	Q	$\overline{Q}$
L	×	×	L	H	H	L	↑	⎍	⊔
×	H	×	L	H	H	↓	H	⎍	⊔
×	×	L	L	H	↑	L	H	⎍	⊔

74LS123 引脚功能说明如下：

$1C_{ext}$、$2C_{ext}$：外接电容端。

$1R_{ext}/C_{ext}$、$2R_{ext}/C_{ext}$：外接电阻/电容端。

$1Q$、$2Q$：正脉冲输出端。

$1\overline{Q}$、$2\overline{Q}$：负脉冲输出端。

$1CLR$、$2CLR$：直接清除端，低电平有效。

$1A$、$2A$：负触发输入端。

$1B$、$2B$：正触发输入端。

74LS123 外接定时电阻 R_{ext} 取值范围为 5～50kΩ，对外接定时电容 C_{ext} 通常没有限制。当 $C_{ext} \geqslant 1000\text{pF}$ 时，输出脉宽为

$$T_W = 0.28R_{ext}C_{ext}\left(1+\frac{0.7}{R_{ext}}\right)$$

当 $C_{ext} \leqslant 1000\text{pF}$ 时，T_W 可通过查找有关图表求得。

2. 集成单稳态触发器 74LS123 的可重触发功能

集成单稳态触发器 74LS123 的可重触发功能是指该电路在输出定时时间 T_W 内，可被输入脉冲重新触发。图 8-11a 为 $A=0$、$CLR=1$ 时的重触发示意图。不难看出，采用可重触发

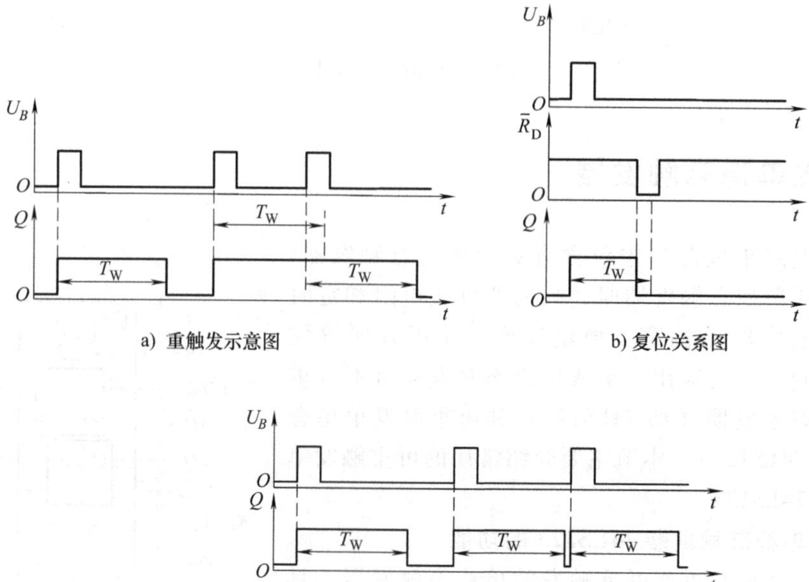

a) 重触发示意图

b) 复位关系图

c) 无死区时间示意图

图 8-11　74LS123 时序图

可以方便地产生持续时间很长的输出脉冲，只要在输出脉冲宽度 T_W 结束之前再输入触发脉冲，就可以延长输出脉冲宽度。直接复位功能可以使输出脉冲在预定的任何时刻结束，而不由定时电阻 R_{ext} 和电容 C_{ext} 取值的大小来决定。在预定的时刻加入复位脉冲就可以实现复位，提前结束定时，其复位关系如图 8-11b 所示。

集成单稳态触发器 74LS123 不存在死区时间，在 T_W 结束之后立即输入新的触发脉冲，电路可以立即响应，不会使新的输出脉冲的宽度小于给定的 T_W，这一特性如图 8-11c 所示。由于该触发器可重触发且没有死区时间，因此用途十分广泛。

8.3 石英晶体振荡器

石英晶体振荡器由石英晶体和振荡电路组成，它所产生的振荡频率精度和稳定度都很高，通常用于对振荡频率稳定度有较高要求的场合。

8.3.1 石英晶体

石英晶体是利用石英晶体的压电效应制成的一种谐振器件，因此也称石英晶体谐振器。石英晶体的固有谐振频率十分稳定，在外加电压的作用下，它会产生压电效应，并产生机械振动。当外加电压的频率与晶体固有谐振频率相同时，晶体的机械振幅最大，产生的交变电场也最大，形成压电谐振。石英晶体的符号及电抗频率特性如图 8-12 所示，从图 8-12b 的电抗频率特性可以看出，它有两个相当接近的谐振频率，f_S 为串联谐振频率，f_V 为并联谐振频率，当频率处于这两个频率范围之间时，石英晶体呈电感性，当频率游离这两个频率之外时，石英晶体呈电容性。当频率为串联谐振频率 f_S 时，石英晶体的等效阻抗最小，信号最容易通过，当频率偏离串联谐振频率 f_S 时，石英晶体的等效阻抗接近无穷大，其他频率信号均被衰减掉。因此振荡电路的工作频率仅取决于石英晶体的谐振频率 f_S，而与电路中的 R、C 值无关。它的频率稳定度（$\Delta f_S/f_S$）可达 10^{-10} ~ 10^{-11}，足以满足大多数数字系统对频率稳定度的要求。目前已有标准化和系列化的各种谐振频率的石英晶体产品出售。

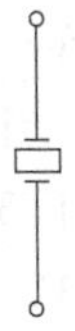
a) 符号

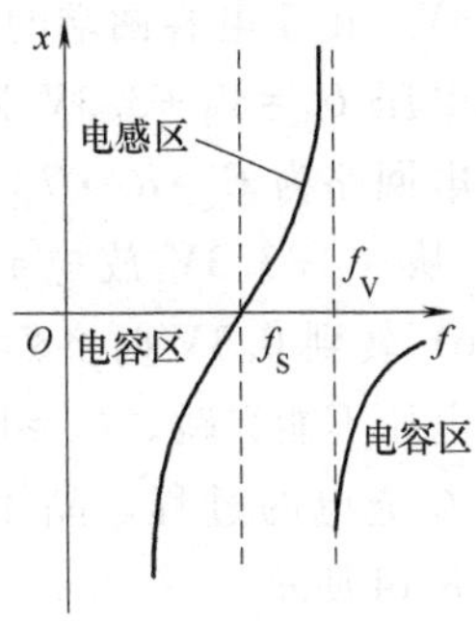

b) 电抗频率特性

图 8-12　石英晶体

8.3.2 逻辑门构成的晶体振荡电路

1. 逻辑门构成的晶体串联振荡电路

由非门和晶体构成的串联振荡电路如图 8-13a 所示，当电路振荡频率为晶体串联谐振频率时，晶体的等效电抗接近 0，非门 G_2 的输出 U_{o1} 直接反馈到非门 G_1 的输入端，形成 G_1、G_2 闭环回路，其等效电路如图 8-13b 所示。U_{o1} 信号通过两级反相后形成正反馈振荡，晶体同时也起着选频作用，串联振荡电路的频率取决于晶体本身的参数。通过 G_3 输出 U_o 是为了改善输出波形和增强带负载能力。

晶体串联时电路的工作过程如下：

1）设非门 G_2 输出为高电平，即 $U_{o1}=3.6V$，非门 G_1 输入端也为高电平 $U_1=U_{o1}=$

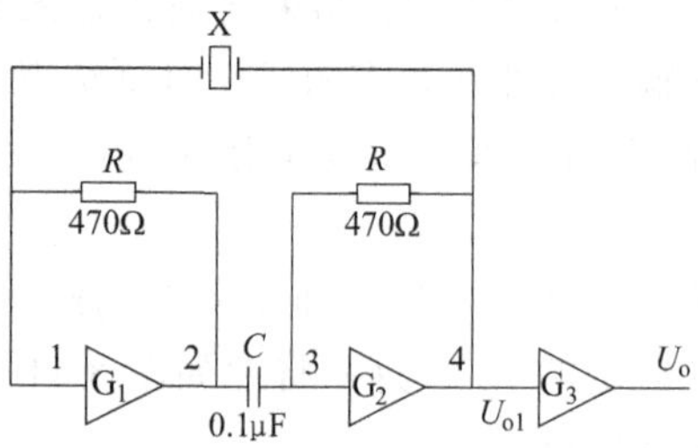

a) 晶体串联谐振状态的电路

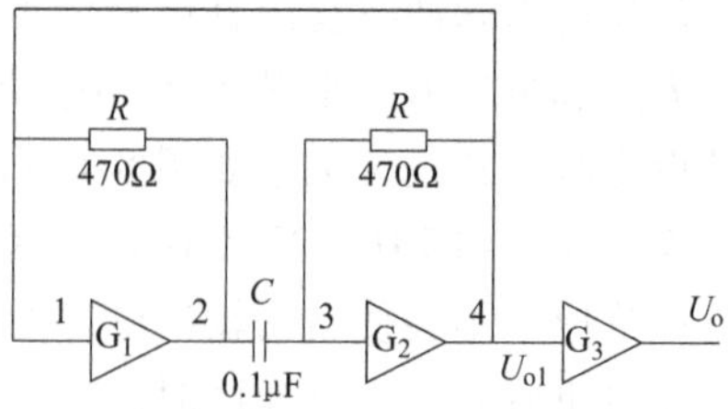

b) 等效电路

图 8-13 非门和晶体构成的串联振荡电路

3.6V，G_1 输出端则为低电平 $U_2=0.3V$，非门 G_2 输入端为低电平 $U_3=V_{IL}$。电容 C 充电，充电回路为 $U_{o1}\to R\to C\to U_3=V_{IL}$，非门 G_2 输入端电压 U_3 从 V_{IL} 充电到非门的阈值电压 V_T。

2）当电容充电到 $U_3\geqslant V_T$ 时，非门 G_2 输出转为低电平 $U_{o1}=0.3V$，则 $U_1=0.3V$，G_1 输出转为高电平，$U_2=3.6V$，U_2 从 0.3V 转到 3.6V 时突然增加了 3.3V。由于电容两端的电压不能突跳，非门 G_2 输入端电压 $U_3=V_T+3.3V$ 为高电平。电容 C 开始放电，放电回路为 $C\to R\to U_{o1}=0.3V$，非门 G_2 输入端电压 U_3 从 $V_T+3.3V$ 放电到 V_T，当 $U_3\leqslant V_T$ 时，U_2 从 3.6V 转到 0.3V 时突然降低了 3.3V。同样电容两端的电压不能突跳，$U_3=V_T-3.3V$ 为低电平，又转到电容 C 充电的过程。晶体串联振荡电路的工作波形如图 8-14 所示。

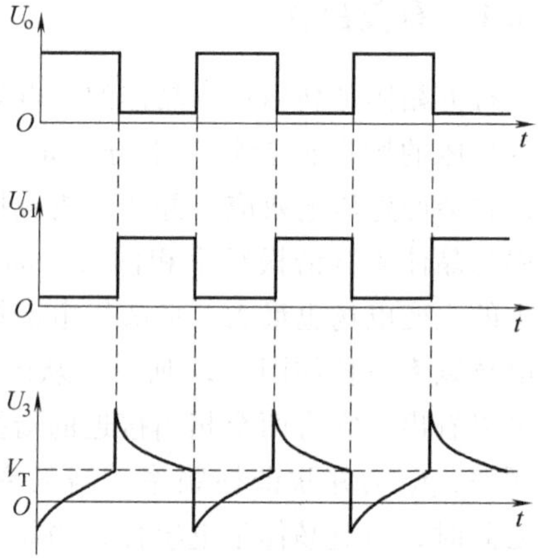

图 8-14 晶体串联振荡电路的工作波形

2. 晶体并联振荡电路

工作在晶体并联谐振状态的振荡电路如图 8-15a 所示，该电路常用于微处理器的时钟产生电路。晶体可等效为电感（晶体工作于串联谐振频率与并联谐振频率之间时，晶体呈电感性），与外接的电容构成三点式 LC 振荡器，通过外接电容可对频率进行微调。电阻 R 接在反相器 G_1 的输入与输出端之间，其目的是将 G_1 偏置在线性放大区，构成放大器。

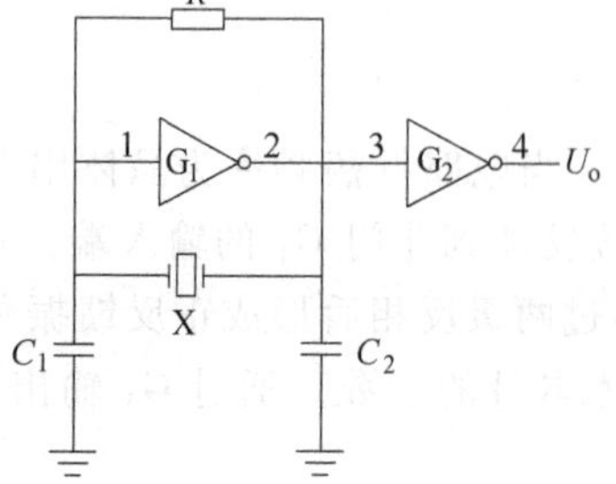

a) 晶体并联谐振状态的电路

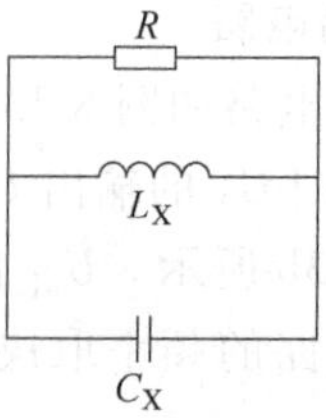

b) 等效电路

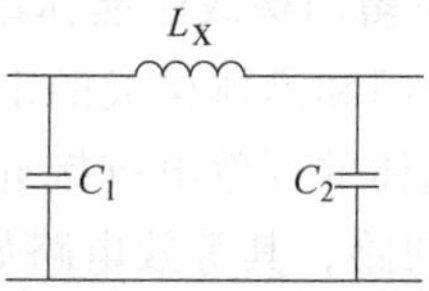

c) Π形振荡电路

图 8-15 晶体并联振荡电路

在图 8-15a 电路中，从晶体 X 的两端看 C_1、C_2，电路可等效为图 8-15b，C_1、C_2 通过地串联为电容 C_X [$C_X=C_1C_2/(C_1+C_2)$]，L_X（晶体 X 等效的电感）与 C_X 构成并联谐振电路，从电容一分为二的电路形态上看，L_X 和电容 C_1、C_2 构成了 Π 形选频网络反馈通道，因此称 Π 形振荡电路，如图 8-15c 所示。

G_1 放大器的输出信号通过 X、C_1、C_2 构成的 Π 形振荡电路返回 G_1 放大器的输入端，形成了反馈振荡，其振荡频率主要是由晶体所决定。由于 G_1 的输出端连接着 X、C_1、C_2 构成的 Π 形振荡电路，而且输出信号近似于正弦波，为防止负载电路对振荡电路的干扰和提高带载能力，G_1 输出信号需再通过 G_2 的缓冲、整形接到负载。在实际应用中，为了设计方便，一般可以将负载电容 C_X 分拆为 1 : 1，即 $C_1=C_2$。

8.3.3 集成晶体振荡器

集成晶体振荡器是集成了晶体和振荡电路的产品，市场出售的集成晶体振荡器使用时只需外接电源即可产生振荡。它的特点是电气性能规范、产品种类多，用户可根据要求选择不同的集成石英晶体振荡器。国际电工委员会（IEC）将集成石英晶体振荡器分为四类，即普通晶体振荡器（SPXO）、电压控制式晶体振荡器（VCXO）、温度补偿式晶体振荡器（TCXO）和恒温控制式晶体振荡器（OCXO），目前发展中的还有数字补偿式晶体振荡器（DCXO）等。

普通晶体振荡器的频率精度为 $10^{-5}\sim10^{-4}$，可产生的标准频率为 1~160MHz，频率稳定度为±10~(±100×10^{-6})。SPXO 没有采用任何温度频率补偿措施，价格低廉，通常用作微处理器的时钟器件。

普通的集成晶体振荡器有四个外引端，1 端为输出使能控制端（高电平有效），2 端为接地端，3 端为输出端，4 端为外接电源端，实际使用时的测试电路如图 8-16 所示。

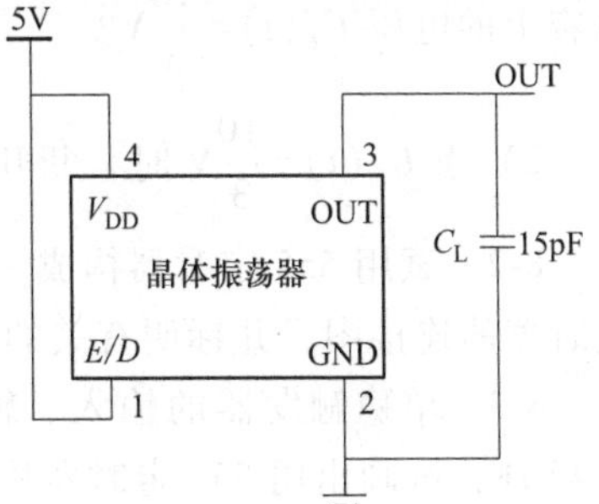

图 8-16 晶体振荡器测试电路

电压控制式晶体振荡器的频率精度为 $10^{-6}\sim10^{-5}$，频率范围为 1~160MHz，频率稳定度为 10~(±50×10^{-6})。VCXO 通常用于锁相环路。

温度补偿式晶体振荡器采用温度敏感器件进行温度频率补偿，频率精度达到 $10^{-7}\sim10^{-6}$ 量级，频率范围为 1~60MHz，频率稳定度为±1~(±2.5×10^{-6})。TCXO 通常用于手持电话、蜂窝电话、双向无线通信设备等。

恒温控制式晶体振荡器将晶体和振荡电路置于恒温箱中，以消除环境温度变化对频率的影响。OCXO 频率精度为 $10^{-10}\sim10^{-8}$ 量级，对某些特殊应用甚至达到更高，其频率稳定度在四种类型振荡器中最高。

市场上有不同封装方式和电气性能指标的集成晶体振荡器产品，读者可通过查找相关资料和网站获得符合要求的集成晶体振荡器。

本章小结

本章主要介绍了脉冲产生电路和整形电路的基本分析、设计方法，并介绍了广泛应用的 555 定时器和石英晶体振荡器。

1）施密特触发器有两个稳定状态，输出矩形脉冲直接受输入信号的电平控制。

施密特触发器具有滞后传输特性，它有两个阈值电压和回差。施密特触发器常用于整形、幅度鉴别等，常用的施密特触发器有555定时器构成的施密特触发器、集成施密特触发器和门电路构成的施密特触发器。

2）单稳态触发电路只有一个稳定状态，另一个是暂稳定状态，从稳定状态转换到暂稳定状态时必须由外加触发信号触发，从暂稳态转换到稳态则是由电路自身完成。单稳态触发器输出矩形脉冲信号的宽度（即暂稳态的持续时间）由电路的元件参数决定，因此它常可以用于脉冲延时、脉冲定时、整形等。常用的单稳态触发器有555定时器构成的单稳态触发器、集成单稳态触发器（可重触发、不可重触发）和门电路构成的单稳态触发器。

3）多谐振荡器能够自激产生矩形脉冲信号，它不需要外加输入信号，电路的状态转换由其自身完成，因此它没有稳定状态，只有两个暂稳态，暂稳态的持续时间均由电路的元件参数决定。常用的多谐振荡器有555定时器构成的多谐振荡器、石英晶体振荡器和由门电路构成的环形振荡器。在对频率稳定性要求较高的场合，普遍采用石英晶体振荡器。

4）555定时器是一种用途非常广泛的集成电路，应掌握555定时器的基本功能和典型应用，熟悉典型脉冲电路的工作原理、波形关系和参数的计算。

习题

8-1　RC电路如图8-17所示。已知 $E=5V$，$R_1=30k\Omega$，$R_2=10k\Omega$，$C=0.05\mu F$。

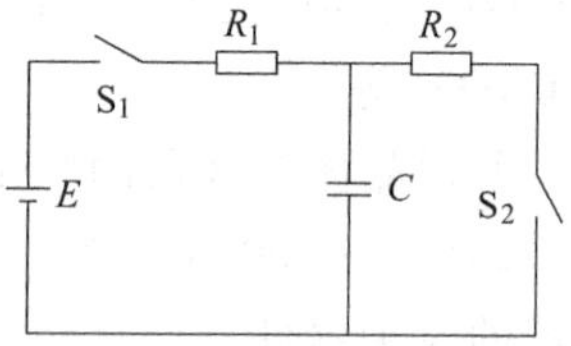

图8-17　习题8-1图

1）当 $t=0$ 时，S_1 合上、S_2 断开，试问经过多长时间后，电容上的电压 $U_C(t)=\frac{10}{3}V$？

2）当 $U_C(t)=\frac{10}{3}V$ 时，断开 S_1、合上 S_2，经过多长时间 $U_C(t)=\frac{5}{3}V$？

8-2　试用555定时器构成一个施密特触发器，以实现如图8-18所示的鉴幅功能。画出定时器的连接图，并标明有关的参数值。

8-3　单稳触发器的输入、输出波形如图8-19所示。已知 $U_{CC}=5V$，给定的电容 $C=0.47\mu F$，试画出用555定时器构成的电路，并确定电阻 R 的取值。

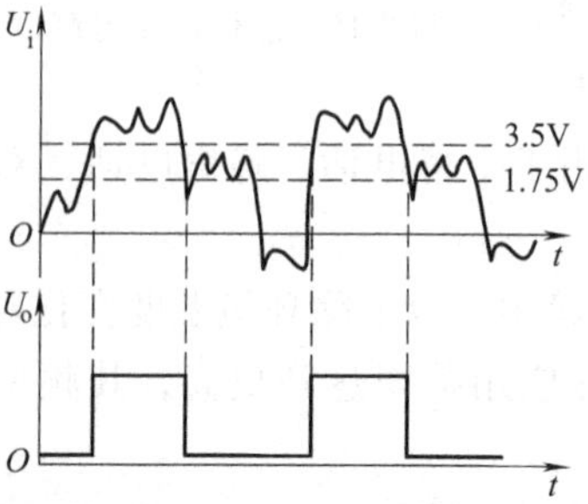

图8-18　习题8-2图

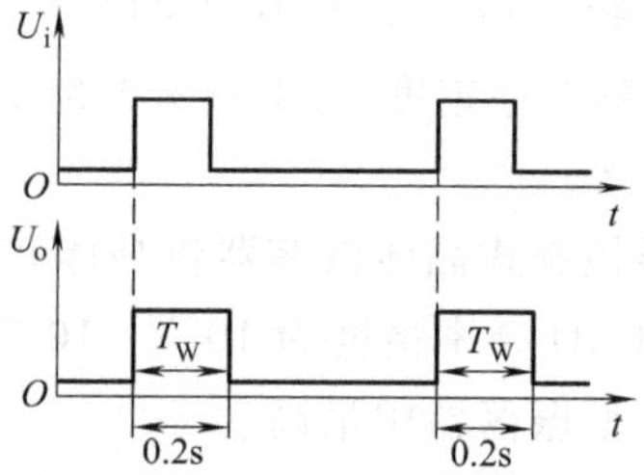

图8-19　习题8-3图

8-4　两片555定时器构成如图8-20所示电路。

1）在图示元件参数下，估算 U_{o1}、U_{o2} 端的振荡周期 T 各为多少？

2）定性画出 U_{o1}、U_{o2} 的波形，说明电路具备哪些功能？

3）若将 555 定时器的引脚 5 改接+4V，对电路的参数有什么影响？

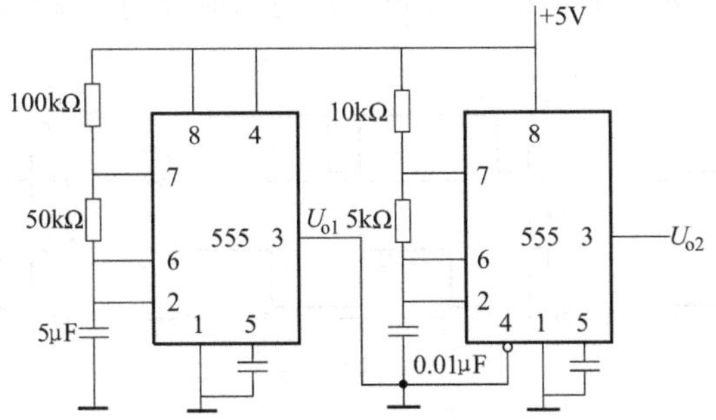

图 8-20　习题 8-4 图

8-5　用 555 定时器构成发出“叮—咚”声响的门铃电路，如图 8-21 所示，试分析其工作原理。

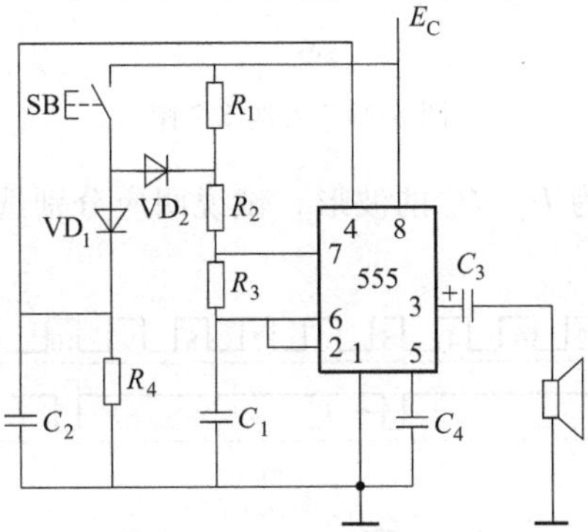

图 8-21　习题 8-5 图

8-6　如图 8-22 所示为由两个 555 定时器和一片 74LS161 构成的脉冲电路。

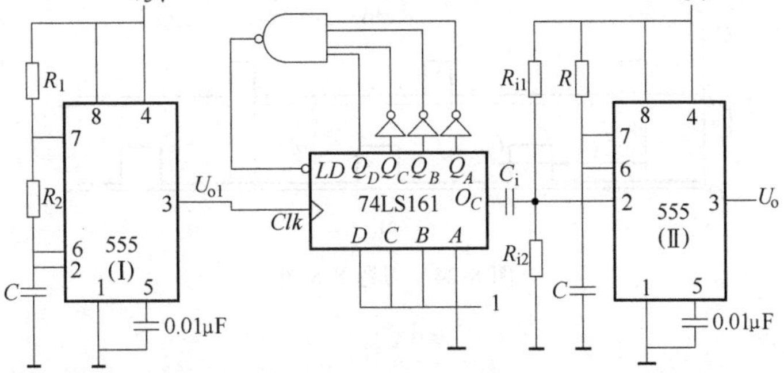

图 8-22　习题 8-6 图

1）试说明电路各部分的功能。

2）若 555（Ⅰ）定时器的 $R_1=10\text{k}\Omega$，$R_2=20\text{k}\Omega$，$C=0.01\mu\text{F}$，求 U_{o1} 波形的周期 T。

3）74LS161 的 OC 端与 Clk 端脉冲分频比为多少？

4）若 555（Ⅱ）定时器的 $R=10\text{k}\Omega$，$C=0.05\mu\text{F}$，求 U_o 的输出脉宽 T_W 为多少？

5）画出 U_{o1}、OC 和 U_o 的波形图。

8-7　如图 8-23a～f 所示为 U_i～U_o 的波形，试说明应分别选哪种电路才能实现？

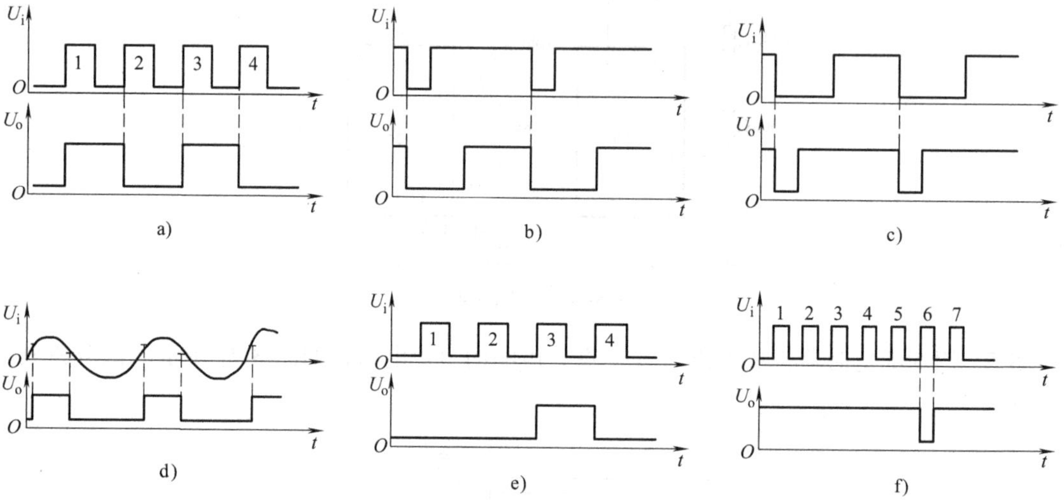

图 8-23　习题 8-7 图

8-8　如图 8-24a～c 所示为 U_i～U_o 的波形，试说明应分别选哪种电路才能实现？

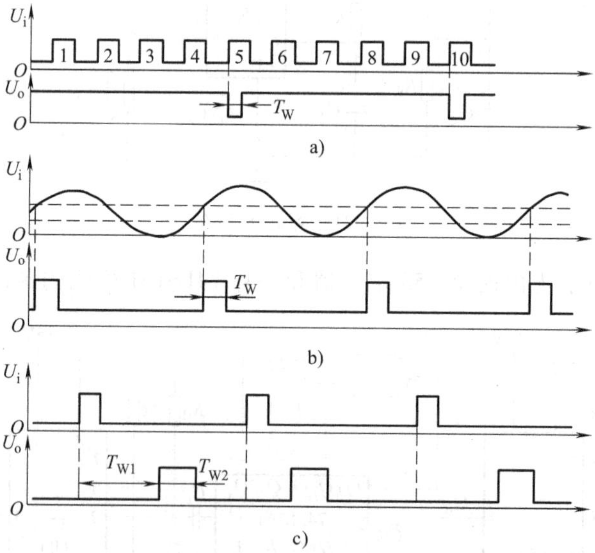

图 8-24　习题 8-8 图

第9章　数字系统设计

数字系统是一个很大的概念，而且随着计算机技术、集成电路技术的发展，传统的数字系统设计方法与现代的数字系统设计方法也有很大的不同。为了使学生掌握基本的数字逻辑与数字系统设计方法，本章主要以传统的基于电路的设计方法介绍几种典型的数字系统设计，而没有引入现代数字系统设计的概念与方法，从中可以体会传统数字系统设计的思路与技巧。

9.1　数字系统设计方法

9.1.1　数字系统设计方法概述

数字系统的设计方法概括起来有两种：

1）自底向上的设计（Bottom-Up）：从结构层开始，采用结构化单元和行为级模块构成的层次式模型，逐级向上搭建出符合要求的系统。

2）自顶向下的设计（Top-Down）：先对所要设计的系统进行功能描述，然后逐步分块细化，直至得到结构化的最底层的具体实现。

1. 自底向上的设计

自底向上的设计方法是传统的数字系统设计方法。采用自底向上的设计方法需要设计者首先定义和设计每个基本模块，然后对这些模块进行连线以完成整体设计。当系统设计的复杂程度较低时，自底向上的设计方法是相当有效的，但随着设计复杂程度的增加，设计者将很难处理其层次化的各个细节。如果对较大规模的电路采用这种设计方法，会导致产品生产周期长、可靠性低、开发费用高等问题。

2. 自顶向下的设计

所谓自顶向下的设计方法，就是从抽象的高层次上形成一个设计思想，然后实现这个思想，也就是从系统整体要求出发，自上而下地逐步将系统实际内容细化。

从电子工程的角度来讲，自顶向下的设计意味着首先应该在高层次上定义一个系统，然后对该系统进行逻辑划分，最后才去实现划分后的低层次的逻辑。整个系统实现后必须进行功能模拟，然后得到具体的实际电路。

自顶向下的设计方法相对于传统的自底向上的设计方法来说，具有很多的优点，因为设计者可以将更多的精力和时间花费在从高层次上对系统进行功能定义和设计，这具有明显的优越性。

（1）提高设计实现的效率

自顶向下的设计方法允许设计者从一个高抽象层次上对系统的功能进行定制，而不需要考虑门级的具体实现方法。设计者只需要写出设计中所需部件的硬件描述语言代码或者其他类型的模型，设计工具就会根据编写的高层描述生成门级的实现，这就大大减少了设计者以往必须花费在设计细节上的时间。

（2）增加设计的重用性

在大多数的自顶向下设计过程中，设计是与工艺无关的，设计中的模块是可重用的。

（3）错误的早期发现

因为设计者可以将更多的精力和时间投入到高层次上对系统功能的定义和设计，所以在产品设计的初期阶段就可以发现更多的设计错误，这会带来以下几个好处：

1）缩短产品开发周期。通常情况下，在电路设计的最后阶段发现的错误远比在设计的开始阶段发现的错误更难修改和定位，因此在设计初期发现和修改绝大多数错误可以极大地降低设计的反复性。

2）降低产品开发成本。因为在设计的初期阶段发现的错误修改起来相对简单，并且可以消除由该错误连带发生的错误，因此可以降低产品开发的成本。

3）增加设计一次成功通过的可能性。因为在设计开始阶段发现的错误越多，那么在设计的后期验证时，一次通过的可能性就会越大。

随着数字集成技术和 EDA（Electronic Design Automation）技术的发展，数字系统的设计方法和设计工具也发生了很大的变化，传统的设计方法已逐步被基于 EDA 技术的设计方法所代替。目前大部分数字系统都可以采用可编程逻辑器件实现，硬件描述语言（Hardware Description Language，HDL）已成为数字系统设计的重要描述手段。设计者不需要再用逻辑图的形式来设计系统，而是采用硬件描述语言对系统进行描述，其关键技术在于系统的仿真、综合和测试都由技术上相对成熟的电子设计自动化软件来完成，大大减少了设计者参与具体电路细节的工作量，可以使其将更多精力投入到系统设计上，极大地提高了工作效率。读者可在学完本课程的基础上，进一步学习有关基于 HDL 的数字系统设计方法。

9.1.2 数字系统设计的描述方法

数字系统设计的描述方法包括框图法和时序法。

1. 框图描述法

框图描述法具有以下优点：

1）提高了系统结构的可读性和清晰度。

2）容易进行结构化系统设计。

3）便于对系统进行修改和补充。

4）为设计者和用户之间提供了交流的手段和基础。

框图描述法是在矩形框内用文字、表达式、符号或图形来表示系统的各个子系统或模块的名称和主要功能。矩形框之间用带箭头的线段相连接，表示各子系统或模块之间数据流或控制流的信息通道。矩形框之间的一条连线可表示实际电路间的一条或多条连接线，连线旁的文字或符号可以表示主要信息通道的名称、功能或信息类型。箭头指示了信息的传输方向。框图是系统设计的初步，其设计是一个自顶向下、逐步细化的过程。

例 9-1 设计一个数据采集系统框图。

解：

1）根据题意先画出系统的大致框图如图 9-1a 所示。该框图定义和描述了系统从输入到输出的基本功能模块和实现的一般过程。

2）在对系统的数据和控制信息进行分析和定义后，将系统框图做进一步的分解和细化。如图 9-1b 所示为第一步的分解图。

3）系统框图中的输入、输出只是一般意义的输入和输出，输入信号在 A-D 转换前一般要进行放大或衰减处理，输出的方式根据要求可以是显示或做进一步的后处理等。如图 9-1c 所示为输入、输出进一步明确后的框图。

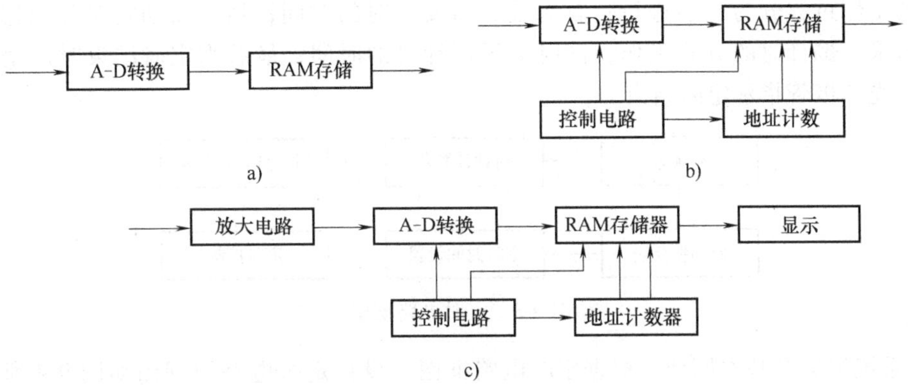

图 9-1　数据采集系统框图

2. 时序图描述法

时序图是用来描述数字电路或控制电路输入和输出端口在不同时间的状态的一种图形。

例 9-2　用时序图描述数据采集系统控制数据写入、读出存储器的时间关系。

解： 该系统存储器数据写入、读出的时序主要由控制功能模块产生，写入存储器的数据由 A-D 转换器提供，存储器的地址由地址计数器提供，时序图如图 9-2 所示，其时间顺序如下：

首先给 A-D 发出启动命令 *START*。*START* 为高电平有效，当 *START* 下降沿到来时开始进行 A-D 转换。

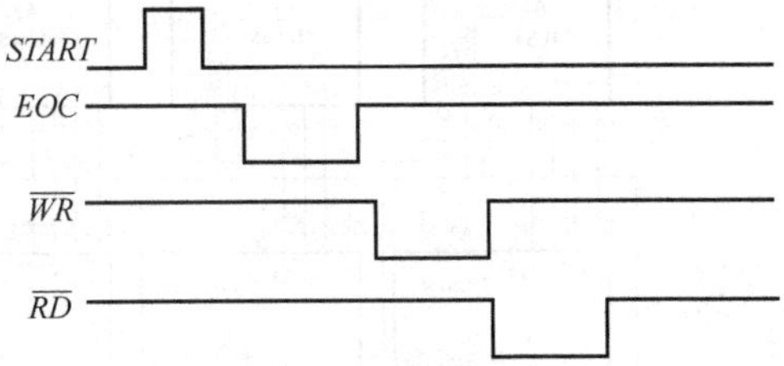

图 9-2　例 9-2 时序图

EOC 为 A-D 转换器的转换结束信号，输出高电平有效。在 *START* 上升沿后 1~8 个时钟周期内，*EOC* 变为低电平时，标志 A-D 转换正在进行，当 A-D 转换结束时，*EOC* 由低变为高，控制电路向 A-D 发出输出允许信号后，A-D 转换的数据便可以送出。

存储器的写命令 $\overline{WR}$ 为低电平有效，当控制电路向存储器发出写命令 $\overline{WR}$ 后，便可以将 A-D 转换器送出的数据写入到存储器的指定地址。

存储器写完数据后，控制电路再向存储器发出 $\overline{RD}$ 读出命令。当 $\overline{RD}$ 为低电平（有效）时，便可以从存储器指定的地址中读出数据。

9.2　数字系统设计实例

9.2.1　定时电路的设计

例 9-3　设计定时电路，要求该电路实现以下功能：

1）可任意设置定时的时、分。

2）数码管显示减计数过程的时间，可显示时、分、秒。

3）定时结束报警。

解：

1）定时电路的框图描述。定时电路框图如图 9-3 所示。根据定时电路的设计要求，把该电路的工作过程分为三步进行：首先设置需要定时的时间；然后启动定时计数器开始计时，计时采用倒计时的方式工作，同时显示倒计时的时间；最后当定时结束时产生报警信号，用发光二极管指示定时结束。

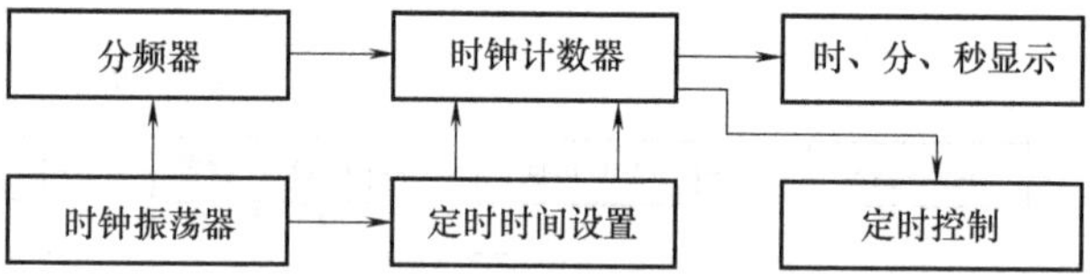

图 9-3　定时电路框图

2）系统组成及基本原理。根据定时电路框图，设计定时电路原理图如图 9-4 所示，该电路由振荡器、计数器、时间显示、定时控制、定时时间设置等部分组成。

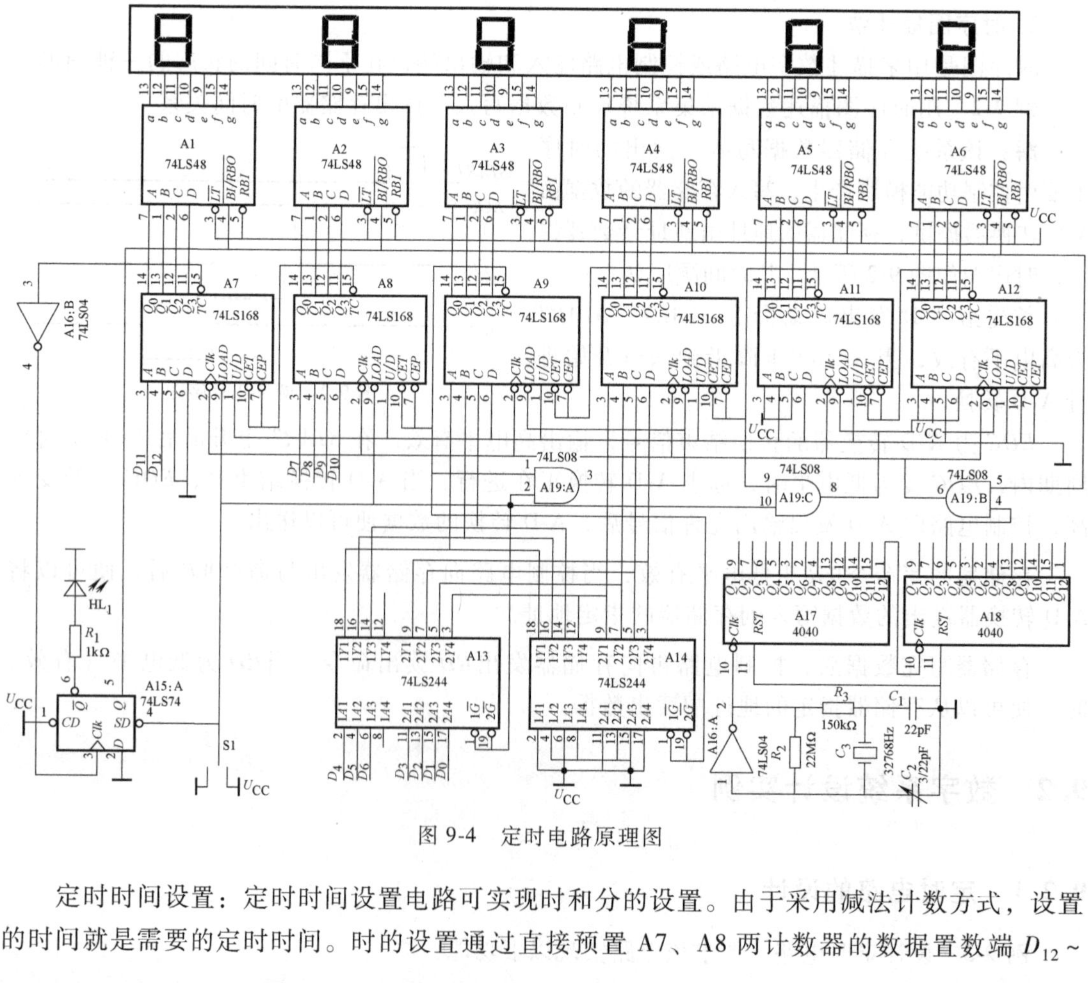

图 9-4　定时电路原理图

定时时间设置：定时时间设置电路可实现时和分的设置。由于采用减法计数方式，设置的时间就是需要的定时时间。时的设置通过直接预置 A7、A8 两计数器的数据置数端 D_{12} ~

D_7 实现。因为一天只有 24h，时的最高位最大只能为 2，因此 A7 计数器的 C、D 端固定接地。如需要更长的定时时间，对 C、D 端置数即可。

分的设置有两个过程：计数开始前为人工预置定时时间的分，此时开关 $S_1=0$，A13 导通，A14 断开，人工预置时间的分数据通过 A13 数据总线驱动器 74LS244 的 $D_6 \sim D_0$ 送入 A9、A10 分计数器的数据端。计数开始时，开关 $S_1=1$，A13 断开，人工预置时间的分数据就不能通过 A13 送入 A9、A10 分计数器的数据端。在减法计数的过程中，如果小时计数器 A7、A8 不为 0，每当 A7、A8 减 1 计数，分计数器就要从 59 减到 0。由于 A14 的使能端接 A9 的借位端，当 A9、A10 分计数器减到 0 时，A14 导通使 A9、A10 自动设置到 59。

计数、显示、分频：计数器是整个定时系统的主要部分。由六片十进制加减计数器 74LS168 构成减法计数器。时计数器的模值为 24，分和秒计数器的模值都是 60。计数器的输出通过数码管驱动译码器 A1 ~ A6 去驱动共阴极数码管显示时间，显示的时间值分别表示为时、分、秒。计数器的计数时钟频率为 1Hz，由晶体振荡器 C3 产生的 32768 Hz 时钟，经过 A17、A18 两片计数器 2^{15} 分频得到。

定时启动和定时控制：设置好定时时间的时、分值后，拨动开关 S_1 接地（$S_1=0$），D 触发器 A15 的 $Q=1$，设置的时间值送入计数器并显示。S_1 再拨到 U_{CC} 时（$S_1=1$），减计数定时开始。

当时间值减到全 0 时，D 触发器 A15 的 Clk 端产生上升沿，使 $Q=0$，显示器全灭，发光二极管 HL_1 亮。该电路的定时结束指示电路也可以根据需要改成不同形式的控制方式，如控制继电器的通断、定时发声报警、定时产生启动信号等。

该电路也可改成加法计数定时系统，读者可根据要求设计出相应的定时电路。

9.2.2 数字频率计的设计

频率计又称为频率计数器，是一种专门对被测信号频率进行测量的电子测量仪器。

1. 频率测量的工作原理

数字频率计是用于测量信号频率的电路。测量信号的频率参数是最常用的测量方法之一。实现频率测量的方法比较多，在此主要介绍三种常用的方法，即时间门限测量法、标准频率比较测量法、等精度测量法。

（1）时间门限测量法

在一定的时间门限 T 内，如果测得输入信号的脉冲数为 N，设待测信号的频率为 f_x，则该信号的频率为

$$f_x=\frac{N}{T}$$

改变时间 T，则可改变测量频率范围。如当 $T=1\text{s}$ 时，$f_x=N\ \text{Hz}$；$T=1\text{ms}$，则 $f_x=N\ \text{kHz}$。时间门限测量法的原理框图如图 9-5 所示，时序图如图 9-6 所示。

（2）标准频率比较测量法

用两组计数器在相同的时间门限内同时计数，测得待测信号的脉冲个数为 N_1，已知标准频率信号的脉冲个数为 N_2，设待测信号的频率为 f_x，已知标准频率信号的频率为 f_0；由于测量时间相同，则可得

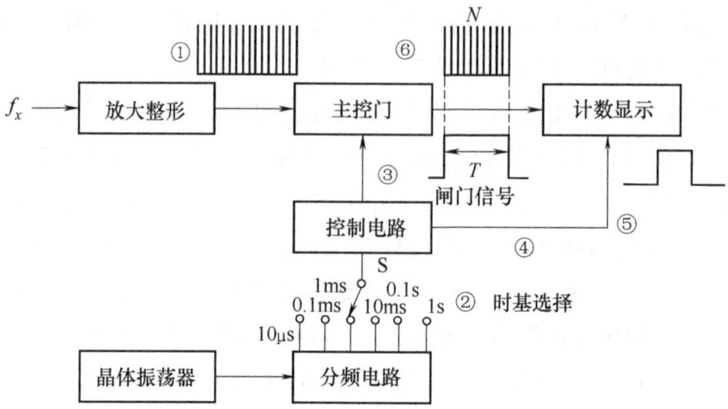

图 9-5　时间门限测量法原理框图

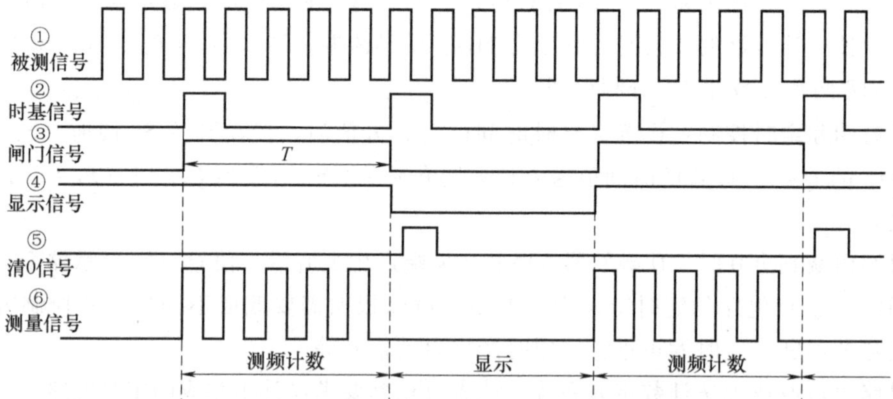

图 9-6　图 9-5 各点时序图

$$\frac{N_1}{f_x}=\frac{N_2}{f_0}$$

从上式可得待测信号的频率公式为

$$f_x=\frac{N_1}{N_2}f_0$$

标准频率比较测量法对测量时产生的时间门限的精度要求不高，对标准频率信号的频率精度和频率的稳定度要求较高，标准信号的频率越高，测量的精度就越高。该方法的测量时间误差与时间门限测量法相同，可能的最大误差为 $\Delta t=\pm 1/f_x$。测量时可能产生的误差时序图如图 9-7 所示。

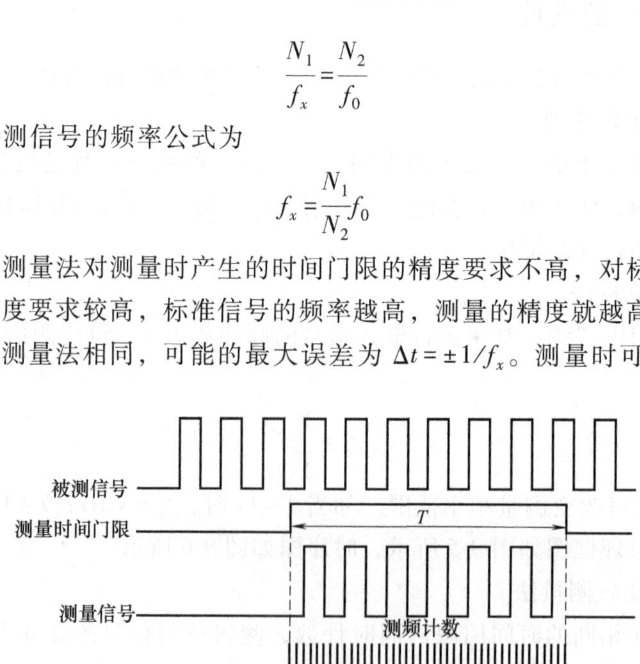

图 9-7　标准频率比较测量法测量时可能产生的误差时序图

(3) 等精度测量法

等精度测量法的原理是在标准频率比较测量法的基础上改变计数器的计数开始和结束与闸门门限的上升沿和下降沿的严格关系。当闸门门限的上升沿到来时，如果待测量信号的上升沿未到，则两组计数器也不计数，只有在待测量信号的上升沿到来时，两组计数器才开始计数；当闸门门限的下降沿到来时，如果待测量信号的一个周期未结束，则两组计数器也不停止计数，只有在待测量信号的一个周期结束时，两组计数器才停止计数。如图 9-8 所示，测量时间门限为 T，而实际测量闸门为 T'，保证在实际测量闸门 T'内被测信号是整数周期，这样就克服了待测量信号的脉冲周期不完整的问题，其误差只由标准频率信号产生，与待测量信号的频率无关。该方法的最大误差为 $\Delta t=\pm 1/f_0$。由于一般标准信号频率都在几十兆赫兹以上，因此误差小于 10^{-6}。

图 9-8　等精度测量法的时序图

2. 频率计电路设计

例 9-4　设计一个频率计，要求：

1) 测频的频率范围为 1~10000Hz。

2) 显示位数用 4 位数码显示。

解：由图 9-5 时间门限测量法测量频率的原理框图可知，晶体振荡器电路产生较高的标准频率，经分频电路可获得各种时间基准脉冲（T=1s，0.1s，10ms，1ms，…），由开关 S 控制选择时基脉冲。被测信号经放大整形后变成脉冲信号送到主控门的输入端，只有在闸门信号的时间门限 T 内输入信号才能通过主控门进行计数。测频电路时序图如图 9-6 所示。

3. 实现电路及说明

时间门限测量法测量频率电路如图 9-9 所示。电路中的振荡电路产生 1MHz 的频率标准，经分频器 10 分频、10^2 分频、10^3分频、10^4 分频、10^5 分频、10^6分频，产生六种时基信号 10μs、0.1ms、1ms、10ms、0.1s、1s，分频电路由十进制计数器 74LS90 实现（图中 D_1~D_6），读者也可以用十进制计数器 74LS160 来实现分频电路。

时基信号由 8 选 1 数据选择器［74LS151（D15）］实现时基信号的选择。当 $S_2S_1S_0$=000 时选择 1s，$S_2S_1S_0$=001 时选择 0.1s，…，$S_2S_1S_0$=101 时选择 10μs。选择的时基信号经 D 触发器构成对应时间宽度的时基门限。

计数显示：计数器由四片 74LS90 十进制计数器 D7~D10 实现，计数完成后的数据锁存由 74LS374 完成，锁存后的数据经 74LS48 数码管驱动器和共阴极数码管进行显示。显示数值到下一次计数完成后刷新。可用发光管或其他方法显示频率单位 Hz 或 kHz。

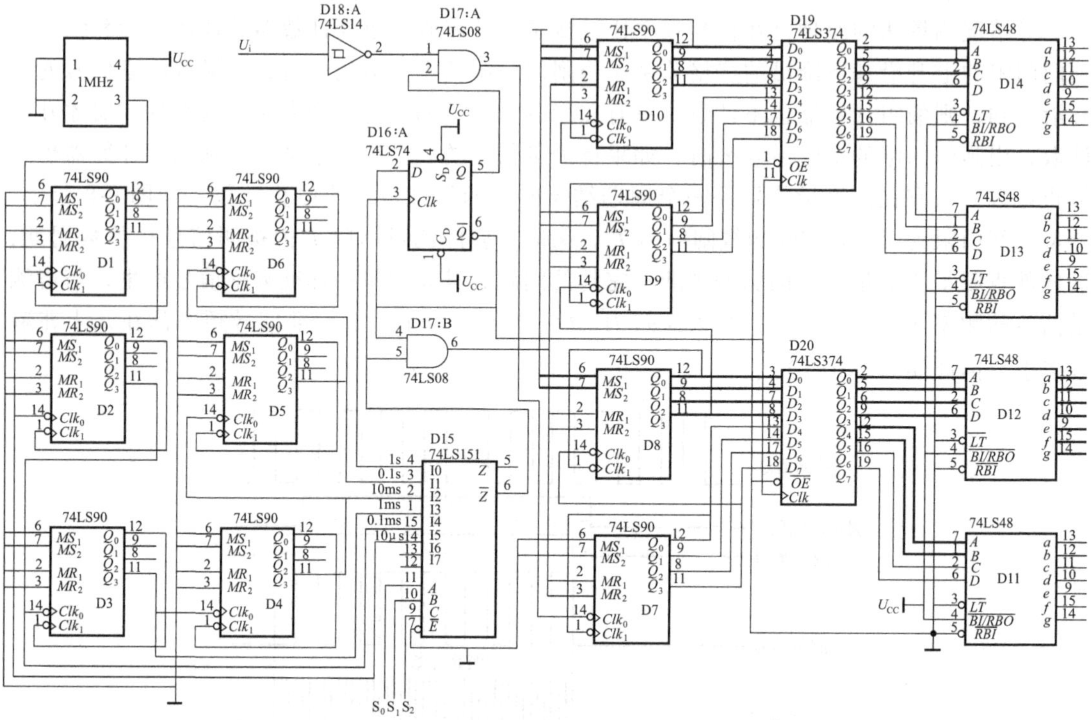

图 9-9　时间门限测量法测量频率电路

9.2.3　任意波形发生器的设计

在电子测试和测量领域，信号源是一种常用的仪器，它可以提供各种已知或预设的波形，如正弦波、方波、斜波、脉冲波等，用于激励被测电路或系统，并观察其响应。任意波形发生器（Arbitrary Waveform Generator，AWG）就是一种能够产生任何想要的波形的信号源。它利用事先存储的数字数据来生成这些波形，每个数据点表示一个采样时刻的电压值，所有存储的数据描述了信号不断变化的电压。

1. 任意波形发生器的工作原理

任意波形发生器的基本原理框图如图 9-10 所示。

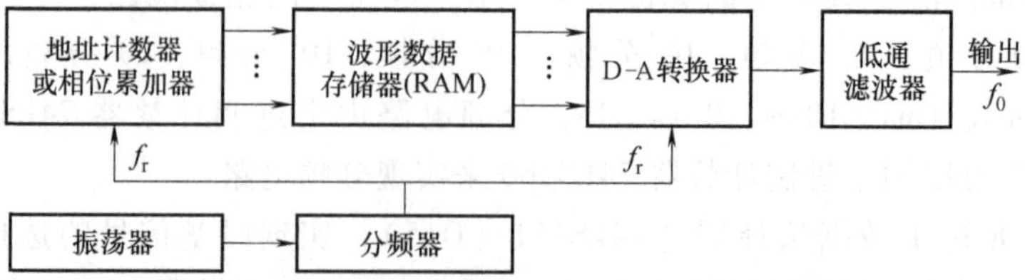

图 9-10　任意波形发生器的基本原理框图

根据地址计数器或相位累加器的不同，任意波形发生器的波形产生方法可分为直接地址计数器产生方法和相位累加器产生方法（也称为直接数字合成，Direct Digital Synthesis，DDS）。

（1）直接地址计数器产生方法

如果计数器的位数为 N 位（计数模值 $=2^N$），则把波形的一个周期分为 2^N 个等间隔数据点（采样点）存入数据存储器，地址计数器不断地循环计数，从波形数据存储器中读出波形数据，就会产生每一个周期为 2^N 个固定点的波形。

直接地址计数器产生方法的特点是每一个波形周期的点数是固定的，每一周期内点与点之间的相位间隔相同。但是，两个相邻周期波形之间的相邻两个点的相位间隔与其他点之间的相位间隔有可能不同。当计数器的位数 N 增加时，这种相位间隔的误差可以忽略。

如果产生的波形是循环读出的周期波形，则波形的频率由两方面决定：一方面，波形的频率由地址计数器的计数时钟决定，当波形存储的点数一定时，计数器的计数时钟频率越快，读出一周期波形数据的时间就越短，产生输出波形的频率就越高，反之，则波形频率低；另一方面，波形的频率也由组成一周期波形的点数来决定，当计数时钟频率一定时，一周期波形的点数越多，读完一周期波形所需的时间就越长，波形频率就低，反之则高。

如果设地址计数器的标准时钟频率为 f_r，地址计数器的位数为 N 位，一周期波形的点数有 M 个，输出波形的频率为 f_o，则输出波形的频率 f_o 与 f_r、M 的关系为

$$f_o=\frac{f_r}{M}$$

从上式可以得出，当时钟频率 f_r 为一固定值时，输出波形的最小频率为

$$f_{omin}=\frac{f_r}{2^N}(M=2^N)$$

输出波形的最高频率受奈奎斯特采样定理的限制，每一周期至少采样两个点，所以有

$$f_{omin}=\frac{f_r}{2}\quad(M=2)$$

注意：由图 9-10 可知，地址计数器的时钟频率 f_r 可以通过分频器进行改变。

（2）相位累加器产生方法

DDS 方法是根据正弦波形的产生，从相位出发，用等间隔的相位给出各相位的正弦波形数据点（采样点），存入数据存储器，通过相位累加器的循环相位累加产生周期性的正弦波。DDS 方法实现的原理框图与图 9-10 任意波形发生器的基本原理框图略有不同，如图 9-11 所示。

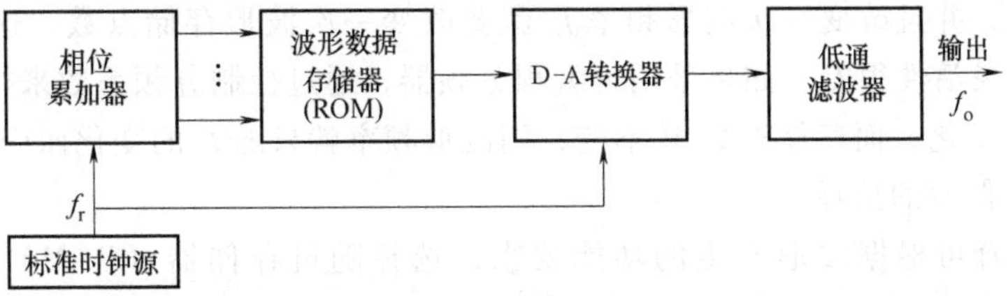

图 9-11　DDS 方法实现的原理框图

图 9-11 中，f_r 为标准时钟频率，周期 $T_r=1/f_r$；f_o 为输出波形频率，周期 $T_o=1/f_o$。在直接地址计数器产生方法中地址计数器的增量默认为 1，而在 DDS 方法中，设相位累加器的相位增量系数为 P_w，表示相位变化的速度。如果相位累加器的位数是 N 位，则最小的相位增量就是（$2\pi/2^N$）rad，于是对应的相位增量是（$P_w\times2\pi/2^N$）rad。完成一个周期正弦波数

据的输出需要经过 $2\pi/(P_w\times2\pi/2^N)$ 个标准时钟周期，可得输出波形的周期为

$$T_o=\frac{2^N T_r}{P_w}$$

或输出波形的频率为

$$f_o=\frac{P_w f_r}{2^N}$$

根据上述分析可知，相位增量系数 P_w 越小，波形的失真度越小，输出波形的频率 f_o 越低，最低时的输出频率，即输出频率分辨率为

$$f_o=\frac{f_r}{2^N}\quad(P_w=1)$$

同样，相位增量系数 P_w 越大，波形的失真度越高，输出波形的频率 f_o 越大，根据奈奎斯特采样定理，最大的输出频率为

$$f_o=\frac{f_r}{2}\quad(P_w=2^{N-1})$$

2. 任意波形发生器设计中应考虑的几个问题

（1）D-A 转换器指标

任意波形发生器的特性很大程度上取决于 D-A 转换器的性能。其主要性能指标是 D-A 转换器的转换速率和分辨率（位数）。通常，高速 D-A 转换器的分辨率较低。目前常采用 8 位、10 位和 12 位的 D-A 转换器。

8 位 D-A 转换器的分辨率有 $2^8=256$ 个离散电压等级，而 12 位 D-A 转换器的分辨率有 $2^{12}=4096$ 个电压等级。D-A 转换器位数越多，分辨率越高，再现的波形量化误差就小，从而使波形的失真度变小。因此，分辨率的选择可根据失真度要求来选择。

（2）分频器

分频器主要用于改变地址计数器的时钟频率。一般设计波形发生器时要考虑产生的波形频率可在一定范围内变化，如低频信号的频率范围一般为 $1\sim10^6$Hz。为了达到最高信号频率的要求，振荡器的频率要达到最高信号频率的几十倍。在直接地址计数器产生方法中，如果不对振荡器产生的时钟信号进行分频，若要得到最低信号频率 1Hz 时，就要求有很大的波形数据存储空间，并且改变一次波形频率 f_o 就要改变一次波形存储点数，这样设计出来的任意波形发生器灵活性很差。如果采用可编程分频器，通过控制分频系数来控制地址计数器的时钟频率 f_r 的变化，而存储点数 M 不变，则波形频率就只随 f_r 的变化而变化了。

（3）波形存储器的选择

存储器的选择可根据波形产生的功能要求，选择随机存储器（RAM）或只读存储器（EPROM）。使用 RAM 时，设计者可通过计算机编程及 I/O 接口电路对 RAM 进行波形存储，实现任意波形和函数发生器，甚至可以通过键盘输入方程式或从显示器扫描曲线产生较复杂的波形。RAM 存储方式可通过计算机改变波形点数和分频系数两个参数来改变波形频率。如果设计的波形发生器只要求产生几种确定的波形，则可预先利用 EPROM 编程器写好各种波形的数据表，然后通过计数器查表产生波形。EPROM 存储的波形数据不能改变，因此信号频率的改变可通过改变分频系数来实现。EPROM 存储方式的波形发生器电路结构简单、

成本低、容易实现。

3. 任意波形发生器实现电路

（1）波形数据存储表

波形发生器产生的各种波形数据存储在存储器内，假设电路中的存储器选用型号为2764的EPROM，存储容量为8K×8。本设计电路的存储器只存入了四种波形的数据表，每一种波形用1K个存储单元存储一个周期的波形数据，共用4K个内存，其余4K个内存可供扩展波形种类使用。四种波形的数据表地址和对应的存储单元内容见表9-1。可以看出每一种波形的高3位地址 $A_{12}A_{11}A_{10}$ 不变，只有 $A_9 \sim A_0$ 10位地址从全0变到全1。

表 9-1　四种波形的数据表地址及对应的存储单元内容

波形名称	计数器地址														存储单元内容
	A_{12}	A_{11}	A_{10}	A_9	A_8	A_7	A_6	A_5	A_4	A_3	A_2	A_1	A_0	十六进制	
	0	0	0	0	0	0	0	0	0	0	0	0	0	0000	
正弦波							…							…	$255\sin(2\pi i/1024)$，$i=0 \sim 1023$，i 表示第 i 个单元
	0	0	0	1	1	1	1	1	1	1	1	1	1	03FF	
	0	0	1	0	0	0	0	0	0	0	0	0	0	0400	
方波							…							…	全0，$i=0 \sim 511$；全1，$i=512 \sim 1023$
	0	0	1	1	1	1	1	1	1	1	1	1	1	07FF	
	0	1	0	0	0	0	0	0	0	0	0	0	0	0800	
三角波							…							…	$255 \times i/512$，$i=0 \sim 511$；$255[1-(i-512)/512]$，$i=512 \sim 1023$
	0	1	0	1	1	1	1	1	1	1	1	1	1	0BFF	
	0	1	1	0	0	0	0	0	0	0	0	0	0	0C00	
阶梯波							…							…	$255 \times K/N$，$K=0 \sim N$，K 表示第 K 个阶梯，N 表示总的阶梯数，每一阶梯占 $1024/N$ 个地址
	0	1	1	1	1	1	1	1	1	1	1	1	1	0FFF	

（2）地址计数器电路

如图9-12所示，地址计数器由D4、D5、D6三个74LS161构成，最大模值为1024。地址计数器从全0计到全1，可循环产生1K个地址。对4K个波形寻址时EPROM的 A_{12} 可直接接地，只要用开关 S_1、S_2 选择 $A_{11}A_{10}$ 从00到11，就可以实现四种波形的选择输出。

4. 输出波形频率计算

图9-12输出波形频率计算公式为

$$f_o = \frac{f_r}{M}$$

式中，f_r 为地址计数器的时钟频率；M 为存储数据的点数。

由于 $M=1024$ 为固定值，只有控制分频器的分频系数改变 f_r，才能改变 f_o。该电路的分频器为由D7、D8、D9、D10四个74LS161构成的可预置计数器，可实现任意 M 分频。分频系数 N 与置数端值 D 的关系为

$$N = 2^n - D$$

式中，n 为计数器的位数（$n=16$）；D 为置数端 $D_{15} \sim D_0$ 的二进制数值，取值范围为 $0 \sim (2^n-2)$。因此，分频器的输出频率为

$$f_r = \frac{f_{CP}}{N}$$

式中，f_{CP} 为振荡器产生的频率，由 12MHz 晶体振荡电路产生。

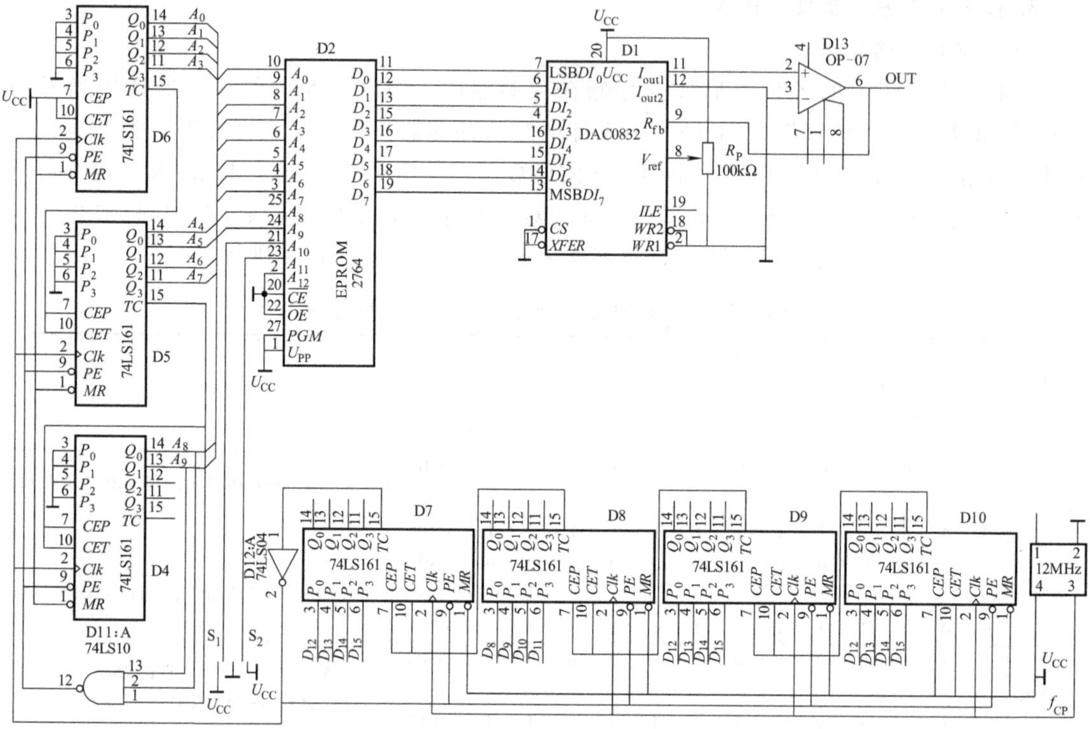

图 9-12　波形发生器电路

将 f_r 代入 f_o 的计算公式，可得

$$f_o = \frac{f_{CP}}{MN}$$

由于型号为 2764 的 EPROM 的最快读出时间为 150ns，分频器的最大输出频率 f_{rmax} = 6MHz。

当 $N_{min}=2$ 时，$M=1024$，最大波形输出频率为

$$f_{omax} = \frac{12\text{MHz}}{2\times1024} \approx 6\text{kHz}$$

当 $N_{max}=65536$ 时，$M=1024$，最小波形输出频率为

$$f_{omin} = \frac{12\text{MHz}}{65536\times1024} \approx 0.2\text{Hz}$$

为了获得更高的信号频率，可采取以下措施：

1）减少波形数据存储空间。

2）采用读出频率更高的 EPROM。

降低信号频率的方法：

1）增加波形数据存储空间。

2）降低振荡器频率。

3）增加分频计数器位数。

综合高、低频率要求，只有采用高频的 EPROM 和增加分频器位数比较合适。

9.2.4 数据采集系统的设计

在智能仪器、信号处理及工业自动化控制等领域中，都存在着数据的测量与控制问题。如果将外界存在的温度、压力、流量、位移、角度及速度等非电模拟量经传感器转换成电信号，再经 A-D 转换器转换为数字信号，收集到数字系统或计算机中进行存储、显示、处理、传输，那么从 A-D 转换到数据收集的过程称为数据采集，相应的系统就称为数据采集系统（Data Acquisition on System，DAS）。数据采集系统的框图如图 9-13 所示。

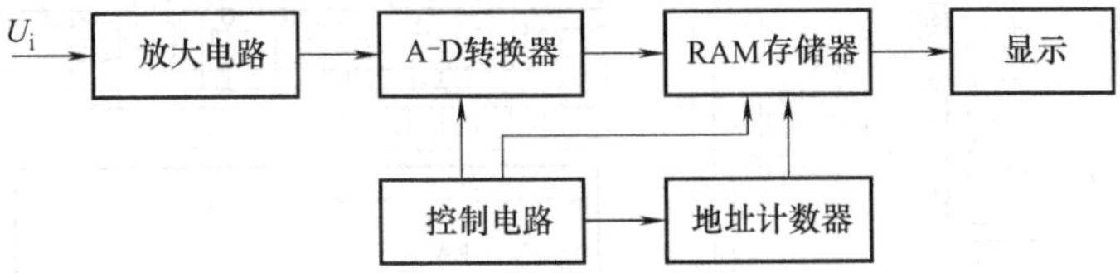

图 9-13 数据采集系统框图

1. 数据采集系统的主要技术指标

数据采集系统的核心器件是 A-D 转换器。通常在不同的应用场合对数据采集系统有不同的技术要求，主要有分辨率、采样率、采样方式、电压输入范围等。

（1）A-D 转换器输入电压动态范围

不同的 A-D 转换器，其输入电压的动态范围不同，一般有 0~5V、0~10V、-5~5V 和 -2.5~2.5V 等。如果某一 A-D 转换器的输入电压范围为 0~10V，而输入模拟信号电压范围为-5~5V，为了满足 A-D 转换器输入的要求，应采用运放加法电路使输出模拟量在 0~10V 范围内变化。对于微弱的模拟信号常常要经过运放放大后再输入 A-D 转换器。

（2）采样频率

模拟信号转换成数字信号必须经过采样保持电路。为了不失真地采集模拟信号，A-D 转换器的采样频率最低为 2 倍的信号频率。在实际应用中，为了保证信号采集质量，A-D 转换器的采样频率通常为信号频率的 3~4 倍，工程上有时取 10 倍。

常用的 A-D 转换器件 ADC0809 的最高采样频率 $f_{max}=10\text{kHz}$。

（3）分辨率

A-D 转换的分辨率一般由 A-D 转换器的位数和输入电压范围决定。如两个输入电压范围都为 0~10V，转换位数一个为 8 位，另一个为 10 位，则分辨率分别为

$$\Delta U_8=\frac{10}{2^8}\text{V}=\frac{10}{256}\text{V}\approx 40\text{mV}$$

$$\Delta U_{10}=\frac{10}{2^{10}}\text{V}=\frac{10}{1024}\text{V}\approx 10\text{mV}$$

由此可见，如何选择 A-D 转换的位数，以便满足分辨率的要求，应从这两方面来考虑。

2. 数据采集系统电路

下面将详细介绍采用 ADC0809 实现的数据采集系统的电路模块。

数据采集、存储、显示电路如图 9-14 所示。ADC0809 是一种常用的 8 路输入 8 位逐次逼近型 A-D 转换器，其内部结构和详细时序图可参阅第 7 章。ADC0809 的基本参数为：电

源电压 $U_{CC}=+5V$，输入电压范围为 0~5V，时钟频率 $f \leqslant 640kHz$，线性误差为 ±1LSB，转换时间 $T_c=100\mu s$。

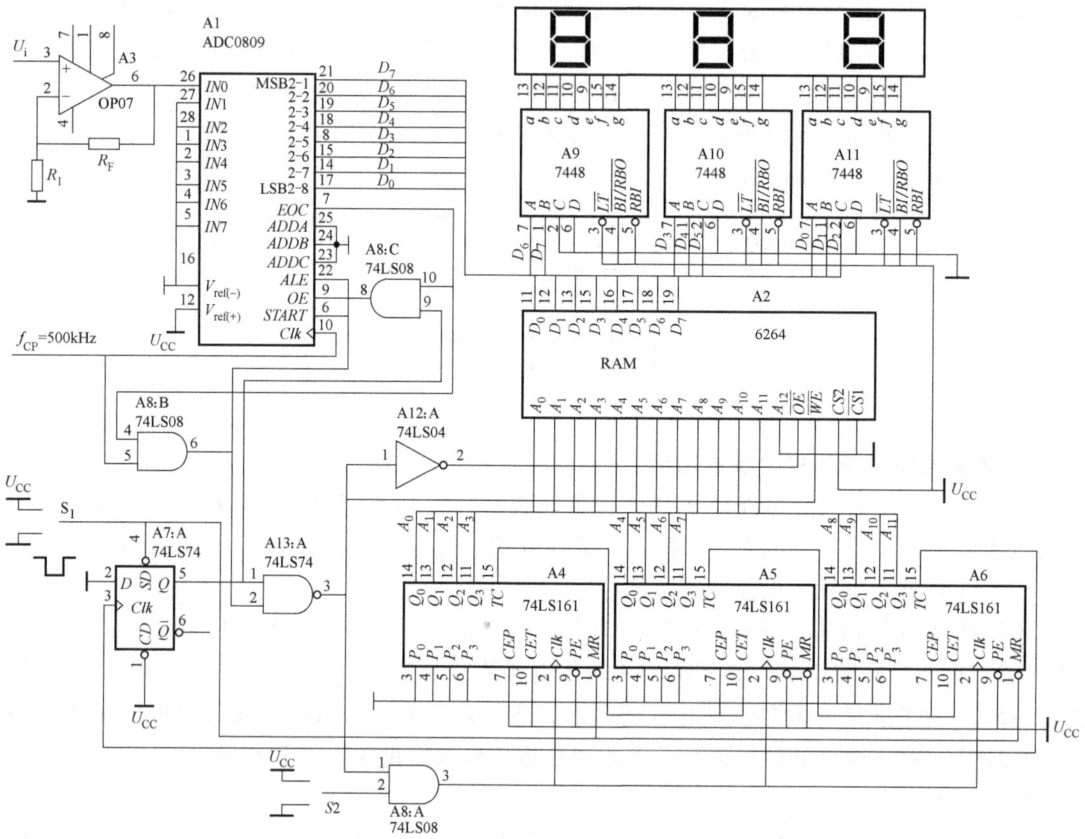

图 9-14　数据采集、存储、显示电路

电路工作过程：

（1）输入放大电路

输入信号经运放 OP07 同相放大后送入 ADC0809，放大器的放大倍数 $A_v=(R_1+R_F)/R_1$，改变 R_F 和 R_1 的值可以调节 A_v，从而使放大器输出电压 U_o 满足 ADC0809 的动态范围。

电路中只使用一路模拟信号，由 *IN*0 输入，因此 ADC0809 的输入信号地址 *ADDA*、*ADDB*、*ADDC* 接地。

（2）数据采集、存储及显示

在这一过程中，首先使开关 S_2 置高电平 U_{CC}，以便地址计数器时钟通过与门 A8：A（74LS08），然后把开关 S_1 由 U_{CC} 拨到地，再拨到 U_{CC}，产生一负脉冲，使 D 触发器 A7 的 *Q* 置 1，地址计数器清 0，采集过程开始。

1）*START* 信号形成。*START* 信号由时钟频率 f_{CP} 和 *EOC* 转换结束信号相与形成。当 A-D 转换未开始时，*EOC*=1，*START* 的正脉冲宽度为 f_{CP} 的正脉冲宽度。*START* 正脉冲的下降沿到达后，*EOC*=0，A-D 转换器开始转换；当 A-D 转换结束后，*EOC* 由 0 变成 1，*EOC*=1 保持一个 f_{CP} 周期，第二个 *START* 正脉冲产生，第二次 A-D 转换开始；如此循环，形成不断的采集过程，直到地址计数器为全 1 时结束。

2）*ALE* 信号。*ALE* 与 *START* 端接在一起，输入地址在 *ALE*=*START*=1 时允许，*ALE*=0 时被禁止。

3）*OE* 信号。输出允许端 *OE* 由 *EOC* 和 D 触发器的 *Q* 相与提供，在采集过程中 *Q* 一直为 1，则 *OE*=*EOC*。只有当转换结束时 *EOC*=1，才有 *OE*=1，即允许数据输出，此时 8 位数据送入 RAM 存储器。

4）RAM 写入过程。由于 D 触发器 A7：A（74LS74）的 *Q*=1，开关 S_2=1，RAM 地址计数器的时钟 *Clk* 和 RAM 写控制端 *WE* 在采集过程中等于 *START*，第一次 *START* 正脉冲期间，数据写入 RAM 的 0 单元（第一次 0 单元内容为不确定值，因此 A-D 未工作）。当 *START* 由 1 变 0 时，*Clk* 由 0 变为 1 产生上升沿，使 RAM 地址加 1。计数器地址从 1 计到全 1，4095 个单元的地址为有用数据地址。当计数器为全 1 时，产生一上升沿送至 D 触发器的 *Clk* 端，使 *Q*=0，*OE*=0，数据禁止输出，同时使 RAM 的 *WE*=1，读出信号 *RD*=0，进入 RAM 数据读出过程。

5）数据读出显示过程。在采集写入结束后电路自动转入读出过程，*RD*=0。由于与门 A8：A（74LS08）的 1 端等于 1（因 *Q*=0），只要手动开关 S_2 由 U_{CC}→地→U_{CC} 一次，地址计数器加 1，RAM 数据送入数码管驱动译码器 74LS48，显示 RAM 各单元的数据。数据显示为八进制方式，8 位数据为全 1 时显示 377，表示输入信号为 5V。

该系统只要拨动开关 S_2 和 S_1 即可开始自动采集存储，采集存储结束后自动转入手动 S_2 进行读出显示。这样可以实现快速采集存储，慢慢读出已存储的数据以便观测。

3. 单片机 89C51 控制的数据采集系统

89C51 是一款经典的 8 位 CMOS 微控制器，由英特尔（Intel）公司生产，可以直接与存储器、外设和其他接口电路通信，实现对系统的控制和管理。89C51 的主频可达到最高 12MHz，内置 256 字节数据 RAM 和 128 字节程序 ROM，具有丰富的外设接口和功能模块，如串行通信接口、定时器/计数器、中断控制器等，可满足各种嵌入式应用需求。

图 9-14 的数据采集、存储与显示电路可以直接由 89C51 控制实现，如图 9-15 所示。

89C51 通过地址线 *P*2.0 和读、写控制线 $\overline{RD}$、$\overline{WR}$ 产生 ADC0809 的信号 *ALE*、启动信号 *START* 和输出允许信号 *OE*。模拟输入通道地址的译码输入 *ADDA*、*ADDB*、*ADDC* 由 *P*0.0~*P*0.2 提供，因 ADC0809 具有地址锁存功能，*P*0.0~*P*0.2 可直接接入 ABC。根据 *P*2.0 和 *P*0.0~*P*0.2 的连接方法，八个输入通道的地址依 *IN*0~*IN*7 顺序由送数据的低 3 位数据组成，数据范围为 F8H~FFH。

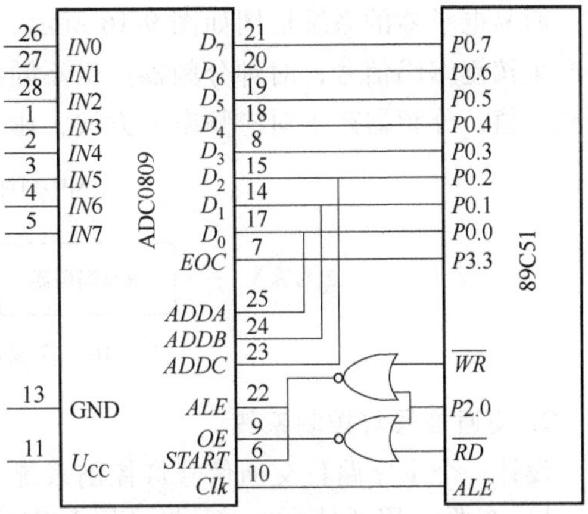

图 9-15　89C51 控制的数据采集、存储与显示系统设计

ADC0809 的时钟可由 89C51 的 *ALE* 获得。如果 *ALE* 信号频率过高，应分频后送入 ADC0809 的 *Clk* 端。

ADC 转换结束后 *EOC* 变成高电平，*EOC* 接入 *P*3.3，89C51 通过查询 *P*3.3 端来判断转换是否结束。89C51 也可接成中断方式。当判断 *EOC*=1 后，执行读操作指令，产生输出允

许信号 *OE*，同时 A-D 转换的数据读入 89C51 内存。89C51 的控制数据采集程序读者可以自行完成。

9.2.5 其他数字系统设计

本节给出两个数字系统的原理框图，读者可自行完成设计。

1. 简易电子琴

扬声器在不同频率的信号驱动下将发出不同的声音，本设计利用实验板上的八个按键产生不同的音阶信号，按键不同时，不同的音阶信号产生不同频率的信号去驱动扬声器，从而实现电子琴的功能。

根据音乐学理论，每两个 8 度音之间可分为 12 个半音，每两个半音之间的频率相差 $\sqrt[12]{2}=1.0599\text{Hz}$。若 C 调第一个音名 do 的频率定为 261.63Hz，则各音名与频率之间的关系以及用 2MHz 时钟分频需要的分频系数见表 9-2。

表 9-2　音名与频率以及 2MHz 时钟的分频系数关系

音名	频率/Hz	分频系数
低音 1(do)	261.23	7643
低音 2(re)	293.67	6809
低音 3(mi)	329.63	6066
低音 4(fa)	349.23	5725
低音 5(sol)	391.99	5101
低音 6(la)	440.00	4544
低音 7(si)	493.88	4048
中音 1(do!)	523.25	3822

简易电子琴的系统框图如图 9-16 所示，它由键盘编码器和时钟分频器组成。键盘编码器产生按键编码信号；时钟分频器产生不同的分频系数，将输入时钟频率分频至各音名对应的频率值，分频器产生对应频率的方波，驱动扬声器发出对应频率的声音。

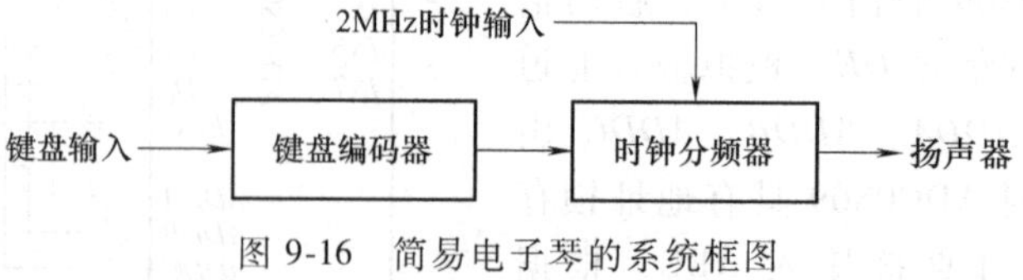

图 9-16　简易电子琴的系统框图

2. 交通信号灯控制系统

设计一个十字路口交通信号灯控制系统，系统晶振时钟频率为 4MHz。要求：

1）东西（用 A 表示）、南北（用 B 表示）方向均有绿灯、黄灯、红灯指示，其持续时间分别是 40s、5s 和 45s，交通信号灯系统运行切换示意图和时序图分别如图 9-17 和图 9-18 所示。

2）系统设有时钟，以倒计时方式显示每一路允许通行的时间。

3）当东西或南北两路中任一路出现特殊情况时，系统可由交警手动控制立即进入特殊运行状态，即红灯全亮，时钟停止计时，东西、南北两路所有车辆停止通行；当特殊运行状

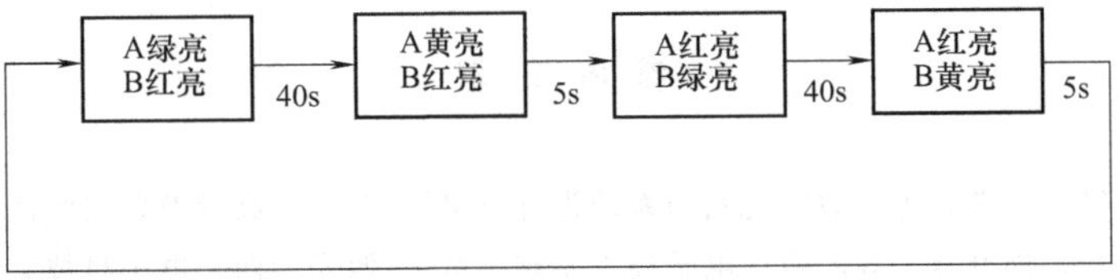

图 9-17　交通信号灯控制系统运行切换示意图

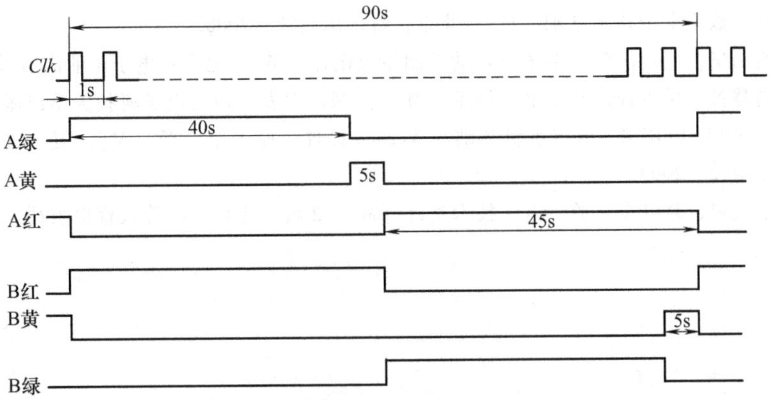

图 9-18　交通信号灯控制系统时序图

态结束后，系统恢复工作，继续正常运行。

本章小结

本章主要介绍了如何利用各种逻辑器件和基本的组合逻辑电路、时序逻辑电路及 A-D 和 D-A 转换器接口电路等构成功能较复杂的数字系统，这些数字系统可能是构成更复杂数字系统的子系统。

本章首先简要介绍了数字系统设计的两种基本描述方法，然后介绍了几个典型数字系统的设计方法，通过这些实例引导读者从系统的基本功能分析，搞清楚系统的工作原理和设计思想，从系统的角度加深对所学知识的理解。

习题

9-1　简述自顶向下设计方法的基本思想，与传统的自底向上的方法相比主要有哪些优势？

9-2　简述数字系统设计的两种常用描述方法。

9-3　分别用框图法和时序图法描述下面的简单数字系统设计要求，并给出可实现该电路的器件选择（不需要完成具体电路设计）。功能要求：由给定频率为 5MHz 的方波信号，产生一个输出为 2MHz 的信号。

参考文献

[1] 孙万蓉，任爱锋，周端，等．数字电路与系统设计［M］．北京：高等教育出版社，2015.

[2] 杨颂华，冯毛官，孙万蓉，等．数字电子技术基础［M］．西安：西安电子科技大学出版社，2000.

[3] 阎石．数字电子技术基本教程［M］．北京：清华大学出版社，2007.

[4] 任爱锋，袁晓光．数字电路与 EDA 实验［M］．西安：西安电子科技大学出版社，2017.

[5] 潘明，潘松．数字电子技术基础［M］．北京：科学出版社，2008.

[6] 高吉祥，谢明华，王彦．数字系统与自动控制系统设计［M］．北京：电子工业出版社，2019.

[7] 江晓安，周慧鑫，付少锋．数字电子技术［M］．4 版．西安：西安电子科技大学出版社，2015.

[8] BROWN S，VRANESIC Z．数字逻辑基础与 Verilog 设计：原书第 2 版［M］．夏宇闻，等译．北京：机械工业出版社，2008.

[9] 张克农，宁改娣，赵进全．数字电子技术基础［M］．2 版．北京：高等教育出版社，2010.

后　　记

经全国高等教育自学考试指导委员会同意，由电子、电工与信息类专业委员会负责高等教育自学考试《数字电路与逻辑设计》教材的审定工作。

本教材由西安电子科技大学任爱锋教授编著。

本教材由上海交通大学马殿光教授担任主审，南阳理工学院朱清慧教授参审，并提出修改意见，谨向他们表示诚挚的谢意。

电子、电工与信息类专业委员会最后审定通过了本教材。

全国高等教育自学考试指导委员会
电子、电工与信息类专业委员会
2023 年 12 月